Der planbare Mensch

STUDIEN ZUR GESCHICHTE
DER DEUTSCHEN
FORSCHUNGSGEMEINSCHAFT

----

herausgegeben von
Rüdiger vom Bruch, Ulrich Herbert
und Patrick Wagner

Band 2

Anne Cottebrune

Der planbare Mensch

Die Deutsche Forschungsgemeinschaft
und die menschliche Vererbungswissenschaft,
1920–1970

Franz Steiner Verlag Stuttgart 2008

Gedruckt mit Mitteln der Deutschen
Forschungsgemeinschaft

Umschlagabbildung:
Otmar Freiherr von Verschuer an der
„Zwillingskartei" im Kaiser-Wilhelm-Institut
für Anthropologie, menschliche Erblehre und
Eugenik (Archiv der Max-Planck-Gesellschaft,
Berlin-Dahlem)

Bibliografische Information der Deutschen Nationalbibliothek
Die Deutsche Nationalbibliothek verzeichnet diese
Publikation in der Deutschen Nationalbibliografie;
detaillierte bibliografische Daten sind im Internet über
<http://dnb.d-nb.de> abrufbar.

ISBN 978-3-515-09099-5

Jede Verwertung des Werkes außerhalb der
Grenzen des Urheberrechtsgesetzes ist unzulässig
und strafbar. Dies gilt insbesondere für Übersetzung,
Nachdruck, Mikroverfilmung oder vergleichbare
Verfahren sowie für die Speicherung in Datenver-
arbeitungsanlagen.
© 2008 Franz Steiner Verlag, Stuttgart.
Gedruckt auf säurefreiem, alterungsbeständigem Papier.
Druck: AZ Druck und Datentechnik GmbH, Kempten
Printed in Germany

INHALTSVERZEICHNIS

1. Einführung 7

2. Vererbungsfrage und medizinische Forschungsförderung in der Weimarer Republik 15
   2.1. Zum Aufbau und Förderstrukturen der Notgemeinschaft in der Weimarer Republik 15
   2.2. Vererbung im Umfeld der Ernährungsphysiologie 27
   2.3. Vererbung im Umfeld der Bakteriologie 29
   2.4. Agnes Bluhm und die Schädigung des Keimplasmas 33
   2.5. Vererbung im Umfeld der Pathologie 38
      2.5.1. Die Tung-Chi Universität in Shanghai 40
      2.5.2. Das Moskauer Laboratorium für Rassenforschung 46
   2.6. Die Gemeinschaftsarbeiten für Rassenforschung 62
      2.6.1. Von der Rassenkunde zur Förderung der Erbpathologie 62
      2.6.2. Der Ausbau der Gemeinschaftsarbeiten und die Rockefeller Foundation 74
   2.7. Förderung im institutionellen Kontext: Die mit menschlicher Erbforschung befassten Kaiser-Wilhelm-Institute 91
   2.8. Der „Fall Schemann" und die Verteidigung der DFG-Selbstverwaltungsstrukturen 93

3. Die Förderung der Erb- und Rassenforschung in der NS-Zeit 98
   3.1. Machtwechsel 98
   3.2. Forschungsförderung als Forschungspolitik 105
   3.3. Die NS-Erbgesundheitspolitik und die Selbstmobilisierung der Erb- und Rassenforscher 110
      3.3.1. Auswirkung der NS-Rassenhygiene auf die Forschungsinhalte 114
      3.3.2. Zur Wechselwirkung rassenhygienischer Forschung mit der Grundlagenforschung 120
   3.4. Zur Politisierung der geförderten Erb- und Rassenforscher ... 122
   3.5. Die Förderung von Ernst Rüdin und die Selbstbestimmung der DFG in der forschungspolitischen Landschaft des NS-Regimes 142
   3.6. Der Reichsforschungsrat und die Umstellung der Forschungsförderung 145
      3.6.1. Ferdinand Sauerbruch und der Abbau der Erbforschungsförderung 148
      3.6.2. Der Aufstieg der experimentellen Genetik 154

3.6.3. Kurt Blome und die Fachsparte „Bevölkerungspolitik, Erbbiologie und Rassenpflege" 170
3.6.4. Erbforschung für die Kriegsanstrengung 175
3.6.5. Netzwerke: Förderung im institutionellen Kontext 183
3.6.6. Die Förderung der „Asozialenforschung" 188
3.7. Zur Entgrenzung der Wissenschaft im Krieg 193
3.8. Zur Ideologisierung rassenanthropologischer Forschung 200
3.9. Zur Marginalisierung der traditionellen Rassenanthropologie 209

4. Die Förderung der Humangenetik in der Nachkriegszeit: Eine belastende Disziplin auf dem Weg zum internationalen Anschluss 214
4.1. Kontinuität und Diskontinuität humangenetischer Forschung 218
4.2. Das Schwerpunktprogramm „Missbildungsentstehung und Missbildungshäufigkeit": Von konstruierten Kontinuitäten im internationalen Kontext 223
4.2.1. Zur Kontinuität der Missbildungsforschung unter erbbiologischen Gesichtspunkten 227
4.2.2. Die Kommission für teratologische Fragen und die Förderung der Missbildungsforschung 231
4.3. Zur aktiven Anpassung an den internationalen Forschungsstand 235
4.3.1. Das Schwerpunktprogramm „Biochemische Grundlage der Populationsgenetik" und die aktive Förderung biochemischer und zytogenetischer Humangenetik 235
4.3.2. Zur Förderung des wissenschaftlichen Nachwuchses 240

5. Zusammenfassende Überlegungen 248

6. Danksagung 252

7. Abkürzungen 253

8. Quellen- und Literaturverzeichnis 255
8.1. Ungedruckte Quellen 255
8.2. Gedruckte Quellen 257
8.3. Zeitschriften 257
8.4. Literatur 258

Anhang 273

1. EINFÜHRUNG

Die herausragende Förderung der menschlichen Erblehre, Eugenik und Rassenforschung gilt als charakteristisch für die NS-Wissenschaftspolitik. Dass jenes Wissenschaftsgebiet mit dem Nationalsozialismus zu einer politischen Leitwissenschaft heranwuchs und in erheblichem Maße von öffentlichen Geldern profitierte, wird in der wissenschaftsgeschichtlichen Forschung nicht nur allgemein anerkannt, sondern auch als eine signifikante Erscheinung des NS-Regimes stilisiert. Trotz umfangreicher Sekundärliteratur zu den Biowissenschaften im Nationalsozialismus[1] hat dennoch eine eingehende, auch die Zeit der Weimarer Republik und der frühen Bundesrepublik mit einbeziehende Betrachtung der Förderung der menschlichen Vererbungsforschung und der mit ihr verwobenen Disziplinen immer noch nicht stattgefunden. Bestenfalls sind Einzelfälle, vor allem im Rahmen von Studien über die Geschichte von Universitäten im Dritten Reich, analysiert, ungeklärt bleibt jedoch, welche Aussagekraft diese Einzelfälle für die allgemeine Lage der Forschungsförderung besitzen. Die vorliegende Studie will diese Lücke anhand von Quellen zur Förderung der menschlichen Vererbungswissenschaft durch die Notgemeinschaft der Deutschen Wissenschaft (NG), die ab 1929 unter Deutsche Gemeinschaft zur Erhaltung und Förderung der Forschung firmierte, beziehungsweise in der Nachkriegszeit durch die (1951 aus der Verschmelzung der NG mit dem Deutschen Forschungsrat entstandene) Deutsche Forschungsgemeinschaft (DFG) schließen. Sie fragt für die Zeit von 1920 bis zum Ende der sechziger Jahre nach dem quantitativen und qualitativen Wandel der Forschungsförderung im Kontext unterschiedlicher politischer Rahmenbedingungen. So wird die besondere Bedeutung und Rolle, die der menschlichen Erblehre im Nationalsozialismus zukam, nicht (erst) seit 1933, sondern längerfristig seit Gründung der NG zu Beginn der Weimarer Republik bis in die Nachkriegszeit hinein untersucht. Die NG beziehungsweise DFG bietet insofern einen privilegierten Zugang zur wissenschaftspolitischen Analyse der Forschungsförderung, als sie seit ihrer Gründung zu Recht als die bedeutendste Förderungsinstitution für den deutschen akademischen Bereich gilt.

Diese Studie entstand im Rahmen eines größeren Forschungsprogramms zur Geschichte der NG/DFG. Sie gehört in den Schwerpunktbereich der „Medizingeschichte" und stellt ein Teilergebnis der von Wolfgang U. Eckart (Heidelberg) geleiteten Arbeitsgruppe dar, die sich seit Ende 2002 innerhalb des Forschungsprogramms zur Geschichte der DFG der medizinischen Forschungsförderung widmete. Sie steht damit nicht nur für sich allein, sondern fügt sich in einen grö-

---

1   Es sei hier nur auf einige herausragende Arbeiten hingewiesen: Schmuhl (Hg.), Grenzüberschreitungen; ders. (Hg.), Rassenforschung; ders., Hirnforschung; Schieder/Trunk (Hg.), Butenandt; Schwerin, Experimentalisierung; Weiss, Humangenetik; Sachse/Massin, Forschung; Roelcke, Programm; ders., Wissenschaft; Peiffer, Hirnforschung; Deichmann, Biologen; Müller-Hill, Wissenschaft.

ßeren Rahmen ein. Daraus resultieren auch gewisse Schwerpunktsetzungen in diesem Buch. Unter anderem gehört dazu die Fokussierung auf die Zeit der NS-Herrschaft, ohne jedoch die Zeit der Diktatur zu isolieren. So wird die Förderung der menschlichen Vererbungswissenschaft im diachronen Längsschnitt von den 20er bis Ende der sechziger Jahre beleuchtet. Darüber hinaus werden die untersuchten Forschungsaktivitäten in den wissenschafts- und politikgeschichtlichen Kontext eingeordnet. Dabei liegt das Hauptaugenmerk auf den Forschungsaktivitäten selbst.

Bereits im Rahmen einer Mitte der neunziger Jahre vom Präsidium der Max-Planck-Gesellschaft eingesetzten historischen Kommission wurde die nationalsozialistische Wissenschaftspolitik einer weitgehenden Aufarbeitung unterzogen. Diese hat eine Vielzahl von neuen Aspekten zutage gefördert und das Verständnis für das Verhältnis von Staat und Wissenschaft geschärft. Mit seiner umfangreichen Monographie zur Geschichte des Kaiser-Wilhelm-Instituts für Anthropologie, menschliche Erblehre und Eugenik (KWI-A) hat Hans-Walter Schmuhl ausführlich gezeigt, wie die Forschergruppe am KWI-A „in dem Bestreben, Biowissenschaften und Biopolitik miteinander zu verschmelzen", dem nationalsozialistischen Regime nicht nur willentlich zuarbeitete, sondern darin durchaus erfolgreich war.[2] Erb- und Rassenforscher kooperierten weitgehend mit dem NS-Regime und stimulierten dessen Politik der Erb- und Rassenpflege. Die Betrachtung der spezifischen Verzahnung der Erb- und Rassenforschung mit der NS-Rassenhygiene wird nun weitergeführt und in einen breiteren Kontext gestellt. Dies bedeutet vor allem, dass die gesamte akademische Landschaft ins Auge gefasst und über die Haltung einiger herausragender Wissenschaftler hinaus die Reaktion der Fachwelt als organisierte Gruppe auf die Herausforderung der Politik näher betrachtet wird.

Die für diese Arbeit als Quellen herangezogenen DFG-Förderakten zeigen nicht nur, wie einzelne Forscher danach strebten, mit ihrer Forschungsarbeit die Praxis der NS-Rassenhygiene zu legitimieren und auszudehnen, sie vermitteln auch Einblicke in die Organisation und die Machtstrukturen eines Faches. So ermöglichen sie eine ausdifferenzierte Darstellung des Einstellungsprozesses einer ganzen Disziplin auf die politische Konjunktur und liefern Anhaltspunkte über den Zusammenhalt beziehungsweise die divergierende Haltung der Forschergemeinschaft gegenüber dem von der Politik ausgeübten Druck. Sicherlich prägten die Kaiser-Wilhelm-Institute (KWI) als Eliteforschungseinrichtungen die gesamte Forschungslandschaft. Mit der genauen Betrachtung ihrer Forschungsprogramme ist allerdings eine allgemeine Aussage über die Aufnahme und Durchdringung ideologischer Prämissen in die ganze Forschergemeinschaft schwierig. Auch wenn das Berliner KWI-A und die Genealogisch-Demographische Abteilung (GDA) der Münchner Deutschen Forschungsanstalt für Psychiatrie (DFA) wissenschaftlich weitgehend die Maßstäbe für die Erforschung erbpathologischer Erscheinungen in der NS-Zeit setzten, verfügten sie durch ihre besondere Nähe zur Politik und ihre Vormachtstellung innerhalb der akademischen Landschaft in doppelter Hinsicht über einen Ausnahme-Status. Ihr Beispiel ist zwar für die Geschichte der

---

2 Schmuhl, Grenzüberschreitungen.

Disziplin von sehr großer Bedeutung, aber es lenkt auch von Phänomenen ab, die für die Interpretation des Spielraums, in denen Erb- und Rassenforscher sich bewegten, aufschlussreich sind. Bei der Fokussierung auf Eliteforschungseinrichtungen verliert man unabdingbar den Blick für die Reichweite der Handlungsoptionen, von denen Wissenschaftler bei der Auseinandersetzung mit einem neuen politischen System Gebrauch machten. Wie im Folgenden zu zeigen sein wird, lässt sich unter anderem die Erfahrung des KWI-A im Krieg nicht ohne Weiteres auf die übrige akademische Landschaft übertragen.

Der Beitrag der führenden Forschungsinstitute im Bereich menschlicher Erblehre zur NS-Rassenhygiene ist also weitgehend untersucht worden.[3] Die Reaktion weniger bedeutsamer Forschungseinrichtungen auf den politischen Veränderungsdruck hingegen ist weithin ungeklärt. Stellten sie umso eifriger ihre Forschungsarbeit in den Dienst ideologischer Prämissen, um in den Genuss von Fördermitteln zu kommen, und mussten sie dadurch ihre Eigenständigkeit in wissenschaftlichen Fragen desto mehr einbüßen? Wie reagierten sie auf die gewaltige Förderung von führenden Institutionen, und wie gestalteten sich professionelle Konflikte um die Anwerbung von Fördermitteln? Inwieweit überlagerten sich dabei professionelle Konflikte mit wissenschaftlichen Kontroversen, und in welchem Maße förderten diese Kontroversen wiederum eine Entpolitisierung der Wissenschaft? Diesen Fragen gilt es nachzugehen, wenn umfassende Aussagen über die Autonomie der Wissenschaftler unter wechselnden Systembedingungen abgeleitet werden sollen.

Vor dem Hintergrund der besonderen Struktur der NG/DFG muss darüber hinaus geklärt werden, inwieweit die Gleichschaltung ihrer Forschungsförderung einerseits auf eine gezielte Personalpolitik, andererseits auf unmittelbare staatliche Eingriffe zurückzuführen sind. Wie steuerte das NS-Regime die Förderung der Erb- und Rassenforschung? In welchem Maße gelang es ihm, den Zusammenhalt der Fachwelt bei der Mobilisierung für seine Ziele zu fördern?

Die Untersuchung der hier betrachteten Forschungsförderung erlaubt nicht nur Rückschlüsse auf den Strukturwandel der akademischen Forschungslandschaft im Kontext unterschiedlicher politischer Systeme, sondern auch auf innerwissenschaftliche Entwicklungen. So lassen sich Verschränkungen zwischen dem öffentlich-politischen Interesse an der menschlichen Erblehre und dem Aufkommen von Forschungstrends nachvollziehen. Wie sich wissenschaftsimmanente Entwicklungen mit politischen Prioritätensetzungen verschalteten und wie der politische Kontext auf die erkenntnistheoretische Debatte im Bereich der menschlichen Erblehre wirkte, lässt sich anhand dieser neu erschlossenen Quellen eindrücklich zeigen.

---

3   Danckwortt, Wissenschaft; Felbor, Rassenbiologie; Hagner, Pantheon; Hohmann, Ritter; Lösch; Rasse; Luchterhandt, Weg; Peiffer, Hirnforschung; Roelcke, Wissenschaft; ders., Programm; Sandner, Universitätsinstitut; Satzinger, Hirnforschung; Schmuhl, Hirnforschung; ders., Rassenforschung; ders., Grenzüberschreitungen; Schwerin, Experimentalisierung; Stürzbecher, Poliklinik; Weber, Rüdin; Weindling, Weimar; Weingart, Rasse; Weiss, Humangenetik; Wetzell, Forschung; Burgmair/Wachsmann/Weber, Viernstein; Zimmermann, Rassenutopie.

Zu Beginn der Weimarer Republik, als die NG gegründet wurde, gab es noch keine etablierte Disziplin im akademischen Gefüge deutscher Universitäten, die sich unmittelbar mit menschlicher Vererbung befasste.[4] Die Vererbungsfrage spielte in vielen Forschungszweigen eine Rolle, in der Bakteriologie, Ernährungsphysiologie oder Pathologie. Beinahe ein Vierteljahrhundert nach der Wiederentdeckung der Mendelschen Erbgesetze erfreute sich die menschliche Erblehre als mendelistische Wissenschaft noch keiner besonderen Förderung. Dies lag nicht nur an ihrer mangelnden Institutionalisierung an der Universität, sondern hatte auch forschungsimmanente Gründe: Im Umfeld medizinischer Forschung schien der Rückgriff auf mendelistische Erklärungsmodelle einfach nicht erforderlich.

Die explosionsartige Steigerung neuerer Erkenntnisse auf dem Gebiet der Bakteriologie am Ende des 19. Jahrhunderts hatte zur Überwindung der mechanistisch-monokausalen Betrachtung von Volks- und Zivilisationskrankheiten geführt, und ein komplexes ätiologisches Denken setzte in der deutschen Medizin zunehmend durch. Nun erst stieg auch das Interesse an den erblichen Faktoren, aber sie standen nach wie vor nicht im Mittelpunkt. Die meisten Forscher konzentrierten sich weiterhin auf die Einwirkung von Umwelteinflüssen bei der Entstehung pathologischer Erscheinungen. Auch die NG förderte in den zwanziger Jahren vorwiegend Forschungen, bei denen die Vererbungsfrage in das gesamte Umfeld der sozialhygienischen Umwelt- und Ernährungslehre eingebettet war. Wie ist vor diesem Hintergrund der Bedeutungsgewinn mendelistischer Erklärungsmodelle in der späten Weimarer Republik zu erklären? Dieser Frage geht die vorliegende Studie zumeist nach, indem sie vor allem die Perspektive der einzelnen Forscher nachzuzeichnen versucht und die Entstehungs- und Wirkungsgeschichte ihrer Projekte untersucht.

Seit 1933 zählte die menschliche Erblehre zu den von der NS-Wissenschaftspolitik favorisierten Disziplinen. Die in der Weimarer Republik schon gesetzte Akzentverschiebung im Sinne einer stärkeren Förderung rassenhygienisch-erbbiologischer Forschung wurde hier fortgesetzt und intensiviert. Welche Rolle die DFG in diesem Prozess spielte und inwieweit sie an der finanziellen und personellen Ausstattung neugeschaffener Institute beteiligt war, wird eine Kernfrage dieser Untersuchung sein. In welchem Maße hat die DFG zur Etablierung der Rassenhygiene an den deutschen Universitäten beigetragen, inwiefern kann sie hier als wichtige Akteurin der NS-Forschungspolitik identifiziert werden? In welchem Ausmaß dies der Fall war, wird zu prüfen sein.

Als eine Förderungsinstitution, die mit der Verteilung von Drittmitteln beschäftigt war, reagierte die DFG ziemlich zügig auf konjunkturelle Schwankungen der Politik. Betrachtet man im Sinne von Mitchell G. Ash „Wissenschaft und Politik als gegenseitige Ressource für einander"[5], bieten die untersuchten Förderakten der DFG die Chance, einen intensiven Einblick in die dynamische Umgestaltung von Ressourcenensembles zu bekommen. Die anfänglich sehr starke

---

4 Zur Entstehung und Institutionengeschichte der Deutschen Forschungsgemeinschaft vgl. Flachowsky, Notgemeinschaft, sowie für die Zeit nach 1945 Orth, Strategien.
5 Ash, Wissenschaft, S. 586–600.

Unterstützung der Erb- und Rassenforschung ließ im Laufe der dreißiger Jahre offenbar nach. Mit Beginn des Zweiten Weltkrieges drohte die rassenhygienische Forschung ihren Wert als Ressource für die Politik zu verlieren. Vor diesem Hintergrund erfolgte ein tief greifender Einschnitt in die Förderung der Erb- und Rassenforschung. Die Förderakten der DFG zeigen, dass die Vorbereitung des Krieges sich nicht nur auf die Forschungsbudgets, sondern auch auf die Inhalte der Forschungsarbeit auswirkte. Eine Reihe von wissenschaftsgeschichtlichen Studien haben neuerdings gezeigt, dass es entgegen früheren Vorstellungen dem NS-Regime gelang, die Forschung für den Krieg zu mobilisieren.[6] Lässt sich dieser Befund auf die Erb- und Rassenforschung übertragen, deren Berührung mit Kriegsaktivitäten von vornherein nicht erkennbar erscheint? Inwieweit lässt sich auch in diesem Bereich eine gewisse Anpassung der Forschung an Kriegsziele beobachten?

Offenbar waren die deutschen Erb- und Rassenforscher zum großen Teil bereit, mit ihren Forschungen auf die Kriegsziele des NS-Regimes einzugehen. Gleichzeitig versuchten sie unter diesen geänderten Rahmenbedingungen aber auch ihre eigenen wissenschaftlichen Interessen zu fördern. Opportunismus und eigene Interessen spielten auch bei den Erb- und Rasseforschern eine große Rolle, wenn es um die Zusammenarbeit mit den NS-Behörden ging. Aber auch wenn ihre Weltanschauung und politische Einstellung mit den politischen Idealen der nationalsozialistischen Bewegung nicht völlig übereinstimmen mochten, waren sie doch auch deswegen bereit, die NS-Rassenhygiene zu unterstützen, weil diese ihren eigenen rassenhygienischen bzw. rassenbiologischen Vorstellungen weitgehend entsprach. Die von der DFG geförderten Wissenschaftler bildeten zwar keine politisch homogene Gruppe, aber sie bezogen ihre Forschungen doch aus ähnlichen rassenhygienischen Motiven. Über ihre Forschungstätigkeit hinaus waren sie nicht selten in die staatliche Rassenhygiene eingebunden; sie verfassten erbbiologische und Rassengutachten und saßen in Erbgesundheitsgerichten.

Die Förderung von rassenhygienisch engagierten Wissenschaftlern während der NS-Zeit hatte in der unmittelbaren Nachkriegszeit eine verheerende Wirkung auf die Stellung des Faches. Es war weitgehend in Misskredit geraten und konnte ein Jahrzehnt lang nur sehr geringe Fördermittel akquirieren. Infolgedessen war es an den deutschen Universitäten bis Anfang der sechziger Jahre kaum mehr vertreten. Wie konnte unter diesen Bedingungen der Anschluss an den internationalen Forschungsstand erreicht werden? Welche Rolle spielte hierbei die ideologische Verwurzelung der Disziplin im Nationalsozialismus? Auch wenn die schwierige Ausgangslage des Faches die Angst steigerte, im internationalen Vergleich hoffnungslos in „Rückstand" zu geraten, bemühten sich humangenetische Fachvertreter nach dem Kriege keineswegs postwendend um eine aktive Neuorientierung, etwa im Zuge der Zuwendung zu zytologischen und biochemischen Methoden. Ob in diesem Zusammenhang die Erfahrung der Kriegsniederlage zunächst Lern- und Veränderungsprozesse der Disziplin verhinderte, wird zu klä-

---

6 Siehe u.a.: Heim (Hg.), Autarkie; dies.: Research; Maier, Wehrhaftmachung; ders. (Hg.), Rüstungsforschung; ders., Normalwissenschaft; Epple, Rechnen; ders./Remmert, Synthese.

ren sein. Da erst zu Beginn der sechziger Jahre eine neue Generation von jungen, über ausländische Erfahrung verfügenden Humangenetikern an Einfluss innerhalb der akademischen Forschungslandschaft gewann, wird sich diese Untersuchung auch mit der Rolle generationeller Faktoren bei der Rückbesinnung auf fachliche Traditionen nach dem Zweiten Weltkrieg und der Förderung des generationellen Wechsels mittels DFG-Fördergeldern beschäftigen müssen. Wie im Laufe dieses Jahrzehnts der Einstieg in das molekularbiologische Paradigma durch DFG-Schwerpunktmittel gefördert wurde und welche Bedeutung der Förderung der deutschen Humangenetik durch die DFG bei der Weiterentwicklung der so genannten „klinischen Genetik" zukommt, rückt damit in den Mittelpunkt der Aufmerksamkeit.

Zur Quellenlage

Die menschliche Vererbungsforschung war in der DFG-Forschungsförderung von nachgeordneter Bedeutung: Insgesamt konnten in diesem Bereich 196 Förder- und Einzelfallakten ermittelt werden, die vor allem aus der Zeit von 1933 bis 1945 datieren.[7] Die Akten liegen in unterschiedlicher Qualität und Dichte vor, für die zwanziger Jahre sind nur wenige Einzelförderungsakten aus dem Bestand der „Notgemeinschaft der Deutschen Forschung" im Koblenzer Bundesarchiv vorhanden. Es existieren allerdings Listen der von den jeweiligen Fachausschüssen begutachteten Projekte. Da diese Listen im Koblenzer Förderaktenbestand nicht lückenlos vorliegen, wurden weitere im Generallandesarchiv Karlsruhe überlieferte Listen herangezogen, um einen vollständigeren Blick über die Förderung der menschlichen Vererbungswissenschaft in der Weimarer Republik zu erhalten.

Auch wenn die in Koblenz und Karlsruhe vorhandenen Listen von Anträgen, die dem Hauptausschuss vorgelegt wurden, einen privilegierten Zugang zur allgemeinen Förderungssituation bieten, ist ihre Aussagekraft leider beschränkt: Sie informieren nicht über die endgültige Bewilligung von Forschungsanträgen. Aus diesem Grund wurden die gedruckten Tätigkeitsberichte der NG/DFG herangezogen, die zwar nicht vollständig die bewilligten Forschungsprojekte erfassen, dennoch aber wichtige Hinweise auf die geförderte Forschungstätigkeit und ihre Schwerpunkte geben. Die Tätigkeitsberichte decken nur die Zeit bis 1933. Ihr Erscheinen wurde danach eingestellt.[8] Um die Zeit der späten Weimarer Republik zu dokumentieren, wurde vorwiegend auf die in größerer Zahl vorliegenden Einzelförderakten aus dem Bestand „R73" im Koblenzer Bundesarchiv zurückgegriffen.

Bei der quantitativen, aber vor allem bei der qualitativen Auswertung dieser Einzelförderakten war besondere Sorgfalt geboten, denn es wurde schnell deutlich, dass eine oberflächliche Analyse dem Forschungsgegenstand nicht gerecht wurde.

---

7   Der Koblenzer DFG-Förderaktenbestand enthält insgesamt 6882 Akten. Die oben genannten 196 Akten entsprechen also einem Anteil von 2,8 %.
8   Die Tätigkeitsberichte umfassen die Tätigkeit der NG vom Oktober 1920 bis 31. März 1933.

1. Einführung

In seiner Monographie zur DFG-Forschungsförderung im „Dritten Reich" führt Lothar Mertens für den von ihm untersuchten Zeitraum bis 1937 lediglich 13 Anträge im Bereich der Zwillingsforschung an, was allerdings bei weitem nicht der Realität entsprach.[9] Tatsächlich beruhen die meisten im Bereich der menschlichen Erblehre geförderten Projekte auf Zwillingsforschung, selbst wenn die Projektnamen nicht explizit darauf hinwiesen. Eine angemessene Einschätzung des Anteils der Zwillingsforschung an der Forschungsförderung beziehungsweise der quantitativen Einteilung der DFG-Anträge in verschiedene Arbeitsrichtungen setzt daher eine intensive Auseinandersetzung mit den jeweiligen Inhalten der DFG-Projekte voraus.

Bei der Gewinnung von quantitativen Anhaltspunkten über die Förderung der menschlichen Vererbungswissenschaft war darüber hinaus zu beachten, dass die Zahl der überlieferten Einzelförderakten der Zahl der von Wissenschaftlern vorgelegten Anträge keineswegs entspricht. Da die Zahl der geförderten Projekte sehr schwierig zu ermitteln ist, erschien es sinnvoller, die geförderten Wissenschaftler zu erfassen. Aus diesem Grund war es manchmal hilfreich, sich anstatt an der Zahl der ermittelten Anträge an der Zahl der geförderten Wissenschaftler zu orientieren. Dabei musste allerdings berücksichtigt werden, dass Ordinarien gelegentlich als Antragsteller für ihre Mitarbeiter fungierten. So kann man annehmen, dass die wirkliche Zahl geförderter Nachwuchswissenschaftler bei weitem die Zahl der DFG-Stipendiaten übertraf. Für bestimmte Perioden wurde die jeweilige Zahl der geförderten Wissenschaftler miteinander verglichen, womit gewisse Erkenntnisse über die Schwankungen der Förderkonjunktur gewonnen werden konnten. Punktuell konnten darüber hinaus die Fördersummen berücksichtigt werden und die Bedeutung der herausragenden Förderung einiger Forschungsvorhaben für die allgemeine Förderungssituation des Forschungsgebietes herausgearbeitet werden.

Die geförderte Erb- und Rassenforschung wurde kaum kategorisiert. Zum einen lässt sich eine solche Kategorisierung in der Praxis nicht aufrechterhalten, da es zwischen unterschiedlichen Forschungsbereichen oft Überschneidungen gibt. So lässt sich beispielsweise die menschliche Erbforschung von rassenanthropologischen Projekten nicht klar trennen. Zum anderen geht die angewandte Arbeitsweise nicht zwingend aus den jeweiligen Anträgen und Arbeitsberichten hervor. Bei der Akquise von Forschungsgeldern nutzten Wissenschaftler den Spielraum aus, den die Darstellung ihrer per se nicht leicht fassbaren Forschung ermöglichte, wie die Diskrepanz der Antragsrhetorik mit der tatsächlichen Forschungsarbeit am besten veranschaulicht. Dies erschwerte sicherlich einerseits die Einschätzung der eigentlich geförderten Forschungsinhalte, lieferte aber andererseits sehr aufschlussreiche Hinweise über das nutznießerische Verhältnis der Wissenschaftler zur Forschungspolitik.

Im Vergleich zur Weimarer und nationalsozialistischen Zeit gestaltete sich die quantitative und qualitative Auswertung der Forschungsförderung in der Nachkriegszeit einfach. Für die Analyse der Forschungsförderung in den fünfziger und sechziger Jahren bieten nicht nur die seit der Wiedergründung der DFG im Jahre

---

9 Mertens, Würdige, S. 276 u. 279.

1949 erscheinenden Jahresberichte der Förderinstitution, sondern auch das umfangreiche Material aus dem DFG-Archiv in der Geschäftsstelle der DFG in Bad Godesberg eine sichere Grundlage. Das Archiv verfügt sowohl über Personenkarteikarten als auch über Förderakten auf Mikrofiches. Mit Hilfe der Personenkarteikarten kann die genaue Förderung der Forschungsprojekte der jeweiligen Antragsteller rekonstruiert werden. Anhand der Förderakten auf Mikrofiches sind hingegen die Vorgänge über die Begutachtung von Anträgen im Detail nachvollziehbar. Allein die Anträge selbst sind nicht mehr zugänglich. Über die in Bad Godesberg vorhandenen Archivalien hinaus ergänzen die ausgiebigen Akten zu Schwerpunktmitteln im Bundesarchiv Koblenz das Bild über die allgemeine Förderungssituation in der Nachkriegszeit.

2. VERERBUNGSFRAGE UND MEDIZINISCHE FORSCHUNGSFÖRDERUNG IN DER WEIMARER REPUBLIK

2.1. ZUM AUFBAU UND FÖRDERSTRUKTUREN DER NOTGEMEINSCHAFT IN DER WEIMARER REPUBLIK

Von den vielen gesellschaftspolitischen Umbrüchen, die das Ende des Ersten Weltkrieges markieren, war auch das deutsche Wissenschaftssystem unmittelbar betroffen. Nach der Niederlage von 1918 wurde die allgemeine Notlage der deutschen Wissenschaft von vielen Wissenschaftlern als dringend empfunden. Der durch die Inflation bedingte Währungsverfall ließ die Forschungsetats schrumpfen und schien die Aussicht auf eine Erhaltung bzw. Kontinuität der Forschungsarbeit zu vernichten. Unter diesen Bedingungen erschien die Lage der deutschen Wissenschaft verzweifelt, zumal sie nun von internationalen Kontakten abgeschnitten war. Durch den internationalen „Boykott der deutschen Wissenschaft" verloren einst in die international ausgerichtete „scientific community" eingebundene Wissenschaftler ihre Kontakte. Vor diesem Hintergrund wurden bald Pläne zur „Rettung der deutschen Wissenschaft" geschmiedet, um den Status, den die deutsche Wissenschaft in dem Kriege inne gehabt hatte, wieder zu erlangen, und so dazu beizutragen, Deutschland zu alter Größe zurückzuführen. An diesen Plänen waren Friedrich Schmidt-Ott (1860–1956), ein leitender Beamter im preußischen Kultusministerium, der seit langem auf zahlreichen Gebieten der Wissenschafts- und Kulturpolitik tätig war[10], und der Chemie-Nobelpreisträger und Direktor des Kaiser-Wilhelm-Instituts für physikalische Chemie und Elektrochemie Fritz Haber (1868–1934)[11] maßgeblich beteiligt. Bereits sehr früh setzten sich Schmidt-Ott und

---

10 Friedrich Schmidt-Ott war nach Jurastudium und Promotion Beamter im höheren Verwaltungsdienst. 1888 wurde er Mitarbeiter Friedrich Althoffs im preußischen Kultusministerium, und dann 1907 dessen Nachfolger als Ministerialdirektor der Unterrichtsabteilung. Schmidt-Ott wirkte auf zahlreichen Gebieten der Wissenschafts- und Kulturpolitik, so bei den preußischen Museen und Bibliotheken oder der Gründung der Kaiser-Wilhelm-Gesellschaft ab 1909. Vom 6. August 1917 bis November 1918 war er preußischer Kultusminister.

11 Fritz Haber studierte nach einer kaufmännischen Lehre Chemie in Berlin und Heidelberg. Nach verschiedenen Tätigkeiten in der Industrie und an Hochschulen erhielt Haber 1894 in Karlsruhe an der Technischen Hochschule eine Assistentenstelle in der Physikalischen Chemie und habilitierte dort 1896. 1918 wurde er in Karlsruhe zum außerordentlichen Professor für Technische Chemie ernannt. Ab 1904 befasste er sich mit der katalytischen Bildung von Ammoniak. Haber sollte als erstem die Ammoniaksynthese bei hohem Druck gelingen. 1911 wurde er zum Direktor des Kaiser-Wilhelm-Instituts für Physikalische Chemie und Elektrochemie in Berlin-Dahlem berufen. Während des Ersten Weltkrieges organisierte Haber, der Versuche mit Phosgen und Chlorgas durchgeführt hatte, den Giftgaseinsatz an der Front. Nach dem Ersten Weltkrieg wurde er aufgrund des Verstoßes gegen die Haager Landkriegsordnung von den Alliierten wegen Verbrechen gegen die Menschheit zum Kriegsverbrecher

Haber für eine umfassende Förderung der Wissenschaft ein. Vor allem Schmidt-Ott hob dabei auf die nationale Bedeutung wissenschaftlicher Forschungsarbeit ab, die eine Rettung aus der wirtschaftlichen Not versprach und forderte bereits im Jahr 1919 eine „zielbewusste Kulturpolitik des Reiches", dabei unterstützt von Adolf von Harnack (1851–1930), Präsident der Kaiser-Wilhelm-Gesellschaft (KWG) und Generaldirektor der Preußischen Staatsbibliothek.[12]

In einer Eingabe an die Nationalversammlung in Weimar im Februar 1920 appellierte Harnack an das Reich, sich angesichts der finanziellen Probleme der Länder verstärkt in wissenschaftspolitische Fragen einzuschalten, und unterstützte den Antrag der Preußischen Akademie der Wissenschaften in Berlin sowie der Akademien in Göttingen, Heidelberg, Leipzig und München „in den Reichshaushalt (Reichsministerium des Innern) die Summe von mindestens drei Millionen Mark für wissenschaftlich-kulturelle Zwecke einzusetzen".[13] Wenig später ergriffen Schmidt-Ott und Fritz Haber die Initiative zur Gründung einer reichsweiten, selbst verwalteten aber weitgehend vom Staat finanzierten wissenschaftlichen Förderungseinrichtung für die deutsche Wissenschaft. Bei einem Gespräch zwischen den beiden Wissenschaftsorganisatoren am 13. März 1920 machte Haber den Vorschlag, „zum Zwecke der Behebung des Notstandes der Wissenschaft einen Arbeitsausschuss zu gründen", an dem sich wissenschaftliche Institute des gesamten Reichs beteiligen und dem Friedrich Schmidt-Ott vorstehen sollte. In den folgenden Wochen entwickelten Haber und Schmidt-Ott eine rege Tätigkeit, um auch die Akademien und die Universitäten des Reiches zum Beitritt in den nun als „Notgemeinschaft der Deutschen Wissenschaft" bezeichneten Arbeitsausschuss zu bewegen. Am 29. März beantragte Fritz Haber bei Professor Eduard Meyer (1855–1930), dem Rektor der Universität Berlin, „den Beitritt der hiesigen Universität zu einer Notgemeinschaft der Deutschen Wissenschaft unter Führung des Staatsministers Dr. Friedrich Schmidt, herbeizuführen, namens der hiesigen Universität an alle anderen deutschen Universitäten mit dem gleichen Vorschlage heranzutreten, im Falle der Zustimmung der anderen Universitäten namens ihrer Gesamtheit dem Staatsminister Dr. F. Schmidt den Wunsch auszusprechen, dass er diese Tätigkeit übernimmt und ihm dafür die Unterstützung der deutschen Universitäten zuzusagen".[14] Nachdem sich die Vertreter der deutschen Wissenschaft schnell über die Aufgaben und Ziele des neu zu errichtenden Gremiums

---

erklärt und floh vorübergehend in die Schweiz. Ab 1919 versuchte er sechs Jahre vergeblich, aus dem Meer Gold zu gewinnen.

12 Adolf Harnack gilt nicht nur als bedeutender Wissenschaftsorganisator in Preußen, sondern auch als der wichtigste protestantische Theologe und Kirchenhistoriker des späten 19. Jahrhunderts und beginnenden 20. Jahrhunderts. Er war der Sohn des Theologen Theodosius Harnack, Professor an der Universität Dorpat. Nach Studium, Promotion und Habilitation in Leipzig war er zunächst ao. Professor in Leipzig. Als Ordinarius für Kirchengeschichte wirkte er später in Gießen (1879–1886), Marburg (1886–1888) und Berlin (1888–1924). Harnack wurde Präsident der auf seinen Vorschlag hin gegründeten Kaiser-Wilhelm-Gesellschaft und war von 1905 bis 1921 Generaldirektor der Königlichen Bibliothek bzw. der Preußischen Staatsbibliothek ab 1918.

13 Zierold, Forschungsförderung, S. 4.
14 Ebd., S. 10–11.

einig waren, wandten sich Haber und Schmidt-Ott an die Regierung. Auch wenn die Bewilligung der Mittel durch den Reichstag für die neugegründete Notgemeinschaft (NG) sich zwar noch bis zum Februar 1921 hinauszögern sollte, war die NG bereits Ende Oktober 1920 als ein reichsweit agierendes Selbstverwaltungsgremium zur Forschungsförderung entstanden. In der offiziellen Gründungssitzung am 30. Oktober 1920 im Sitzungssaal der Preußischen Staatsbibliothek in Berlin wurde ihr eine Satzung verliehen, und ihre Arbeit durch die Wahl eines Präsidiums und eines Hauptausschusses auf eine dauerhafte Grundlage gestellt. Schmidt-Ott wurde zu ihrem Präsidenten gewählt.

Im Großen und Ganzen realisierte die beschlossene Satzung die Ideen von Schmidt-Ott, der für die NG die Rechtsform eines eingetragenen Vereins vorgesehen hatte. Haber, der angelehnt an das Modell der KWG die Rechtsform einer Stiftung favorisierte, konnte sich nicht durchsetzen. Während sein Entwurf die Befugnisse des Präsidenten durch die Betonung der weitreichenden Kompetenzen von Kuratorium und Hauptausschuss zu begrenzen suchte, hoben die Konzepte von Schmidt-Otts und Harnacks auf eine stärker auf den Präsidenten zugeschnittene Satzung ab. Zwar waren auch in diesen Entwürfen ein Hauptausschuss und begutachtende Fachausschüsse vorgesehen, doch nahmen der Präsident und das Präsidium ihnen gegenüber eine dominierende Stellung ein. Der Hauptausschuss sollte nur eine beratende Funktion erhalten. Eine direkte Mitwirkung von Reich und Ländern war nicht vorgesehen. Auch bei der Bildung der Fachausschüsse spielten das Präsidium und der Hauptausschuss die wichtigste Rolle, denn sie verfügten über das Recht auf die Wahl der Fachausschüsse. Die starke Stellung des Präsidenten lag vor allem in seine Entscheidungsmacht bei der Bewilligung der Forschungsanträge begründet. So hatte der Präsident gemeinsam mit dem Präsidium und dem Hauptausschuss über die Verteilung der Mittel zu befinden. Die auf der Gründungsversammlung der NG ausgewählte Satzung erteilte zwar den Leitungsgremien der NG entscheidende Befugnisse, in den zwanziger Jahren gelang es Schmidt-Ott aber Schritt für Schritt, sämtliche in der Satzung fixierten Kompetenzen der Mitgliederversammlung und des Hauptausschusses auf sich und einen Verwaltungsapparat zu konzentrieren. So überging Schmidt-Ott beispielsweise die satzungsmäßig vorgesehenen Neuwahlen der Fachausschüsse von 1924, 1926 und 1928, und ließ sich lediglich ihre Zusammensetzung durch die Mitgliederversammlung der NG immer wieder bestätigen. Aufgrund dieses Verfahrens wurde der autoritäre Führungsstil Schmidt-Otts kritisiert.

Im Präsidium der NG, das sich aus dem Präsidenten, seinem ersten und zweiten Stellvertreter sowie aus dem Vorsitzenden des Hauptausschusses zusammensetzte, waren Wissenschaftsorganisatoren vertreten, die die Gründung der NG mitgetragen und mitgeprägt hatten. Als erster Stellvertreter von Schmidt-Ott fungierte Walther von Dyck (1856–1934), Mathematiker und Rektor der Technischen Hochschule in München. Fritz Haber war zweiter Stellvertreter, Adolf von Harnack Vorsitzender des Hauptausschusses. Als solches blieb das Präsidium bis 1929 unverändert. 1929 wurde der Bonner Physiker Heinrich Konen (1874–1948) in das Präsidium aufgenommen, das nunmehr aus fünf Personen bestand. Im selben Jahr übernahm auch der Münchener Professor für Innere Medizin Friedrich von Müller (1858–1941) den Vorsitz des Hauptausschusses an Stelle des sich altersbedingt zurückziehenden Harnack. Der Hauptausschuss bestand aus elf Mitgliedern und ebenso vielen Stellvertretern. Ihm oblag in erster Linie die Aufgabe, „die Ansprüche der verschiedenen Wissenschaftszweige gegeneinander auszugleichen" und über die sachgerechte und unparteiische Verteilung der Fördermittel zu wachen. Darüber hinaus hatte das Präsidium satzungsgemäß erst nach der Anhörung des Hauptausschusses über die Verwendung der der NG zur Verfügung stehenden Mittel zu entscheiden. Trotz dieser recht weitreichenden Kompetenzen spielte der Hauptausschuss letztlich nur eine untergeordnete Rolle, da er in entscheidenden Fragen von Schmidt-Ott oft übergangen wurde. So wurden dem Hauptausschuss die jährlichen Haushaltspläne nicht mehr vorgelegt, wie er auch keinen Einblick in die eingehenden Anträge und die entsprechenden Gutachten der Fachausschüsse erhielt. 1929 wurde die Zahl der Mitglieder des Hauptausschusses auf 15 erweitert. Für die Begutachtung aller bei der NG eingereichten Forschungsanträge waren zunächst 20, später 21 Fachausschüsse zuständig. Vom Präsidium und Hauptausschuss provisorisch ernannt, wurden die Fachausschüsse für verschiedene wissenschaftliche Gebiete ab 1922 durch die „Gesamtheit der deutschen Forscher" gewählt und setzten sich aus mindestens drei, maximal jedoch neun Wissenschaftler zusammen. Die vorgesehenen regelmäßigen Neuwahlen der Fachausschüsse werden allerdings von Schmidt-Ott mehrfach übergangen, so dass sich durch den ausbleibenden Wechsel die Machtstellung der Gutachter verstärkte. Die Stimmabgabe für die Wahl der Fachausschüsse erfolgte auf Grund einer von den wissenschaftlichen Fachverbänden erstellten Vorschlagsliste an den Hochschulen, Akademien und der KWG auf dem Wege der geheimen Briefwahl, wobei „jeder anerkannte Forscher" eine Stimme besaß und selbst über das Fach bestimmte, in dem er wählte. Wahlberechtigt waren alle ordentlichen und außerordentlichen Professoren, Emeriti und Privatdozenten der dem Hochschulverband angeschlossenen Hochschulen und Universitäten, darüber hinaus die Mitglieder der Akademien, die Direktoren und wissenschaftlichen Leiter der Kaiser-Wilhelm-Institute (KWI), sowie solche Personen, denen das Präsidium der NG „als anerkannten Forschern" das Wahlrecht erteilte. Erst nach dem Votum der Fachgutachter sollten Präsidium und Hauptausschuss über die Bewilligung der Fördermittel entscheiden. Die Projektanträge wurden nach Begutachtung durch entsprechende Gutachter an die NG zurückgeschickt.

So lag die Entscheidung über die Bewilligung von Forschungsprojekten letztendlich beim Präsidium, welches über die Auszahlung der Mittel befand. Nach der Machtübernahme durch die Nationalsozialisten sollten die Fachausschüsse nur noch pro Forma existieren. Fachgutachter wurden nicht mehr systematisch in das Begutachtungsverfahren einbezogen. Die seit 1934 unter dem Namen Deutsche Forschungsgemeinschaft (DFG) fortgeführte NG verzichtete nichtsdestotrotz auf die Begutachtung der eingereichten Forschungsanträge und rekurrierte öfter auf Sondergutachten, die in der Regel von anerkannten, dem Regime gegenüber sich besonders loyal verhaltenden Wissenschaftlern erstellt wurden.

Die Medizin war mit ihren theoretischen und praktischen Unterteilungen im vierten Fachausschuss der NG vertreten. Vorsitzende der theoretischen und der praktischen Gruppe waren jeweils der Würzburger Pathologe Martin Benno Schmidt (1863–1949) und der Heidelberger Internist Ludolf von Krehl (1861–1937). Setzte sich der Fachausschuss für Medizin ursprünglich aus insgesamt acht Gutachtern zusammen, wurde Ende der zwanziger Jahre die Zahl der Fachgutachter auf 14 erhöht, um der Vielfalt medizinischer Disziplinen gerechter zu werden.[15] Innerhalb der theoretischen Abteilung waren für die Anatomie Erich Kallius (1867–1935) aus Heidelberg, für die Physiologie Siegfried Garten (1871–1923) aus Leipzig, für die Pathologie Martin Benno Schmidt und für die Hygiene und Pharmakologie Max von Gruber (1853–1927) aus München als Gutachter zuständig. Innerhalb der Abteilung „Praktische Medizin" waren für innere Medizin einschließlich Kinderheilkunde Ludolf von Krehl aus Heidelberg, für Chirurgie, Augen-Hals- und Nasenheilkunde August Bier (1861–1949) aus Berlin, für Geburtshilfe und Gynäkologie der Direktor der Würzburger Frauenklinik Max Hofmeier, der nach seinem Tod 1927 durch Otto von Franqué (1867–1937) ersetzt werden sollte, für Nervenheilkunde und Psychiatrie Karl Bonhoeffer (1868–1948) von der Berliner Charité als Gutachter zuständig. Im Frühjahr 1923 wurde Siegfried Garten durch den Tübinger Physiologen Wilhelm Trendelenburg (1877–1946) ersetzt. Nach dem Tod von Max von Gruber 1927 wurde der Münchner Pharmakologe Walther Straub (1874–1944) Gutachter für Hygiene und Pharmakologie. Durch die Wahl des Tübinger Physiologen Franz Knoop (1875–1946) erweiterte die theoretische Abteilung des Fachausschusses für Medizin zudem ihre Begutachtungskompetenz auf das Gebiet der physiologischen Chemie. Ab Frühjahr 1928 erhielten die bisher nicht eigenständig vertretenen Bereiche der Augenheilkunde und Kinderheilkunde jeweils einen eigenen Gutachter. Fachgutachter für Augenheilkunde war zunächst der Freiburger Theodor Axenfeld (1867–1930), der nach seinem Tod durch den Berliner Emil Krückmann (1865–1944) ersetzt wurde. Adalbert Czerny (1863–1941), der in Berlin sowohl die Universitäts- als auch die Poliklinik leitete, avancierte als Fachgutachter für Kinderheilkunde. Auch die Abteilung für praktische Medizin erweiterte den Kreis ihrer Fachgutachter und erhielt eigene Gutachter für Dermatologie und Zahnheilkunde. Ab Frühjahr 1929 wurde die theoretische Gruppe auf sechs Gutachter erweitert. Der Berliner Professor Martin Hahn (1865–1934) wurde als Gutacher für Hygiene und Bakteriologie gewählt. So vergrößerte sich der Fachausschuss für Medizin am Ende der zwanziger Jahre, die Mehrzahl der im Frühjahr 1922 gewählten Gutachter behielten jedoch ihre Funktionen. Bei den als Gutachter tätigen Professoren der Medizin handelte es sich meistens um Koryphäen auf ihren jeweiligen Gebieten.

Die nicht sehr zahlreich erhaltenen Förderakten aus der Weimarer Zeit lassen insgesamt auf eine recht gut eingespielte Begutachtungspraxis schließen. Die eingereichten Anträge wurden in der Regel durch die zuständigen Fachgutachter begutachtet. Allerdings erfuhr das Ideal einer Selbstregulierung der Wissenschaft insofern eine Einschränkung, als Schmidt-Ott sich gelegentlich direkt in die Bewilligung von Anträgen einmischte. So war der Hygieniker Ferdinand Hueppe (1852–1938) 1925 mit einem vererbungstheoretischen Forschungsvorhaben an die

---

15 Siehe: Achter Bericht der Notgemeinschaft der Deutschen Wissenschaft, S. 199.

NG herangetreten. Der Antrag wurde jedoch abgelehnt.[16] Nachdem Max von Gruber als Fachgutachter für Hygiene sich über die mangelnden Angaben des schon älteren Hueppe zu seinem Forschungsvorhaben beschwert hatte, gelang es Hueppe, Schmidt-Ott von der Wichtigkeit seiner Forschung zu überzeugen, indem er auf seinen Ruf als Vorreiter der modernen Bakteriologie hinwies. Daraufhin erhielt Hueppe für sein Forschungsvorhaben tatsächlich Gelder der NG – wenn auch vermutlich im geringen Ausmaß.[17] Gleichwohl war solches offenbar eher die Ausnahme. Als Maßstab für die Förderung von Forschungsaufträgen in der Weimarer Republik war in der Regel die herausragende wissenschaftliche Qualifikation des Antragstellers bestimmend. Auch die Aufstellung eines nachvollziehbaren Forschungsplans galt als Förderkriterium, auch wenn dies jedoch gegenüber dem Ruf des Antragstellers von untergeordneter Bedeutung zu sein schien.

Über die Fachausschüsse der NG hinaus kam es zur Bildung sogenannter „Sonderausschüsse", die sich verwaltungstechnischer Fragestellungen annahmen oder spezielle Aufgabenschwerpunkte ihrer Förderarbeit herausstellten. Zu einem wichtigen Arbeitsinstrument der NG avancierte beispielsweise der „Apparate- und Materialausschuss", der von 1923 bis 1934 von dem Meteorologen und Geophysiker Hugo Hergesell (1859–1938) und dem für diese Fragen zuständigen Geschäftsführer in der Verwaltung der NG, dem Physiker Karl Stuchtey, geleitet wurde. Dieser Ausschuss unterstützte die Experimentalforschung mit der Bereitstellung von Instrumenten, Laborgeräten, Maschinen und zum Teil kostspieligen Versuchsanlagen. Die für die jeweiligen Untersuchungen benötigten Geräte wurden von der NG nach den Vorstellungen des Forschers angeschafft, inventarisiert und diesem für seine Untersuchungen leihweise zur Verfügung gestellt. Mediziner sollten von der durch den Apparateausschuss repräsentierten Förderart in ganz erheblichen Massen profitieren. In den Jahren von 1928 bis 1933 konnte die medizinische Experimentalforschung 33% der Gesamtzuwendungen der NG für sich beanspruchen.[18] Insgesamt wurde die medizinische Forschung in der Weimarer Republik aber auch großzügig von der NG unterstützt. So fließen in den Jahren von 1928 bis 1933 nicht weniger als 4 938 677 RM in die medizinische Forschung.

Die Gelder, die von der NG zur Verfügung gestellt wurden, bestanden in der Hauptsache aus Reichszuschüssen. In den ersten beiden Jahren der Existenz der NG wurde je 20 Millionen RM aus dem Etat des Reichsministeriums des Innern an die NG überwiesen.[19] Für 1922 erhielt Schmidt-Ott 440 Millionen Mark und dazu einen Vorschuss auf das Etatjahr 1923 von weiteren 400 Millionen Mark. Für 1923 wurden vor dem Hintergrund der galoppierenden Inflation zunächst 4,4 Milliarden Mark bewilligt. Später schwankten die jährlichen Reichszuschüsse zwischen drei und acht Millionen RM. Der Zuschuss stieg bis auf 8 Millionen RM

---

16 Bundesarchiv Koblenz (BAK), R 73/16592.
17 Die persönliche Korrespondenz Hueppes mit Schmidt-Ott deutet darauf hin, dass Hueppes Arbeit über „Vererbung und Konstitution" in der Zeit von September 1925 bis März 1926 tatsächlich unterstützt wurde. Näheres über die Zuwendungen lässt sich allerdings nicht ermitteln. Siehe: Ebd.
18 Nipperdey/Schmugge, Forschungsförderung, S. 118.
19 Zierold, Forschungsförderung, S. 34.

in den Jahren 1927 und 1928, um dann wieder mit der zunehmenden Wirtschaftskrise über 7 Millionen RM auf 5 Millionen RM und schließlich auf 4 Millionen RM zu fallen. Die Beteiligung der Wirtschaft in Form von Spenden blieb weit hinter den Erwartungen zurück. Die jährlichen Zahlungen des für diesen Zweck errichteten „Stifterverbandes der Notgemeinschaft der Deutschen Wissenschaft e.V." an die NG betrugen zwischen 100 000 und 130 000 RM; 1929 und 1931 jedoch 180 000 RM und erreichten 1930 230 000 RM.[20]

Die NG war 1920 nicht allein aus der Wahrnehmung einer allgemeinen Notlage der deutschen Wissenschaft in Zeiten der Inflation heraus entstanden. Ihre Gründung war mit weiter reichenden Überlegungen über die Erhaltung der deutschen Kultur und die „Lebenskraft des deutschen Volkes" verbunden, die nach der Erfahrung des Ersten Weltkriegs als besonders gefährdet angesehen wurde. Wissenschaft, vor allem medizinische Wissenschaft, sollte daher verstärkt der „Sicherung der Lebensgrundlagen des deutschen Volkes" dienen.

Es galt nicht nur, so die Worte von Friedrich von Müller, „das Ansehen des deutschen Wesens, des deutschen Geistes wieder zur Geltung zu bringen"[21]; auch „die Erhaltung und Förderung der Volksgesundheit [sei] eine der vornehmsten Aufgaben der Notgemeinschaft".[22] Die medizinische Forschungsförderung sollte zur „Volkserneuerung" und „Wiederherstellung zufriedenstellender gesundheitlicher Verhältnisse" beitragen. Bereits im ersten Rechnungsjahr 1921/22 stand daher die Medizin an der Spitze der Forschungsförderung der NG.[23]

Es ist nicht einfach, unter den von der NG geförderten medizinischen Projekten in den zwanziger Jahren solche Forschungsvorhaben zu identifizieren, bei denen die Vererbungsfrage eine Rolle spielte. Im ersten Tätigkeitsbericht hieß es zwar, dass neben der „Physiologie, insbesondere des Stoffwechsels", auch „kleinere Gebiete wie Bakteriologie, Vererbungslehre, Krebs- und Tuberkuloseforschung, Röntgentherapie" gefördert worden seien.[24] Unter Vererbungslehre wurden hier jedoch ausschließlich Forschungsvorhaben im Bereich der Tier- und Pflanzengenetik aufgeführt und dass diese überhaupt unter „Medizin" firmierten, lag daran, dass der 4. Fachausschuss der NG ursprünglich sowohl für Medizin als auch für Biologie zuständig war. Als die beiden Bereiche getrennt wurden, fand die Vererbungslehre im Zusammenhang mit medizinischen Projekten keine Erwähnung mehr.

Während in der ersten Hälfte der zwanziger Jahre eine auf den Menschen bezogene Mendelgenetik keine Rolle spielte, bildeten „Vererbungsstudien" bei Pflanzen und Tieren einen bedeutenden Anteil der Forschungsförderung. „Für Tier- und Pflanzenzucht in gleicher Weise bedeutungsvoll sind Vererbungsver-

---

20 Ebd.
21 Vgl. Bericht von Friedrich Müller, BAK, R 73/91.
22 Zwölfter Bericht der Notgemeinschaft der deutschen Wissenschaft (Deutsche Forschungsgemeinschaft) umfassend ihre Tätigkeit vom 1. April 1932 bis zum 31. März 1933, Berlin 1933, S. 40.
23 Bericht der Notgemeinschaft der Deutschen Wissenschaft über ihre Tätigkeit bis zum 31. März 1922, Berlin 1922, S. 12.
24 Bericht der Notgemeinschaft der Deutschen Wissenschaft über ihre Tätigkeit bis zum 31. März 1922, Berlin 1922, S. 17.

suche" – so hieß es im 5. Tätigkeitsbericht der NG für das Jahr 1926 –, „durch die für unsere Verhältnisse zweckmäßigsten Nutztier- und Pflanzenrassen festgestellt werden sollen" oder "die für unsere Volkswirtschaft wichtigen Fragen der Tieraufzucht, der Mast und der Milchproduktion" aufwerfen.[25] Die Bedeutung der Genetik lag zunächst in ihren vielfältigen Beiträgen zur Produktionssteigerung in der Landwirtschaft begründet. Nachdem sich im Ersten Weltkrieg die Fleischversorgung enorm verschlechtert hatte, gehörte die Züchtung von Vieh, das höhere Fleisch-, Milch- oder Wollerträge lieferte, zu den vorrangig förderungswürdigen Aufgaben. Aus diesem Grunde wurde die Tier- und Pflanzengenetik in den Jahrzehnten nach Wiederentdeckung der Mendelschen Gesetze[26] weitgehend im Umfeld landwirtschaftlicher Forschung entwickelt. Dabei vollzog sich der Übergang von praxisorientierter Forschung zur Grundlagenforschung fließend. An der Schnittstelle von Landwirtschaft und Biologie operierte die Genetik als eine vielversprechende Subdisziplin, die auch in der Forschungsförderung rasch an Bedeutung gewann.

In den zwanziger Jahren war man also zu der Auffassung gelangt, dass die Tierzüchtung unter genetischen Gesichtspunkten verbessert und gefördert werden müsse. Die ersten Anträge auf Zuschüsse für genetische Forschungsprojekte liefen meist über den Apparate- und Materialausschuss der NG, der in den ersten Jahren nach der Gründung der NG eine zentrale Rolle spielte. Im Rechnungsjahr 1924/25 suchte Prof. Valentin Stang (1876–1944) aus dem Institut für Tierzucht der tierärztlichen Hochschule Berlin, der einen Antrag auf eine „wissenschaftliche Untersuchung zur Verbesserung von Wollprüfungsmethoden und Studien zur Vererbung von Haar und Wolle" stellte, um die Bewilligung eines Wollprüfers nach. Der Privat-Dozent Alfred Willer (1889–1952) aus dem Fischereiinstitut der Universität Königsberg, der „Versuche über die Rassenbildung und Vererbung bei Teichfischen" durchführen wollte, beantragte 1500 RM für den Ankauf von Versuchstieren.[27] Diese Projekte bestanden zwar aus Vererbungsstudien, waren aber nicht grundsätzlich auf die Gewinnung von vererbungstheoretischen Kenntnissen ausgerichtet;

---

25 Fünfter Bericht der Notgemeinschaft der deutschen Wissenschaft, Berlin 1926, S. 219.
26 Die Aufdeckung von Vererbungsregeln machte zunächst der österreichische Augustinerchorherr Johann Gregor Mendel, indem er mit einer Auswahl an geeigneten Sorten der Erbse aus dem Garten seines Klosters Kreuzungsexperimente durchführte. Aus seinen Experimenten gingen zwei allgemeine Gesetze hervor, die bis heute als Mendelsche Regeln geblieben sind. 1869 veröffentlichte Mendel seine Ergebnisse über die Vererbung der Form und der Farbe von Erbsensamen sowie der Farbe von Erbsenblüten im Aufsatz „Über einige aus künstlicher Befruchtung gewonnene Hieracium-Bastarde", der kaum beachtet wurde. Erst 1900 wurden seine Erkenntnisse von den Botanikern Carl Correns (Tübingen), Erich Tschermak-Seysenegg (Wien) und Hugo de Vries (Amsterdam) unabhängig voneinander wiederentdeckt.
27 Im Rechnungsjahr 1924/25 wurden neben dem Antrag von Alfred Willer 20 weitere Anträge im Bereich Biologie bei dem Apparateausschuss der NG unterstützt. Über 400 Einzelanträge auf Bewilligung von Apparaten und Materialien fanden in diesem Jahr ihre Erledigung. Hierfür standen 450 000 RM zur Verfügung. Willers Antrag entsprach den durchschnittlichen Anforderungen an die NG in dieser Zeit. Siehe: Vierter Bericht der Notgemeinschaft der Deutschen Wissenschaft, Berlin 1925, S. 54 u. 68–69 und Nipperdey/Schmugge, Forschungsförderung, S. 117.

2.1. Zum Aufbau und Förderstrukturen der Notgemeinschaft

die Aussicht auf die landwirtschaftliche Nutzung der Ergebnisse war für die Durchführung der Experimente bestimmend. Diese Vorgehensweise erwies sich beim Kampf um Fördergelder als erfolgreich. Im Lauf der zwanziger Jahre wurden solche Vorhaben im Forschungsförderungsprogramm der NG immer wichtiger und führten schließlich Anfang der dreißiger Jahre zur Etablierung der „Gemeinschaftsarbeiten für Tierzucht". In diesem Kontext bezogen sich 1930/31 eine große Anzahl der Forschungsanträge auf die genetische Auswertung von Kreuzungsversuchen und die Analyse der Wirkung von Erbfaktoren beim Zuchtvorgang.[28] Dabei stützten sie sich zum Teil auf vererbungstheoretische Kenntnisse. Bevor der Zoologe Heinz Henseler (1885–1968), Leiter des Instituts für Tierzucht und Züchtungsbiologie an der Technischen Hochschule München, im Rahmen der „Gemeinschaftsarbeiten für Tierzucht" einen Antrag auf „erbanalytische Untersuchung beim graubraunen Gebirgsvieh" stellte, hatte er sich mit den „Chromosomen des Hausrindes" befasst, für das die NG ihm bereits im Rechnungsjahr 1928/29 Apparate zur Verfügung gestellt hatte.[29] So beschränkte er sich nicht nur auf die reine phänotypische Analyse der Wirkung von Erbanlagen, sondern setzte sich auch unmittelbar mit dem genetischen Substrat auseinander. An der Schnittstelle von Landwirtschaft und Biologie förderte die NG Forschungsprojekte, die zwar einerseits auf eine landwirtschaftliche Anwendung der Vererbungslehre hinausliefen, andererseits aber auch zur weiteren Entwicklung der allgemeinen Vererbungslehre beitrugen.

Die Pflanzenzüchtung, die seit Ende des 19. Jahrhunderts als eine akademische Disziplin bestand, unterlag nach der Wiederentdeckung der Mendelschen Erbgesetze einer einschneidenden Umwandlung ihrer Methoden. Die Züchtungsforscher richteten ihr Augenmerk nicht mehr nur auf die Auslese der jeweils im Hinblick auf das Zuchtziel besten Pflanzen einer Generation und deren anschließende Vermehrung, sondern vor allem auf die Züchtung mit neuem pflanzengenetischem Material. Dabei wurden sowohl Wildpflanzen als auch Mutanten der Kulturpflanzen als Ausgangsmaterial für die Züchtung verwendet.[30] Mit der Züchtung solcher Wildpflanzen und Mutanten eröffnete sich ein neues Experimentierfeld, dessen besondere Förderung schon die Gründung eines eigenen Kaiser-Wilhelm-Instituts (KWI) widerspiegelte. Denn bereits 1911, also noch vor dem Ersten Weltkrieg, hatte Erwin Baur (1875–1933), der 1912 die erste Professur für Vererbungsforschung in Deutschland erhielt und Leiter des Instituts für Vererbungs- und Züchtungsforschung der Landwirtschaftlichen Hochschule Berlin wurde, die Einrichtung eines staatlichen Instituts gefordert, das die Ergebnisse der neuen Vererbungswissenschaft für die Züchtung heimischer Nutzpflanzen fruchtbar machen sollte.[31] 1927 wurde das KWI für Züchtungsforschung auf seine Initiative hin in Müncheberg (nahe Berlin) gegründet. Es sollte als Bindeglied zwischen der reinen Vererbungswissenschaft und der züchterischen Praxis fungieren und stieg binnen weniger Jahre zu einer renommierten Forschungsstelle auf. Bereits im ersten Jahr der Existenz des KWI, das wesentlich mit Hilfe der (Agrar-)Industrie

---

28 Vgl. Hauptausschussliste Nr. 7 vom Rechnungsjahr 1930/31, BAK, R 73/113.
29 Siehe: Hauptausschussliste Nr. 2 vom Rechnungsjahr 1928/29, BAK, R 73/107.
30 Heim, Kalorien, S. 35.
31 Plarre, Geschichte, S. 125; Hagemann, Baur, S. 29.

aufgebaut wurde[32], trat Baur an die NG heran, um die Bewilligung von Apparaten im Wert von rund 4500 RM zu fordern.[33] Vor der Gründung des KWI war Baur mit einem Projekt „über das Wesen, die Entstehungsweise und die Vererbung von Rassenunterschieden bei Antirrhinum majus" gefördert worden.[34] Mit seinen Arbeiten über die Löwenmaul-Wildspezies Antirrhinum, die er auf mehreren Reisen nach Spanien gesammelt hatte, bemühte er sich, die Gültigkeit der Chromosomen-Theorie zu beweisen. In der zweiten Hälfte der zwanziger Jahre sollte er sich vorwiegend Züchtungsarbeiten zuwenden. Im Rechnungsjahr 1927/28 stellte er für seinen Mitarbeiter Dr. Nebel am neu gegründeten KWI einen Förderungsantrag für das Projekt „Vererbung und Züchtung mit Obstarten", das nach der Meinung des Fachausschusses der NG von „größter Wichtigkeit, sowohl in rein wissenschaftlicher als auch in praktischer Beziehung" war.[35] Die Zuwendungen der NG sollten der materiellen Ausrüstung der Obstabteilung des Instituts dienen, die bereits sehr früh einen beträchtlichen Teil der Zuchtgärten des Instituts bebaute.[36] Die Forschungsarbeiten der Obstabteilung galten der Züchtung von resistenten Obstsorten durch Kreuzung von Obstwildlingen mit alten Sorten, welche am Rand des Dahlemer Zuchtgartens gepflanzt wurden. Durch die systematische Analyse von Obstarten kamen die wissenschaftlichen Verfahren der Genetik zur breiten Anwendung. Dabei sollte die Genetik in den Dienst der züchterischen Praxis gestellt werden.

In den Tätigkeitsberichten der NG wurde dementsprechend die Vererbungslehre vor allem im Zusammenhang mit der volkswirtschaftlichen Bedeutung der Aufzucht hervorgehoben. Die NG war in den zwanziger Jahren aber auch an der Förderung der Grundlagenforschung im Bereich der experimentellen Genetik beteiligt.[37] Das Interesse am Mendelismus war seit Anfang des 20. Jahrhunderts auch in Deutschland gestiegen, allerdings war man hier einen anderen Weg gegangen als z.B. in den USA, wo die unter dem Einfluss von Thomas Hunt Morgan (1866–1945) entwickelte Chromosomen-Theorie im Zentrum des Forschungsinteresses stand. Die deutschen Genetiker waren hingegen vorrangig an der Aufklärung des Vererbungsprozesses und der Erweiterung der Vererbungslehre in entwicklungsphysiologischer Richtung interessiert.[38] Bei der Analyse der gene-

---

32 Gausemeier, Netzwerken, S.181.
33 Im Rechnungsjahr 1927/28 gelangten im Bereich der Experimentalforschung insgesamt 1121 Anträge zur Erledigung. Hierfür stand 1 Million RM aus dem laufenden Fonds der NG zur Verfügung. Im Bereich Biologie wurden 70 Projekte bei 52 Antragstellern bzw. Antragstellerinnen von der NG aus diesen Mitteln unterstützt. Mit seinem Gesuch um die Bereitstellung von Mitteln in Höhe von 4500 RM für die Anschaffung von Apparaten versprach sich Baur eine finanzielle Unterstützung, die im Hinblick auf die im Durchschnitt geringer gewährten Zuschüsse für die biologische Experimentalforschung nicht unerheblich war. Siehe: Siebenter Bericht der NG der Deutschen Wissenschaft, Berlin 1928, S. 84–86 u. 111–136.
34 Bericht der Notgemeinschaft der Deutschen Wissenschaft über ihre Tätigkeit bis zum 31. März 1922, S. 78.
35 Siehe: Hauptausschussliste Nr. 17 vom Rechnungsjahr 1927/28, BAK, R 73/107.
36 Planck, Jahre, S. 96.
37 Harwood, Styles, S. 35.
38 Ebd., S. 33–45.

tischen Mechanismen der Vererbung konzentrierten sie sich nicht so sehr auf das Studium der Chromosomen und den Zellkern, sondern stärker auf das Zellplasma, das für sie eine grundlegende Rolle bei der Vererbung spielte.[39]

Anders als Baur befasste sich Carl Correns (1864–1933) als Leiter des KWI für Biologie, das sich der Grundlagenforschung in der Genetik widmete, Anfang der zwanziger Jahre intensiv mit Untersuchungen zur Geschlechtsvererbung, bei denen er den Anteil der Geschlechter der Pflanzen durch die Einwirkung von verschiedenen äußeren Faktoren zu beeinflussen versuchte. So trug er dazu bei, das Verständnis der Geschlechtsvererbung auf bestimmte Mechanismen zu erweitern, die nicht allein in den Geschlechtschromosomen lokalisiert waren. 1922 veröffentlichte Correns die Ergebnisse seines „Konkurrenz-Versuchs" am Sauerampfer, bei dem es ihm durch Verwendung von großen Mengen an Pollen bei der einen und möglichst geringer Menge bei der anderen Bestäubung tatsächlich gelungen war, das Geschlechtsverhältnis zu beeinflussen. Correns arbeitete nicht nur mit unterschiedlichen Pollenmengen, sondern schnitt auch die Griffel ab, ließ den Pollen altern oder setzte ihn Alkoholdämpfen aus. Im Rechnungsjahr 1925/26 ersuchte er für seine „Versuche über Geschlechtsbestimmung und Vererbung bei höheren Pflanzen", welche bis weit in die zwanziger Jahre hinein im Mittelpunkt seiner Forschungstätigkeit blieben, die Unterstützung der NG und beantragte daher 10 000 RM. In Relation zum Forschungsetat der Abteilung Correns Mitte der zwanziger Jahre war dies viel Geld, mit dem offenbar ein Ersatz für Kürzungen des planmäßigen Sachetats gefunden werden sollte, der im Rechnungsjahr 1925/26 nur noch 13 100 RM betrug.[40] Auch Correns' Assistent Fritz von Wettstein Ritter von Westersheim (1895–1945) bemühte sich zur gleichen Zeit um Unterstützung der NG für Untersuchungen „über den Formwechsel der Moose auf vererbungstheoretischer Grundlage" und „über erbliche Konstitution der Organismen". Wettstein, der 1925 als Professor für Botanik nach Göttingen berufen wurde, befasste sich während seiner Tätigkeit am KWI für Biologie mit polyploiden Laubmoosen. Seine genetischen Arbeiten an verschiedenen Polyploiden kamen der Heranbildung einer entwicklungsphysiologischen Genetik zugute. Zum einen

---

39 Die Botaniker Fritz von Wettstein Ritter von Westersheim und Carl Correns sowie der Zoologe Alfred Kühn waren die drei wichtigsten Vertreter der plasmatischen Vererbungstheorie, die dem Zellplasma eine entscheidende Rolle bei der Vererbung zuwiesen. Für sie spielten nicht die Chromosomen des Zellkerns, sondern die Substanzen bzw. Strukturen des Zellplasmas bei der Vererbung die Hauptrolle. Von Wettstein ging von der Existenz einer genetischen Struktur im Zellplasma, die er Plasmon nannte und deren Wirkung allgemein und gleichmäßig den ganzen Organismus betraf. Für Carl Correns waren die Gene der Chromosomen nur in der Lage, die durch die Strukturen des Zellplasmas geleiteten Vererbungsprozesse zu modifizieren. Alfred Kühn war vor allem mit der Ausdrucksweise der Gene befasst, bei der er auch eine leitende Funktion des Zellplasmas annahm. Auch wenn die plasmatische Vererbungstheorie sich international nicht durchsetzen konnte – Thomas Hunt Morgan erhielt 1933 den Nobelpreis für seine Chromosomentheorie –, hatte sie mit ihrer Fokussierung auf Vererbungsprozesse langfristige Nachwirkungen auf die Entstehung der Molekularbiologie in den vierziger Jahren. Siehe: Harwood, Reception, S. 3–32.

40 Siehe: Archiv zur Geschichte der Max-Planck-Gesellschaft Berlin (MPG-Archiv), Abt. I, Rep. IA, Nr. 1558.

boten sie Einblicke in das quantitative Zusammenwirken gleicher und unterschiedlicher Gene auf das Zellwachstum und die Organbildung, zum anderen verwiesen sie auf die Rolle des von der Eizelle mitgebrachten Plasmas bei der Merkmalsausbildung. Friedrich Oehlkers (1890–1971), Professor für Botanik in Tübingen, schließlich, der vor allem über die entwicklungsphysiologischen Beziehungen zwischen Zellkern und Zellplasma arbeitete, betrieb seit Anfang der zwanziger Jahre Vererbungsstudien an der Pflanzengattung Oenothera, die die Grundlage zu weitreichenden Arbeiten über die plasmatische Vererbung bildeten.[41]

Unter den deutschen Genetikern, die mit Anträgen auf Unterstützung ihrer genetischen Forschungsarbeiten an die NG herantraten, befasste sich allein Günther Just (1892–1950) als Assistent am Zoologischen Institut der Universität Greifswald mit Drosophila-Genetik.[42] Im November 1923 habilitierte er sich mit „experimentellen Untersuchungen zum Problem des Faktorenaustausches" für das Fach Zoologie.[43] 1924/25 wurde er zunächst mit einer Arbeit über genetische Untersuchungen an Ratten gefördert, im darauf folgenden Jahr erhielt er Zuwendungen für Untersuchungen über den Faktorenaustausch bei Drosophila, mit denen er sich bis zum Ende der zwanziger Jahre befasste.[44]

Die menschliche Erblehre als weitere Anwendung der wiederentdeckten Mendelgenetik wurde hingegen in den zwanziger Jahren kaum gefördert. Die langwierige Annäherung an die Mendelgenetik im Umfeld der Medizin hatte aber nicht nur mit der mangelnden Institutionalisierung der neuen Disziplin zu tun, die auf experimentelle Studien nicht zurückgreifen konnte und der vorausgehenden Ausreifung der Vererbungslehre bei Pflanzen und Tieren bedurfte, sondern war auch eng mit forschungsimmanenten Entwicklungen verbunden, die im Laufe der zwanziger Jahre an Bedeutung gewannen und zunächst den Rückgriff auf die Mendelgenetik nicht erforderlich machten. Die mangelnde Förderung der menschlichen Erblehre bedeutete daher nicht, dass es im Umfeld der Medizin keine bedeutende Thematisierung der Vererbungsfrage gegeben hätte.

---

41 Im Rechnungsjahr 1925/26 befürworteten die NG-Fachgutachter die Bewilligung eines Kredits von 1000 RM an Friedrich Oehlkers für seine „Vererbungsversuche in der Gattung Oenothera". Siehe: Generallandesarchiv Karlsruhe (GLA Karlsruhe), Abt. 235, Nr. 7423.
42 In einem Gutachten über Just betonte der Zoologe Alfred Kühn 1926 die besondere Stellung von Just in der deutschen genetischen Forschungslandschaft. Vgl. Bundesarchiv Berlin (BAB), NS-Archiv, ZB II/1924/Akte 2. Drosophila-Genetik bezeichnet das Forschungsfeld, das sich der mendelgenetischen Interpretation von Kreuzungsversuchen an der Taufliege Drosophila melanogaster widmet. Diese Taufliege diente sehr schnell als Modellorganismus in der Genetik, weil sie mit leichtem Aufwand in hoher Organismenzahl gezüchtet werden kann und nur vier Chromosomenpaare besitzt.
43 Felbor, Rassenbiologie, S. 146.
44 Ders., Untersuchungen II.

2.2. VERERBUNG IM UMFELD DER ERNÄHRUNGSPHYSIOLOGIE

Die frühe Förderungspolitik der NG lässt eine Orientierung an der Gesundheitspolitik der Regierung erkennen. So waren etwa den vielen von der NG unterstützten Forschungsaktivitäten im Bereich Syphilis und Tuberkulose verstärkte gesundheitspolitische Maßnahmen auf diesem Gebiet vorausgegangen.[45] Ein anderes wichtiges Betätigungsfeld war die Vitamin- und Stoffwechselforschung, die auf die Unterernährung weiter Teile der Bevölkerung während des Krieges reagierte – aber auch auf den Verlust der Führung in einem einst von Deutschen dominierten Forschungsgebiet.[46] Ernährungsphysiologie und die dazu gehörigen Randgebiete stiegen in den zwanziger Jahren zu den am meisten geförderten Forschungsgebieten im Bereich der Medizin auf.

Mitte der zwanziger Jahre wurde die Forschungspolitik der NG im Bereich der Medizin vor allem von vier Männern bestimmt: neben den beiden Gutachtern für praktische Medizin, Ludolf von Krehl und August Bier, die 1921 in den Fachausschuss Medizin gewählt worden waren, waren dies der Internist Friedrich von Müller[47] und der bakteriologisch ausgebildete Physiologe Max Rubner.[48] Müller und Rubner hatten bereits 1920 zusammen einen Beitrag zum „Einfluss der Kriegsverhältnisse auf den Gesundheitszustand im Deutschen Reich" in der „Münchener Medizinischen Wochenschrift" veröffentlicht.[49] Im Kontext der „gemeinsamen Arbeiten im Bereich der nationalen Wirtschaft, Volksgesundheit und Volkswohl", wie Friedrich Schmidt-Ott 1925 seinen Plan für die Profilierung der Förderungspolitik in einer Denkschrift an den Reichstag beschrieb[50], formulierten sie Vorschläge für die Inangriffnahme von sogenannten Gemeinschaftsarbeiten auf dem Gebiet der theoretischen und praktischen Medizin.[51] Das Konzept der

---

45 Vgl. Schreiber, Deutsches Reich, S. 24 und 32.
46 In dem Manuskript „Vorbereitungen für die Inangriffnahme gemeinsamer Arbeiten im Bereiche der nationalen Wirtschaft, der Volksgesundheit und des Volkswohls" heißt es unter der Rubrik „Vitamine": „Das ursprünglich von Hofmeister – Straßburg und Stepp kurz vor dem Kriege angeregte Arbeitsgebiet ist unseren Händen zur Zeit entglitten. Hier sind wir von Amerika aus mit Versuchen geradezu überschüttet worden, so dass, wie die Literatur zeigt, viele Berichterstatter geradezu fasziniert erscheinen". In: Vorbereitungen für die Inangriffnahme gemeinsamer Arbeiten im Bereiche der nationalen Wirtschaft, der Volksgesundheit und des Volkswohls, BAK, R 73/179, S. 4. Die Zitate wurden durch die Verfasserin weitgehend der neuen Rechtschreibung angepasst.
47 Friedrich Müller hatte sich bereits während des Krieges eingehend mit der Ernährungsfrage auseinandergesetzt. 1916 veröffentlichte er einen Artikel über die „Ernährungsfrage und de[n] Krieg" und 1920 zwei Beiträge zu „Gesundheitszustand und Ernährung des deutschen Volkes". Vgl. *Bayerische Staatszeitung* vom 5./6.3.1919 und „Deutschlands Ernährungsnot, eine Kundgebung der Münchener Aerzteschaft", in: *München – Augsburger Abendzeitung* Nr. 45/46.
48 Das Verdienst Rubners als Schüler von Karl Voit war es, einen energetischen Standpunkt in der bisher lediglich unter stofflichen Aspekten durchgeführten Stoffwechselforschung, eingeführt zu haben. Später sollte er Robert Koch als Direktor des Berliner Hygienischen Instituts ablösen.
49 In diesem Beitrag ging es vor allem um die Auswirkung der Hungerblockade im Jahr 1917.
50 Siehe: Abbildung der Denkschrift, in: Zierold, Forschungsförderung, S. 576–582.
51 Zur Entstehung der sog. Gemeinschaftsarbeiten, siehe: einleitende Ausführungen im Kapitel über die Gemeinschaftsarbeiten für Rassenforschung.

Gemeinschaftsarbeiten, das 1924 mit der Rückkehr zu einer stabilen Währung entstanden war, zielte darauf, die Forschung stärker in den Dienst des Staates zu stellen. Ende 1925 fanden Besprechungen mit Vertretern aus der Wissenschaft und der Wirtschaft statt, um die in Frage kommenden nationalen Aufgaben für die Gemeinschaftsarbeiten zu bestimmen. Am Ende der Beratungen lag der Schwerpunkt im Bereich der Medizin eindeutig auf ernährungsphysiologischen Themen. Nicht weniger als fünf der fünfzehn in Aussicht gestellten Gemeinschaftsarbeiten auf dem Gebiet der theoretischen und praktischen Medizin bezogen sich auf diesen Bereich.[52]

Es ist daher nicht überraschend, dass man sich der Vererbungsfrage zunächst über den Zugang der Ernährungsphysiologie annäherte. So stellte die NG die Förderung von „Vererbungsstudien" parallel zu ernährungsphysiologischen Untersuchungen in Aussicht. Vererbung wurde hier noch nicht unmittelbar auf die genetische Übertragung eines Zustandes bezogen, sondern eher als ein Ausdruck, um die exogene Beeinflussbarkeit einer gegebenen Konstitution zu bezeichnen. Der forschende Blick war noch weitgehend auf durch äußere Einflüsse erworbene Eigenschaften gerichtet. Die vom Hallenser Entwicklungsphysiologen Georg Wetzel (1871–1951) 1921/22 angekündigten „Vererbungsstudien" lassen keineswegs auf eine Übertragung der Mendelgenetik auf den Menschen zurückschließen, sondern wurden lediglich als eine Ergänzung zu Untersuchungen „über den Einfluss der Nahrung auf den Körperbau" bewilligt.[53] Im Jahr darauf wurde das Projekt sogar ohne den Zusatz von Vererbungsstudien aufgeführt.[54] Die Akten lassen hier keine ganz genauen Aussagen über Wetzels „Vererbungsstudien" zu; aus seinen Forschungsschwerpunkten in den zwanziger Jahren geht jedoch hervor, dass sich hinter „Vererbungsstudien" die Untersuchung über den Einfluss der mütterlichen Ernährung auf Neugeborene verbarg. In den zwanziger Jahren befasste sich Wetzel einerseits mit Untersuchungen des Magendarmkanals der Ratte „bei pflanzlicher und tierischer Nahrung" und andererseits mit der Gewinnung von empirischen Daten über das Wachstum von Kindern. Einen wesentlichen Teil seiner wissenschaftlichen Tätigkeit widmete er der Berechnung von kindlichen Maßen je nach Alter, für die er auf statistische Methoden zurückgriff. Wetzels Forschungsinteresse war durch die Erfahrung bestimmt, dass die Größe von Neugeborenen von der Größe und Ernährung der jeweiligen Mütter abhängig war. Im Kontext der unmittelbaren Nachkriegszeit waren eine Reihe von Arbeiten erschienen, die die Frage zu beantworten suchten, ob eine „eingreifende Hungerdiät, die den Organismus der Mutter schädigt, auf das Geburtsgewicht der Jungen von Einfluss

---

52 Diese betrafen die „Eiweißkonstitution und [den] Eiweißstoffwechsel", den „intermediären Stoffwechsel", die „Physiologie und Pathologie des Wasserhaushaltes", den „Grundumsatz" und die „Vitamine". Vgl. „Vorbereitungen für die Inangriffnahme gemeinsamer Arbeiten im Bereiche der nationalen Wirtschaft, der Volksgesundheit und des Volkswohls", BAK, R 73/179.
53 Bericht der Notgemeinschaft der Deutschen Wissenschaft über ihre Tätigkeit bis zum 31. März 1922, S. 61.
54 Vgl. BAK, R 73/84.

[war]".⁵⁵ In diesem Zusammenhang wies der Begriff der Vererbung auf einen angeborenen Zustand hin, der nicht zwingend auf Erbanlage beruhte. Er wurde wahrscheinlich benutzt, um die Übertragung von Eigenschaften von einer Generation zur anderen zu bezeichnen, und zwar unabhängig davon, ob diese Eigenschaften durch Erbanlagen oder äußere Einflüsse bestimmt werden. Im Mittelpunkt des Forschungsinteresses Wetzels stand jedenfalls nicht so sehr die Rolle der Erbanlagen, sondern die der Ernährung, und seine ernährungsphysiologischen Projekte konzentrierten sich auf den Einfluss der Umwelt auf den Organismus.

2.3. VERERBUNG IM UMFELD DER BAKTERIOLOGIE

Neben der Ernährungsphysiologie und eng mit ihr verbunden bildete die Bakteriologie einen wichtigen Schwerpunkt der medizinischen Forschungsförderung in den zwanziger Jahren. Mittels der Förderung der modernen Bakteriologie versuchte man, an die bedeutsamen Erfolge der deutschen medizinischen Wissenschaft bei der Bekämpfung der so genannten Volksseuchen anzuknüpfen. Bei der ersten großen öffentlichen Veranstaltung der NG auf dem Gebiet der Medizin wurde die Behandlung von Volkskrankheiten ausführlich behandelt. Ziel der Veranstaltung, die im Oktober 1925 auf der Essener „Medizinischen Woche" stattfand, war es, die deutsche Arbeiterschaft mit den Zielen der medizinischen Forschungsarbeit vertraut zu machen. Zugleich richtete diese Veranstaltung die Aufmerksamkeit des „werktätigen Volkes" auf die Bedeutung der individuellen Hygiene. Der Internist und spätere Hauptausschussvorsitzende Friedrich von Müller referierte über „die Lehre von der Ernährung auf Grund der Kriegserfahrungen und der neueren Forschungen".⁵⁶ Es galt aber nicht nur die Rolle der Ernährung bei der Entstehung von Infektionskrankheiten hervorzuheben, sondern auch allgemein auf die Bedeutung der Umwelt in ihren unterschiedlichsten Wirkungen auf den Organismus hinzuweisen. Sowohl die Rolle der Volksernährung als auch die der körperlichen Ertüchtigung, der Kleidungs- und Wohnverhältnisse für die Bekämpfung der Infektionskrankheiten wurden thematisiert.

In seinem Referat über die Bedeutung von Leibesübungen und die Verhütung der Tuberkulose versuchte der Chirurg August Bier mit einfachen Worten die komplexe Ätiologie der Tuberkulose zu beschreiben, spielte auf die neueren Erkenntnisse im Bereich der Bakteriologie an und hob die Bedeutung der Anlage bei der Entstehung der Tuberkulose hervor:

> „Der Körper wehrt sich, und nun kommt der Kampf des Körpers gegen den Schmarotzer. Sie sind aber im Irrtum, wenn Sie meinen, der Tuberkelbazillus sei die einzige Ursache der Tuberkulose so wie der Wurm nur schlechtes Holz anfrisst, so greift der Bazillus auch nur den

---

55 Im Handbuch der Anatomie des Kindes, das von Georg Wetzel mit herausgegeben wurde, nennt Wilhelm Pfuhl eine Reihe von Untersuchungen, die basierend auf dieser Fragestellung während des Krieges durchgeführt wurden. Vgl. Peter/Wetzel/Heiderich, Handbuch, Bd. 1, S. 203.
56 Siehe: Medizinische Wissenschaft und werktätiges Volk.

körperlich schlecht gefestigten Menschen an. Es gehört also eine Anlage zu der Tuberkulose."[57]

Diese Suche nach der „Disposition zu Infektionskrankheiten" war seit der Jahrhundertwende in einer rasanten Entwicklung, nachdem eine Reihe von Experimenten gezeigt hatte, dass die bakteriologische Theorie der monokausalen Verursachung der Infektionskrankheiten durch spezifische Erreger nicht aufrechtzuerhalten war. Diese Forschung, die mit der aufkommenden Sozialhygiene an Bedeutung gewann, kam zwar in Kontakt mit der Vererbungsfrage; aber mit dem Begriff der Disposition blieb das Augenmerk auf die Empfänglichkeit des Organismus für durch Umwelteinflüsse begünstigte Krankheiten gerichtet. Eine genetische Veranlagung beziehungsweise die anlagebedingte Bereitschaft des Organismus zu bestimmten Krankheiten (Diathese) wurde damit noch nicht postuliert.

Bei den von der NG geförderten Arbeiten über die Disposition bei Infektionskrankheiten, die Ende der zwanziger Jahre zu einer Arbeitsgemeinschaft führten, handelte es sich fast ausschließlich um tierexperimentelle Studien, die das Ziel verfolgten, die Rolle der disponierenden Schädigung bei der Entstehung von Infektionskrankheiten zu bestimmen. Der bakteriologisch ausgebildete Hygieniker Karl Kißkalt (1875–1962) erhielt 1926/27 und 1927/28 Zuwendungen der NG für Untersuchungen über diese Thematik.[58] Nachdem Kißkalt 1925 für drei Semester die Leitung des hygienischen Instituts in Bonn übernommen hatte, war er 1927 als dritter Nachfolger von Max von Pettenkofer (1818–1901) auf den ersten deutschen Lehrstuhl für Hygiene in München berufen worden. Trotz weitgehender Kürzungen der Zuschüsse der NG infolge der Weltwirtschaftskrise seit 1929 wurden Kißkalts Untersuchungen zunächst weiter gefördert.[59] Kißkalts Ziel war es die Disposition wie eine mathematische Größe, die sich genauestens im Experiment nachprüfen ließ, zu bestimmen. Die Konstitution, die er dagegen für unbestimmbar hielt, ließ er weitgehend unberücksichtigt. Kißkalt, der um die Überwindung der Koch'schen Annahme einer Spezifität des Krankheitserregers bemüht war und die Erklärung für die Entstehung von Infektionen in einem multifaktoriellen Bedingungsgefüge suchte, befasste sich damit, den Zusammenhang zwischen der Letalität und der Zahl der pathogenen Faktoren sowie der Schädigung des Organismus durch äußere Faktoren zu erforschen. Zunächst konzentrierte er sich auf die Bestimmung der Beziehungen zwischen der Erkrankungswahrscheinlichkeit und den pathogenen Faktoren. Er ließ Mäusen abgestufte Mengen von Bazillen zukommen und beobachtete, dass die Sterbenswahrscheinlichkeit nur in einem

---

57 Bier, Bedeutung, S. 15–16.
58 Vgl. Fünfter Bericht der Notgemeinschaft der Deutschen Wissenschaft, Berlin 1926, S. 87; Sechster Bericht der Notgemeinschaft der Deutschen Wissenschaft, S. 66; Siebenter Bericht der Notgemeinschaft der Deutschen Wissenschaft, S. 104.
59 Die Kürzungen betrugen zwölf Prozent des Gesamtetats im Jahre 1929, elf Prozent im Jahre 1930 und weitere 25 Prozent im Jahre 1931. Mitte des Jahres war die Etatbewilligung für die DFG hinausgeschoben worden. Die völlige Unsicherheit über die Höhe der für die NG für das entsprechende Jahr zu bewilligenden Reichsmittel sollte die Entscheidung über die eingereichten Anträge verzögern. Vgl. NG an Egon Freiherr von Eickstedt, 29.7.1930, BAK, R 73/10862.

2.3. Vererbung im Umfeld der Bakteriologie

gewissen Bereich annähernd proportional zur Menge der verfütterten Bazillen war. In einem zweiten Schritt wiederholte er den Versuch mit Mäusen, die darmreizende Mittel bekommen hatten, und kam zu dem Ergebnis, dass die vorbehandelten Tiere schon bei der Gabe einer geringeren Menge von Bazillen eingingen. In einem dritten Schritt ließ er Mäuse mit nur der Hälfte der bisher verwendeten Sublimatdosis behandeln und stellte fest, dass sie genauso reagierten wie die Tiere, die überhaupt kein Sublimat bekommen hatten. So war er der Beziehung zwischen der Erkrankungswahrscheinlichkeit und der schädigenden Dosis näher gekommen und hielt als sein Hauptergebnis fest, dass diese Beziehung nicht proportional sei.[60] Im Anschluss an seine Versuche präzisierte Kißkalt den Begriff der Disposition auf der theoretischen Ebene und versuchte ihn als „konstitutionelle Widerstandskraft" zu definieren. Mit Disposition war nicht mehr nur die disponierende Schädigung gemeint, sondern eine relative Größe, die es im Zusammenhang mit der durchschnittlichen Erkrankungswahrscheinlichkeit einer Population zu definieren gelte: „Die normale Disposition oder Durchschnittsdisposition einer Population ist die Wahrscheinlichkeit, auf die mittlere Dosis zu erkranken; erkrankt ein Individuum an einer geringeren Dosis, so ist es stark disponiert, aber diese Disposition lässt sich nunmehr, wenn die Disposition der Population bekannt ist, quantitativ bestimmen aus dem Vergleich der Zahl, an der es erkrankt ist, mit der mittleren Bazillenzahl."[61] So streifte Kißkalt im Endeffekt konstitutionspathologische Zusammenhänge, formulierte diesen Gedanken aber noch nicht weiter aus.

Kißkalt befasste sich nicht unmittelbar mit der Vererbungsfrage; seine Forschungen zielten auf die Züchtung von Tieren. Aber eben daraus resultierte der Bedeutungszuwachs für die Genetik im Umfeld medizinischer Forschung. So erfolgte die Annäherung an die Vererbungsfrage erst mittelbar und war eng mit der experimentellen Bakteriologie verbunden. Um den wachsenden Bedarf der naturwissenschaftlich-experimentellen Medizin an Versuchstieren entgegenzukommen[62], leitete die NG 1928 die „Gemeinschaftsarbeiten zur Versuchstierzucht" ein und griff hierbei auf die Initiative von Wilhelm Kolle (1868–1935), dem Leiter des Staatlichen Instituts für experimentelle Therapie in Frankfurt, zurück, der Ende 1927 die Einrichtung zentraler Versuchstierzuchtanlagen gefordert hatte.[63] Diese „Gemeinschaftsarbeit zur Versuchstierzucht" weitete sich schließlich zu der „Gemeinschaftsarbeit über die Frage der Erblichkeit der Disposition und der Resistenz gegenüber bestimmten Infektionserregern bei Kleinversuchstieren", deren Ziel nicht mehr nur in der Züchtung von „gleichmäßigem Tiermaterial für experimentelle Forschungen", sondern auch explizit in Forschungen über die Rolle der Erblichkeit bei Infektionskrankheiten bestand.[64] Die zur Förderung der neuen Gemeinschaftsarbeit vorgesehenen Anträge zielten nun nicht mehr allein auf die

---

60 Kißkalt, Disposition, S. 836.
61 Ebd.
62 Vierter Bericht der Notgemeinschaft der deutschen Wissenschaft, Berlin 1925, S. 58–61.
63 Zu Wilhelm Kolle und den Gemeinschaftsarbeiten zur Versuchstierzucht, vgl. Schwerin, Experimentalisierung, S. 145–149.
64 Vgl. Hauptschussliste Nr. 5 vom Rechnungsjahr 1928/29, BAK, R 73/108, S. 16.

Errichtung von Zuchtanstalten, sondern vor allem auf die Durchführung von Kreuzungsversuchen.[65] Für die Züchtung erbreiner Linien von Versuchstieren wurden in der NG 1928/29 nicht weniger als 86 500 RM zur Verfügung gestellt.[66] Damit konnte sich die Genetik als bestimmendes Ordnungsprinzip der züchterischen Maßnahmen etablieren, gleichzeitig sollte aber auch der Denk- und Forschungshorizont medizinischer Forschung erweitert werden.

Sowohl Konstitutionsmedizin als auch physische Anthropologie beschäftigten sich Mitte der 1920er Jahre mit eingehenden Körperuntersuchungen, die zwar auf die Gewinnung erbbiologischer Erkenntnisse hinausliefen, aber nicht allein auf die Betrachtung von erblichen Faktoren ausgerichtet waren. Dabei richtete die Konstitutionsmedizin, die um die Jahrhundertwende bei der Erneuerung und Vertiefung bakteriologischer Erkenntnisse einen Aufschwung erlebt hatte, ihr Augenmerk auf den ganzen Organismus, der als Produkt von Umwelt und Vererbung angesehen wurde. Indem Konstitutionsforscher die Faktoren für das Auftreten von Krankheit in den angeborenen Eigenschaften des Betroffenen suchten, lenkten sie den Blick zunehmend auf endogene Krankheitsursachen, die in der Bakteriologie vernachlässigt worden waren und führten zu einem neuen Verständnis der Ätiologie von Krankheiten. Um dem im Organismus angelegten Reaktionspotential auf Umwelteinflüsse beziehungsweise Krankheitserreger näher zu kommen, stützten sie sich auf Untersuchungen des Körperbaus, der als ein Indikator für die individuelle Disposition und die hereditäre Veranlagung betrachtet wurde. Ein wichtiger Strang der Konstitutionsforschung befasste sich mit der Untersuchung von Körpertypen, in denen eine Erklärung für das Auftreten von Krankheiten gesucht wurde. Nachdem der Münchener Psychiater Ernst Kretschmer (1888–1964) zu Beginn des 20. Jahrhunderts ein neues nosologisches System entwickelt hatte,[67] bemühte er sich zu zeigen, dass Geisteskrankheiten gehäuft in Verbindung mit bestimmten Körperbautypen auftraten, und fand damit Beachtung sowohl in der Psychiatrie als auch in den anthropologischen Fachkreisen.[68] Seit Mitte der zwanziger Jahre wurden bei der NG die ersten Forschungsanträge in der Konstitutionsforschung gestellt. An der Schnittstelle von Konstitutionsfor-

---

[65] Erwin Baur und Hans Nachtsheim aus dem Institut für Vererbungsforschung der landwirtschaftlichen Hochschule Berlin stellten einen Antrag auf „Vererbungs- und Kreuzungsversuche", in dem sie 45 000 RM für Erweiterung von Tierstallungen zur jährlichen Zucht von 5000 Kaninchen und 10 000 Mäusen forderten. Die beiden anderen, im Zusammenhang mit der Gemeinschaftsarbeit aufgeführten Anträge von Alfred Kühn und Adolf Walther waren ebenfalls auf „Vererbungs- und Kreuzungsversuche" ausgerichtet. Vgl. Ebd., S. 19.

[66] Dabei handelte es sich um eine bedeutende Unterstützung der NG. 1928 und 1929 standen jeweils 2 500 000 und 2 200 000 RM für sog. Gemeinschaftsarbeiten zur Verfügung.

[67] Mit seiner Konstitutionstypologie führte Kretschmer die Unterscheidung zwischen den Typen des Leptosomen, des Pyknikers und des Athletikers ein, die sowohl auf körperliche als auch charakterliche Eigenschaften hinweisen. Leptosom bezeichnet einen mageren, zarten, eng- und flachbrüstigen Menschen mit dünnen Armen und Beinen. Pykniker sind mittelgroße Menschen mit kurzen Hals und breitem Gesicht, die zu Fettansatz neigen und behäbig sind. Athletiker haben einen kräftigen Körperbau mit breiten Schultern und Brustkorb. Ihr Temperament wird als heiter, forsch und aktiv beschrieben. Siehe: Kretschmer, Körperbau.

[68] Siehe: Kretschmer, Körperbau.

schung und Anthropologie stellte Dr. Karl Otto Henckel aus München 1924/25 einen Antrag auf eine Reisebeihilfe in Höhe von 600 RM. Er beabsichtigte in Schweden Körperbauuntersuchungen an Geisteskranken vorzunehmen, um die Frage zu klären, „ob und wieweit der konstitutionelle Körperbau durch die Rassenzugehörigkeit bedingt wird"[69]. Im selben Rechnungsjahr stellte Kurt Kolle (1898–1975), Assistent an der Universitätsnervenklinik in Jena, der sich später in die Arbeitsmethoden der Genealogisch-Demographischen Abteilung (GDA) der Deutschen Forschungsanstalt für Psychiatrie (DFA) in München einarbeiten sollte, einen Antrag auf „Körperbauuntersuchungen an Kranken und Gesunden" zum Zweck der „Nachprüfung der Kretschmer'schen Aufstellungen". Bald schon wandte er sich der neuen Erblehre zu: Bereits im Rechnungsjahr 1926/27 stellte er einen weiteren Antrag auf „Untersuchung zum Paranoia-Problem", in dem er sich explizit auf die Anwendung genealogischer Methoden berief.[70] Kolle stellt damit allerdings einen Einzelfall in der Forschungsförderung dar. Der Umschwung von einer konstitutionellen Betrachtungsweise, die um die Feststellung von Körperbautypen kreiste, zu einer engeren Analyse von gezielten Merkmalen unter Berücksichtigung genealogischer Methoden vollzog sich fließend und führte erst Ende der zwanziger Jahre zu einer verstärkten Förderung der menschlichen Erblehre.

Die NG war 1927 an der Etablierung der Konstitutionsmedizin in der akademischen Forschungslandschaft insofern beteiligt, als sie die Einrichtung eines Laboratoriums für Konstitutionsmedizin an der Charité unter der Leitung von Walter Jaensch (1889–1950) mitfinanzierte, das Ende 1931 durch eine Verfügung des preußischen Ministeriums in ein Ambulatorium für Konstitutionsmedizin umgewandelt wurde.[71] Im Mittelpunkt der Arbeiten des von Walter Jaensch gegründeten Laboratoriums standen psycho-physische Untersuchungen und kapillarmikroskopische Untersuchungen am Menschen. Die NG beteiligte sich an der Förderung dieser Untersuchungen, wenn auch in beschränktem Maße.[72]

2.4. AGNES BLUHM UND DIE SCHÄDIGUNG DES KEIMPLASMAS

Erst die regelmäßigen Zuwendungen der NG an die frühe Rassenhygienikerin Agnes Bluhm (1862–1943) für ein Projekt über die „Nachwirkung des elterlichen Alkoholismus auf die Nachkommenschaft" ab 1929 können als Förderung einer mendelistischen Vererbungswissenschaft, die auf den Menschen bezogen war, interpretiert werden. Während ihres Medizinstudiums in Zürich war Bluhm mit dem Begründer der rassenhygienischen Bewegung in Deutschland, Alfred Ploetz (1860–1940), in Kontakt gekommen und zu einer überzeugten Rassenhygienikerin

---

69 Hauptausschussliste Nr. 15 vom Rechnungsjahr 1924/25, GLA Karlsruhe, Abt. 235, Nr. 7423.
70 Hauptausschussliste Nr. 10 vom Rechnungsjahr 1926/27, GLA Karlsruhe, Abt. 235, Nr. 7341.
71 Siehe: Sonderdruck aus der Chronik der Friedrich-Wilhelms-Universität, 1931/32, Universitätsarchiv Berlin, UK/J18 (Personalakte Walter Jaensch).
72 Hauptausschussliste 13 vom Rechnungsjahr 1928/29, BAK, R73/109.

geworden, die sowohl zu den Herausgebern des Archivs für Rassen- und Gesellschaftsbiologie als auch zu den ersten Mitgliedern der 1905 gegründeten Deutschen Gesellschaft für Rassenhygiene zählte. Indem Bluhm sich der Frage der erblichen Keimschädigung durch den Alkohol zuwandte, griff sie auf ein Thema zurück, das im Kontext der aufkommenden Sozialhygiene an Bedeutung gewonnen hatte. Nachdem die Alkoholfrage um die Jahrhundertwende im Rahmen einer durch sozialhygienische und ernährungsphysiologische Gesichtspunkte geprägten Debatte behandelt und Alkohol mit Giften verglichen worden war[73], bot die Fachliteratur der zwanziger Jahre einige weitergehende Ansätze an. Neue Erkenntnisse wurden sowohl auf dem Gebiet der Diagnostik als auch der Therapie gewonnen. In der DFA wurden mit Unterstützung des Reichsinnenministeriums Methoden zur Messung der Alkoholwirkung erprobt. Gleichzeitig wurden aber auch das klinische Bild des Alkoholismus und die Heilbehandlung von Alkoholikern im Krankenhaus näher untersucht.[74] Bluhms Forschungen zielten auf die genetische Analyse der Alkoholwirkung und versuchten die Frage zu klären, inwiefern der Alkoholkonsum eine Schädigung des Erbgutes zur Folge hatte.

Am Ende des 19. Jahrhunderts hatte die Beobachtung der Wirkung chemischer Gifte zur Theorie der erblichen Keimschädigung geführt. Bei der Entstehung dieser Theorie spielte der Alkohol von vornherein eine große Rolle. Die gravierenden Folgen des Alkohols schienen sich sowohl aus der großen Sterblichkeit der Kinder von Alkoholikern als auch aus der Häufigkeit des Alkoholismus als familiär belastendes Moment bei Geisteskranken zu ergeben. Pionierstudien betonten die schwerwiegende Auswirkung des elterlichen Alkoholismus auf die Nachkommenschaft. Dabei wurden sie von der um die Jahrhundertwende mit Polemik geführten Kampagne von Alkoholgegnern zugunsten einer totalen Abstinenz unterstützt. Agnes Bluhm war nun vor allem um die Einführung von wissenschaftlichen Standards in der Alkoholfrage bemüht. Zunächst ging es ihr darum, die These des Physiologen Gustav von Bunge von der Wirkung des Alkoholismus der Mütter auf die Stillfähigkeit der Töchter zu widerlegen.[75] Während von Bunge davon überzeugt war, dass deutsche Frauen und vor allem Töchter von Alkoholikern zunehmend unfähig waren, ihre Kinder zu stillen, zeigte Bluhm 1908, ausgehend von eigenen Erhebungen, dass dies zum größten Teil durch soziale Faktoren und also nicht durch eine biologische Stillunfähigkeit verursacht war.[76] Bluhm war nicht nur um die Erhebung von statistischen Daten bemüht, sie nahm auch Experimente an Ratten vor, um die Wirkung des Alkohols nachzuprüfen.[77] Gleichzeitig war sie aber auch mit der Frage beschäftigt, ob der väterliche Alkoholismus

---

73 Hueppe, Alkohol.
74 Siehe: Haas/Lange, Versuche; Lange, Heilbehandlung. Die Unterstützung des Reichsinnenministeriums geht aus dem VI. Tätigkeitsbericht der Deutschen Forschungsanstalt für Psychiatrie hervor. Siehe: Zeitschrift für die gesamte Neurologie und Psychiatrie 103, 1926, S. 257.
75 Bunge, Alkoholfrage; ders., Unfähigkeit.
76 Bluhm, Stillungsnot; dies., Alkoholismus. Die Statistik der durch Bluhm erhobenen Daten ergab, dass von 39 Alkoholikertöchtern 25 vollstillfähig und nur 14 stillunfähig waren. Siehe: Dies., Alkoholismus, S. 643.
77 Ebd.

2.4. Agnes Bluhm und die Schädigung des Keimplasmas

„auf dem Wege einer allgemeinen Keimverderbnis zu einer starken konstitutionellen Minderwertigkeit der Kinder führt"[78]. Durch die Annahme einer „konstitutionellen Minderwertigkeit" des Nachwuchses von Alkoholikern versuchte Bluhm ihre anfängliche Fragestellung in einem vererbungstheoretischen Rahmen einzubetten. Wie sie vermerkte, hatte es von Bunge unterlassen, anzugeben, wie er sich die Entstehung der Stillunfähigkeit bei der Alkoholikertochter biologisch vorstellte. Ausgehend von dieser Fragestellung nahm Bluhm in den zwanziger Jahren erneut Tierversuche vor. Über ein Jahrzehnt war sie damit beschäftigt, den Nachwuchs von alkoholisierten Mäusen sowohl quantitativ als auch qualitativ zu untersuchen, um die Frage nach der Art der durch den Alkohol verursachten Keimschädigung klären zu können. Als Bluhm sich an die NG wandte, hatte sie sich bereits mehrere Jahre mit tierexperimentellen Versuchen und mit der Untersuchung der Nachwirkung des Alkohols auf die Nachkommenschaft beschäftigt.[79] Zwar war Agnes Bluhm seit 1921/22 am KWI für Biologie tätig[80], doch blieben die Mittel, die das KWI ihr zur Verfügung stellte, sehr gering.[81] Erst die Zuwendungen der NG ermöglichten die Ausdehnung der experimentellen Arbeiten.

Die Förderung Bluhms ist bemerkenswert, weil die Wissenschaftlerin als einzige Frau in relativ hohem Alter Zuwendungen der NG erhielt, wie sie üblicherweise vor allem Nachwuchswissenschaftlern und männlichen Akademikern vorbehalten waren.[82] Ihre Arbeiten wurden in den Rechnungsjahren 1924/25 und 1926/27 gefördert.

Bluhms Arbeiten zur Auswirkung des Alkoholismus mündeten im Jahr 1930 in der Monographie *Zum Problem Alkohol und Nachkommenschaft*. Diese Alfred Ploetz gewidmete und beim völkischen Verleger J. F. Lehmanns erschienene Arbeit beschäftigte sich im Kern mit der Frage, ob es sich bei der Einwirkung des Alkohols lediglich um eine Modifikation handelte, das heißt eine Änderung des Zytoplasmas, die nicht im strengen mendelistischen Sinne erblich war, oder um eine Schädigung im Kern der Zelle. Bei ihren Experimenten an Mäusen war Bluhm nicht nur um eine Überprüfung der Ergebnisse von C. R. Stockard bemüht, sondern

---

78 Ebd., S. 655.
79 1922 veröffentlichte Bluhm einen Aufsatz über seit 1920 laufende Versuche, die zum ersten Mal nach vererbungstheoretischen Schlussfolgerungen ausgerichtet waren.
80 So werden ihre Versuche im Bericht über die Tätigkeit der Abteilung Correns für das Geschäftsjahr 1921/22 erwähnt. Siehe: MPG-Archiv, Abt. I, Rep. IA, Nr. 1558.
81 Laut einem Brief Fritz von Wettsteins an die Generalverwaltung der Kaiser-Wilhelm-Gesellschaft (KWG) aus dem Jahr 1942 bekam Bluhm zur Unterstützung ihrer Arbeiten seit ihrem Antritt am KWI eine monatliche Zuwendung von etwa 200 RM, womit Bluhm in der meisten Zeit eine häusliche Hilfskraft vergütet haben soll. Darüber hinaus habe das KWI sowohl die Kosten für eine technische Assistentin als auch laufende Ausgaben für die Versuche übernommen. Siehe: Ebd., Abt. I, Rep. IA , Nr. 539.
82 Die Tätigkeitsberichte der NG für die Rechnungsjahre 1924/25 und 1926/27 weisen auf eine Förderung von Bluhms experimentellen Studien über die Einwirkung des elterlichen Alkoholismus auf die Nachkommenschaft hin, im Jahre 1926 insgesamt 1100 RM. Siehe: BAB, R 1501/126770a. Verglichen mit den Sachetats der verschiedenen Abteilungen des Instituts im Rechnungsjahr 1925/26, die zwischen 13100 und 7600 RM betrugen, waren diese Raten nicht unbedeutend. Vgl. Sachetat des KWI für Biologie für 1925/26, MPG-Archiv, Abt. I, Rep. IA, Nr. 1558.

wollte ausgehend von zytogenetischen und mendelistischen Erklärungsmodellen vor allem prüfen, ob es sich bei der Alkoholeinwirkung um eine Mutation oder eine Modifikation handelte. Stockard, ein Schüler des nordamerikanischen Genetikers und Mutationsforschers T. H. Morgan, hatte seit 1910 Experimente an Meerschweinchen und Küken durchgeführt und war zu dem Ergebnis gekommen, dass beim Nachwuchs von alkoholisierten Tieren im Vergleich zu den Kontrolltieren sowohl eine überhöhte Säuglingssterblichkeit als auch schwächere Fertilität vorlagen. Da die eingetretenen Gesundheitsschäden bei der Paarung der Alkoholikerabkömmlinge mit normalen Tieren wieder verschwanden, tendierte Stockard dazu, die Wirkung des Alkohols auf eine Modifikation zurückzuführen. Da Bluhm die Einwirkung des Alkohols auf die Erbsubstanz nicht durch mendelistische Zahlenverhältnisse belegen konnte, konzentrierte sie sich darauf, einen möglichen Einfluss des Zytoplasmas auszuschließen. Aus ihren Versuchen zog sie den Schluss, dass die durch Alkohol eingetretenen Veränderungen durch die Chromosomen und nicht durch rein zytoplasmatische Faktoren bedingt waren. Zudem schien in erster Linie das männliche Geschlechtschromosom von der Erbschädigung betroffen zu sein. Um zu zeigen, dass die Männchen die hauptsächlichen Überträger der Erbschädigung waren, hatte Bluhm gegenseitige Kreuzungen zwischen den Alkoholabkömmlingen und den Kontrolltieren vorgenommen. Dabei hatten ihre Experimente ergeben, dass die Kinder aus der Paarung einer weiblichen Kontrollmaus mit einer alkoholisierten männlichen Maus sehr viel geringere Aussicht hatten, das Säuglingsalter zu überleben, als die Kinder einer alkoholisierten weiblichen Maus und einer männlichen Kontrollmaus. Diese Beobachtung bestätigten auch die entsprechenden Kreuzungen innerhalb der zweiten, dritten und vierten Generation.[83]

Ihre Studie blieb nicht von Kritik verschont. Für den schwedischen Dozenten für Kinderheilkunde, Dr. Curt Gyllenswärd, blieb Bluhm den Beweis schuldig, dass die beiden Serien von Alkohol- und Kontrolltieren unter gleichen äußeren Bedingungen gelebt hatten. Er wies nicht nur auf die hygienischen Verhältnisse hin, sondern griff darüber hinaus die Schwachstellen von Bluhms Theorie an. Bluhms Experimente an sieben Generationen von Mäusen hatten nämlich ergeben, dass sich beim Nachwuchs von alkoholisierten Mäusen die überhöhte Säuglingssterblichkeit bei Männchen nur für die ersten Generationen nachweisen ließ. Nach einigen Generationen glich sie sich wieder derjenigen der Weibchen an. Während Bluhm diesen Zustand durch die durch Alkoholeinwirkung eingetretene Auslese der Tiere erklärte, hielt Gyllenswärd den Zusammenhang zwischen Inzucht und sinkender Sterblichkeit für wenig überzeugend und bestritt die These, wonach Alkohol eine im Kern der Zelle festgesetzte Erbschädigung bewirkte.

Bluhms Forschungsarbeit war ein Durchbruch – nicht nur als Übergang zur Mendelgenetik, sondern auch weil sie die rassenhygienische Deutung einer sozialhygienischen Problematik beinhaltete. Mit ihrer Arbeit, die auf der älteren Theorie der Keimschädigung aufbaute, blieb Bluhm in der Sozialhygiene verwurzelt. Gleichzeitig stützte sie sich auf Modelle der Mendelgenetik, die bisher bei

---

83 Ebd., S. 23.

2.4. Agnes Bluhm und die Schädigung des Keimplasmas

den von der NG geförderten Forschungen keine Rolle gespielt hatten, und war um eine rassenhygienische Deutung ihrer Ergebnisse bemüht. Im exzessiven Alkoholkonsum sah sie nämlich eine rassenhygienische Gefährdung für die ganze Bevölkerung und wollte daher vom Einheiraten in Alkoholikerfamilien abraten.[84]

Betrachtet man die Forschungsförderung der NG in der ersten Hälfte der zwanziger Jahre insgesamt, so wird deutlich sichtbar, dass vor allem solche Projekte gefördert wurden, bei denen die Vererbungsfrage in das Umfeld der sozialhygienischen Umwelt- und Ernährungslehre eingebettet war. Die Forschungsprojekte zielten nicht auf die Vererbungsproblematik, sondern waren auf die Erklärung der Zusammenhänge bei Pflanzen- und Tierzucht, bei Ernährungsfragen und Problemen der Schädigung des Keimplasmas, wie etwa beim Alkohol, gerichtet. Es ist aber auch erkennbar, dass dabei Fragen der Vererbung allmählich stärker in den Vordergrund gerieten. Eine Übertragung der bei Pflanzen und Tieren gewonnenen Erkenntnisse lag insofern nahe – nicht nur aus der wissenschaftlichen Dynamik heraus, sondern auch durch Einwirkung außerwissenschaftlicher Faktoren, die das Augenmerk auf bestimmte politisch brisante Verbindungen legten und zur Erhöhung der Erkenntnisnachfrage in diesen Bereichen führten. Das galt in besonderer Weise für das Rasse-Paradigma. Etwa seit Mitte der zwanziger Jahre kristallisierte sich im Zusammenhang mit der Unterstützung von Forschungen auf dem Gebiet der „vergleichenden Völkerpathologie" ein neuer Schwerpunkt in der Forschungsförderung der NG heraus. Dieser Forschungszweig, der vom deutschen Pathologen Ludwig Aschoff (1866–1942) initiiert wurde, fragte einerseits nach der Mitwirkung konstitutioneller Momente bei der Entstehung von Krankheiten. Andererseits war er aber vor allem auf eine eingehende Analyse exogener Auslösungsfaktoren von Krankheiten ausgerichtet. Die Berücksichtigung sowohl endogener als auch exogener Faktoren bot für die Betrachtung von Volks- und Zivilisationskrankheiten einen vielversprechenden Ansatz. Bei den geförderten Projekten auf diesem Gebiet wurde dabei auch die Kategorie der Rasse, als eine von mehreren Einflussgrößen, herangezogen. Bei der Hauptausschusssitzung der NG vom 20. April 1929 definierte Karl Stuchtey, Betreuer der Angelegenheiten des Apparateausschusses und Hauptsachbearbeiter für naturwissenschaftliche und technische Fachgebiete, die geförderten Forschungsvorhaben als „rassenpathologische Vergleichsuntersuchungen", bei denen „neue Wege gesucht werden [sollten]"[85]. So erfolgten die Bemühungen der NG vor dem Hintergrund einer sich verschärfenden Krise der mechanistisch-monokausalen Betrachtung von Volks- und Zivilisationskrankheiten, die erst über den Umweg der Völker- und Rassenpathologie den Einstieg in die Förderung erbbiologisch-erbpathologischer Forschung ebnen sollte.

---

84 Bluhm, Problem, S. 73.
85 In einem im DFG-Aktenbestand im Bundesarchiv Koblenz auffindbaren Bericht heißt es: „In der Medizin stehen Forschungen zur Immunisierung bei Tuberkulose, Krebsuntersuchungen und Kropfproblemen im Vordergrunde. Durch rassenpathologische Vergleichsuntersuchungen sollen hier neue Wege gesucht werden. Solche Forschungen sind auch für unsere Zusammenarbeit mit der ausländischen Wissenschaft von erfreulicher Bedeutung. Wichtige Grundlagen fehlen noch für die Stoffwechselphysiologie". In: BAK, R 73/96.

2.5. VERERBUNG IM UMFELD DER PATHOLOGIE

Aschoff hatte sich bereits nach der deutschen Niederlage von 1918 für die umfassende Gleichberechtigung der deutschen Wissenschaft im internationalen Kontext eingesetzt.[86] Er betrachtete die Pathologie als eine deutsche Kulturleistung und war zugleich darauf bedacht, einen Ausweg aus der Isolierung der deutschen Wissenschaft zu suchen.[87] So kam er der Kulturpolitik der deutschen Regierung entgegen, die vor dem Hintergrund des Friedensschlusses von Versailles bemüht war, sich der Wissenschaft zur Unterstützung ihrer Außenpolitik zu bedienen. Vor allem die Medizin hatte dabei einen nicht unerheblichen Beitrag zur „Weltpolitik als Kulturmission" zu leisten.[88] In diesem Kontext, einer Kombination von wissenschaftlichen und kulturpolitischen Motiven, stand auch die verstärkte Förderung der „vergleichenden Völker- und Rassenpathologie" durch die NG.

Bereits während des Krieges hatte Aschoff, durchdrungen von der Sendungsmission der deutschen Kultur, konstitutionspathologische Fragestellungen entwickelt. Er widmete sich dem Programm einer so genannten Volkspathologie und definierte die Pathologie als Hüterin der „Erbmasse".[89] Sein Verständnis des deutschen Volkes war mehrdimensional. Einerseits bildeten kulturelle Prägung und Geographie die Kriterien, um Völker voneinander zu trennen, andererseits wies er der Blutmischung und den Erbanlagen eine besondere Rolle im Leben der Völker zu. Als geistiger Stifter der „vergleichenden Völkerpathologie" orientierte sich Aschoff auch nach dem Krieg an einer erbbiologischen Definition des Volkes. So fungierte die von ihm entworfene Völkerpathologie zum Teil als Rassenpathologie[90], zugleich hielt er aber stets an einem breiteren Volksbegriff fest, der es ihm ermöglichte, sich sowohl auf die Erbanlagen als auch die vielfältigen Umwelteinflüsse zu konzentrieren.

> „Es kommt nicht nur auf die Erforschung der inneren Rassenmerkmale an" – so betonte Aschoff in einem Brief an Schmidt-Ott im Februar 1926 –, „sondern ebenso auch auf diejenige der Beeinflussung der inneren Organe, besonders der Drüsen mit innerer Sekretion durch die verschiedene Umwelt. Das letztere Studium hat man gewöhnlich unter dem Namen der geographischen Pathologie zusammengefasst. Heute wissen wir, dass wir die inneren und die äußeren Faktoren, also den Einfluss der Umwelt und den Einfluss der Erbmasse nur nach mühevollem Studium, wenn überhaupt, voneinander trennen können. Es ist daher besser, für diese Gesamtforschung einen umfassenderen Namen, eben den der vergleichenden Völkerpathologie zu wählen."[91]

---

86 Franz Büchner, Aschoff, in: Vincke, Professoren, S. 11–20.
87 Zur Weltanschauung und vaterländischer Gesinnung von Ludwig von Aschoff, siehe: Prüll, Pathologie.
88 Eckart, Kulturpolitik, S. 105; Bruch, Weltpolitik.
89 Aschoff, Krankheit, S. 33.
90 Aschoff wechselt unterschiedslos zwischen dem Begriff des Volkes und der Rasse bei seiner Beschreibung der sog. „vergleichenden Völkerpathologie": „Es handelt sich darum festzustellen, wie bestimmte Krankheiten bei den verschiedenen Völkern und Rassen verlaufen, welche Krankheiten den einzelnen Rassen eigentümlich sind, warum bestimmte Krankheiten nur bei bestimmten Völkern vorkommen, wie weit sie von dem eigenartigen Klima, der eigenartigen Ernährung usw. abhängig sind". Siehe: Aschoff, Forschungsgebiet, S. 44–45.
91 Aschoff an Schmidt-Ott, 15.2.1926, Geheimes Staatsarchiv preußischer Kulturbesitz (GstA), VI HA, Nachlass (Nl) Schmidt-Ott, C 42.

2.5. Vererbung im Umfeld der Pathologie

Nicht nur erbliche Faktoren lagen demnach Krankheiten zugrunde, sondern auch die unterschiedlichsten Umweltfaktoren wirkten auf den menschlichen Organismus und sollten einer feinen pathologischen Untersuchung unterzogen werden.

Dass Aschoffs Interesse an der Rassenfrage in eine allgemeine, auch politische Perspektive eingebettet war, spiegelte seine Berührung mit anthropologischem und völkerkundlichem Wissensgut wider. In einem programmatischen Artikel aus dem Jahr 1927 zur „vergleichenden Völkerphysiologie und -pathologie" wandte sich Aschoff der Abstammungslehre zu und fragte nach der Entwicklung der einzelnen Rassen:

> „Sind die Rassenverschiedenheiten hauptsächlich endogener Natur, das heißt aus selbstständiger Verschiebung der Keimplasmastruktur entstanden, oder haben die exogenen Faktoren dabei eine bestimmende Rolle gespielt? Lässt sich heute noch [...] bei einwandernden Rassen eine merkbare Anpassung an die neue Umwelt feststellen?"[92]

Die vergleichende Völkerpathologie beziehungsweise Völkerphysiologie betrachtete Aschoff als einen Beitrag zur Aufklärung der von der Anthropologie eingeteilten Rassen. So war Aschoffs „vergleichende Völkerpathologie" insgesamt vielschichtig. Sie schloss sowohl eine theoretische Fragestellung über die Evolution des Menschengeschlechts als auch Ansätze der Geomedizin ein. Mit Hilfe der vergleichenden Völkerpathologie sollte erneut untersucht werden, ob Rassen unabhängig von den äußeren Einflüssen etwas Festes, Unveränderliches seien. Hierbei wurde an eine ältere Forschungstradition angeknüpft, die am Ende des 19. Jahrhunderts im Zusammenhang mit der Kolonisierung der Tropen durch Europäer zum Tragen gekommen war. Eine Reihe von Forschungen wandte sich der Frage der so genannten „Akklimatisation" zu, die zum ersten Mal von Rudolf Virchow (1821–1902) angeschnitten und anschließend von weiteren Pathologen in Angriff genommen worden war. Diese Forschungen waren in der Erfahrung begründet, dass Europäer bei dauerndem Aufenthalt in den Tropen nicht die gleiche Immunität wie die Einheimischen erwarben und dass ihre Fruchtbarkeit sogar allmählich sank.[93] Diese mangelnde Anpassung oder Gewöhnung an ein fremdes Klima schien so die vorgegebene und unumkehrbare Beständigkeit von rassischen Eigenschaften an den Tag zu legen.

Mit Hilfe des vergleichenden Ansatzes war Aschoff um die Aufklärung von pathologischen Erscheinungen bemüht, deren Ätiologie nicht fassbar war und die sowohl endogen als auch exogen bedingt zu sein schienen. Als Beispiel eines Forschungsgegenstandes, der noch einer eingehenderen Untersuchung bedurfte, nannte er vor allem den Kropf: „Wir glauben, heute über den Kropf viel mehr zu wissen als früher. Aber die eigentlichen Auslösungsfaktoren sind noch unbekannt."[94] Nachdem Aschoff im Frühjahr 1926 Mitglied im Hauptausschuss der NG geworden und zum Berater von Schmidt-Ott in medizinischen Angelegen-

---

92 Aschoff, Wort, S. 271–275.
93 Siehe: Über Akklimatisation, Manuskript zu einem Vortrag, Universitätsarchiv Freiburg, Nachlass Aschoff, E 10/175.
94 Aschoff, Wort, S. 273.

heiten avanciert war[95], war der Weg zur Förderung der vergleichenden Völkerpathologie geebnet.

2.5.1. Die Tung-Chi Universität in Shanghai

Schon vor dem Ersten Weltkrieg hatte das Deutsche Reich begonnen seinen Einfluss auf den ostasiatischen Raum zu erweitern.[96] Seit Ende des 19. Jahrhunderts waren deutsche Ärzte in Shanghai tätig, die auf dem hohen Ansehen der deutschen Medizin aufbauten. Einigen von ihnen war es um die Jahrhundertwende gelungen, auf einem eigenen Grundstück ein Krankenhaus zu errichten. Bald danach waren sie zu der Überlegung gekommen, dem Krankenhaus eine Medizinschule anzugliedern, die 1907 nach dem Besuch einer chinesischen Studienkommission in Deutschland gegründet werden konnte.

Die Medizinschule sollte nicht nur für die medizinische Versorgung der chinesischen Bevölkerung sorgen, sondern auch kulturpolitischen Bestrebungen dienen. Angesehene deutsche Professoren wurden nach Shanghai berufen, um dort die Qualität der deutschen Medizin unter Beweis zu stellen. Die deutschen Bemühungen um einen kulturpolitischen Einfluss wurden aber nach dem Ersten Weltkrieg gravierend beeinträchtigt: Unter dem Druck der Entente brach die chinesische Regierung die Beziehungen zu Deutschland ab. Im März 1917 mussten die in der französischen Konzession gelegenen Lehrgebäude der Medizinschule, die 1916 in die „Tung-Chi Universität" umgewandelt worden war – übersetzt aus dem Shanghai-Dialekt bedeutet dies „deutsche Universität"[97] –, geräumt werden. Die Medizinschule wurde nach Woosung, einem Vorort von Shanghai, verlegt, wo sie in einer geschlossenen chinesischen Rechts- und Handelsschule Unterkunft fand. Auch wenn der medizinische Unterricht trotz dieser Unterbrechung weiter geführt werden konnte[98], büßten die Deutschen einen wesentlichen Teil ihres Einflusses ein, denn die Verwaltungsbefugnis war in die Hände des ausschließlich aus Chinesen bestehenden Tung-Chi-Komitees übergegangen, welches der Aufsicht der Regierung unterstand. Unter diesen geänderten Rahmenbedingungen waren die deutschen Universitätsträger darum bemüht, die Finanzierung der Medizinschule sicherzustellen, deren Haushalt bisher vom Finanzministerium bereitgestellt und später monatlich vom Finanzamt der Provinz Kiangsu aus Reichssteuererbeträgen angewiesen wurde. Um Stiftungen deutscher Provenienz zu sichern, war im Jahre 1921 ein Vertrag zwischen dem Tung-Chi Komitee und dem „Verband

---

95 Anlässlich der Mitgliederversammlung vom 12. März 1926 wurde Geheimrat Aschoff als Mitglied des Hauptausschusses gewählt.
96 Chi, Beziehungen.
97 Zur Geschichte der Tung-Chi Universität. Siehe: Ebd. und Eckart, Ärzte.
98 1917 begann die Repatriierung der deutschen Dozenten. Daraufhin wurde der Unterricht vorübergehend eingestellt. Die im deutschen „Paulun-Hospital" tätigen Ärzte konnten ihre Praxis weiterführen und zum Teil unentgeltlich unterrichten. Erst 1922 kehrten deutsche Dozenten nach Shanghai zurück und nahmen regelmäßige Unterrichtsaufgaben wieder auf. Siehe: Gerhardt, Entwicklung.

2.5. Vererbung im Umfeld der Pathologie

für den fernen Osten" in Berlin abgeschlossen worden. Trotz der instabilen politischen Lage Chinas kamen der medizinischen Fakultät der Tung-Chi Universität verstärkt ab Mitte der zwanziger Jahre neue finanzielle Zuwendungen aus Deutschland zugute. Diese Förderung, die zum großen Teil von der NG getragen wurde, war Teil eines weitreichenden Versuchs der deutschen Wissenschaftsorganisationen, in China wissenschaftliche und kulturpolitische Bedeutung zu erlangen.

Im Oktober 1924 war Aschoff nach China gereist, um sich über die Forschungsmöglichkeiten an der Tung-Chi Universität in Shanghai zu erkundigen.[99] Nach seiner Rückkehr regte er die Einrichtung eines „Instituts für vergleichende Völkerpathologie" in Shanghai an und schlug die Pathologen Franz Oppenheim (geb. 1864) und Ferdinand Wagenseil (1887–1967), den Physiologen Hans Stübel und den Pharmakologen A. Kessler für diese Aufgabe vor.[100] Aschoff gelang es, die NG und das Auswärtige Amt für seine Pläne zu gewinnen. Ein erster Antrag Aschoffs für „Forschungen auf dem Gebiet der vergleichenden Völkerpathologie in der Deutschen Medizinschule in Shanghai" mit einem Volumen von 12 300 RM wurde im Frühjahr 1926 genehmigt[101]; als Bearbeiter nannte Aschoff drei der vier Institutsleiter an der medizinischen Fakultät der Tung-Chi Universität: Professor Stübel sowie die Doktoren Oppenheim und Wagenseil.[102] Hans Stübel war Leiter des Physiologischen Instituts der Tung-Chi Universität, Franz Oppenheim und Ferdinand Wagenseil leiteten die jeweiligen Institute für Pathologie und Anatomie dieser Universität. Die Zuwendung der NG diente in erster Linie der Grundausstattung, nicht der direkten Forschungstätigkeit.[103]

Die Kooperation mit Shanghai dehnte sich aber noch erheblich aus: 1926 bewilligten die NG und das Auswärtige Amt je 50 000 RM zur Förderung der wissenschaftlichen Bedeutung der medizinischen Fakultät der Tung-Chi Universität, die in gleichen Teilen 1927 und 1928 verteilt werden sollten.[104] Die Zuwendungen, die von der NG unter dem Titel „vergleichende Völkerpathologie" zur

---

99 Aschoff an das Auswärtige Amt (Ostasiatische Abteilung), GstA, VI HA Nachlass Schmidt-Ott C42, S. 140.
100 Siehe: Unger, Wagenseil, S. 75–76; Bericht Aschoffs an das Auswärtige Amt, Abschrift vom 25.2.1925; Bericht Aschoffs vom 3.7.1926; Schmidt-Ott an Wolf, 29.7.1926, Politisches Archiv des Auswärtigen Amts (PAA), R 63147.
101 Bei dieser Zuwendung handelte es sich um einen größeren Zuschuss der NG, die in diesem Rechnungsjahr über bedeutende Mittel verfügte. Einerseits floss dem Apparateausschuss gegenüber dem Vorjahr der doppelte Betrag an Mitteln zu, andererseits erfreute sich die NG der Bereitstellung eines vom Reichstag bewilligten Sonderfonds in Höhe von drei Millionen RM für sogenannte Gemeinschaftsarbeiten auf dem Gebiet der Nationalen Wirtschaft, der Volksgesundheit und des Volkswohls. Siehe: Fünfter Bericht der Notgemeinschaft der Deutschen Wissenschaft, Berlin 1926, S. 77.
102 Hauptausschussliste von Anfang März 1926. Siehe: GLA Karlsruhe, Abt. 235, Nr. 7340.
103 In seinem Brief an Aschoff betont Oppenheim, dass die Posten des Verwendungsplanes „absichtlich sehr rund gehalten und nicht spezialisiert [sind], da [er] nicht voraussehen kann, wie weit bei [seiner] Rückkehr nach Shanghai die Umbauarbeiten am Hospital und Pathologischen Institut (Aufsetzung eines Stockwerks) vollendet und die Inneneinrichtung gefördert sein [werde], welche Hilfskräfte dann zur Verfügung stehen und welche Wünsche Stübel, Wagenseil und die Kliniker eventuell noch geltend machen werden". In: Ebd., S. 171.
104 Dabei handelte es sich um eine bedeutende Förderung durch die NG. In der Zeit von 1926

Verfügung gestellt wurden[105], kamen den vier bereits existierenden wissenschaftlichen Instituten an der medizinischen Fakultät der Tung-Chi Universität zugute; erst durch diese Gelder wurde die wissenschaftliche Arbeit überhaupt ermöglicht.

Es ist nicht leicht, sich über die Forschungsprojekte, die an der Tung-Chi Universität mit den Mitteln der NG begonnen wurden, ein genaues Bild zu machen. Dadurch, dass diese Forschungsmöglichkeiten an der Tung-Chi Universität nur relativ kurze Zeit existierten, konnten nicht alle Projekte zum Abschluss gebracht werden[106] und sind dementsprechend nicht immer durch Veröffentlichungen dokumentiert. Zudem hatte sich durch die Rückkehr des erkrankten Pathologen Oppenheim nach Deutschland der Schwerpunkt der Forschungstätigkeit in Shanghai von pathologischen zu normal-anthropologischen Vergleichsuntersuchungen verlagert.

In einem Brief an die NG vom Februar 1926 hatte Aschoff im Hinblick auf die Förderung einer vergleichenden Völkerpathologie in Shanghai verschiedene Forschungsaufgaben aufgezeigt. Er sah die vergleichende Messung und Gewichtsbestimmung der Drüsen mit innerer Sekretion[107], eine genaue histologische Untersuchung dieser Drüsen bei der mongolischen Bevölkerung Chinas, die Fortführung der Arbeiten Oppenheims zu unterschiedlichen Haemolysinen[108] bei Chinesen vor sowie vergleichende ernährungsphysiologische Studien und systematische Kreislaufuntersuchungen.

Die aktivste Forschungstätigkeit in Shanghai entfaltete Ferdinand Wagenseil, der sich in Freiburg für Anatomie und Anthropologie habilitiert hatte und Ende 1922 einer Berufung als Dozent für Anatomie an die Tung-Chi Universität gefolgt war. Seine Forschungsinteressen waren charakteristisch für die fachliche Überlagerung der Anatomie mit einer unter dem Einfluss von Eugen Fischer (1874–1967) zunehmend erbbiologisch orientierten Anthropologie. Als Vertreter einer anatomisch orientierten Stammesgeschichte zeigte Wagenseil ein gewisses Interesse für eine erbbiologische Fragestellung. Während seiner Tätigkeit in Shanghai veröffentlichte er zwei Fassungen desselben kurzen Artikels über seine Beobachtung von zwei Fällen von Mehrlingen in der neu gegründeten Zeitschrift der Tung-Chi Universität.[109] In diesen Artikeln definierte er das äußere Erscheinungsbild jedes Lebewesens als das „Resultat aus der Erbanlage, dem Genotypus und der Umweltwirkung, der Peristase" und hob die Zwillingsbeobachtung als eine Methode zur ätiologischen Abgrenzung der Umwelt- und Erbfaktoren hervor. Wagenseil führte

---

bis 1928 standen jährlich zwischen 910 000 und 980 000 RM für die gesamte Experimentalforschung zur Verfügung.
105 Siehe: Abschrift zum pathologischen Institut vom 22.10.1929, PAA, R63975, unpaginiert.
106 Durch einen am 28. Januar 1932 erfolgten Angriff Japans auf Shanghai trat eine Unterbrechung der Arbeit der Universität ein. 1937 wurde die Tung-Chi Universität schließlich geschlossen. Siehe: Gerhardt, Entwicklung, S. 68.
107 Unter Drüsen mit innerer Sekretion waren die Hoden, die Schilddrüse, der Thymus und die Hypophyse zu verstehen.
108 Haemolysine sind Enzyme, die in der Lage sind, Blutzellen oder Hämoglobin aufzulösen.
109 Wagenseil, Bedeutung.

2.5. Vererbung im Umfeld der Pathologie

lediglich kasuistische Untersuchungen durch und war nicht in der Lage, allgemeine Schlüsse über die Erblichkeit der untersuchten Merkmale zu ziehen. Zwillingsforschung war für ihn Nebensache, sie ergab sich wahrscheinlich erst aus seiner Beschäftigung mit anthropologischen Untersuchungen, die in Shanghai stets Schwerpunkt seiner Forschungsarbeit blieben. So war er auf einen der beschriebenen Fälle, der ein weibliches Zwillingspaar betraf, im Rahmen seiner Forschungen über die Bevölkerung der japanischen Bonin-Inseln aufmerksam geworden. Im Sommer 1928 hatte Wagenseil zum ersten Mal eine Reisebeihilfe der NG erhalten, um eine Bestandsaufnahme der Bevölkerung dieser abgelegenen Inseln vorzunehmen.[110]

Während seiner Zeit in Shanghai war Wagenseil mit der finanziellen Unterstützung der NG nicht nur an einer Auswertung von gesammelten Daten über anatolische Türken, sondern auch an einer anthropologisch-konstitutionellen Untersuchung der chinesischen Bevölkerung beteiligt. In diesen beiden Arbeiten orientierte er sich an der Typenaufstellung von Ernst Kretschmer und versuchte, ausgehend von metrischen Daten, einen Rassentypus zu ermitteln. Dabei wurden die Merkmale, die sich von der Umwelt als wenig beeinflussbar erwiesen, zwar als brauchbar betrachtet, um diesen Typus zu bestimmen, deren Erblichkeit wurde aber nicht näher untersucht. Das Interesse an der Vererbung wurde dann vor allem im Hinblick auf die Feststellung von Rassenunterschieden bestimmt. In einer weiteren Untersuchung über die Drüsen der Chinesen versuchte Wagenseil, Rasseneigentümlichkeiten aufzudecken und stellte eine Vererbungstheorie auf. Dabei wies er auf die Annahme des schottischen Anatomen Arthur Keith hin, wonach die wichtigsten äußeren Rassenmerkmale auf die rassenmäßig verschiedene Anlage der Drüsen mit innerer Sekretion zurückzuführen seien.[111]

Nach dem Weggang Oppenheims aus Shanghai hatte Wagenseil die im pathologischen Institut der Tung-Chi Universität geführte Sammlung innersekretorischer Drüsen von Chinesen übernommen. Deren Bearbeitung, die in Shanghai im Institut von Wagenseil ebenfalls mit der Unterstützung der NG und des Auswärtigen Amts vorgenommen wurde, konnte allerdings erst nach der Rückkehr Wagenseils nach Deutschland abgeschlossen werden. Die sich aus dieser Arbeit ergebenden Ergebnisse wurden in einem Aufsatz veröffentlicht, der 1934 in der Zeitschrift für Morphologie und Anthropologie erschien.[112] Als zentrales Ergebnis stellte Wagenseil dar, dass Hoden, Nebennieren und Schilddrüse der Chinesen leichter seien als bei Europäern. Darüber hinaus setzte er sich in einem theore-

---

110 Diese Untersuchung wurde erst 1957 abgeschlossen, als Wagenseil erneut die Möglichkeit erhielt, mit Unterstützung der Deutschen Forschungsgemeinschaft diese Bevölkerung zu untersuchen. Wagenseil führte zum Teil Nach-, aber auch Neu-Untersuchungen durch. Die im Anschluss an seine Forschungen verfasste Monographie von 1962 befasste sich in der Hauptsache mit der Geschichte der einzelnen Familien und einer Analyse der metrischen Befunde bei den von ihm unterschiedenen Gruppen. Sie schloss auch Familienuntersuchungen ein, die das Ziel verfolgten, den Erbgang von bestimmten Rassenmerkmalen aufzudecken. So wies die Monographie auf die spätere Auseinandersetzung Wagenseils mit Erklärungsmodellen der mendelistischen Genetik hin, die in seinen früheren Arbeiten zur anthropologischen Bestandsaufnahme nicht herangezogen wurden.
111 Aschoff an Schmidt-Ott, 15.2.1926, GstA, VI HA, Nl Schmidt-Ott, C 42, S. 165.
112 Wagenseil, Bemerkungen.

tischen Abschnitt mit der Rolle der Drüsen und ihrer Hormone bei der Vererbung auseinander. So nahm er die grundlegende Feststellung, wonach sich Körpergewichte proportional zu Drüsengewichten verhielten, zum Anlass, die Vererbung von somatischen Merkmalen auf die Beschaffenheit der innersekretorischen Drüsen zurückzuführen. Hierbei lehnte er sich an Eugen Fischer an und zitierte ihn:

> „Wir stellen wohl in Wirklichkeit bei der Feststellung eines Erbfaktors für irgendeine Außeneigenschaft stets nur einen Erbfaktor für eine bestimmte Hormonwirkung fest. Wenn wir sagen, Körpergröße vererbt sich, so heißt das eigentlich, die Beschaffenheit beziehungsweise Tätigkeit der betreffenden innersekretorischen Drüsen vererben sich".[113]

Als Argument für eine solche Sichtweise führte Wagenseil aus, dass eine Änderung des hormonalen Zustands eine Wirkung auf den Körper habe und dass „in den Körperzellen noch Konstitutions- (Erb-) Möglichkeiten vorhanden waren, die erst diese hormonale Änderung hat in Erscheinung treten lassen"[114]. Demgemäß sah Wagenseil die Grazilität der Chinesen in ihrem kleineren innersekretorischen Apparat begründet. Wagenseils Interesse galt nicht primär den erblichen Anlagen, sondern eher der Rolle der Drüsen bei der Ausprägung des Phänotyps. Insbesondere interessierte ihn, wie Hormone auf phänotypische Merkmale wirken. 1926 veröffentlichte er in Zusammenhang mit seiner Erforschung der anatolischen Türken einen Artikel über die Kastrationsfolgen beim Mann.[115] Diese Arbeit basierte auf Daten, die er schon während des Ersten Weltkriegs in der Türkei gesammelt hatte. Während seines ersten Aufenthaltes in Peking im Jahre 1924 hatte Wagenseil vergeblich versucht, chinesische Eunuchen zu untersuchen und konnte dementsprechend einen Vergleich vorerst nicht durchführen. Um diese Lücke zu schließen, wurde 1930 von der NG eine Forschungsreise Wagenseils nach Peking zur anthropologischen Untersuchung der dort noch lebenden chinesischen Eunuchen finanziert. Mit der Unterstützung des Direktors des deutschen Hospitals in Peking konnte Wagenseil 31 Eunuchen und deren Wuchsformen mit denen einer Reihe von Nord-, Mittel- und Südchinesen vergleichen. Als Ergebnis seiner Untersuchung stellte er minutiös die Bedeutung der Kastration für die phänotypische Ausprägung von „Rassenmerkmalen" dar.[116] So kombinierte er eine morphologische mit einer physiologischen Betrachtungsweise, die die Vererbungsfrage schließlich an den Rand drängte.

Vermutlich ließ sich Hans Stübel als Direktor des physiologischen Instituts der Tung-Chi Universität von einer ähnlichen Perspektive leiten. Bevor er sich der Physiologie zuwandte, sich für diese Disziplin habilitierte und außerordentlicher Professor in Jena wurde, hatte er sich intensiv für Anthropologie interessiert. 1929 bat Stübel die NG, die Kosten für Beschaffung und Transport von meteorologischen Instrumenten zu übernehmen.[117] Daneben war er vor allem um die Gewährung eines kleineren Betrags für die Bezahlung eines Dolmetschers bemüht,

---

113 Ebd., S. 456.
114 Ebd.
115 Wagenseil, Beiträge.
116 Wagenseil, Eunuchen.
117 Siehe: Abschrift vom 13.5.1929, PAA, R63975.

der ihn auf einer Reise durch das südliche Chekiang und Fukien begleiten sollte. In Shanghai war Stübel mit „rassenphysiologischen Untersuchungen an Chinesen" befasst, die aber zu keiner Veröffentlichung führten. Die ungünstigen Verhältnisse in China erschwerten womöglich die Durchführung einer experimentellen Forschungstätigkeit auf dem Gebiet der Physiologie.[118] In China nahm Stübel zwar die Gelegenheit zu ausgedehnten Reisen in die Provinzen wahr, führte aber zuletzt nur noch ethnologische Studien durch. Noch lange Zeit, nachdem sich die NG von der Finanzierung der Forschungstätigkeit an der Tung-Chi Universität zurückzogen hatte, führte Stübel eine Vielzahl von ethnologischen Arbeiten in vielen Gegenden Chinas durch und schuf sich durch seine Pionierarbeiten über die nichtchinesischen Völker Chinas einen Namen.

Auch wenn Wagenseil in Shanghai eine nicht unbeträchtliche Forschungstätigkeit entfalten konnte, die in mehrerer Hinsicht den Vorstellungen Aschoffs zur vergleichenden Völkerpathologie entgegenkam, blieben die wissenschaftlichen Erträge der Forschungen deutscher Dozenten in Shanghai insgesamt sehr gering. Die verstärkte Unterstützung der Tung-Chi Universität mit deutschen Geldern fand darüber hinaus nicht den erwünschten kulturpolitischen Niederschlag: Im März 1930 teilte der dortige Vertreter des Verbands für den fernen Osten dem Auswärtigen Amt mit, dass die Unterstützung der wissenschaftlichen Arbeit an der Tung-Chi Universität den Chinesen nur sehr wenig bekannt sei und betonte, dass selbst der Vorsitzende des Deutschen Tung-Chi Ausschusses bis zum Frühjahr 1929 nichts von ihr gewusst habe. Darüber hinaus betonte er, dass, „obwohl es sich um ein Gemeinschaftsunternehmen handelt, die aus ihm resultierenden Lasten fast ausschließlich auf chinesischen Schultern [lagen]".[119] Abgesehen davon, dass sich die Verwertung der Forschungsarbeit mangels qualifizierter Hilfskräfte als problematisch erwies[120], führte der Einsatz von deutschen Geldern nicht wirklich zu einer verstärkten deutsch-chinesischen Zusammenarbeit. In seinem Rechenschaftsbericht an das Auswärtige Amt sollte der Dekan der medizinischen Fakultät bedauern, dass die bis zum Frühjahr 1929 durchgeführte Forschung noch kaum Auswirkung auf die Arbeit mit Chinesen gehabt hatte.[121] Als Grund hierfür nannte er die starke nationale Bewegung in China, die es schwieriger mache, einen deutschen Einfluss auszuüben. Vor allem prangerte er die mangelnde Kooperation der chinesischen Leitung der Universität an, die kein Interesse daran zeige, die Bedingungen der wissenschaftlichen Arbeit vor Ort zu verbessern.

Auch die Bereitschaft der NG, nach 1929 einen Dispositionsfonds an den Generalkonsul in Shanghai zu überweisen, aus dem mit ihrer Zustimmung Mittel an die einzelnen Forscher zur Erledigung ihrer Anträge ausgezahlt werden konn-

---

118 Steininger, Stübel.
119 Linde (Verband für den fernen Osten) an Geheimrat Terdenge (Auswärtiges Amt), 13.3.1930, PAA, R63975.
120 Wagenseil, Muskelbefunde, S. 42.
121 So schrieb er in seinem Bericht an den Geheimrat Terdenge vom Auswärtigen Amt: „Der Ertrag der wissenschaftlichen Forschungen [ist], wie sie das Reich und die Notgemeinschaft unterstützen, bisher für meine Begriffe noch recht ungenügend." In: Birt an Terdenge, 16.5.1929, PAA, R 63975.

ten[122], brachte keine Änderung der Situation. Auch wenn Aschoff eingeschätzt hatte, dass zur wissenschaftlichen Bearbeitung des angesammelten Materials ein jährlicher Zuschuss von 10 000 RM notwendig sei[123], lässt sich in den dreißiger Jahren über die anfänglich mit dem Auswärtigen Amt vorgenommene Förderung hinaus keine weitere Unterstützung der in Shanghai tätigen deutschen Wissenschaftler beobachten. Die Möglichkeit zur wissenschaftlichen Arbeit war nicht mehr gegeben, da ein japanischer Angriff am 28. Januar 1932 nicht nur zur Unterbrechung der Lehrtätigkeit an der Tung-Chi Universität, sondern auch zur Zerstörung von Forschungseinrichtungen führte.[124] Erst 1944, mit der finanziellen Unterstützung von Robert Neumanns Untersuchungen über „Vererbungslehre und Rassenkunde", war die DFG wieder an der Unterstützung wissenschaftlicher Forschung an der Tung-Chi Universität beteiligt.[125]

2.5.2. Das Moskauer Laboratorium für Rassenforschung

Als sich die NG Ende der zwanziger Jahre von der Förderung der vergleichenden Völkerpathologie in China abwandte, hatte sich das Hauptaugenmerk der NG bereits auf eine Zusammenarbeit mit Russland verschoben. Im November 1927 wurde in Moskau unter dem Namen „Institut für Rassenforschung" das deutschrussische Laboratorium für vergleichende Völkerpathologie und geographische Verbreitung der Krankheiten eröffnet. Der besondere Stellenwert des Moskauer Laboratoriums in der Förderungspolitik der NG ergab sich nicht nur aus der besonderen Wertschätzung der Beziehungen mit Russland, sondern auch aus dem anders als in Shanghai bereits existierenden dichten Kontakten sowohl zu russischen Wissenschaftlern als auch zu Politikern. Die Gründung des Laboratoriums bildete in vieler Hinsicht den Endpunkt einer Entwicklung, die im kulturellen und wissenschaftlichen Austausch Deutschlands mit der Sowjetunion in den zwanziger Jahren ihren Ausgangspunkt genommen hatte.[126]

Die an der Gründung des Moskauer Laboratoriums beteiligten deutschen Akteure (Wissenschaftsmanager beziehungsweise Politiker und Wissenschaftler) nahmen bereits in den zwanziger Jahren an der Förderung deutsch-russischer Zusammenarbeit einen regen Anteil. Friedrich Schmidt-Ott war Vorsitzender der deutschen Gesellschaft zum Studium Osteuropas, die ab Mitte der zwanziger Jahre Initiativen auf dem Gebiet der deutsch-russischen Zusammenarbeit förderte, und stand dem geschäftsführenden Vorstandsmitglied Otto Hoetzsch (1876–1946) nahe, der seit 1929 dem Hauptausschuss der NG angehörte.[127] 1923 waren

---

122 Siehe: Terdenge an Deutsche Generalkonsulat, 1.9.1928, PAA, R63974.
123 Aschoff an das Auswärtige Amt, undatiert, GStA, Nl Schmidt-Ott VI, C42.
124 Siehe: Gerhardt, Entwicklung, S. 69. Das physiologische Institut, welches erst im Mai 1931 als Neubau eröffnet worden war, wurde völlig zerstört. Das anatomische Institut fand Aufnahme im Paulun-Hospital.
125 Am 28. Juli 1944 erhielt er eine Bewilligung von 2700 RM. Siehe: BAB, R1501/3684.
126 Weindling, Co-Operation, 1987; ders., Co-Operation, 1992.
127 Vgl. Liszkowski, Osteuropaforschung.

Schmidt-Ott und Hoetzsch Teil eines Komitees deutscher Universitätsprofessoren, das sich auf Anregung des Physikers Wilhelm Westphal darum bemühte, wissenschaftliche Beziehungen zur Sowjetunion zu knüpfen.[128] Im September 1925 hatte Schmidt-Ott anlässlich des 200-jährigen Jubiläums der Akademie der Wissenschaften in Leningrad und Moskau eine große Delegation deutscher Professoren geleitet.[129] Darüber hinaus verfügten Oskar Vogt (1870–1959), der Direktor des Kaiser-Wilhelm-Instituts für Hirnforschung, und Ludwig Aschoff, die als wissenschaftliche Mentoren für das Moskauer Laboratorium fungierten und im Namen der NG das dort entwickelte Forschungsprogramm von deutschen Wissenschaftlern überwachten, sehr früh über privilegierte Kontakte zu Russland. So hatte Vogt 1925 für das russische Ehepaar Elena und Nikolaj Timoféeff-Ressovsky (1900–1981) eine genetische Abteilung des Kaiser-Wilhelm-Instituts für Hirnforschung einrichten lassen.[130] Zusammen mit seiner Frau Cécile unterhielt er darüber hinaus einen engen wissenschaftlichen Austausch mit dem Leiter des Moskauer Instituts für experimentelle Biologie, Nikolaj K. Kolcov.[131] Auch Aschoff hatte bereits in den zwanziger Jahren zu russischen Fachkollegen Kontakt. Bereits 1913 hatte er an seinem Freiburger Institut den Pathologen Anitschkow als Assistenten zu Gast, der wissenschaftlicher Co-Direktor des Moskauer Instituts werden sollte. Nach dem Ersten Weltkrieg reiste er nach Russland und besuchte dort eine Reihe von Forschungseinrichtungen.

Vogt und Aschoff pflegten ihre Beziehungen mit russischen Wissenschaftlern und setzten sich darüber hinaus dafür ein, Forschungsmöglichkeiten in der Sowjetunion zu schaffen. 1925 war Vogt an Schmidt-Ott herangetreten, um für ein noch zu bildendes Institut für Rassenforschung in Tiflis zu werben.[132] In der georgischen Hauptstadt bestand ein deutsches Krankenhaus, das auch nach 1918 aufrechterhalten wurde. An dieses wollte Vogt eine Forschungsstätte angliedern. Im Juni 1926 äußerte Aschoff, der einige Monate zuvor zum neuen Mitglied des Hauptausschusses gewählt worden war, ebenfalls den Wunsch, in Tiflis eine Forschungsstätte zu errichten. Dabei knüpfte er in gewisser Hinsicht an die Initiative des Berliner Pathologen Max Kuczynski (1890–1967) an, der sich im Frühjahr 1925 sowohl an Schmidt-Ott als auch an Herbert von Dirksen (1882–1955) vom deutschen Auswärtigen Amt gewandt hatte[133] und ein gemeinsames deutsch-russisches Institut für Geopathologie in Tiflis nachdrücklich vorgeschlagen hatte.[134]

Mitte der zwanziger Jahre standen im Hinblick auf Forschungsmöglichkeiten in der Sowjetunion mehrere Optionen zur Wahl. Sowohl für Rassenforschung, für vergleichende Völkerpathologie als auch für geographische Pathologie bot die

---

128 Lersch, Beziehungen, S. 109.
129 Ebd., S. 110; Schmidt-Ott, Erlebtes, S. 217–224.
130 Siehe: Satzinger, Krankheiten, S. 159.
131 Kolcov war später Mitglied des russischen Komitees, das als beratendes Gremium für das Laboratorium geplant wurde.
132 BAB, R 9215/392, fol. 151–8.
133 Siehe: PAA, R64856 und Schmidt-Ott an das Reichsministerium des Innern (RMI), 18.9.1925, BAK R 73/291.
134 Gross Solomon, Völkerpathologie, S. 12.

Sowjetunion ein hohes Potential. Diese Optionen wurden auch während einer Beratung, die in Berlin am 28. Juni 1926 anlässlich des Besuchs des ständigen Sekretärs der Russischen Akademie der Wissenschaften, Sergei von Oldenburg, zum Zweck einer zukünftigen deutsch-russischen Wissenschaftskooperation stattfand, offen gehalten. Oldenburg, der seit 1917 für die Beziehungen zwischen der Akademie und der Regierung verantwortlich war[135], vertrat die Interessen der sowjetrussischen Regierung im Bezug auf Forschungspolitik. Auf deutscher Seite nahmen sowohl ein hochrangiger Vertreter des Auswärtigen Amts, Vertreter der deutschen Akademien und Universitäten, als auch Vertreter der NG und der Osteuropa-Gesellschaft an der Beratung teil. Als im Anschluss an einen Vorschlag Aschoffs, in Russland gemeinsame Projekte zur Bekämpfung der Volksseuchen und zur vergleichenden Völkerpathologie anzuregen, die Frage nach der Gründung einer deutsch-russischen Forschungsstätte erörtert wurde, blieben sowohl der Standort als auch die wissenschaftliche Zweckbestimmung der neu zu gründenden Forschungsstätte vorerst unbestimmt. Im Protokoll der Beratung heißt es hierzu, dass „die Frage der Errichtung eines deutsch-russischen medizinischen Instituts in Russland für irgendein Spezialgebiet, zum Beispiel für Konstitutionsforschung und Völkerpathologie, insbesondere in Moskau und im Anschluss an das Deutsche Krankenhaus in Tiflis besprochen wurde".[136] Der Sekretär der russischen Akademie der Wissenschaften regte die Bildung einer Kommission an, in der neben Aschoff auch Vogt und Bernard Nocht (1857–1945) vertreten sein sollten. Vogt, der einige Tage nach der Berliner Beratung nach Moskau fuhr, führte mit Nikolai Semaschko (1874–1949) Verhandlungen und begann dadurch mit der Umsetzung des in Berlin erörterten Plans.

Das Treffen Vogts mit Semaschko am 7. Juli 1926 in Moskau kann als Gründungstag des Moskauer Laboratoriums betrachtet werden.[137] Der Ort der zu errichtenden deutsch-sowjetischen Forschungsstätte, für den bisher Tiflis, Moskau und Leningrad zur Diskussion gestanden hatten, wurde nun festgelegt. Vogt war bereit, die Gründung der Forschungsstätte in Moskau auf Kosten der noch erhaltenen deutschen Krankenhäuser auf dem Gebiet der Sowjetunion durchzusetzen. Im Oktober 1927 wurde in Moskau das „deutsch-russische Laboratorium für vergleichende Völkerpathologie und geographische Verbreitung der Krankheiten" gegründet. Als im November 1927 die offizielle Eröffnung stattfand, wurde es bereits als „Institut für Rassenforschung" bezeichnet.[138] Nicht nur Vogt, sondern auch Schmidt-Ott bevorzugte diese Terminologie, da sie ihre jeweiligen Interessen besser zum Ausdruck brachte als der offizielle Titel. Schon früher hatte Vogt, in einer Mitteilung über sein Treffen mit Semaschko, die zu gründende Forschungsstätte als „deutsch-russisches Institut für constitutionelle Anthropologie und ver-

---

135 Ebd., S. 15.
136 Siehe: Ebd., S. 130.
137 Zu Vogts Bericht vom 7.7.1926 über die Beratung mit Volkskommissar Semaschko am 2.7.1926 in Moskau, siehe: PAA, R65850.
138 BAK, Abteilung Potsdam, 09.02, Nr. 400, fol. 207. Zitiert nach Gross Solomon/Richter, Aschoff.

2.5. Vererbung im Umfeld der Pathologie

gleichende Rassenpathologie" bezeichnet.[139] Auch Schmidt-Ott hatte kurz vor der Eröffnung des Laboratoriums dem Gesandten Freytag im Auswärtigen Amt in einem Brief empfohlen:

> „Die Gründung eines Instituts für Völkerpathologie und Rassenforschung in Moskau ist von besonderer Wichtigkeit. Für diesen noch unerforschten und mit Hilfe des Auswärtigen Amts an der Medizinschule in Shanghai geförderten Arbeitsbereich bietet das russische Reich mit seinen unendlichen Rassenverschiedenheiten eine geradezu glänzende Möglichkeit".[140]

Zumindest im Hinblick auf die vielversprechenden Arbeitsmöglichkeiten, die sich in der Sowjetunion boten, waren sich Aschoff und Schmidt-Ott damit einig. Für sie war in der Sowjetunion der Zutritt zu einer vielfältigen Population möglich, während deutschen Wissenschaftlern durch den Verlust der deutschen Kolonien der Zugang zu vergleichbar interessanten Populationen verwehrt war. Als Aschoff später eine Arbeit zur vergleichenden Pathologie der Milz anregte, betonte er, „dass es kaum ein europäisches Land [gebe], in welchem die verschiedenartigsten Formen der Milztumoren in solcher Fülle studiert werden [könnten], wie in Russland".[141] Sowohl Aschoff als auch Schmidt-Ott erkannten die Bedeutung der Sowjetunion für ihre jeweiligen Interessen. Nur im Hinblick auf die in Moskau zu fördernde Disziplin bestanden noch einige Widersprüche. Während sich Schmidt-Ott nach außen der Wirkung des Rassenbegriffes bediente, hielt Aschoff weitgehend an der Bezeichnung der vergleichenden Völkerpathologie fest.[142] In einem späteren Zeugnis an Stuchtey vom 4. Mai 1931 sollte er betonen, dass sein Forschungsgebiet mit dem der Rassenforschung nicht zu verwechseln sei:

> „Ich selbst kann mich nur für die pathologische Anatomie als zuständig erklären, das heißt für das Gebiet der vergleichenden Völkerpathologie, wie ich von Anfang an betont habe, nicht für Rassenforschung, wie es später vorgeschlagen und angenommen worden ist. Ich begreife diese Namengebung durchaus. Aber ich bin für Rassenforschung und Vererbungsforschung nicht zuständig. Das wird die NG gewiss verstehen."[143]

Aschoff war um eine Aufklärung des multifaktoriellen Bedingungsgefüges, das zur Entstehung von Krankheiten führte, bemüht und befürwortete eine interdisziplinäre Herangehensweise. In der Sowjetunion hatte er sich die Errichtung so genannter Virchow-Institute für vergleichende Völkerpathologie gewünscht, in der verschiedene Disziplinen vertreten sein sollten. So sah er Institute vor, in denen Pathologen, Anatomen, Anthropologen, Bakteriologen aber auch Tropenmedizi-

---

139 Cécile und Oskar Vogt-Institut für Hirnforschung GmbH Düsseldorf, Nachlass Vogt: Mitteilung vom 7. Juli 1926. Zitiert nach Gross Solomon, Völkerpathologie, S. 16.
140 BAK, Abteilung Potsdam, Bestand Deutsche Botschaft Moskau 09.02, Nr. 400.
141 BAK, R 73/226.
142 In seinem Tagebuch zu seiner russischen Reise vom Herbst 1930 vermerkte Aschoff über seinen Aufenthalt in Moskau mit Bedauern, dass er seinerzeit ein Institut für vergleichende Völkerpathologie vorgeschlagen habe, seine deutschen Finanziers und Schutzherren jedoch seit 1927 stets nur vom Institut für Rassenforschung sprachen. Siehe: Aschoff, Ostland- und Russlandreise, S. 17–18 und 62. Siehe auch: Aschoff an Stuchtey, 25.4.1932, BAK, R 73/228.
143 Aschoff an Stuchtey, 4.5.1931, Universitätsarchiv Freiburg im Breisgau. Nachlass Ludwig Aschoff, E 10/111.

ner fruchtbar zusammenarbeiten würden, und war mehrmals an die NG herangetreten, um die Notwendigkeit solcher Institute zu betonen. Von dieser Perspektive aus betrachtet, konnte er sich mit der einfachen Gestalt des Moskauer Laboratoriums nicht zufrieden geben, war aber fest entschlossen, das Beste daraus zu machen. „Mir liegt natürlich sehr viel daran" – so teilte er Heinz Zeiss in einem Brief vom 27. Dezember 1928 mit – ,

> „dass die vergleichende Völkerpathologie in einem deutsch-russischen Institut, sei es in Moskau oder irgendwo anders, fest verankert wird. Ihr Plan, in Moskau ein größeres Institut mit drei Abteilungen zu errichten, hat sich ja vorläufig nicht verwirklichen lassen. Ich selbst hätte dieses Institut gern als Virchow-Institut bezeichnet gesehen und als ein Geschenk der deutschen Regierung an die Russen betrachtet. Solche Virchow-Institute für vergleichende Völkerpathologie sollten von Deutschland aus auch in China (Shanghai) und in Süd-Amerika errichtet werden. Dazu müssten die dort ansässigen Deutschen wesentlich beitragen. Vorläufig müssen wir uns mit dem Plan in Moskau begnügen."[144]

Für Aschoff kam es auf die Erforschung von bestimmten Erkrankungen in geographisch voneinander verschiedenen Gebieten Russlands an und nicht in erster Linie – wie sich Vogt ausdrückte – auf „[das] Studium des Vorkommens und der Gestaltung pathologisch-anatomischer Prozesse bei verschiedenen menschlichen Rassen"[145], denn dies hätte – wie schon oben angedeutet – eine erhebliche Verengung seines Forschungsansatzes bedeutet.

Auch wenn Vogt mit Semaschko die entscheidende Verhandlung zur Gründung des Moskauer Laboratoriums geführt hatte, sollte dieser keinen spürbaren Einfluss auf die sich entwickelnde Forschungstätigkeit ausüben. Das Forschungsprogramm wurde im Wesentlichen von Aschoff bestimmt: Die von ihm vorgeschlagene Forschungsrichtung der vergleichenden Völkerpathologie wurde umgesetzt. Allerdings war der Schwerpunkt deutlich anders als in China: Aschoffs vergleichende Völkerpathologie erfuhr in der Sowjetunion eine Akzentverschiebung hin zu pathologischen Fragestellungen. Während an der Tung-Chi Universität viele der geförderten Forschungsarbeiten sich auf anthropologische Untersuchungen bezogen, lagen die Forschungen in der Sowjetunion ausschließlich in der pathologischen Anatomie begründet.

Die einzelnen Forscher griffen dabei immer schon auf eigene Vorarbeiten zurück. Bereits vor der offiziellen Eröffnung des Laboratoriums hatte sich zum Beispiel der Marburger Pathologe Hans-Joachim Arndt unter der Leitung von Aschoff mit einer breit angelegten Arbeit über den Kropf befasst.[146] Im August 1927 fing er an, in verschiedenen Gegenden auf dem Gebiet der Sowjetunion Schilddrüsengewebe zu sammeln. Die Tatsache, dass die erste große Forschungsarbeit am Moskauer Laboratorium dem Kropfproblem gewidmet war, entsprach vermutlich einem Anliegen Schmidt-Otts, der um die gesundheitlichen Folgen der Kropfendemie besorgt war und besonderen Wert auf die ätiologische Lösung des Kropfproblems legte. „Leider kommen wir in Deutschland mit der Kropfforschung noch nicht weiter", schrieb Schmidt-Ott an Aschoff in einem Brief vom

---

144 Brief Aschoffs vom 27.12.1928, Universitätsarchiv Freiburg, Nl Aschoff, E10/162–163.
145 BAK, R 73/226.
146 So schickte Arndt Aschoff seinen Arbeitsplan im Oktober 1927. Siehe: BAK, R 73/226.

Januar 1928.[147] Die Zuwendung zum Kropfproblem lag aber vor allem in den Forschungsinteressen Aschoffs begründet. In den ersten Jahrzehnten des 20. Jahrhunderts hatte sich Aschoff einerseits um eine histologische Aufklärung des Kropfes bemüht, andererseits sich ätiologischen Fragen gewidmet.[148]

Arndt verfolgte das Ziel, ausgehend von der Beobachtung der vielfältigen Patientengruppen und der Aufarbeitung von organischen Substraten spezifische Hypothesen über die Verbreitung des Kropfes zu überprüfen. Dabei konzentrierte er sich in der Hauptsache auf exogene Faktoren. Mehr noch: der Bezug zur Rasse war in seiner Forschungsarbeit so gut wie nicht vorhanden. Inwieweit wurden die Arbeiten Arndts damit überhaupt der durch die NG geförderten „Rassenforschung" gerecht? Und führten die Erwartungen der NG Arndt dazu, sich eingehend mit der Rolle von Rassenfaktoren zu befassen?

In einer ersten Phase befasste sich Arndt damit, das Sektionsmaterial zu sammeln und zu verarbeiten. In einer zweiten Phase nahm er eine statistische Auswertung der metrischen Untersuchungen und Wiegungen an vielfältigen Schilddrüsengeweben aus verschiedenen Gegenden in der Sowjetunion vor. In einer Monographie, die 1931 in der vom Verlag Gustav Fischer in Jena angelegten Reihe „Ergebnisse der deutsch-russischen Rassenforschung" erschien, fasste er seine Ergebnisse zusammen, die auf einem Material von 1104 Fällen aus Prosekturen im Kaukasus, Mittelural, Ostsibirien, Altai und Zentralasien gründeten. Die Monographie, deren Gliederung sich hauptsächlich an den verschiedenen untersuchten geographischen Territorien der Sowjetunion orientierte, umfasste etwa 270 Seiten. Unter diesen waren weniger als zehn Seiten der Rassenfrage gewidmet. Arndt definierte Ethnien nicht grundsätzlich als erbbiologische Einheiten; zudem lag sein Interesse ganz eindeutig auf dem Gebiet der Ernährungsfrage. Erst als Indikator für die Ernährungsart von bestimmten Völkern war die Rasse von besonderem Belang. Somit richtete sich Arndt völlig nach den Erwartungen, die Aschoff an die Rassenfrage stellte. Dieser war im Übrigen relativ spät auf die Idee gekommen, bei der Materialsammlung auf die rassische Zugehörigkeit zu achten. Im April 1928 empfahl er nämlich Arndt, bei den jeweiligen Proben die Rasse zu vermerken. Seine Anregung war dabei im Wesentlichen durch sein Interesse an der Ernährungsfrage bestimmt: „In Zukunft müsste man wohl", so schrieb er an Arndt, „die Rasse noch besonders vermerken. Mit der Rasse hängt ja auch die Ernährung in gewissem Sinne zusammen."[149]

Demgemäß schenkte Arndt bei der Behandlung der Rassenfrage der Ernährung besondere Aufmerksamkeit und verneinte gleichzeitig die Rolle von erblichen Faktoren bei der Entstehung des Kropfes. In einem Tätigkeitsbericht von Anfang März 1929 distanzierte er sich vom Rassenbegriff und betonte, dass mit dem von ihm untersuchten Material, das insgesamt 28 Rassen oder Nationalitäten umfasste, keine theoretische Annahme gestützt werden könne, die die Häufigkeit des Auf-

---

147 Schmidt-Ott an Aschoff, 13.1.1928, Universitätsarchiv Freiburg im Breisgau. Nachlass Ludwig Aschoff, E10/110.
148 Aschoff, Vorträge; ders., Kropf; ders., Lectures.
149 Aschoff an Arndt, 10.4.1928, Universitätsarchiv Freiburg im Breisgau, Nachlass Ludwig Aschoff, E10/162–163.

tretens von Kropf durch rassische Variationen erkläre: „Die Frage der Rassendisposition für Kropf kann an dem vorliegenden Material einer Prüfung unterzogen werden und ist zu verneinen. [...] Eine ‚Pseudo-Rassendisposition' wird für einige Gebiete zum Teil an Ort und Stelle genauer untersucht und als Einfluss von ‚Milieu-Faktoren' aufgeklärt".[150] Unter diesen „Milieu-Faktoren" verstand Arndt vor allem die mit der Lebensweise von Völkern zusammenhängende Ernährung. Bei seinen Untersuchungen an deutschen Wolgabauern kam Arndt zum Ergebnis, dass die Nahrung deutscher Bauern, die sich im Vergleich zu der Nahrung russischer Bauern durch ihren reichhaltigeren Anteil von Fett und Eiweiß auszeichne, bei gleichzeitiger exogen bedingter Jodarmut die Kropfbildung begünstigen könne.[151] So war für Arndt die Frage, ob gewisse Rassen aufgrund ihres Erbgutes für die Bildung eines Kropfes besonders anfällig waren, nur nebensächlich. Die verordnete Heranziehung der Rassenfrage verstärkte schließlich die Konzentration auf Ernährungsfaktoren. Im Zentrum des Forschungsinteresses Arndts blieb die Frage, ob sich in Russland ähnliche Ursachen für die Kropfbildung wie in anderen Ländern feststellen ließen. Im Juli 1930 konnte Aschoff triumphierend der NG mitteilen, dass die „sorgfältigen Untersuchungen" Arndts keine spezifischen Faktoren für die Kropfbildung in Russland ergeben hätten und zur Bestätigung der bisherigen Theorien über die Ätiologie des Kropfes beitrügen. So betonte Aschoff, dass „nicht nur die Ernährung, der Mangel an Jod, der Reichtum an Kalk, sondern vor allem auch die Bewölkung und Belichtung in enger Verflechtung kausal an der Entstehung des Kropfes beteiligt [waren]".[152]

Der Nachfolger Arndts, der Wiener Pathologe Herwig Hamperl, der im Mai 1929 nach Moskau kam, war ebenso wie Arndt abgeneigt, sich uneingeschränkt des Begriffs der Rasse zu bedienen. Er verstand unter „Rasse" ebenfalls eine erbliche Kategorie und erklärte die unterschiedliche Verbreitung des Magengeschwürs bei den verschiedenen Bevölkerungen der Sowjetunion durch „scheinbare Rassenunterschiede".[153] In seinem Beitrag zur geographischen Pathologie des runden Magengeschwürs in der Sowjetunion, der 1932 mit dem Untertitel „Ergebnisse der deutsch-russischen Rassenforschung" in einer Fachzeitschrift für Pathologen erschien[154], beschränkte sich Hamperl darauf, die Häufigkeit von bekannten Störungen des Magen- und Darmsystems bei verschiedenen Bevölkerungen festzuhalten. Auch wenn die Untersuchungen über die Verbreitung der Echinokokkose, einer durch Kontakt mit Hundebandwurm infizierten Karnivoren hervorgerufene Erkrankung, starke Unterschiede bei Russen und einheimischer Bevölkerung ergeben hatten, war er nicht geneigt, diese Unterschiede als „wirkliche Rassenunterschiede" zu deuten und führte sie letztlich auf die unvollkommene ärztliche Erfassung der Einheimischen zurück. In einem Brief vom 9. November 1929 an Aschoff sprach er an, wie schwierig ein rassenpathologischer Ansatz anzuwenden

---

150 Bericht von Arndt vom 1. März 1929: Moskauer Arbeitsstätte für geographische Pathologie. Kurzer Tätigkeitsbericht Oktober 1927–März 1929, BAK, R 73/226.
151 Siehe: Arndt, Kropf.
152 Aschoff an die NG, 10.7.1930, BAK, R 73/226.
153 Hamperl, Beiträge, S. 378.
154 Ebd, S. 354–422.

sei. Scharlach biete insofern einen guten Ausgangspunkt für Untersuchungen zur Rassenpathologie, als sich bei einer Scharlachepidemie in Taschkent herausgestellt hatte, dass die Usbeken fast gar nicht erkrankten, während die Zahl der erkrankten Europäer sehr hoch war.[155] Über seine Untersuchung zur Verbreitung von Scharlach führte Hamperl aus:

> „Bezüglich rassenpathologischer Unterschiede sind die Angaben noch viel unsicherer, ja alte erfahrene Kinder haben mir irgendwelche Unterschiede von vornherein geleugnet. Immerhin sollen die in Taschkent wohnenden Usbeken anfänglich gegen Scharlach mehr widerstandsfähig gewesen sein als die dort wohnenden Russen. Im Laufe der Zeit soll sich das aber ausgeglichen haben. Mit großen Vorbehalten wurde mir in Kasan gesagt, dass vielleicht die Atherosklerose [Arterienverkalkung] bei den Tataren häufiger sei, als bei den Russen. Leberzirrhose soll verhältnismäßig oft bei Usbeken vorkommen, doch bringen das die Kliniker mit dem häufigeren Auftreten der Lues bei diesen Völkern in Zusammenhang. Am pathologischen Institut in Tiflis arbeitet man gegenwärtig daran, Mittelwerte für alle endokrinen Drüsen zu bestimmen und zwar je nach Rasse: Georgier, Armenier und Russen. Diese Arbeit ist im Gange und wird, wie Prof. Schgenti meint, noch Jahre in Anspruch nehmen. Schließlich lässt sich bei einer solchen Fahrt in den Süden sehr gut das sukzessive Auftreten der Tropenkrankheiten im Material bemerken. In Astrachan fängt die Amöbendysentrie [Amöbenruhr] an, die Malaria stellt einen bedeutenderen Prozentsatz der Sektionen dar und schließlich gibt's in Tiflis schon richtiges Kala Azar [„schwarzer Fieber"]."[156]

Die Bemühungen Hamperls um eine Rassenpathologie kamen über eine reine Bestandsaufnahme nicht hinaus, denn die Frage, ob eine Krankheit an einem Ort häufig und an anderen selten ist, war für ihn letztlich viel wichtiger als die Erfassung von fraglichen Rassenunterschieden. Auch der Schwerpunkt von Hamperls Forschungen lag nicht auf der Erbbiologie der Magenpathologie, sondern auf der Rolle der Ernährung bei der Entstehung des Magengeschwürs.

Ab Ende des Jahres 1930 verschlechterten sich die Bedingungen der wissenschaftlichen Arbeit, weil die russische Regierung sich zunehmend aus ihrer Verpflichtung gegenüber dem Erhalt der Forschungsstätte zurückzog. Semaschko, der 1930 von seinem Amt zurücktrat, hatte es unterlassen, das Ergebnis der Vereinbarung mit Vogt aus dem Jahr 1926 schriftlich zu fixieren.[157] Infolgedessen war der rechtliche Status des Moskauer Laboratoriums ungeklärt. Damit zusammenhängend waren die Finanzierungsquellen unsicher und die institutionelle Zuordnung unscharf. Mehr noch: Der Handlungsspielraum der deutschen Leitung des Instituts war besonders eingeschränkt, seitdem Vogt zunehmend aus seiner Position als Direktor des Moskauer Hirnforschungsinstituts herausgedrängt wurde.[158] All dies brachte die Forschungsstätte und ihre Mitarbeiter in eine schwierige Situation. In diesem Kontext versuchte Oskar Vogt, der im September 1930 zum Institutsdirektor des Moskauer Laboratoriums ernannt wurde[159], die NG für die Errichtung

---

155 Ebd., S. 381.
156 E10/162–163, Nachlass Aschoff.
157 Siehe: Gross Solomon/Richter (Hg.), Aschoff, S. 8.
158 Siehe: Richter, Rasse, 1995.
159 Infolge einer am 23. September 1930 geführten Verhandlung in Moskau wurde das Laboratorium dem Institut für Hirnforschung als dessen rassenpathologische Abteilung angegliedert und Vogt als Institutsdirektor unterstellt.

eines neuen Instituts zu interessieren. Weit entfernt von Moskau wollte Vogt in Transkaukasien den Angelpunkt der deutsch-russischen Rassenforschung setzen und knüpfte an viele bisherige Wunschvorstellungen an, die sich nie umsetzen ließen. Durch seinen Einsatz sollte der Plan zur Errichtung eines Instituts in Tiflis erneut an Aktualität gewinnen. Vogt spielte insofern eine besondere Rolle, als er die Verbindungen mit der georgischen, der armenischen und der aserbaidschanischen Regierung herstellte.

Anlässlich einer Zusammenkunft am 26. August 1930 im KWI für Hirnforschung in Berlin-Buch hatte Vogt, der bereits im Herbst 1928 Verhandlungen zur Gründung eines Instituts zur Erforschung des Kaukasus geführt hatte[160], mit Vertretern Georgiens[161] nicht nur die Vortragsreihe abgesprochen, die Aschoff und Vogt während ihrer Reise durch die Sowjetunion sowohl in Eriwan, Tiflis und Baku halten sollten, sondern auch den Volkskommissar des Gesundheitswesens Georgiens darum gebeten, „Kommandierungen für Mitarbeiter für den Winter vorzubereiten". Geplant war, dass Georgien Wissenschaftler nach Deutschland schicken sollte. Auf Wunsch des georgischen Kommissars für das Volksgesundheitswesen sollte Vogt in Tiflis über die „Organisation der gemeinsamen Rassenforschung sprechen".[162] Während seines Aufenthalts in Tiflis führte Vogt im Oktober 1930 gemeinsam mit dem Neuroanatomen und Neurophysiologen Semjon Alexandrowitsch Sarkissow, dem stellvertretenden Direktor des Moskauer Hirnforschungsinstituts, schließlich Verhandlungen mit den Volkskommissariaten für Volksgesundheit der drei transkaukasischen Republiken zur Errichtung eines Rasseninstituts in Transkaukasien.[163] Aschoff nahm an den Verhandlungen nicht teil. Er war zwar immer noch wissenschaftlicher Berater des Moskauer Laboratoriums, wurde aber zu den Verhandlungen nicht eingeladen. Vermutlich versuchte Vogt, nachdem ausschließlich Aschoffs Ansatz zur vergleichenden Völkerpathologie im Forschungsprogramm des Moskauer Laboratoriums berücksichtigt worden war, seine eigenen Forschungsinteressen zu verfolgen. Im Informationsblatt für die deutschen Mitglieder des deutsch-russischen Komitees für Rassenforschung hatte er sein Forschungsprogramm als Bestandteil der zukünftigen Rassenforschung definiert, die sich einerseits auf das Studium der Gehirne verschiedener Menschenrassen erstreckte, aber auch andererseits das „Studium geographischer Tier- und Pflanzenrassen aufgrund eingehender phaenotypischer und genetischer Analysen behufs eines tieferen Eindringens in das Besondere der einzelnen geographischen Rassen" einbeziehen sollte.[164] So wollte Vogt Rückschlüsse auf die kausalen Be-

---

160 Vogt an die NG, 2.4.1929, BAK, R 73/224.
161 An der Zusammenkunft nahmen von Seiten Georgiens der stellvertretende Kommissar des Volksgesundheitswesen, Frangulian, der Direktor des Instituts für Kurortologie und Physiotherapie, Koniaschwili, und der Direktor des Tropeninstituts, Mtschedidze, teil. Siehe: BAK, R 73/225, S. 50.
162 Vogt an den armenischen Volkskommissar für das Gesundheitswesen, 28.8.1930, Ebd., S. 52.
163 Siehe: Protokoll der Sitzung im Narkomsdraw in Tiflis über den Plan eines Rasseninstituts in Transkaukasien vom 12. Oktober 1930, BAK, R 73/225.
164 Information für die deutschen Mitglieder des deutsch-russischen Komitees für Rassenforschung, BAK, R 73/226.

2.5. Vererbung im Umfeld der Pathologie

ziehungen zwischen Rassenbildung und Milieu während der Phylogenese ziehen. Die Vornahme analytischer Untersuchungen über Aufsplitterung und örtliche Verteilung von Tier- und Pflanzenrassen war eng an eine evolutionsbiologische Fragestellung geknüpft. Vogt ging es um die zentrale Frage nach den Grundlagen der Rassen- und Artbildungsprozesse, die es nicht nur durch analytische Untersuchungen, sondern auch durch gezielte Tierexperimente aufzuklären galt.

Bei den Verhandlungen zur Gründung eines Rasseninstituts in Tiflis im Oktober 1930 war Vogt also um die Förderung eines analytisch-experimentellen Forschungsansatzes besonders bemüht.[165] Das Institut sollte sich normaler und pathologischer Rassenforschung am Menschen, aber auch analytischer und experimenteller Rassenforschung „an anderen Lebewesen" widmen.[166] Die Abschnitte über analytische und experimentelle Rassenforschung hatten in Vogts Konzeption eine Schlüsselfunktion inne. Ausgehend von den Erfahrungen aus der analytischen Rassenforschung plante Vogt die Durchführung von Experimenten an Tiermodellen, um die vererbungsbiologischen Grundlagen des Rassen- und Artbildungsprozesses aufzuklären. Freilandexperimente und Gegenüberstellung von Laborstudien an tierischen Modellorganismen sollten vor allem dazu dienen, Erkenntnisse über die Veränderbarkeit des „Keimplasmas" durch Umweltbedingungen zu gewinnen. Als Ursache für die Entstehung von neuen Rassen stellte Vogt Hypothesen nicht nur über die Einwirkung von selektiven Vorgängen auf, sondern auch über die Beeinflussung der erblichen Anlagen durch die Umwelt. Er stand also der Lehre über die Vererbung erworbener Eigenschaften nahe und vertrat eine Position, die unter den Berliner Genetikern außergewöhnlich war.[167] Ende der zwanziger Jahre wurden mehrheitlich nur noch Faktoren im Zellplasma unter der Bezeichnung „Dauermodifikationen" als umweltbedingte Erbfaktoren anerkannt. Das Positionspapier Vogts ist sowohl im Hinblick auf die Erläuterung von vererbungstheoretischen Ansätzen als auch auf die Verwendung des Rassenbegriffs aufschlussreich. Vogt entwickelte hierin einen sehr breiten Rassenbegriff, der als Scharnier zwischen zoologischer Systematik, Mendelgenetik und Evolutionsbiologie fungieren sollte.[168] Rasse wurde von ihm als „jede Gesamtheit von Lebewesen, welche sich wenigstens durch eine Eigenschaft von allen übrigen unterscheidet", definiert. Als solche entsprach sie entweder einer Mutation oder einer „Somavariation".[169] Sie stand für einen bestimmten Phänotyp und stellte damit nicht zwingend einen

---

165 BAK, R 73/224. Vgl. Gross Solomon/Richter (Hg.), Aschoff, S. 160.
166 Im Positionspapier werden folgende vorgesehene Forschungsfelder erläutert: 1. Normal-anthropologische Untersuchung, 2. Die analytische Rassenforschung an anderen Lebewesen, 3. Die experimentelle Rassenforschung an anderen Lebewesen, 4. Die pathologische Rassenforschung oder Krankheitsforschung. Siehe: Ebd.
167 Paul Kammerer war der einzige Wissenschaftler, den Oskar Vogt in seinen „Vorschlägen für ein transkaukasisches Institut" namentlich erwähnte. Siehe: Ebd.
168 Siehe: Satzinger, Krankheiten.
169 In seinen „Vorschlägen für ein transkaukasisches Institut" führt Vogt folgendes aus: „Vererben sich die Besonderheiten der Rasse, so bezeichnet man die Rasse als eine Mutation. Ist dieses nicht der Fall, so ist die Rasse eine Somavariation oder Modifikation. Dabei kann die Somavariation mehr oder weniger persistenter oder auch nur temporärer Natur sein." In: BAK, R 73/224.

erblichen Zustand dar. Diese Definition war äußerst dehnbar: Äußerliche Erscheinungsformen menschlicher Erkrankungen konnten mit morphologischen Mutanten von Drosophila gleichgesetzt und als Rasse bezeichnet werden. In dieser Hinsicht zeichneten sich Vogts „Vorschläge für eine transkaukasisch-deutsche Zusammenarbeit" durch eine besonders breite Auslegung des Rassenbegriffes aus. Vermutlich kam er, indem er den Rassenbegriff häufig einsetzte, den Erwartungen der NG/DFG entgegen, die mittlerweile großen Wert auf Rassenforschung legte. In anderen zeitgleichen Texten verwandte Vogt statt „Rasse" als Synonym für Krankheit den Begriff der „Variation", die von ihm als „pathologische Gewebseinheit zum Bindeglied zwischen klassifizierter Krankheit und variablem äußeren Merkmal bei Insekten" beschrieben wurde.[170] In seinem Positionspapier stellte Vogt ein sehr breites Forschungsfeld in Aussicht, das eine substanzielle Erweiterung von Aschoffs Konzept zur vergleichenden Völkerpathologie bedeute.

Vogts Plan zur Errichtung eines transkaukasischen Rasseninstituts wich von allen früheren Plänen ab, da Rassenforschung erstmalig eng mit vererbungstheoretischen Ansätzen verknüpft wurde und sich nicht auf Aschoffs rassenpathologische Fragestellung beschränkte. Vogt ging es nicht grundsätzlich um die ätiologische Aufklärung von Krankheitsursachen, sondern um das primäre Verständnis der Mechanismen der Vererbung und gleichzeitig um die genaue Erforschung der „Erbfestigkeit" von Rassenmerkmalen. Sein Erkenntnisinteresse unterschied sich grundsätzlich von dem Aschoffs. Für das von Vogt entworfene und geplante Rasseninstitut fühlte sich Aschoff nicht verantwortlich. Er bezeichnete es als Forschungsinstitut für Vererbungswissenschaft[171] und machte der NG/DFG deutlich, dass er für ein solches Institut keinesfalls als wissenschaftlicher Berater zur Verfügung stehen könne. Unter dem Einfluss von Vogt sah der endgültige Beschluss zur Gründung des Instituts in Tiflis ein umfangreiches Konzept vor. Zwei Abteilungen, die auf Untersuchungen am Menschen ausgerichtet waren, waren geplant. Die „Abteilung für Rassenpathologie" sollte sich mit transkaukasischen Erkrankungen und deren Verlauf bei verschiedenen Rassen befassen. In der Abteilung für die „Erforschung der normalen Rassen" sollten Individuen aus verschiedenen Bevölkerungsgruppen hinsichtlich aller möglichen körperlichen und psychischen Merkmale anthropometrisch vermessen werden. Vogts Forschungsansatz sollte vor allem im Rahmen einer Abteilung für experimentelle Rassenforschung gefördert werden. Die neue Gewichtung der Rassenforschung kam dadurch zum Ausdruck, dass im Beschluss zu den Verhandlungen mit den transkaukasischen Volkskommissariaten die zu eröffnende Einrichtung als Institut für experimentelle Rassenforschung bezeichnet wurde.[172]

Vogt wollte nicht nur einen experimentellen Ansatz fördern, sondern verfolgte auch ein kulturpolitisches Ziel. Die anfänglichen Erwartungen über die Entwicklung einer deutsch-russischen Zusammenarbeit waren in Moskau enttäuscht worden. Daher unterbreitete Vogt während der Verhandlungen zur Gründung eines

---

170 Ebd., S. 174.
171 Aschoff an Vogt, 3.11.1930, Universitätsarchiv Freiburg, E10/111.
172 Siehe: Protokoll der Sitzung im Narkomsdraw in Tiflis über den Plan eines Rasseninstituts in Transkaukasien vom 12. Oktober 1930, BAK, R 73/225.

2.5. Vererbung im Umfeld der Pathologie

Rasseninstituts in Tiflis den Vorschlag, dass Ärzte aus Transkaukasien nach Berlin geschickt werden sollten, um dort in der genetischen Abteilung seines Instituts ausgebildet zu werden.[173] Diese Ärzte sollten dann – seinem Plan zufolge – im Frühjahr 1931 zusammen mit deutschen Gelehrten nach Transkaukasien zurückkehren und dort Studienmaterial sammeln. Im Herbst 1931 war ihre Rückkehr nach Berlin vorgesehen, um dort das Material auszuwerten und zugleich ihre theoretische Ausbildung zu ergänzen. Erst 1932 sollte dann in Tiflis das Rasseninstitut gegründet und organisiert werden. Ähnlich wie in Moskau sollte die NG die Kosten für das Instrumentarium, für die Bibliothek und den Unterhalt der deutschen Gelehrten übernehmen. Obwohl die transkaukasischen Volkskommissariate für Gesundheit Vogts Vorschlag zugestimmt hatten, wurde der Plan zur Errichtung eines Rasseninstituts nicht umgesetzt. Zwar stellte die georgische Regierung die Errichtung einer Forschungsklinik und, in der Nähe von Tiflis, eines besonderen Hauses für Rassenforschung auf dem Gebiet der Zoologie, insbesondere der Käferforschung, in Aussicht, das der Leitung und Beratung von Vogt unterstellt werden wollte.[174] Doch die kaukasischen Regierungen ließen der großzügigen Absichtserklärung der georgischen Regierung die nötigen finanziellen Maßnahmen nicht folgen.

Bei der NG war man von vornherein nicht geneigt, die finanziellen Kosten für die Gründung des Instituts zu tragen. Während einer Besprechung am 3. April 1929, an der auch der Volkskommissar aus Tiflis, Kandelaki, teilnahm und anlässlich derer über die Gründung des Rasseninstituts beraten wurde, wies Schmidt-Ott darauf hin, dass die finanzielle Unterstützung der NG nur für die Entsendung von Gelehrten und die Beschaffung von Apparaten in Frage käme. Die Kosten für die Einrichtung einer Forschungsklinik sollten von kaukasischer Seite getragen werden.[175] Die zunehmenden Schwierigkeiten der NG, das Moskauer Laboratorium aufrechtzuerhalten, lieferten den unmittelbaren Hintergrund zu den Verhandlungen mit der georgischen Regierung. Diese Erfahrung sorgte dafür, dass die Voraussetzung für eine erfolgreiche Zusammenarbeit zwischen deutschen und kaukasischen Wissenschaftlern in einer gemeinsamen Finanzierung der Forschungsstätte gesehen wurde. Als sich jedoch herausstellte, dass im Fall der Gründung eines Rasseninstituts die Aufwendungen nicht nur von Seiten der NG, sondern auch Georgiens sehr niedrig ausfallen würden, ließ man den ursprünglichen Plan eines großen Forschungsinstituts fallen. Im Frühjahr 1931 wiesen sowohl Aschoff als auch Vogt darauf hin, dass die Gründung eines großen Instituts in Tiflis nicht mehr erforderlich sei.[176] In diesem Zusammenhang setzte sich Aschoff für die Aufrechterhaltung des Moskauer Laboratoriums ein und betonte

---

173 Siehe: Vogts Intervention im Protokoll der Sitzung vom 12. Oktober 1930: „Jedes der drei transkaukasischen Narkomsdraws schickt je einen biologisch interessierten jungen Arzt sofort nach Berlin in die Genetische Abteilung des Hirnforschungsinstituts", in: Ebd., S.2.
174 Siehe: Telefonische Rücksprache mit Herrn Geheimrat Aschoff vom 28. Oktober 1930, Ebd.
175 Besprechung – Angelegenheit Tiflis vom 3. April 1929, BAK, R 73/224, S. 258.
176 Niederschrift über Besprechungen am 2. und 3. März 1931 betr. Rassenpathologische und biologische Forschungen im Gebiete der Sowjetunion, BAK, R 73/227, fol. 77.

das politische Interesse des Auswärtigen Amts an der Fortführung der wissenschaftlichen Kontakte mit Russland.[177] Schließlich teilte er im Mai 1931 Karl Stuchtey mit, dass „Tiflis für eine pathologisch-anatomische Forschungsstätte sowieso nicht mehr in Frage [käme]".[178] Spätestens im Laufe des Jahres 1932 wurde der Plan zur Errichtung eines Rasseninstituts dann vollständig aufgegeben.[179]

Aschoffs Plan, den Schwerpunkt von der pathologischen Anatomie hin zur Tropenmedizin und Parasitologie zu verlegen, fand im Mai 1931 mit einer Reise der Tropenmediziner Martin Meyer (1875–1951) und Ernst Georg Nauck (1897–1967) nach Transkaukasien eine anfängliche Umsetzung im Forschungsprogramm des Moskauer Laboratoriums.[180] Hier fand Aschoffs Forschungsansatz zur vergleichenden Völkerpathologie eine viel breitere Anwendung als in Shanghai. Die Entwicklung des Forschungsprogramms war aber auch hier auf eine fragile Interessenkonvergenz angewiesen. Angesichts der Schwierigkeiten mit der russischen Regierung hatte Aschoff bereits Ende des Jahres 1930 begonnen, sein Interesse an den Forschungsstätten zu verlieren.[181] Darüber hinaus war die Diskrepanz zwischen seinen Absichten und denen der NG immer größer geworden. Solange relativ günstige Bedingungen für das Gedeihen wissenschaftlicher Arbeit in Moskau vorhanden waren, sah er aber keinen Grund, das Laboratorium aufzugeben. Zwar distanzierte er sich zunehmend vom Ziel der NG, Rassenforschung zu fördern. Aber solange er sein Konzept durchsetzen konnte, fand er sich mit der Darstellung der Forschungsarbeit des Moskauer Laboratoriums als Rassenforschung durch die NG ab. In einem Brief vom 25. April 1932 teilte Aschoff Stuchtey sein Bedauern mit, dass das Laboratorium ein Rassenforschungsinstitut geworden sei und nicht ein Institut für vergleichende Völkerpathologie. Aber erst als sich die Bedingungen zur wissenschaftlichen Arbeit radikal verschlechterten, war Aschoff nicht mehr bereit, sich für diese Institution zu engagieren.[182]

Aschoff war Wissenschaftler und interessierte sich nicht für kulturpolitische Aspekte, wie sie das Auswärtige Amt erwog. Demgemäß bat Aschoff am 18. Juli 1933 die NG, ihn von seinen Pflichten als beratender Pathologe des Laboratoriums

---

177 Siehe: Zusammenkunft am 2. und 3. März 1931: Aschoff, Vogt, Schmidt-Ott, Stuchtey und Freudenberg vom Auswärtigen Amt, BAK, R 73/227.
178 Aschoff an Stuchtey, 4.5.1931, Universitätsarchiv Freiburg, E10/111.
179 Schmidt-Ott an den deutschen Botschafter in Moskau, Dirksen, 17.5.1932, BAK, R 73/224, S. 3.
180 In Moskau, Baku, Tiflis, Aserbaidschan und Abchasien widmeten sich Martin Meyer und Ernst Georg Nauck unterschiedlichen Infektionskrankheiten wie die durch Parasiten hervorgerufene Leishmaniose, die Hakenwurm-Krankheit Ankylostomiasis oder das durch die Bakterien der Gattung Brucella verursachte Maltafieber. Darüber hinaus waren sie mit verschiedenen Erkrankungen des Darms wie der Sprue oder der Amöbenruhr befasst. Siehe: Vorschläge für Arbeiten auf dem Gebiet der vergleichenden Völker- und Tropenpathologie in der Sowjetunion vom 4.11.32, R 73/228 und Bericht über die Studienreise nach Transkaukasien von Prof. Dr. Martin Mayer und Dr. Ernst Nauck, BAK, R 73/227; Mayer/Nauck, Studienreise.
181 Aschoff an Schmidt-Ott, 27.12.1930, BAK, R 73/227.
182 Siehe: Universitätsarchiv Freiburg, Nachlass Aschoff, E10/145.

2.5. Vererbung im Umfeld der Pathologie

zu befreien.[183] Im Gegensatz zu Aschoff wollte die NG/DFG das Moskauer Laboratorium jedoch noch nicht aufgeben: Zwar war ihr Interesse an der Forschungsstätte ebenfalls erheblich gesunken, aber infolge des Drucks des Auswärtigen Amts war sie weiterhin bereit, Mittel zur Verfügung zu stellen. Während einer Besprechung am 2. und 3. März 1931 über rassenpathologische und biologische Forschungen wurde von Seiten der NG/DFG in Aussicht gestellt, die Überführung des Instrumentariums und der Bibliothek der Moskauer Forschungsstätte sowie des Laboratoriums der Syphilis-Expedition nach Deutschland zu veranlassen.[184] Unter diesen Umständen war das Auswärtige Amt bemüht, die NG/DFG zur Aufrechterhaltung des Moskauer Laboratoriums zu bewegen. Ende 1932 erklärte es sich bereit, im laufenden Rechnungsjahr „nötigenfalls" bis zu 3000 RM zur Verfügung zu stellen.[185] Im Ganzen betrachtet, war die Aufrechterhaltung des Laboratoriums für die NG dennoch zu kostenaufwendig geworden. Ihre finanziellen Schwierigkeiten waren letztlich das entscheidende Motiv, das zur Aufgabe des Laboratoriums führte. Am 22. August 1933 schrieb Schmidt-Ott dem Auswärtigen Amt, dass die Unterhaltungskosten für das Laboratorium selbst im Hinblick auf den potentiellen kultur- und wissenschaftspolitischen Nutzen zu hoch seien. Das Laboratorium wurde daraufhin geschlossen.

Dies sollte aber nicht davon ablenken, dass die NG/DFG in der Zeit von Ende 1927 bis zum Sommer 1933 dem Ziel einer kulturpolitischen Annäherung an Russland sehr nahe kam. Sie förderte mit beträchtlichem Aufwand das Moskauer Laboratorium: Sie bestritt nicht nur stets den Unterhalt der in Moskau tätigen deutschen Wissenschaftler, sie bezahlte auch das Gehalt einer technischen Assistentin. Bis zum 31. März 1930 stellte die NG/DFG 32 760,06 RM an Sachausgaben und 22 368,50 RM an Personalausgaben zur Verfügung.[186] Angesichts der finanziellen Not der NG/DFG, die in diesen Jahren größere Kürzungen vornehmen musste, waren dies beträchtliche Zuwendungen. Darüber hinaus finanzierte sie unverzüglich die Reise, die Aschoff und Vogt im Herbst 1930 unternahmen, um in der Sowjetunion Kontakte zu knüpfen und die wissenschaftliche Zusammenarbeit mit Deutschland zu fördern.[187] Trotz dieser hohen Aufwendungen verfehlte die NG/DFG in der Sowjetunion ebenso wie in China ihr kulturpolitisches Ziel. Ursprünglich war die Forschungsstätte als ein Zentrum deutsch-rus-

---

183 Aschoff an die NG, 18.7.1933, in: Ebd., VIII, 4.
184 Siehe: Niederschrift über Besprechungen am 2. und 3. März 1931 betr. Rassenpathologische und biologische Forschungen im Gebiete der Sowjetunion, BAK, R 73/227, fol. 76.
185 Besprechung vom 10. Oktober 1932 im Hirnforschungsinstitut in Buch, ebd.
186 Siehe: Zahlungen der NG für das Russisch-Deutsche Institut für Rassenforschung in Moskau für Unkosten bis zum 31. März 1930, BAK, R 73/226. Aus einem Brief Karl Stuchteys an Vogt vom 10.10.1929 geht hervor, dass die NG für das Jahr vom 1.4.1929 bis 31.3.1930 insgesamt, einschließlich des Beitrages des Auswärtigen Amts, ein Kreditkonto mit dem Betrag von 17 200 RM eröffnete. Siehe: Ebd. Bei den 17 200 RM waren 7200 RM für Gehalt und 10 000 RM für laufende Ausgaben vorgesehen. Siehe: Zeugnis aus dem Fachausschuss vom 20. August 1930, BAK, R 73/227. Später betrug die monatliche Vergütung für den jungen Pathologen Rabl, der in Moskau Hamperl ablöste, 600 RM. Siehe: BAK, R 73/226.
187 Ein Antrag war hierfür nicht notwendig. Siehe: Stuchtey an Aschoff, 29.7.1930, Universitätsarchiv Freiburg, E10/145.

sischer Gemeinschaftsarbeit konzipiert worden[188], aber die sowjetischen Behörden verhielten sich im Hinblick auf die Beteiligung an der geplanten Forschungsstätte sehr zögerlich. Als zum Beispiel Anitschkov im Juni 1928 die Mitarbeit eines seiner Schüler am Laboratorium empfahl, konnte das Kommissariat für Volksgesundheit für diesen jungen Pathologen aus Leningrad in Moskau keine Wohnung finden, und als Vogt die Bildung eines deutsch-russischen Komitees forderte, wurde ein selbstständiges sowjetisches Komitee und zuletzt eine Gesellschaft zum Studium der Rassenpathologie ins Leben gerufen, die mit dem Laboratorium nicht kooperierte. So fehlte dem Laboratorium die offizielle sowjetische Unterstützung.

Allein im Namen der Wissenschaft zog Aschoff ein positive Bilanz: Für ihn hatte die NG/DFG mit der Großförderung von Untersuchungen in Shanghai und in der Sowjetunion ein internationales Interesse für die geographische Pathologie angestoßen: „Ich bin innerlich überzeugt", so schrieb er im April 1931, „dass hier die von der Notgemeinschaft angeregten Arbeiten die ganze Frage auch international ins Rollen gebracht haben".[189] „Es ist wohl kein Zufall, dass der internationale Kongress für geographische Pathologie", so fügte er hinzu, „sich im Anschluss an die von der Notgemeinschaft inaugurierten Untersuchungen in Russland und in gewissem Sinne auch in Shanghai zusammengefunden hat."[190] In vieler Hinsicht brachte die Förderung von Forschungsprojekten zur vergleichenden Völkerpathologie unter Aschoffs Leitung die Annäherung an eine erbbiologische Fragestellung mit sich; diese stand aber noch nicht im Zentrum des Forschungsinteresses.

Dass die deutschen Bestrebungen, verstärkt wissenschaftliche und kulturpolitische Bedeutung in der Welt zu erlangen, gerade in China und der Sowjetunion verwirklicht werden sollten, war gewiss kein Zufall. Die Laboratorien und Institute konnten hier an schon etablierte Einrichtungen, vor allem deutsche Krankenhäuser, anknüpfen. Der Aufbau wissenschaftlicher Dependancen im Ausland wurde jedoch durch vielfältige, vor allem finanzielle, Schwierigkeiten erschwert. Erst durch die Zuschüsse der NG wurde wissenschaftliche Arbeit an diesen Institutionen überhaupt ermöglicht, wenn sie auch – kurzlebig, wie sie waren – kaum Forschungsergebnisse im nennenswerten Umfang hervorgebracht haben. Die in Moskau und Shanghai durchgeführten Untersuchungen ließen über die ätiologischen Ursachen von Krankheitsbildern kaum weitreichende Schlüsse zu. Die gewünschten kulturpolitischen Einflüsse konnten ebenso wenig realisiert werden.

Dabei war angesichts der Vielfalt der Forschungsvorhaben ein einheitliches übergeordnetes Forschungskonzept nicht erkennbar. Noch befanden sich die Vererbungswissenschaften in der Ausdifferenzierungsphase; einheitliche Paradigmen

---

188 Der Vertrag von 1930 mit der russischen Regierung präsentierte als Ziel des Forschungsprogramms des Moskauer Laboratoriums „das gemeinsame Studium von Russen und Deutschen auf dem Gebiet der normalen und pathologischen Rassenbesonderheiten". Siehe: BAK, R 73/228.
189 Aschoff an Geheimrat Schwörer, 4.4.31, BAK, R 73/227.
190 Ebd.

scheinen sich bis dato kaum etabliert zu haben. Auch konnte von einem allgemeingültigen, klar definierten Rassenbegriff zu dieser Zeit keine Rede sein. Dies ließ auf der anderen Seite aber auch ein breites Spektrum an wissenschaftlichen Selbstverortungsmöglichkeiten zu. Hans-Joachim Arndt wäre nur ein Beispiel, das zeigte, wie Wissenschaftler sich nur äußerlich, semantisch an die von der NG geplanten Rassenforschung in Russland anpassten, für ihre Arbeit selbst aber keine konzeptionellen Konsequenzen zogen.

Die internationalen wissenschaftlichen Zweigniederlassungen arbeiteten unter rechtlich, personell und auch finanziell widrigen Bedingungen. Ihre finanziellen Schwierigkeiten waren letztlich auch das entscheidende Motiv, das zur Aufgabe dieser Pläne führte. Aber auch, wenn die weiterreichenden Pläne nicht in die Tat umgesetzt werden konnten, so ist doch Oskar Vogts Plan zur Errichtung eines transkaukasischen Rasseninstituts als Entwicklungssprung zu werten. Anders als in den früheren Plänen wurde die Rassenforschung hier erstmalig eng mit vererbungstheoretischen Ansätzen verknüpft und löste sich so von Aschoffs rassen- bzw. völkerpathologischen Fragestellungen. Vogt ging es um das primäre Verständnis der Mechanismen der Vererbung und gleichzeitig um die genaue Erforschung der Stabilität von Rassenmerkmalen.

Im Rahmen der im Folgenden näher betrachteten sogenannten Gemeinschaftsarbeiten für Rassenforschung, die 1928 entstanden und in den Tätigkeitsberichten der NG im Zusammenhang mit der Förderung von Arbeiten auf dem Gebiet der vergleichenden Völkerpathologie erwähnt wurden[191], wandte man sich nun verstärkt anthropogenetischen Paradigmen zu. Dabei wurden erstmalig und mit großem Aufwand auch solche Forschungen gefördert, die mit dem Ziel unternommen wurden, ihre Ergebnisse für gesellschaftliche Zwecke nutzbar zu machen.

---

191 In einem internen Bericht der NG heißt es: „Kurz erwähnt seien noch die Arbeiten auf dem Gebiete der Rassenforschung, […]. Eine Erhebung der deutschen Bevölkerung in Bezirken mit bodenständiger Bevölkerung ist im Gange. Eine große Reihe von Untersuchungen ist abgeschlossen. Aber auch Untersuchungen über die Vererbung pathologischer Eigenschaften sind eingeleitet, die ein besonderes Interesse auch im Zusammenhang mit dem Gebiet der vergleichenden Völkerpathologie beanspruchen." In: GStA, VI Nl Schmidt-Ott, 8 D. In einem weiteren Bericht über eine Besprechung über Rassenforschung kann man lesen: „Mit den genannten Untersuchungen stehen aufs engste in Verbindung auch die von der NG/DFG unterstützten Untersuchungen über vergleichende Völkerpathologie". In: Allgemeines zur Besprechung über Rassenforschung am 22.11.1930, GStA, C42 und BAK, R 73/169.

2.6. DIE GEMEINSCHAFTSARBEITEN FÜR RASSENFORSCHUNG

2.6.1. Von der Rassenkunde zur Förderung der Erbpathologie

Das Konzept der Gemeinschaftsarbeiten, das 1924 mit der Rückkehr zu einer stabilen Währung entstanden war, lag in dem Bestreben begründet, der NG über den Weg einer offensiven Forschungsförderungspolitik ein eigenes Profil zu verleihen. Nachdem die NG sich in der Hochphase der Inflation hauptsächlich auf die Unterstützung wissenschaftlicher Zeitschriften und Fortsetzungswerke, die Beschaffung ausländischer Periodika und Literatur sowie die Versorgung der Forschung mit Arbeitsmaterialien und Versuchstieren hatte konzentrieren müssen, war Schmidt-Ott mit der Absicht befasst, von der punktuellen Geldverteilung zu einer aktiven und langfristig planenden Schwerpunktförderung überzugehen. Bisher waren Beihilfen an Forscher nur auf Einzeleinträge der Forscher hin bewilligt worden, die ohne Anregung der NG gestellt wurden. Durch die Hinwendung zu einer gestaltenden Forschungsförderung sollte die Tätigkeit der NG stärker in den Dienst „nationalwichtiger" Aufgaben gestellt werden.[192] Ausgangspunkt von Schmidt-Otts Überlegungen für die Einführung der Gemeinschaftsarbeiten war nämlich die Tatsache, dass „im Kriege Wissenschaft und Wirtschaft im Dienst vaterländischer Aufgaben" gestanden hätten, während seitdem auf den meisten Gebieten „jede Organisation" fehle.[193] Damit bezog sich Schmidt-Ott auf die im Ersten Weltkrieg begründeten „Kaiser-Wilhelm-Stiftung für kriegstechnische Wissenschaft", für deren Erhaltung er sich gemeinsam mit Haber in der Nachkriegszeit vehement eingesetzt hatte. Als die Stiftung über eine Reorganisation nicht hinauskam und im Zuge der Hyperinflation schließlich einging, bot es sich für Schmidt-Ott an, unter dem Dach der NG die Rolle der Stiftung zu übernehmen. Mit den Gemeinschaftsarbeiten sollten in erster Linie die natur- und technikwissenschaftliche Forschung aktiv gefördert werden. Im Oktober 1924 hatte Schmidt-Ott das Gesamtprojekt aber auch auf den Bereich der „Volksgesundheit" ausgedehnt und den Internisten Friedrich von Müller in seine Planungen einbezogen.

Kurz danach regte er im Namen der KWG, des Deutschen Museums und der NG die Bildung einer Kommission an, die sich der Förderung größerer Gemeinschaftsforschungen im Interesse der „nationalen Wirtschaft, der Volksgesundheit und des allgemeinen Volkswohls" widmen sollte. Am 9. Januar 1925 trat er auf der Sitzung des Präsidiums und des Hauptausschusses der NG in Darmstadt öffentlich mit seinem Plan einer umfassenden „Organisation von Forschungsaufgaben" hervor. Am 25. Mai 1925 wandte er sich dann gemeinsam mit Haber und gestärkt durch den Rückhalt des Präsidiums und des Hauptausschusses der NG an die Reichsregierung und den Reichstag. In seiner Denkschrift „Forschungsaufgaben der NG der Deutschen Wissenschaft im Bereich der nationalen Wirtschaft, der Volksgesundheit und des Volkswohls", stellte er schließlich den Antrag, der NG für die Durchführung dieser Aufgaben einen Sonderfonds von 5 Millionen Reichs-

---

192 Schmidt-Ott: Erlebtes, S. 212.
193 Kirchhoff, Schwerpunktlegungen, S. 78.

mark zur Verfügung zu stellen. Nachdem Ende 1925 in Besprechungen mit den „namhaftesten Männern" aus der Wissenschaft und der Wirtschaft eine erste Auswahl besonderer Forschungsgebiete vorgenommen worden war, wurden diese in besonderen Einzeldenkschriften näher ausgeführt und infrage kommende Mitarbeiter aufgefordert, sich zu beteiligen und Anträge zu stellen. In Fachkommissionen wurden die Forschungsschwerpunkte dann präzisiert, abschließende Denkschriften für die einzelnen Fachgebiete ausgearbeitet und dem Hauptausschuss der NG am 6. Januar in Berlin und der Mitgliederversammlung am 12. März 1926 in München vorgelegt. Wenig später, noch im Etatsjahr 1925/26, bewilligte der Reichstag zusätzlich zu den normalen Mitteln den erbetenen Sonderfonds für Gemeinschaftsarbeiten, aber nur in Höhe von 3 Millionen RM. 1927 wurde dann wieder ein Gesamtbetrag von 8 Millionen RM vom Reich zur Verfügung gestellt. Bis 1933 stieg die Zahl der Gemeinschaftsarbeiten auf 33 natur- und technikwissenschaftliche sowie 7 geisteswissenschaftliche Projektgruppen bzw. Sonderkommissionen an. Auf dem Gebiet der theoretischen und praktischen Medizin wurden nicht weniger als 15 Themenschwerpunkte für die Inangriffnahme von Gemeinschaftsarbeiten definiert.[194] Anfang der dreißiger Jahre bildeten die Gemeinschaftsarbeiten auf dem Gebiet der theoretischen und praktischen Medizin einen wesentlichen Posten der Schwerpunktförderung der NG.[195] So wurden in der zweiten Hälfte der zwanziger Jahre viele Untersuchungen auf dem Gebiet der Eiweißkonstitution und des Eiweißstoffwechsels aber auch im Bereich der Ernährungsphysiologie und Vitaminforschung gefördert. Gemeinschaftsarbeiten waren als interdisziplinäre und interinstitutionelle Forschungsprogramme konzipiert. Es ging darum „Forscher die an verschiedenen Stellen und in verschiedenen Gebieten wirken, durch freie Vereinbarung zu gemeinsamer Inangriffnahme größerer Ziele zusammenzuführen und ihnen den Mut für solche durch Herausgabe von Mitteln zu stärken".[196]

Die Gemeinschaftsarbeiten für Rassenforschungen, die 1928 in Angriff genommen wurden, waren an der Schnittstelle von Medizin und Anthropologie angesiedelt. Als solche entstanden sie sowohl aufgrund des direkten Impulses der NG aber auch intensiver Diskussionen unter Wissenschaftlern über die Notwendigkeit einer anthropologischen Bestandsaufnahme der deutschen Bevölkerung. Während die physische Anthropologie in der frühen Forschungsförderung der NG

---

194 Siehe: Gemeinschaftsarbeiten auf dem Gebiet der theoretischen und praktischen Medizin, in BAK, R 73/179, und Fünfter Bericht der Notgemeinschaft der Deutschen Wissenschaft, S. 310–326. Diese Einzelgebiete waren: Eiweißkonstitution und Eiweißstoffwechsel, intermediärer Stoffwechsel, Physiologie und Pathologie des Wasserhaushaltes, Grundumsatz, Vitamine, die Physiologie des Zentralnervensystems, biologische Strahlenforschung, Bekämpfung der Schwerhörigkeit, Farbenblindheit, das Kropfproblem, Tuberkulose, Krebsgeschwülste, postsyphilitische Krankheiten, Aufzucht, Mast, Milchproduktion und Arbeitsprobleme.
195 So wird im neunten und zehnten Bericht der Notgemeinschaft der Deutschen Wissenschaft, die die Tätigkeit vom 1. April 1929 bis zum 31. März 1931 umfassen, der besondere Stellenwert der theoretischen und praktischen Medizin bei den Gemeinschaftsarbeiten betont. Siehe: Neunter Bericht der Notgemeinschaft der Deutschen Wissenschaft, S. 51 und Zehnter Bericht der Notgemeinschaft der Deutschen Wissenschaft, S. 21.
196 MPG-Archiv, 1. Abt., Rep. 1A, Nr. 920, Bl. 901.

eine untergeordnete Rolle spielte[197], wurden rassenanthropologische Forschungen ab Ende der zwanziger Jahre im Rahmen der „Gemeinschaftsarbeiten für Rassenforschung" stark gefördert. Diese Forschungen stellten insofern eine Neuigkeit dar, als sie mit einem eugenischen Ziel verknüpft waren und den Übergang zu anthropogenetischen Paradigmen vollzogen. Das Forschungsprogramm sollte sich der Gewinnung zuverlässiger wissenschaftlicher Grundlagen für die Aufnahme eugenischer Aufbauarbeit widmen. Am Ende ebnete es den Weg zur verstärkten Förderung erbpathologisch-rassenhygienischer Forschung.

Ende 1927 lud Schmidt-Ott, der sich mit einer Zunahme der Anträge auf dem Gebiet der „Rassenforschung, anthropologischen Konstitutions-Forschungen und Blutgruppenforschung" konfrontiert sah, experimentelle Genetiker und Anthropologen in die Räume der NG zu einer Besprechung über diese Themen ein.[198] Kurz zuvor hatte der Blutgruppenforscher Felix Bernstein (1878–1956) der NG seine „Vorschläge zur Organisation der Bestimmung der menschlichen Blutgruppen in Deutschland" überreicht.[199] Sein Ziel war es, nicht nur die genetische Beschaffenheit von Individuen zu klären, sondern sich darüber hinaus einen „ausreichenden Überblick über die gegenwärtige Verteilung der Gene in Deutschland und über die durch die Wanderung bedingte Tendenz in der Änderung dieser Verteilung" zu verschaffen. Dabei war er um eine Vertiefung der geographischen Blutgruppenforschung bemüht, die ergeben hatte, dass sich der Blutgruppenfaktor B auf einer Wanderung vom asiatischen Kontinent nach Europa befand. Mit einem derartigen Befund war zugleich die Annahme verbunden, dass die Blutgruppen als Indikator von Rassendifferenzen dienen könnten. Als solche sollten sie ein vielversprechendes Hilfsmittel für die Rassenanthropologie darstellen.

Bernsteins Vorschläge standen in unmittelbaren Zusammenhang mit neueren Ansätzen der Blutgruppenforschung, die seit Mitte der zwanziger Jahre auf dem Weg schien, eine neue Leitdisziplin der Rassenanthropologie zu werden. 1928 widmete einer ihrer Pioniere, der Serologe Ludwig Hirszfeld (1884–1954), ein Kapitel seiner grundlegenden Monographie zur „Konstitutionsserologie" den „serologische[n] Rassen beim Menschen".[200] In ihrem Beitritts-Aufruf appellierte die 1926 gegründete „Deutsche Gesellschaft für Blutgruppenforschung", „die geographische Verbreitung von Blutgruppen in Deutschland und Österreich" zu erforschen, und wies darauf hin, dass „durch die Aufnahme anderer wichtiger Rassenmerkmale die Möglichkeit geschaffen werden sollte, endlich einmal einen zuverlässigen Überblick über die rassische Zusammensetzung der europäischen

---

197 In den zwanziger Jahren wurden vor allem die Arbeiten des Freiherrn von Eickstedt gefördert, die in der physischen Anthropologie und Ethnologie verwurzelt waren. Siehe: BAK, R 73/10862.
198 Siehe: Bericht über eine Besprechung am 17. Dezember 1927 in den Räumen der Notgemeinschaft über Rassenforschung, Blutgruppenforschung und Anthropologische Untersuchungen, BAK, R 73/169 und BAB, R 1501/126242.
199 BAK, R 73/169.
200 Siehe: Hirszfeld, Konstitutionsserologie, S. 82–130.

2.6. Die Gemeinschaftsarbeiten für Rassenforschung

– und später auch anderer – Völker zu gewinnen!"[201] Bernsteins Vorschläge schlossen sich zum Teil dieser Forderung an.

In einem nationalen Rahmen sollte nun weiteres Material zur Verteilung der B-Gruppen gesammelt werden, um – so seine Vorschläge an die NG – das „Eindringen von Rassenelementen des Ostens und Südostens zu deuten".[202] Mit einer solchen Blutgruppenaufnahme beabsichtigte Bernstein, zuverlässige Informationen über die ältesten Wanderungszustände der Bevölkerung zu sammeln, um so die Migration entlang der Donaustrasse zu klären, die alle bisherigen Untersuchungen über die geographische Verteilung von Körpermerkmalen nur unzureichend hätten erhellen können. Vor allem prangerte er „das vollkommene Versagen der Pigmentforschung hinsichtlich der Gliederung der anthropologischen Gruppen von Westen nach Osten" an.[203] Im Wesentlichen bezog Bernstein sich dabei auf die große Untersuchung an Schulkindern im deutschsprachigen Raum, welche die „Deutsche Anthropologische Gesellschaft" ab 1876 unter Rudolf Virchows Leitung durchgeführt hatte.[204] Mit den neuesten Ergebnissen der experimentellen Genetik vertraut, machte er auf die hohen Mutationsraten gerade bei Farbmerkmalen wie Augenfarben aufmerksam und stilisierte die Blutgruppen im Gegensatz dazu zu einem äußerst zuverlässigen genetischen Marker: „In Bezug auf die Blutgruppengene darf man nicht kleinmütig sein, besonders nachdem Verzar hinsichtlich der Konstanz derselben durch annähernd drei Jahrhunderte für die Deutschkolonisten in Ungarn so auffällig gute Resultate erhalten hat."[205] Die Vorschläge Bernsteins zielten nicht in erster Linie auf die Einteilung der deutschen Bevölkerung in verschiedene Rassen, sie stützten sich auf neuere populationsgenetische Ansätze – und stießen auf einstimmige Ablehnung in der kleinen Gemeinschaft von überwiegend anthropologisch ausgebildeten Wissenschaftlern, die Schmidt-Ott in seinen Rat einbezogen hatte.

In der Besprechung vom 17. Dezember 1927 bei der NG äußerten sowohl der vor kurzem zum Leiter des Kaiser-Wilhelm-Instituts für Anthropologie, menschliche Erblehre und Eugenik (KWI-A) ernannte Eugen Fischer (1874–1967), als auch der führende Genetiker am KWI für Biologie, Richard Goldschmidt (1878–1958), sowie der Anthropologe Walter Scheidt Bedenken gegen die Einbeziehung der Blutgruppenforschung in die anthropologische Erhebung der deutschen Bevölke-

---

201 „Aufruf der deutschen Gesellschaft für Blutgruppenforschung", in: Archiv für Rassen- und Gesellschaftsbiologie 18, 1926, S. 447.
202 Siehe: Vorschläge zur Organisation der Bestimmung der menschlichen Gruppen, S. 9, BAK, R 73/169.
203 BAK, R 73/169.
204 Siehe: Goschler, Virchow, S. 336–345; Virchow, Berichterstattung; ders., Abschluss, S. 16–18.
205 Der in Budapest geborene Verzar war nach seiner Promotion im Jahre 1909 am physiologischen Institut von Felix Bernstein zu Halle einige Jahre tätig. 1921 befasste er sich zusammen mit Weszeczky mit einer Arbeit über die Verteilung der Blutgruppen bei Zigeunern, bei denen ähnliche Werte wie bei den Indern festgestellt wurde, womit ihre Abstammung als nachgewiesen galt. Außerdem diagnostizierten Verzar und Weszeczky Unterschiede in der Gruppenhäufigkeit zwischen den Ungarn und den deutschen Kolonisten. Siehe: Hirszfeld, Konstitutionsserologie, S.104–105.

rung.²⁰⁶ Technische Gründe wie die Schwierigkeit, Standard- und Testseren zu beschaffen, der Mangel an gesicherten serologischen Grundlagen und der Aufwand der Blutgruppenaufnahme kamen in Betracht. Entscheidend war aber für alle die Priorität einer weiteren Erforschung von Körpermerkmalen in gut ausgewählten Territorien, die Aufschlüsse über die „rassenmäßige Beschaffenheit" der gesamten Bevölkerung geben sollte. Weit wichtiger als die Blutgruppenforschung war für Eugen Fischer die flächendeckende Aufnahme von Augenfarben, Haarfarben und Körpermerkmalen gewesen. Bereits im Rechnungsjahr 1926/27 war der Antrag von Otto Reche (1879–1966), Vorsitzender der deutschen Gesellschaft für Blutgruppenforschung, auf systematische Untersuchungen zur Blutgruppenforschung in Deutschland mit ähnlichen Argumenten zurückgestellt worden. Schon zu diesem Zeitpunkt befasste man sich in der NG mit der Idee einer weitgehenden rassenanthropologischen Erhebung, die unter der Leitung von Eugen Fischer mit den Gemeinschaftsarbeiten für Rassenforschung schließlich verwirklicht werden sollte.

Zur Übereinstimmung mit einigen anthropologischen Kollegen wischte Eugen Fischer Bernsteins „reduktionistische[n]" Ansatz vom Tisch – dessen Überlegungen danach nicht mehr verfolgt wurden. Die anthropologische Fachgemeinschaft war mit der klassischen physischen Anthropologie noch zu eng verbunden, um sich auf Bernsteins Vorschläge einlassen zu können. Als die näheren organisatorischen Maßnahmen für die Gemeinschaftsarbeiten getroffen wurden, beschloss man zwar, den daran beteiligten Wissenschaftlern die Blutgruppenaufnahme zu überlassen. Die technischen Schwierigkeiten waren aber in der Tat Ende der zwanziger Jahre offensichtlich noch ein zu großes Hindernis. Allein der junge Anthropologe Karl Saller (1902–1969) aus Kiel nahm bei seinen Erhebungen an den Einwohnern der Ostseeinsel Fehmarn Blutuntersuchungen vor, musste aber diesen Plan aufgeben, da das benutzte Serum bei den „fortgesetzten Wanderungen von Haus zu Haus zu vielen Verunreinigungen" ausgesetzt wurde.²⁰⁷ Auch wenn die Gemeinschaftsarbeiten zur Beurteilung der rassischen Zusammensetzung der deutschen Bevölkerung schließlich keine serologischen Ergebnisse vorweisen konnten, stießen sie unmittelbar die Erforschung der wissenschaftlichen Grundlagen der Blutgruppenanalysen an. Im Februar 1928 richtete der Heidelberger Professor für experimentelle Krebsforschung und Direktor des Instituts für Immunologie und Serologie, Hans Sachs (1877–1945), eine Denkschrift „über die von serologischen Gesichtspunkten aus in Betracht kommenden Aufgaben zur Erforschung der wissenschaftlichen Grundlagen der Blutgruppenanalyse" an Eugen Fischer. In diesem Zusammenhang fanden auch mehrere Beratungen im Reichsgesundheitsamt statt. Im Juli 1929 stellte eine Kommission im Reichsgesundheitsamt Richtlinien für die erbbiologische Auswertung der Blutgruppenbestimmung auf.²⁰⁸

---

206 Siehe: Bericht über eine Besprechung am 17. Dezember 1927 in den Räumen der Notgemeinschaft über Rassenforschung, Blutgruppenforschung und Anthropologische Untersuchungen, BAK, R 73/169.
207 Saller, Fehmaraner, S. 17.
208 BAK, R 73/169 und BAB, R 86/3780.

2.6. Die Gemeinschaftsarbeiten für Rassenforschung

Anfang Februar 1928 reichte Eugen Fischer, zugleich im Namen der Anthropologen Otto Aichel (1871–1935), Theodor Mollison (1874–1952), Otto Reche, Karl Saller, Walter Scheidt (1895–1976) und des Völkerkundlers Georg Thilenius (1868–1937), bei der NG den Plan einer „großzügigen Erhebung der rassekundlichen und erbbiologischen Merkmale unserer Bevölkerung"[209] ein, verbunden mit der Bitte, die nötigen Schritte für seine Verwirklichung in Angriff zu nehmen. In diesem Plan machte er auf zwei Mängel der bisher in Deutschland geleisteten anthropologischen Forschung aufmerksam. Zum einen sei wenig zur Aufklärung der Zusammensetzung der deutschen Bevölkerung unternommen worden, während im Ausland – Schweden, Norwegen, Dänemark, Italien, England und Polen – solche Arbeiten bereits fortgeschritten seien. Als unzureichend bezeichnete er vor allem die Kenntnisse über die Verteilung von Körpergrößen, Schädelformen, aber auch Gesichts- und Nasenformen, die er als Rassenmerkmale definierte. Zum anderen wies er auf die methodischen Unzulänglichkeiten von bisherigen Erhebungen in der deutschen Bevölkerung hin, die sich lediglich auf eine ausgewählte Gruppe der Bevölkerung – Rekruten oder Schulkinder – beschränkt hätten und aus diesem Grunde keine Aussage über die rassische Zusammensetzung der Gesamtbevölkerung erlauben würden. Dagegen schlug Fischer vor, viele kleine Längsschnitte durch die „bodenständige" Bevölkerung Deutschlands zu legen, bevor die „Bevölkerungsmischung in den inzwischen riesig angewachsenen Großstädten und die Fluktuation der Bevölkerung in den Industriegebieten" die Auswertung erschweren würde. Als Ziel der anthropologischen Untersuchung schien er – anders als Bernstein – die Feststellung abgrenzbarer Rassenmerkmale und die Erkenntnis „reiner" Rassentypen vorauszusetzen. Anlässlich einer Beratung in Frankfurt am Main am 19. April 1928 einigte sich die anthropologische Fachgemeinschaft, vertreten durch Eugen Fischer, Wilhelm Gieseler, Max Käßbacher, Wolfgang Lehmann (1905–1980), Theodor Mollison (1874–1952), Heinrich Münther, Karl Saller und Franz Weidenreich auf die Wahl der im Rahmen der Gemeinschaftsarbeiten zu untersuchenden Merkmale bei der deutschen Bevölkerung. Während „Messungen, die ein Entkleiden der Bevölkerung verlangen", als ungeeignet verworfen wurden, bezeichnete der Beschluss eine Vielzahl von Körpermerkmalen als unbedingt erforderlich.[210] So gehörten die Länge und Breite sowohl des Kopfes als auch des Gesichtes, die Höhe und Breite der Nase, die Körpergröße, die Sitzhöhe, die Haarfarbe sowohl des Kopfes als auch des Bartes, die Augenfarbe und die Form des Nasenrückens zu diesen Merkmalen, während die Erfassung der Blutgruppenzugehörigkeit und pathologischer Merkmale nur als „sehr erwünscht" bezeichnet wurde.[211] Der Frankfurter Beschluss zielte auf eine weitgehende Erfassung des Phänotyps und forderte zur Sammlung von „möglichst vielen und guten Photographien" auf.[212] In diesem Zusammenhang wurde die Sammlung von ge-

---

209 BAK, R 73/169.
210 Siehe: Fischer, Eugen: Die anthropologische Erforschung der deutschen Bevölkerung, GStA, Nl Schmidt-Ott, C 42, S. 5–6.
211 Ebd.
212 Ebd.

nealogischen Unterlagen als „bedingt nötig" gekennzeichnet, die von den örtlichen Verhältnissen abhängig gemacht werden sollte.[213]

In seiner Denkschrift zur anthropologischen Erforschung der deutschen Bevölkerung stellte Fischer eine Zuordnung der deutschen Bevölkerung in die bisher vorherrschende Einteilung der europäischen Hauptrassen in Aussicht, so wie sie vor allem durch die Arbeiten von Joseph Deniker (1852–1918) und Hans F. K. Günther (1891–1968) popularisiert worden waren. Dabei war er in die rassenanthropologischen Debatten seiner Zeit eingebunden und griff auf die damals aktuelle Frage zurück, „ob es in unserem Volk eine Cro-Magnon-Rasse (Dal- oder fälische Rasse) gibt".[214] Fischers Plan wies insgesamt eine starke rassenkundliche Ausrichtung auf. Nur nebenbei wandte er sich einer erbpathologischen Fragestellung zu, die mit eugenischen Zielen unmittelbar verknüpft war:

> „Für alle eugenischen Erörterungen oder gar Maßnahmen wäre es von ungeheurer Wichtigkeit, wenn wir einmal wirkliche Unterlagen hätten für die Frage nach der Zahl und Verbreitung wenigstens einiger wichtiger pathologischer Erblinien in unserem Volke. Eine große Rundfrage in Krankenhäusern, bei Ärzten, besonders Spezial-Ärzten könnte wenigstens für eine Anzahl klug ausgewählter Fragen der Erbbiologie Antwort bringen. Noch kein Land hat diesen Versuch überhaupt gemacht".[215]

In den als Endprodukt der Gemeinschaftsarbeiten vorgesehenen Monographien wurde die Forderung Fischers nach der Erfassung einiger wichtiger pathologischer Erblinien allerdings kaum berücksichtigt. Diese Monographien, die in der Zeit von 1929 bis 1938 in der Schriftenreihe „Deutsche Rassenkunde" beim Verlag Gustav Fischer in Jena erschienen, charakterisieren aber den Übergang der traditionellen Rassenkunde zu anthropogenetischen Ansätzen und weisen insofern auf einen bedeutenden Paradigmenwechsel hin. Dass erbpathologische Fragen hierbei nicht behandelt wurden, hatte mehrere Gründe. Zum einen war die Fachwelt, auf die man für die Gemeinschaftsarbeiten zurückgreifen konnte, noch überwiegend in der Tradition der klassischen physischen Anthropologie ausgebildet worden und mit genetischen Fragestellungen bislang wenig vertraut. Darüber hinaus war sie geneigt, das Ziel der Gemeinschaftsarbeiten in der rassenkundlichen Bestandsaufnahme der deutschen Bevölkerung zu sehen. Zum anderen wurden Untersuchungen in die Gemeinschaftsarbeiten einbezogen, die schon vor der Festlegung der Programmatik durch Eugen Fischer und Ernst Rüdin (1874–1952) angelegt worden waren.[216] Dementsprechend wichen Zielsetzung und Konzeption einiger

---

213 Der Frankfurter Beschluss führte folgendes aus: „Genealogische Unterlagen, also ein Heranziehen der Kirchenbücher und anderer Quellen sind unbedingt nötig; wie weit aber gegangen werden soll, wie weit gänzliche Verzettelung der Kirchenbücher nötig und aussichtsreich ist, hängt von den einzelnen örtlichen Verhältnissen ab". In: Ebd.
214 In seinem 1924 erschienenen Werk *Die hellfarbigen Rassen und ihre Sprachstämme, Kulturen und Urheimaten* wies der in Prag lehrende Ethnologe Fritz Paudler nach, dass es neben der nordischen noch eine zweite aufgehellte, hochgewachsene und langschädlige, aber massiger gebaute Rasse gab, die er die „dalische" nannte. Siehe: Lutzhöft, Gedanke, S. 91.
215 Eugen Fischer, „Anthropologische Erforschung der deutschen Bevölkerung", 2.2.1928, BAK, R 73/169.
216 So waren zum Beispiel die Erhebungen von W. Klenck und W. Scheidt an niedersächsischen Bauern, die als erster Band in der für die Gemeinschaftsarbeiten vorgesehene Reihe „Deutsche

2.6. Die Gemeinschaftsarbeiten für Rassenforschung

Monographien vom Frankfurter Beschluss vom 19. April 1928 ab. In seiner 1930 erschienenen Monographie zur Miesbacher Landbevölkerung, die bereits 1926/27 angelegt worden war und zunächst finanzielle Zuwendungen der deutschen Akademie erhalten hatte, betonte H. A. Ried, ein Schüler des Münchener Anthropologen Theodor Mollison, die Einbindung seiner Erhebungen in die Gemeinschaftsarbeiten. Die Arbeit konnte tatsächlich mit Zuschüssen der NG veröffentlicht werden. Die von Ried berücksichtigten Körpermerkmale entsprachen allerdings nur zum Teil denen des Frankfurter Beschlusses. Seiner persönlichen Neigung entsprechend ließ Ried volkskundliche Aspekte in den Vordergrund treten. So schwankten die Schwerpunkte der erschienenen Monographien, auch wenn das Ziel einer rassenkundlichen Bestandsaufnahme der deutschen Bevölkerung als vorrangig wahrgenommen wurde.

In einem Brief vom Februar 1930 an Schmidt-Ott versuchte der Direktor des Anatomischen Instituts Heidelberg, Erich Kallius (1867–1935), für die Veröffentlichung einer Studie eines seiner Mitarbeiter Zuschüsse einzuwerben. Nach einer vierjährigen anthropologischen Untersuchung an den Einwohnern eines Dorfes nahe Heidelberg hatte der Leiter der anthropologischen Abteilung seines Instituts eine Arbeit zur „Feststellung des Erbganges der Tuberkulosedisposition" abgeschlossen. Erich Kallius machte auf den spezifisch erbbiologisch-medizinischen Charakter dieser Arbeit aufmerksam, die als solche „in die Schriftenfolge derjenigen Untersuchungen, die Herr Kollege Fischer herausgibt, nicht hineinpasse".[217] Wie diese Bemerkung zeigt, wurde die „Deutsche Rassenkunde" als eine einheitliche Schriftreihe wahrgenommen, die allein durch das Ziel der rassenkundlichen Bestandsaufnahme gekennzeichnet war – ein Ziel, das zum Teil auch nach der Machtübernahme durch die Nationalsozialisten als Priorität der Gemeinschaftsarbeiten wahrgenommen wurde. In seiner 1931 erschienenen Monographie über Schwansen und die Schlei betrachtete Friedrich Keiter (1905–1967) dementsprechend die Weiterbearbeitung seiner rassenkundlichen Erhebungen unter genealogischen Gesichtspunkten als eine untergeordnete Aufgabe: „Wenn auch darauf geachtet wurde, vollständige Familien zu erfassen", so leitete er sein letztes Kapitel mit Beobachtungen über Erblichkeit ein, „konnte die rassekundliche Aufnahmearbeit nicht durch Verfolgung einzelner Sippen zu sehr verzögert werden."[218] Auch später wurden die erhobenen rassekundlichen Daten meistens nicht gründlich auf ihre genetischen Grundlagen hin untersucht. In seinem 1936 an die NG/DFG gerichteten Antrag machte der Mitarbeiter von Hans Weinert (1887–1967) am Anthropologischen Institut in Kiel, Wolf Bauermeister, auf den Aufwand der rassenkundlichen Aufnahmearbeit aufmerksam. Wegen umfangreicher statistischer Arbeiten sei sein Kollege Prof. Lothar Loeffler (1901–1983), der die rassenkundliche Erhebung Schleswig-Holsteins vorgenommen hatte, gezwungen gewesen, „die Fragestellung bei dem großen Material zu beschränken und insbesondere die

---

Rassenkunde" 1929 veröffentlicht wurde, schon 1925 mit der Unterstützung des Münchener Verlegers Lehmann begonnen worden.
217 Erich Kallius an Schmidt-Ott, 18.2.1930, BAK, R 73/169.
218 Keiter, Schwansen, S. 87.

,vererbungskundlichen Fragen', die eine erhebliche Mehrbelastung gebracht hätten, nicht zu berücksichtigen."[219]

Vor diesem Hintergrund könnte man den Eindruck gewinnen, dass die Gemeinschaftsarbeiten im festen Rahmen einer klassischen Rassenkunde verankert blieben. In vieler Hinsicht stellten sie jedoch einen Übergang zu anthropogenetischen Paradigmen dar. Dies bedeutete zwar nicht, dass systematisch erbpathologische Fragen einbezogen wurden. Aber die Gemeinschaftsarbeiten stellten doch einen ersten Versuch dar, die überlieferte Rassenanthropologie zunehmend auf eine erbbiologische Grundlage zu stellen. Dabei war unübersehbar, dass sich der Rassenbegriff stark wandelte. Zwar griffen sie zum Teil auf einen populationsgenetisch ausgerichteten Rassenbegriff zurück, der mit der Vorstellung von reinen, vorgegebenen Rassentypen kollidierte – sie vermochten es aber nicht, die letzten Konsequenzen daraus zu ziehen und sich von einer von diesem Gesichtspunkt als methodisch strittig anzusehenden Rassenkunde zu verabschieden. Bei ihren Erhebungen verwendeten sie zwar alle ein Standard-Repertoire von der klassischen physischen Anthropologie überlieferter Methoden, wie zum Beispiel Augen- und Farbentafel, Messmethoden und statistische Verfahren.[220] Bei den Auswertungen ihrer Ergebnisse gingen sie jedoch von unterschiedlichen Standpunkten aus, die mehr oder weniger durch einen populationsgenetisch ausgerichteten Rassenbegriff bestimmt waren. Vor diesem Hintergrund können ihre jeweiligen Monographien nicht als eine in sich geschlossene und kohärente Rassenkunde betrachtet werden. Das wird bereits sichtbar, wenn man anhand einiger Beispiele die Bandbreite der von den beteiligten Wissenschaftlern verwendeten Rassenbegriffe untersucht.

So führte die Orientierung an einem populationsgenetisch ausgerichteten Rassenbegriff Karl Saller dazu, sich kritisch mit den überlieferten Aufstellungen von Rassentypen auseinander zu setzen, die durch die Feststellung von geographischen Verteilungsunterschieden beschrieben wurden. Er definierte in Abgrenzung dazu die Rasse als einen Ausschnitt von erblichen Merkmalen in einer Gruppe von Individuen, in denen sie sich von anderen Gruppen unterscheide. Um die Realität solcher Fortpflanzungsgemeinschaften zu erfassen, lehnte er die bisherigen Aufstellungen als ungeeignet ab. „Man pflegt heute Rassen durch sog. ,Rassentypen' zu kennzeichnen. Solche Rassentypen existieren aber bei Berücksichtigung einer genügenden Anzahl von Merkmalen ebenso wenig, wie etwa bei Anwendung der für die Beschreibung von Rassentypen gebräuchlichen Methoden ein Typus der Fehmaraner [sic] existieren würde. Den heute bei der Besprechung von Rassenfragen gebräuchlichen Typenbeschreibungen, die meistens 20 und noch mehr Merkmale berücksichtigen, kommt somit ein Wirklichkeitswert überhaupt nicht zu."[221]

Da Saller die Rasseneinteilung von Joseph Deniker weiterhin als Grundlage seiner Zuordnungen benutzte, erwiesen sich seine theoretischen Überlegungen als nicht zwingend. Diese Inkonsequenz macht deutlich, dass er trotz Zuwendung zu

---

219 BAK, R 73/10181.
220 Die damals gebräuchlichen statistischen Methoden wurden sukzessiv durch Wilhelm Johannsen (1926), Emanuel Czuber (1927) und Rudolf Martin (1914, 1928) zusammengestellt.
221 Saller, Fehmaraner, S. 189.

2.6. Die Gemeinschaftsarbeiten für Rassenforschung

anthropogenetischen Paradigmen in seiner praktischen Arbeit letztlich noch stark von seiner Ausbildung in klassischer Anthropologie beherrscht blieb:

> „Nachdem die gezogenen Schlussfolgerungen jedoch heute keineswegs Allgemeingut der anthropologischen Wissenschaft sind und immer noch von Denikers Zeiten her eine von genetischen Gesichtspunkten aus nicht begründete und in weitem Maße auch nicht begründbare Tradition der typenmäßigen Betrachtung besteht, bin ich gezwungen, auch für die Fehmaraner [sic] die traditionsmäßige Typeneinteilung zu geben, obwohl ich aus oben dargelegten Gründen diese Typisierungsversuche für sinnlos halte. Sie gehen aus von Typen, die zunächst schon in den meisten Fällen rein subjektiv und eindrucksmäßig durch keinerlei objektives Verfahren gewonnen wurden. Sie setzen dann weiter voraus, dass diese konstruierten fiktiven Typen in vergangenen Zeiten einmal ‚rein' irgendwo vorgekommen sind, bleiben den Beweis für diese Voraussetzung aber regelmäßig schuldig, und versuchen dann alles, was nicht zu den konstruierten Typen stimmt [sic], als durch Mischung aus den ursprünglich reinen und nur selten vorkommenden Ausgangstypen zu erklären."[222]

Sallers Kritik an einer taxonomischen Rassentheorie, die weitgehend auf der Auffassung beruhte, „Rassen" seien von der Natur vorgegebene, relativ stabile und gut abgrenzbare Untereinheiten der menschlichen Spezies, wurde in der Gruppe der an den Gemeinschaftsarbeiten beteiligten Anthropologen nicht durchgängig gestellt. Die Ausführungen von Ried, einem Schüler von Mollison, standen zum Beispiel in deutlichem Kontrast zu denen Sallers. Seine Annahme von konstanten Rassentypen, die als gesetzt galten, ging mit einer radikalen Distanzierung von den Ansätzen eines populationsgenetisch ausgerichteten Rassenbegriffs einher:

„Meines Erachtens ist ‚rassenrein'", so heißt es im Kapitel „Die Rassenfrage" seiner Monographie über die Miesbacher Landbevölkerung,

> „nicht ‚unter den selben Ausleseeinflüssen' gleichzusetzen, und wofern ‚Homogenität' als ‚Gleichartigkeit der rassebildenden Ausleseeinflüsse' definiert wird, ist ein neuer Inhalt in den Begriff gegossen. Ich glaube aber, es ist völlig mit der alten Bedeutung des Begriffes auszukommen, die Homogenität als Gleichartigkeit, mit gleichen Merkmalskomplexen, gefasst wissen wollte. Ich bin der Meinung, dass eine sorgfältige Registrierung des Einzelindividuums nach seinen Merkmalen und seiner Einordnung in die bis jetzt angenommenen ‚Rassen' ein sichererer Weg ist, als auf Grund [sic] errechneter Mittelwerte einer Population einen Rassentypus zu konstruieren, an dem dann die Reinrassigkeit des einzelnen oder die Rasseeinheit einer anderen Population gemessen werden soll."[223]

Mit einer solchen Position stand Ried weitgehend allein. Zwar galten die von der physischen Anthropologie konstruierten Rassen weiter als Maßstab für die Interpretation der Erhebungen. Die daran beteiligten Anthropologen gingen aber gleichzeitig von einem evolutionistischen Rassenbegriff aus. Infolgedessen wurden die Rassen einerseits zunehmend von genetischen Gesichtspunkten aus definiert – als solche werden sie durch eine bestimmte Kombination von erblichen Merkmalen gekennzeichnet –, andererseits wurden sie durch den Kontext von Geschichte, Geographie, Klima, sozialen Verhältnissen usw. beschrieben. Die Einordnung von Teilen der deutschen Bevölkerung in die angenommenen Rassentypen wurde infolgedessen von Ausführungen überlagert, die eine zunehmende Orientierung an einem populationsgenetischen und insofern dynamischen Rassenbegriff

---

222 Ebd., S. 192.
223 Ried, Landbevölkerung, S. 74–75.

aufweisen. In ihrer Monographie über die niedersächsischen Bauern, die als erster Band in der „Deutschen Rassenkunde" 1929 veröffentlicht wurde, versuchten Wilhelm Klenck und Walter Scheidt (1895–1976) mit Hilfe der Messung bestimmter Körpermerkmale und Feststellung von Pigmentverhältnissen einen Durchschnittstypus der Bevölkerung darzustellen. So entwickelten sie ein statisches Konstrukt, das die unmittelbare Grundlage der rassenanthropologischen Deutung ihrer Bestandsaufnahme bildete. Darüber hinaus ermittelten sie aufgrund einer komplexen Statistik die Häufung von den in der von ihnen untersuchten Bevölkerung vorkommenden Merkmalskorrelationen, um nach ihrer „Rassenvermengung" zu fragen, und kamen zu dem Schluss, dass „wahrscheinlich mindestens ein nordeuropäischer Schlag mit hellen Farben, großem Wuchs, langem Kopf und breitem Gesicht auch in rezenten Bevölkerungen nachweisbar ist".[224] Sie gingen also eindeutig von der Vorstellung aus, „Rassen" seien in der Natur „rein" vorgekommen. Gleichzeitig stellten sie aber die Häufung von Merkmalskorrelationen als Ausdruck von einheitlichen Auslesevorgängen dar. Einerseits stellte die Häufung von Merkmalskombinationen das Erbe, das letzte Indiz für die Existenz von früheren Rassen dar, andererseits waren sie als das Produkt der Evolution, und zwar einer Vererbung von Eigenschaften, die von der Umwelt ausgelesen worden waren, zu betrachten.

Unter diesem Gesichtspunkt stellte die Monographie von Klenck und Scheidt sowohl eine widersprüchliche Synthese zwischen konkurrierenden Ansätzen als auch einen Übergang von einer statisch-taxonomischen zu einer dynamischen Auffassung der Entstehung von Rassen dar. Diese Synthese löste sich nach der Machtübernahme durch die Nationalsozialisten insofern auf, als rassenanthropologische Forschungen in die vom NS-Regime vertretenen Rassentheorien zunehmend eingebunden wurden. Die nach 1933 im Rahmen der Gemeinschaftsarbeiten erschienenen Monographien zeichnen sich denn auch durch die Wiederkehr zu einem taxonomischen Ansatz aus, der zugleich mit den nationalsozialistischen Werttheorien über die unterschiedlichen Rassen verknüpft wurde.

Im Jahre 1929 befassten sich Klenck und Scheidt mit der Bewertung von „Rassenmischung" und „Rassenmischlingen". In jener Zeit noch unproblematisch waren etwa ihre abschließenden Ausführungen über „die bessere Bewährung der Mischlinge", die „dem Anfang eines neuen Rassenbildungsprozesses [entsprach]."[225] Nachdem sie die Existenz von mehreren unterschiedlichen Gruppen in der von ihnen untersuchten Bevölkerung dargelegt hatten, wandten sie sich wieder einem evolutionsbiologischen Ansatz zu, indem sie aus ihren Statistiken Erkenntnisse über den in stetem Wandel begriffenen Rassebildungsprozess ableiteten. Am Ende ihrer statistischen Auswertung waren sie in der Lage, eine Hypothese über die zukünftige rassenanthropologische Entwicklung der von ihnen untersuchten Bevölkerung zu formulieren: „Die Auslese scheint gegenwärtig auf eine vermehrte Erhaltung von Erbmassen hinauszulaufen, in denen Eigenschaften

---

224 Klenck/Scheidt, Bauern, S. 93.
225 Ebd., S. 102.

beider (vermengter und vermischter) Rassen enthalten sind."²²⁶ Diese Art rassenanthropologischer Deutung war in zwei Punkten unvereinbar mit dem sich zunehmend einheitlich entwickelnden rassentheoretischen Diskurs der völkischen Rechten. Zum einen stellte sie die Rassenmischung als eine willkommene Begleiterscheinung der Auslese dar – eine Auffassung, die in klarer Opposition zur Ablehnung der Rassenmischung durch die Nationalsozialisten und anderer völkischer Gruppen stand. Zum anderen definierte sie diese als Ausgangspunkt der Entstehung einer neuen Rasse, was zu der Vorstellung einer festen Zahl von im Kern nicht veränderbaren Rassen im Widerspruch stand, wie sie im politischen Raum postuliert wurde.

Bis August 1929 waren die im Rahmen der Gemeinschaftsarbeiten vorgenommenen anthropologischen Erhebungen weit gediehen. In 17 der 64 Untersuchungsbezirke, die als Ausgangspunkt für die Bestandsaufnahme ausgesucht worden waren, waren die Erhebungen abgeschlossen oder weitgehend abgeschlossen, in 19 Bezirken waren sie in Gang und in 27 Bezirken wurden sie vorbereitet.²²⁷ Außerdem befanden sich zwei Monographien der Reihe „Deutsche Rassenkunde" im Druck.²²⁸ Nachdem die Untersuchungen, die in Württemberg unter der Leitung von Eugen Fischer durchgeführt worden waren, abgeschlossen wurden, waren die Erhebungen in Westfalen und Ober-Baden so weit vorangeschritten, dass Fischer im Januar 1930 darum bat, eine Rechen- und Schreibhilfe einzustellen, und weitere Zuwendungen forderte.²²⁹ Bis 1937 wurden insgesamt 15 Monographien in der Reihe Deutsche Rassenkunde veröffentlicht, die eine Vielzahl der ausgesuchten Untersuchungsbezirke behandelten. Im Gegensatz zu den anthropologischen Erhebungen wurde die Durchführung von erbpathologischen Untersuchungen bis 1930 kaum gefördert. Lediglich drei Untersuchungen in diesem Feld wurden von der NG gefördert: die „Studien der Erbgesetze des Menschen" und „Untersuchungen über die Beziehungen chronischer Hautkrankheiten zu anderen Erscheinungen" des niederländischen Hautarztes und Zwillingsforschers Hermann Werner Siemens (1891–1969)²³⁰, die Untersuchungen über die Verwandtschaft hoch- und höchstbegabter schöpferischer Persönlichkeiten durch Ernst Rüdin und die Zwillingsuntersuchungen von Hans Luxenburger (1894–1976), einem Mitar-

---

226 Ebd.
227 Übersicht über die anthropologischen Erhebungen, BAK, R 73/169.
228 Es handelte sich um die Arbeiten von Walter Scheidt und Wilhelm Klenck über niedersächsische Bauern und von Saller über die „Keuperfranken". Die Arbeit von Scheidt und Klenck erschien 1929 als Band 1 der Reihe Deutsche Rassenkunde unter dem Titel „Niedersächsische Bauern". Die Arbeit von Saller erschien im folgenden Jahr als Band 2 derselben Reihe. Ein dritter Band über die Miesbacher Landbevölkerung lag als handschriftliches Manuskript fertig bei Eugen Fischer vor. Siehe: Fischer an die NG, 19.8.1929, BAK, R 73/169.
229 Für die Untersuchung in Ober-Baden standen noch 4000 RM zur Verfügung. Da Fischer der Meinung war, dass diese Mittel nicht ausreichen würden, forderte er zusätzliche 2000 RM. Für Erhebungen am Adel und an der Bauernschaft in Westfalen bat er um zusätzliche 5000 RM. Siehe: Fischer an die NG, 18.1.1930, ebd.
230 Siemens: Hauptausschussliste Nr. 11 vom Rechnungsjahr 1928/29, BAK, R 73/108: 3600 RM für „Studien der Erbgesetze des Menschen und Untersuchungen über die Beziehungen chronischer Hautkrankheiten zu anderen Erscheinungen".

beiter Rüdins.²³¹ Nach 1930 jedoch stieg die Zahl der geförderten erbpathologischen Untersuchungen an.

Insgesamt kann man die Konjunktur rassenkundlicher Forschung in der zweiten Hälfte der zwanziger Jahre als Reaktion auf die Verspätung der deutschen anthropologischen Forschung, insbesondere bei ihrem Bemühen um eine anthropologische Bestandsaufnahme der gesamten deutschen Bevölkerung, erkennen. Während in anderen Ländern bereits umfangreiche Arbeiten zur Erfassung der einheimischen Bevölkerungszusammensetzung im Gange waren, hatte man bis dahin in Deutschland noch nichts Vergleichbares unternommen. Die Bestrebungen, diese Lücke möglichst zügig zu schließen, gingen einher mit der Modifizierung von Forschungsmethoden sowie einer Neudefinition von Grundannahmen und Zielen. Dabei waren die Schwerpunkte der über die Gemeinschaftsarbeiten erschienenen Monographien disparat, auch wenn das Ziel einer rassenkundlichen Bestandsaufnahme der deutschen Bevölkerung als vorrangig wahrgenommen und realisiert wurde. Besonders auffällig war dabei der stark schwankende Begriff von Rasse; schon deshalb ließ sich ein einheitliches Ergebnis dieser Forschungen nicht formulieren.

In den Jahren nach 1933 verhalf zwar das vom NS-Regime propagierte Ideal nordischer Rassenreinheit der typologischen Rassenkunde zu einem kurzfristigen Wiederaufleben. So erschienen im Rahmen der Gemeinschaftsarbeiten noch vier weitere Monographien, die sich auf die rassenanthropologische Bestandsaufnahme der deutschen Bevölkerung konzentrierten. Das Paradigma einer als vorwiegend statisch zu bezeichnenden Rassentypologie aufgrund körperlicher Merkmalkombinationen war jedoch schon im wissenschaftlichen Niedergang begriffen²³² und erbpathologische Fragestellungen begannen sich durchzusetzen. Die Gemeinschaftsarbeiten stellten eine neue Stufe innerhalb der deutschen Vererbungsforschung dar, weil sie den Übergang von der klassischen Rassenkunde verankert zu einem anthropogenetischen Paradigma markierten. Zwar wurden auch hier erbpathologische Fragen noch nicht systematisch mit einbezogen, doch können sie als Versuch gesehen werden, erbbiologische Grundlagen für die Rassenanthropologie zu formulieren. Nachdem die Gemeinschaftsarbeiten sich in der Hauptsache auf die rassenkundliche Bestandsaufnahme der deutschen Bevölkerung konzentriert hatten, wurden sie nun – nicht zuletzt mit Geldern der Rockefeller Foundation – erweitert und auf erbpathologische Untersuchungen ausgedehnt.

2.6.2. Der Ausbau der Gemeinschaftsarbeiten und die Rockefeller Foundation

Ende der zwanziger Jahre war die Rockefeller Foundation, 1913 gegründet, bereits seit mehr als einem Jahrzehnt mit der Förderung des öffentlichen Gesundheitswesens, der medizinischen Ausbildung und der Sozialforschung aktiv befasst. Dabei

---

231 Rüdin und Luxenburger: X. Tätigkeitsbericht der Deutschen Forschungsanstalt für Psychiatrie, in: Zeitschrift für die gesamte Neurologie und Psychiatrie, S. 631–632.
232 Siehe Kapitel 2.9.

hatte sie sich innerhalb kurzer Zeit von einer philanthropisch und individuell geleiteten Stiftung bis hin zu einer modernen Organisation der Förderung wissenschaftlichen Fortschritts gewandelt, die auf das zunehmende Prestige der Wissenschaft aufbaute und sich dem Nutzen wissenschaftlicher Expertise zu bedienen wusste.[233] So erlebte sie in den zwanziger Jahren einen durchgreifenden Prozess der Rationalisierung und Ausbreitung ihrer verschiedenen Programme zur Unterstützung der Wissenschaft. In dieser Entwicklung war die Anlehnung am deutschen Wissenschaftssystem von einiger Bedeutung gewesen. Im Kontext der unmittelbaren Nachkriegszeit hatte die Foundation die deutsche Wissenschaft und ihre Vertreter zwar distanziert wahrgenommen, aber bereits seit Anfang der zwanziger Jahre pflegte sie Kontakte zu Deutschland, vermehrt ab Mitte der zwanziger Jahre. Schon 1920 hatte die Foundation in Deutschland mit einem Förderungsprogramm für Zeitschriften und für die Ausrüstung von Laboratorien begonnen. Ab 1922 war sie mit einem Stipendiaten-Programm befasst, das sich an Nachwuchswissenschaftler richtete. Die Foundation hatte sich, der Meinung vieler ihrer Wissenschaftsorganisatoren folgend, gegen eine Förderung etablierter Universitätsprofessoren in Deutschland festgelegt, die als alte nationalgesinnte und demokratiekritische Elite galt. Der Humangenetiker Heinrich Poll (1877-1937), der für das Stipendiaten-Programm zuständig war und den zu diesem Zweck errichteten Ausschuss zur Förderung des wissenschaftlichen medizinischen Nachwuchses leitete, stand sogar der NG und dem preußischen Kultusministerium als Institutionen, die von dieser Elite beherrscht wurde, feindlich gegenüber. Bis 1939 förderte die Foundation in erster Linie jüngere Wissenschaftler in Deutschland. Ab Mitte der zwanziger Jahre beteiligte sie sich aber auch an größeren Forschungsprogrammen, die von anerkannten bzw. etablierten Wissenschaftlern geleitet wurden. Mit ihrer Umstrukturierung 1928, die mit der Gründung von Abteilungen für Medizin, Natur- und Sozialwissenschaften einherging, war der Weg zu erheblichen Investitionen in Deutschland auf dem Gebiet der Human- und insbesondere Psychobiologie aber auch Biochemie geebnet. In diesem Kontext hatte die Rockefeller Foundation die Nachricht gestreut, sie sei bereit, für sozialwissenschaftliche Untersuchungen in Deutschland Mittel bereitzustellen. Im September 1929 wandte sich Schmidt-Ott an den Direktor der sozialwissenschaftlichen Abteilung der Rockefeller Foundation, Edmund E. Day, um für das Studium der im Rahmen der Gemeinschaftsarbeiten ausgewählten 60 Bezirke finanzielle Unterstützung der Rockefeller Foundation zu erbitten. Einerseits betonte er in seinem Schreiben, dass es sich bei den Gemeinschaftsarbeiten für Rassenforschung nicht um eine „einseitige anthropometrische Erhebung" handele, sondern um eine „Betrachtung des Menschen in seiner sozialen Umwelt".[234] Er unterstrich, dass „die sozialen und ökonomischen Verhältnisse eine besondere Berücksichtigung erfahren".[235] Andererseits machte er auf die Gewinnung von „brauchbare[n] Unterlagen für die Frage nach der Zahl und Verbreitung einiger wichtiger pathologischer Erblinien

---

233 Weindling, Rockefeller Foundation, S. 117.
234 Friedrich Schmidt-Ott an Dr. Edmund E. Day vom 5.9.29, Rockefeller Archive Center (RAC), Bestand RF 1.1, 717s, box 20, folder 187.
235 Ebd.

in der Bevölkerung" aufmerksam, die „für etwaige eugenische Erörterungen von größter Bedeutung" sein könnten. In diesem Zusammenhang erwähnte er die kriminalbiologischen Arbeiten Ernst Rüdins, des Mitarbeiters an der DFA, Johannes Lange (1891–1938), des Leiters des KWI für Hirnforschung, Oskar Vogt, und des Leiters der bayerischen kriminalbiologischen Sammelstelle, Theodor Viernstein (1878–1949). Sowohl für die kriminalbiologischen Arbeiten als auch für die Untersuchungen Rüdins über die Erblichkeit der Höchstbegabung und die in seinem Institut eingeleitete Zwillingsforschung wünschte sich Schmidt-Ott die Unterstützung der Rockefeller Foundation – als Grundlage für die geplante Ausweitung der Gemeinschaftsarbeiten auf erbpathologische Forschung. In einer Sitzung am 13. November 1929 entschied das Kuratorium der Rockefeller Foundation, sich an der Finanzierung der Gemeinschaftsarbeiten mit 125 000 $ zu beteiligen.[236] Dies bedeutete für die Gemeinschaftsarbeiten eine Verdoppelung der bisherigen Zuwendungen. Vom 1. Januar 1930 bis 30. Dezember 1934 sollten der DFG jedes Jahr 25 000 $ aus einem Fonds zur Verfügung gestellt werden, den die Rockefeller Foundation vorwiegend durch Mittel ihres „Laura Spelman Rockefeller Memorial Fund" finanzierte. Als Bedingung galt lediglich, dass sich die NG/DFG unabhängig von den Zuwendungen der Rockefeller Foundation, weiterhin und zwar im bisherigen Umfang an der Förderung der Gemeinschaftsarbeiten beteiligte.[237] Entscheidend für den Beschluss der Rockefeller Foundation war die Überlegung, dass die Gemeinschaftsarbeiten, die die besten Voraussetzungen für eine eingehende Bestandsaufnahme der Bevölkerung zu bieten schienen, Teamarbeit auf sozialwissenschaftlichem Gebiet anregen und damit neue, eher kooperative Formen der Forschungsorganisation als auch neue disziplinäre Strukturen befördern würden, wie sie in Deutschland bis dahin nur wenig ausgeprägt waren. Der geplante Ausbau der erbpathologischen Richtung der Gemeinschaftsarbeiten spielte bei der Entscheidungsfindung offenbar keine besondere Rolle.

Mit den Zuwendungen der Rockefeller Foundation entwickelten sich die Gemeinschaftsarbeiten der anthropologischen Erforschung der deutschen Bevölkerung unter einem neuen Aspekt, der neben rassenkundlichen auch gezielt erbpathologische Erhebungen mit einbezog. Dabei spielte Ernst Rüdin, der Ende 1928 von Basel nach München zurückgekehrt war und Leiter der DFA wurde, eine maßgebliche Rolle. Im Januar 1930 unterbreitete er der NG/DFG einen Forschungsplan, der eine systematische Zählung von Geisteskranken in sechs abgegrenzten Bezirken vorsah. In mindestens fünf Bezirken machte er konkrete Vorschläge zur Durchführung der Arbeit vor Ort. Den Forschungsplan Rüdins nahm Eugen Fischer zum Anlass, als Koordinator der Gemeinschaftsarbeiten ein neues Konzept zu entwickeln. So ließ er der NG/DFG eine neue Denkschrift mit dem Titel „Rassekundliche und erbpathologische Erhebungen am deutschen Volke" zukommen. In dieser spielte er auf seine erste Denkschrift an, in der er bereits auf

---

236 Dies entsprach einem Betrag von über 500 000 RM und bedeutete eine beträchtliche Zuwendung.
237 Siehe: Edmund E. Day an Schmidt-Ott vom 27.11.1929, RAC, Bestand RF 1.1, 717 s, box 20, folder 187; Allgemeines. Zur Besprechung über Rassenforschung am 22.11.1930 in der Notgemeinschaft, GStA, C42 und BAK, R 73/169.

2.6. Die Gemeinschaftsarbeiten für Rassenforschung

die Erfassung „einiger wichtiger pathologischer Erblinien in unserem Volke" hingewiesen hatte, und ging in der Hauptsache auf den Ausbau der Gemeinschaftsarbeiten nach der erbpathologischen Seite ein. Vor diesem Hintergrund war er der Meinung, dass Rüdin bei der Feststellung erblicher Leiden, die nun von ihm im Vergleich zur Erhebung normaler Rassenmerkmale als die „wichtigste, zugleich die schwierigste" Aufgabe betrachtet wurde, „die Führung haben muss[te]".[238] „Der Gedanke oder Einwurf" – so führte er weiter aus –, „es könnte jeweils derselbe Forscher anthropologische, erbpathologische und psychopathologische Dinge zugleich erheben, lässt sich als undurchführbar bezeichnen, da für jedes Gebiet wirkliche Spezialkenntnisse nötig sind und die Gesamtarbeit je für einen Einzelnen zu groß wäre."[239]

Neben Rüdin stellte Fischer die Förderung von Otmar Freiherr von Verschuer (1896–1969)[240] in Aussicht. Dieser war seit Gründung des KWI-A als Abteilungsleiter mit Forschungen über tuberkulöse Zwillinge beschäftigt. Für Fischer sollte die Zwillingsforschung unbedingt zu den Spezialaufgaben der neuen Gemeinschaftsarbeiten gehören. Etwa zeitgleich warb Fischer in einem Artikel, der in der unter der Mitwirkung der NG herausgegebenen populärwissenschaftlichen Reihe „Forschung tut not" erschien, für die Förderung der Zwillingsforschung, aber auch der Mutationsforschung. Mit den Arbeiten von Lothar Loeffler, von 1927 bis September 1929 Assistent am KWI-A, fand die Mutationsforschung tatsächlich Eingang in die Forschungsförderung, wenn sie auch nicht vorrangig im Rahmen der Gemeinschaftsarbeiten für Rassenforschungen, sondern vor allem im Rahmen der 1929 vom Göttinger Zoologen Alfred Kühn errichteten „Gemeinschaftsarbeiten zur Klärung der Frage der Erbschädigung durch Röntgenstrahlen" gefördert wurde.[241] In seinem Artikel mit dem Titel „Was ‚nützt' uns die Erblichkeitsforschung?" im zweiten Heft der Reihe „Forschung tut not" wies Fischer vor allem darauf hin, dass die weitere Führung auf dem Gebiet der zunächst in Nordamerika vorangetriebenen Mutationsforschung dem Ausland nicht überlassen werden dürfe.[242] Über die Förderung der Zwillings- und Mutationsforschung hinaus setzte sich Fischer in seiner Denkschrift aus dem Jahr 1930 dafür ein, dass auch der Ansatz von Hermann Muckermann (1877–1962) zur differenzierten Fortpflanzung von „guten und schlechten Erbeinheiten" in die Gemeinschaftsarbeiten für Rassenforschung einbezogen und so die eugenische Verwertung der eingeleiteten Forschungen in die Wege geleitet werden sollte. Insgesamt stellte das neue von Fischer

---

[238] Rassekundliche und erbpathologische Erhebungen am Deutschen Volk. Eine Gemeinschaftsarbeit, BAK, R 73/169.
[239] Ebd.
[240] Im Folgenden Verschuer.
[241] In einem Antrag vom 17. August 1929 zum Gesuch Loefflers um Unterstützung einer „am KWI für Anthropologie begonnenen experimentellen Arbeit zur Frage der künstlichen Erzeugung von Erbänderungen" betonte Fischer, dass Erbänderung „zur Zeit die brennendste Frage der ganzen Vererbungslehre [sei]". Siehe: Gutachten Fischers, 17.8.1929, BAK, R 73/12756.
[242] Fischer, Erblichkeitsforschung, S. 29.

im Frühjahr 1930 erarbeitete Konzept eine eindeutige Akzentverschiebung auf erbpathologisch-rassenhygienische Forschung dar.

Im Februar 1930 reichte Hermann Werner Siemens einen Antrag ein, um die Finanzierung seiner erbpathologischen Forschungen weiter auszubauen und in die Gemeinschaftsarbeiten eingebunden zu werden, denn erst durch die in diesem Rahmen mögliche Materialbeschaffung im größeren Stil schien für ihn die menschliche Erbforschung Aussicht auf wirklichen Erfolg zu haben. Konkret stellte er die vollständige Untersuchung einer großen Reihe pathologischer Erblinien in Nord- und Südholland in Aussicht. Damit meinte er vor allem die Erfassung von erblichen Hautleiden und betonte, dass diese „oft mit Geistesabnormitäten verbunden und deshalb von besonderer Bedeutung für die Volksgesundheit" seien.[243] Den Erbgang von erblichen Hautkrankheiten versuchte Siemens anhand der mendelistischen Erklärungsmodelle aufzuklären.

Über die Einbeziehung von erbpathologischen Untersuchungen in die Gemeinschaftsarbeiten hinaus war Eugen Fischer bemüht, die bisher eingeleitete anthropologische Erforschung systematisch auf eine erbliche Grundlage zu stellen. Mit Rassenforschung war nicht mehr nur das Ziel einer Bestandsaufnahme der deutschen Bevölkerung, sondern vor allem die Aufklärung des Rassenbildungsprozesses unter genetischen Gesichtspunkten verbunden. Die Rassenforschung sollte darauf hinauslaufen, Erb- und Umwelteinflüsse voneinander abzugrenzen.[244] So war sie nicht mehr nur eine in sich geschlossene physische Anthropologie, sie war zugleich wesentlicher Bestandteil der menschlichen Erblehre. Zu dieser Rassenforschung gehörten experimentelle Untersuchungen zur Neuentstehung von erblichen Merkmalen durch Mutation und zur „Erbfestigkeit" von Rassenmerkmalen. Einerseits sollten deutsche Bevölkerungsgruppen, die seit Generationen im Ausland lebten, verstärkt untersucht werden. Andererseits war Fischer bemüht, nach den erbbiologischen Grundlagen von Rassenmerkmalen zu fragen. Es ging darum, „durch Beobachtung und Experiment den wirklichen Erbcharakter gewisser Erbmerkmale noch genauer zu präzisieren, als es bisher möglich war".[245] An diesen beiden Forschungsvarianten war Fischer selbst beteiligt. Im KWI hatte er experimentelle Untersuchungen an Ratten, Schweinen und Hühnern über die Beeinflussung der Schädelform in Gang gebracht, die er im Rahmen der Gemeinschaftsarbeiten fördern lassen wollte. Mit der Aussicht auf einen Ausbau der Gemeinschaftsarbeiten hatte er aber auch vor, anthropologische Untersuchungen der in den Flüchtlingslagern untergebrachten russischen Deutschen vorzunehmen.[246] Diese Forschungsrichtung hatte er bereits im Rechnungsjahr

---

243 Siemens an Schmidt-Ott, 18.2.1930, BAK, R 73/169.
244 Siehe: Fischer, Eugen: Rassekundliche und erbpathologische Erhebungen am deutschen Volke, ebd.
245 Ebd.
246 In einem Antrag vom 18. Januar 1930 an die NG forderte er nicht nur weitere Zuwendungen für die Weiterführung der anthropologischen Erforschung der deutschen Bevölkerung in neuen Bezirken, sondern auch 2000 RM für die anthropologische Untersuchung der in den Flüchtlingslagern untergebrachten russischen Deutschen. Siehe: Fischer an die NG, 18.1.1930, Ebd.

2.6. Die Gemeinschaftsarbeiten für Rassenforschung

1928/29 mit einer Arbeit über die Siebenbürger Sachsen – so die Bezeichnung der Deutschen, die sich seit dem Mittelalter in den Karpaten niedergelassen hatten – eingeleitet, in die Otmar Freiherr von Verschuer als Mitarbeiter von Fischer am KWI-A einbezogen wurde. Den entsprechenden Antrag in der zehnten Liste der Forschungsanträge, die dem Hauptausschuss vorgelegt wurden, versah der zuständige Fachausschuss mit folgendem Kommentar: „Hier spielt außer den Fragen, denen die gesamte anthropologische Erhebung gilt, auch die Frage der Rassenbeeinflussung oder der Rassenveränderung durch Auswanderung und Umweltänderung stark herein."[247] Die Arbeiten an den Siebenbürger Sachsen, die spätestens ab Juli 1930 aufgrund des von der Rockefeller Foundation zur Verfügung gestellten Fonds gefördert werden konnten, wurden bis zum 31. Dezember 1933 bezuschusst.[248]

Die von Fischer ausgearbeitete neue Programmatik wurde in der Folgezeit noch weiter zur vererbungstheoretischen Seite hin ausgebaut. Anfang 1930 hatte Schmidt-Ott explizit zur Einreichung von solchen Forschungsansätzen aufgefordert, die sich mit denen von Fischer und Rüdin nicht deckten. Daraufhin plädierte Oskar Vogt, der Direktor des KWI für Hirnforschung, für die Einbeziehung der experimentellen Genetik in die Gemeinschaftsarbeiten und ließ der NG/DFG am 12. Februar 1930 seine Vorschläge zukommen. Im Hinblick auf die Herausarbeitung von Konstitutionstypen hielt er die bisher eingeleiteten „Massenuntersuchungen aufgrund der von den Anthropologen zunächst ausgewählten Merkmale" für unzulänglich. In einem Gutachten für Friedrich Schmidt-Ott kritisierte er die psychiatrischen Klassifikationen Rüdins, die für die angelegten Massenuntersuchungen „noch nicht reif" seien.[249] Konstitutionstypen ließen sich seines Erachtens erst über hirnanatomische und genetische Untersuchungen einzelner Individuen herausarbeiten und durch tierexperimentelle Untersuchungen bestätigen.[250] Da Vogt mit der experimentellen Genetik und den Arbeiten seines russischen Mitarbeiters, des Genetikers Timoféeff-Ressovsky, vertraut war[251], betonte er, dass die „auf Grund einer Merkmalsanalyse aufgestellten Gruppen nicht einheitlich verursacht sind"[252], und bezog sich auf das im Rahmen der physischen Anthropologie zentrale Beispiel des Langschädels: „Übertragen wir diesen Befund zum Beispiel auf die menschlichen Langschädel, so ist es wahrscheinlich, dass die Lang-

---

247 Siehe: Antrag Nr. 32 der Hauptausschussliste Nr. 10 vom Rechnungsjahr 1928/29, BAK, R 73/108.
248 Fischer wurden zur Überweisung an Mitarbeiter in Siebenbürgen im Sommer 1932 und im Herbst 1933 zusammen 4500 RM bewilligt, von denen ein Teil noch im Rechnungsjahr 1933/34 über die Institutskasse verrechnet wurde, ein anderer Teil jeweils direkt von der NG nach Siebenbürgen hin überwiesen wurde. Siehe: MPG-Archiv, Abt. I, Rep. IA, Nr. 927 und RAC, Bestand RF 1.1, 717 s, box 20, folder 187.
249 Vogt an Schmidt-Ott, 12.2.1930, Oskar und Cécile Vogt-Archiv, Akte 29 (M). Zitiert nach Hagner, Pantheon, S. 118.
250 Ebd.
251 Entscheidend waren hierbei die 1926 erarbeiteten Begriffe der Spezifizität, Expressivität und Penetranz der Gene. Sie stellten einen Zusammenhang zwischen Gen, Umwelt und Phänotyp her.
252 Vogt an Schmidt-Ott, 12.2.1930, BAK, R 73/169.

schädel teilweise rein erblich und hier noch nicht einmal gleichartig bedingt sind, dass ein anderer Teil bei erblicher Disposition zur Manifestierung der Langschädel noch besonderer Umwelteinflüsse bedarf und dass eine dritte Gruppe rein exogen bedingt ist. Es ist ja ohne weiteres klar, dass der Langschädel mit Sicherheit nur soweit bestimmte Rückschlüsse auf andere, mit ihm korrelativ verbundene Eigenschaften zulässt, als er gleichartig verursacht ist."[253] Über die Herausbildung von Konstitutionstypen hinaus erschien Vogt der Rückgriff auf experimentelle Tierversuche unerlässlich, um erbpathologische Merkmale sicher einordnen zu können, da sie allein in der Lage seien, die Frage nach der ätiologischen Abgrenzung der Erb- und Umweltfaktoren zu klären.

In einer Sitzung bei der NG/DFG am 22. Februar 1930 wurde das endgültige Programm der neuen, erweiterten Gemeinschaftsarbeiten besprochen. Vertreter der physischen Anthropologie wurden zur Besprechung nicht herangezogen. Eingeladen waren außer zwei Vertretern des Reichsinnenministers diejenigen Wissenschaftler, die innerhalb der NG für die medizinische Forschungsförderung zuständig waren oder Vorschläge zu einer Erweiterung der Gemeinschaftsarbeiten gemacht hatten.[254] Die Teilnehmer einigten sich auf ein breit gefasstes Programm, das die neuen Ansätze von Rüdin und Vogt integrieren und den Gemeinschaftsarbeiten insgesamt eine neue Richtung geben sollte. Die zukünftigen Arbeiten sollten sich nun auf drei Hauptbereiche erstrecken. Erstens sollte die bisherige flächendeckende Untersuchung von typischen Bezirken weitergeführt und bei „einer genügenden Verdichtung" auf Querschnitte der Bevölkerungen ausgedehnt werden. Darunter war die gezielte Erforschung „einigermaßen abgrenzbarer Gruppen der Gesamtbevölkerung wie zum Beispiel der westfälische Adel, die altansässige Judenschaft in Frankfurt und die alten Geschlechter anderer Städte" gemeint. Zweitens sollten sich die Erhebungen nicht „allein auf äußere Rassenmerkmale beschränken", sondern es sollten vor allem Untersuchungen mit eingeschlossen werden, die die Einflüsse der sozialen Verhältnisse auf die betreffende Bevölkerung erkennen ließen. Als solche waren in der Hauptsache Untersuchungen zur Verbreitung pathologischer Erblinien durchzuführen. Drittens sollte der experimentelle Ansatz von Oskar Vogt gefördert werden. Nicht nur Untersuchungen zur Erzeugung von Mutationen, sondern auch Tier- und Pflanzenversuche sollten die bisherigen Arbeiten ergänzen und deren genetische Analyse ermöglichen. Auf den Antrag des ersten Direktors des Hamburgischen Museums für Völkerkunde, Georg Thilenius, der die Durchführung einer „anthropologisch-ethnologischen Gemeinschaftsarbeit" in Aussicht stellte[255], wurde nicht näher eingegangen. Durch die

---

253 Ebd.
254 Eingeladen waren einerseits Ministerialrat Taute und Ministerialrat Donnevert vom Reichsinnenministerium, andererseits Eugen Fischer, Georg Thilenius, Oskar Vogt, Martin Hahn, August Bier, Ernst Rüdin, Ludwig Aschoff, Friedrich von Müller, M.B. Schmidt, Erich Kallius und Werner Siemens vom akademischen Krankenhaus in Leiden in Holland.
255 Thilenius' Plan einer anthropologisch-ethnologischen Gemeinschaftsarbeit zielte darauf ab, die „biologische" und die „kulturelle" Anthropologie unter einem gemeinsamen Dach unterzubringen – was zum Beispiel im Fachausschuss Völkerkunde der NG, in dem sowohl Anthropologie, Ethnographie, Prähistorie und Volkskunde vertreten waren, teilweise konkretisiert

Denkschrift von Fischer, die Einbeziehung von Rüdin und die Vorschläge von Vogt erfuhren die Gemeinschaftsarbeiten eine wesentliche Änderung ihrer Zielsetzung. Nach den ersten beiden Jahren ihrer Umsetzung hatten sie sich einer erbpathologischen, aber auch allgemein erbbiologischen Fragestellung angenähert, die im ursprünglichen Konzept von Fischer nur eine untergeordnete Rolle gespielt hatte. Vererbung und Rasse waren auf diese Weise zu den zentralen, erkenntnisleitenden Kategorien der Gemeinschaftsarbeiten geworden, um die herum sich die verschiedenen Forschungsprojekte gruppierten. Ein erheblicher Anteil der Zuwendungen im Rahmen der Gemeinschaftsarbeiten flossen in den Folgejahren an das DFA und Ernst Rüdin, der die Forschungsanstalt seit 1931 leitete. Darüber hinaus wurden die neuen Projekte der Gemeinschaftsarbeiten in zunehmendem Maße von seinem Forschungsansatz geprägt.

Der Plan zur anthropologischen Bestandsaufnahme der deutschen Bevölkerung wich nämlich einem Vorgehen, das primär auf die Erfassung von erbpathologischen Merkmalen ausgerichtet war und letztlich auf negative Eugenik abzielte. Mit der Aussicht auf eine flächendeckende Erhebung von deutschen Bevölkerungsgruppen schien für Rüdin die Möglichkeit einer systematischen Geisteskrankenzählung gegeben, die sich bisher ausschließlich auf asylierte Geisteskranke beschränkt hatte.[256] Ziel war es, nicht nur die bisher unbekannte absolute Zahl von Geisteskranken in der Bevölkerung, sondern auch „die verschiedenen Arten von Störung" kennen zu lernen.[257] In den Bezirken, in denen die Geisteskranken gezählt werden sollten, war gleichzeitig auch die Zählung der körperlich Kranken, insbesondere der Erbkranken, vorgesehen. Letztlich ging es um die anthropologische Aufnahme der gesamten Bevölkerung.[258] Die war für Rüdin insofern wichtig, als dadurch wertvolle Korrelationen zwischen einerseits geistigen und körperlichen Abnormitäten und andererseits anthropologischen Merkmalen aufgezeigt werden konnten. So sollte sie dazu dienen, der Erscheinung von erbpathologischen Merkmalen auf den Grund zu gehen. Dieser Ansatz bedeutete für die Gemeinschaftsarbeiten einen Wandel der Perspektive. Während Rüdin als Psychiater auf erbpathologische Merkmale konzentriert war, bemühte sich Eugen Fischer weiterhin um die flächendeckende Erforschung der deutschen Bevölkerung, die

---

worden war. Beim projektierten Atlas der deutschen Volkskunde, der zeitgleich mit den Gemeinschaftsarbeiten für Rassenforschung konzipiert und gestartet wurde, wurde die Behandlung von rassenanthropologischen Fragen von vornherein ausgeschlossen. So entschied sich die NG letztlich für eine separate Behandlung volkskundlicher und rassenanthropologischer Forschung. Damit folgte sie dem Trend zu einer institutionellen Trennung beider Fachgebiete, die sich aus der zunehmenden Bedeutung der Anthropobiologie und der exklusiven Zuwendung vieler Anthropologen zu einem genetischen Rassenbegriff ergab und zur Gründung von getrennten Fachgesellschaften führte. Siehe: Gedrucktes Protokoll „Besprechung über den Plan eines Atlas der Deutschen Volkskunde am 16. und 17. Juni 1928 in der Notgemeinschaft der deutschen Wissenschaft, Berlin C2, im Schloss",Geheime Staatsbibliothek Berlin, Nachlass Johannes Bolte, Kasten 56, S. 4; Massin, Anthropologie, S. 221.

256 Rüdin an Schmidt-Ott, 2. Geist. [sic] 1930 (20.1.1930), BAK, R 73/169. Derselbe Brief ist im Nachlass von Schmidt-Ott aufbewahrt, Geheimes Staatsarchiv, Nl Schmidt-Ott, C42.
257 Ebd.
258 Ebd.

in der Denkschrift von 1928 als vorrangiges Ziel definiert worden war und weiterhin als Vorlage für die Aufklärung von erbpathologischen Linien dienen sollte. So musste die Zählung von Geisteskranken in den von Rüdin vorgeschlagenen Bezirken von einer anthropologischen Erforschung der Bevölkerung ausgehen.[259]

In seinem Forschungsplan machte Rüdin auch konkrete Vorschläge für die Durchführung der Arbeit vor Ort und nannte mehrere Bezirke, die hierfür in Frage kamen. Die Untersuchung sollte in einem Bezirk im Allgäu, in einem Teil des Bezirksamtes Neustadt an der Aisch in Nordbayern, im Bezirksamt Wasserburg in der Nähe von München, in einem noch zu definierenden Bezirk in der bayerischen Rheinpfalz, im südbadischen Markgräfler Land und in einem württembergischen Zähl- und Messbezirk vorgenommen werden.[260] Fischers Kostenvoranschlag orientierte sich dabei unmittelbar an den von Rüdin gemachten Vorschlägen. Da sich Rüdin und Fischer im Rahmen der Erhebungen psychopathischer Erbanlagen an einem Ort darauf geeinigt hatten, dass die Untersuchung von wenigstens 10 000 Personen erforderlich war, wurde für jeden Bezirk der einjährige Einsatz von drei jungen Forschern und drei Stipendiaten vorgesehen. Dafür veranschlagte Eugen Fischer eine Summe von 20 600 RM, die neben den Personalkosten Aufwendungen für Schreibarbeiten einschloss. Für die fünf Bezirke, die Rüdin konkret vorgeschlagen hatte, stellte er dementsprechend Ausgaben in Höhe von 103 000 RM in Aussicht. Diese Summe stellte im Rahmen der Gemeinschaftsarbeiten einen verhältnismäßig hohen Betrag dar, wenn man bedenkt, dass sich im Rechnungsjahr 1928/29 die jährlichen Zuwendungen der NG für die gesamten Gemeinschaftsarbeiten auf etwa 80 000 RM beliefen.[261]

Rüdins Forschungsplan war daher im beantragten Umfang nicht durchsetzungsfähig. Bereits im Februar 1930 hatte Hermann Werner Siemens Bedenken gegen die Durchführung von mehrfach „nebeneinander herlaufenden parallelen Untersuchungen" geäußert. „Grundsätzlich richtiger wäre es wohl", so schrieb er an die NG, „eine so neuartige Forschung erst einmal in ein oder zwei Gebieten durchführen zu lassen. Sind einmal zwei Gebiete durchforscht, so werden die dabei gemachten Erfahrungen sehr wahrscheinlich auch dazu führen, dass die Erforschung weiterer Gebiete später mit weniger Geld und mit noch mehr Erfolg durchgeführt werden kann, als es augenblicklich möglich ist, wo die praktische Durchführbarkeit, die tatsächlichen Ergebnisse und die Kosten der vollständigen Durchführung solcher Untersuchungen noch nicht aus Erfahrung bekannt sind."[262] Die Diskussion über Rüdins Forschungsplan sollte zu einer erheblichen Einschränkung des vorgelegten Konzepts führen. Nur zwei der fünf von Rüdin vorgeschlagenen Bezirke sollten sich für eine anthropologische Untersuchung der

---

259 In einem Brief vom 18. Januar 1930 an die NG/DFG schrieb Fischer: „Wenn diese Bevölkerung eines Bezirkes untersucht wird auf erstens Rassenmerkmale, zweitens allgemeine pathologische Erscheinungen, drittens psychopathische Erbmerkmale, brauchen wir drei zusammen arbeitende junge Forscher." In: Fischer an die NG/DFG, 18.1.1930, BAK, R 73/169.
260 Rassekundliche und erbpathologische Erhebungen am Deutschen Volk, ebd.
261 Im Rechnungsjahr 1928/29 wandte die NG 25 000 Dollar auf. Siehe: Schmidt-Ott an Edmund E. Day, 5.9.1929, RAC, Bestand RF 1.1, 717 s, box 20, folder 187.
262 Siemens an Schmidt-Ott, 18.2.1930, BAK, R 73/169.

2.6. Die Gemeinschaftsarbeiten für Rassenforschung

bodenständigen Bevölkerung als geeignet erweisen. Zudem war Rüdins Vorhaben aufwändiger und seine praktische Umsetzung eher unsicher, zumal es an qualitativem Nachwuchs fehlte. Unter diesen Umständen entschied man sich für die „restlose Durcharbeitung zunächst nur eines Bezirkes nach dem Plan und durch Rüdin".[263] Erst später sollte sich die Bestandsaufnahme auf andere fünf weitere Gebiete sowohl im Süden als auch im Norden Deutschlands erstrecken.[264]

Im Rechnungsjahr 1930/31 wurden Rüdin die ersten Gelder für anthropologische Untersuchungen in einem 10 000 Personen umfassenden Gebiet des bayerischen Allgäus zur Verfügung gestellt. Ab dem 1. Januar 1931 wurden zusätzlich aus dem von der Rockefeller Foundation zur Verfügung gestellten Fonds für Hilfsarbeiten, Reisen, Apparate und Materialien 11 427,85 RM überwiesen. Seit dem 1. September 1930 war gemeinsam mit dem Mitarbeiter Rüdins, Theobald Lang (1898–1957), Carl Brugger als Stipendiat der NG mit der Zählung „sämtlicher geistiger und körperlicher Gebrechen" im Allgäu beschäftigt.[265] In den Jahren zuvor hatte sich Carl Brugger mit den Fragen der vollständigen Gebrechlichenzählung befasst und in zwei thüringischen Amtsgerichtsbezirken eine Zählung aller Geisteskranken vorgenommen.[266] Die Untersuchung im Allgäu schloss sich diesen Forschungen unmittelbar an und stellte die Ermittlung einer „Belastungsstatistik" einer Durchschnittsbevölkerung in Aussicht, die von Rassenhygienikern als die organisatorische Voraussetzung jeder planmäßigen Eugenik gefordert wurde. Die Untersuchung, die auf eugenische Aufbauarbeit setzte, stellte eine Neuerung dar. Zum ersten Mal sollte von der Probandenmethode radikal abgesehen und *alle* Individuen des ausgesuchten Gebietes untersucht werden. Der damit verbundene Aufwand war so groß, dass der ursprüngliche Plan einer Erfassung von 11 Gemeinden in der Nähe von Kempten nicht vollständig umgesetzt werden konnte. Die Untersuchung beschränkte sich schließlich auf die Bearbeitung der zwei ersten Zählbezirke. Nicht 10 000 Einwohner aus elf Gemeinden, sondern lediglich 5000 Einwohner aus fünf Gemeinden konnten somit systematisch erfasst und einer ärztlichen Untersuchung unterzogen werden. An diese Erfassung war das Ziel geknüpft, die verschiedenen Grade von Krankheiten kennen zu lernen, um ihre erbbiologischen Grundlagen gründlich erforschen zu können. Vor allem leichte, bisher meist unbeachtete Ausprägungsformen von Krankheiten sollten berücksichtigt werden. Darüber hinaus sollte die Allgäuer Untersuchung dazu dienen, eine „Belastungsstatistik" der deutschen Bevölkerung zu erstellen. Da Zählungen zu kostspielig waren, befasste sich Carl Brugger mit dem Problem der Übertragung der auf dem Weg der Familienforschung gewonnen Krankheitserwartungsziffern auf die Gesamtbevölkerung.[267] Zusätzlich zur systematischen Erfas-

---

263 Eugen Fischer an die Notgemeinschaft, 18.1.1930, ebd.
264 Brugger, Ergebnisse, S. 493.
265 Siehe: XI. Bericht über die Deutsche Forschungsanstalt für Psychiatrie, Kaiser-Wilhelm-Institut, in München zur Stiftungsratssitzung am 6. Mai 1931, in: Zeitschrift für die gesamte Neurologie und Psychiatrie 135, 1931, S. 644.
266 Die Ergebnisse dieser Untersuchung wurden 1931 in der Zeitschrift für die gesamte Neurologie und Psychiatrie veröffentlicht. Siehe: Brugger, Geisteskrankenzählung.
267 Brugger, Untersuchungen, S. 516.

sung der Einwohner im Allgäu nahm er gleichzeitig genealogische Forschungen vor und bemühte sich, in der eingehenden Betrachtung der sozialen Struktur der Bevölkerung die Gründe für die Ermittlung einer unterschiedlichen Belastungsstatistik zu finden. Als die Materialerhebung im Allgäu beendet wurde, erhielt Rüdin die Genehmigung für eine weitere Untersuchung in einem oberbayerischen Gebiet in der Gegend östlich von Rosenheim.[268] Brugger und Lang, die sich mit der Verarbeitung der Erhebung aus dem Allgäu befassten, teilten sich wieder die Datensammlung im neuen Untersuchungsgebiet und begannen am 1. Dezember 1931 mit den Vorarbeiten.[269]

Nachdem sich in der zweiten Hälfte der 1920er Jahre der Schwerpunkt der von der NG geförderten Ansätzen von ernährungsphysiologischem zu rassenanthropologischen Themen verändert hatte und in den frühen 1930er Jahren zunehmend erbbiologische Fragestellungen in den Mittelpunkt rückten, hatte sich mit dem Ansatz Rüdins an der DFA eine Fokussierung auf die Erblichkeit von Geisteskrankheiten mit einem deutlich eugenischen Bezug herausgebildet. Der Vorgang zur Untersuchung der Erblichkeit von abweichendem Sozialverhalten wurde dabei offenbar als folgerichtiger Schritt, nicht als Paradigmenwechsel empfunden. Er bezog sich zunächst vor allem auf die Frage der Vererbbarkeit krimineller Disposition. Sowohl die Untersuchungen im Allgäu als auch die in der Nähe von Rosenheim wurden von der Rockefeller Foundation unterstützt.[270]

Bereits im Februar 1929 hatte Schmidt-Ott über einen Plan zu kriminalbiologischen Gemeinschaftsarbeiten berichtet, der von Oswald Bumke (1877–1950), dem Münchener Ordinarius für Psychiatrie, vorgelegt worden war.[271] Ein Jahr später lagen erstmals Anträge im Rahmen von Gemeinschaftsarbeiten für kriminalpsychologische Forschungen vor. Sie waren von einer kriminalbiologischen Arbeitsgemeinschaft gestellt worden, die sich aus Theodor Viernstein, Johannes Lange, Ernst Rüdin und Oskar Vogt zusammensetzte, und mit dem Direktor des Bonner Instituts für Vererbungsforschung, Professor Hübner, kooperierten. Die kriminalbiologische Arbeitsgemeinschaft plante, dass Viernstein als Leiter des Straubinger Zuchthauses eine erste Wahl der zu untersuchenden Individuen tref-

---

268 XII. Bericht über die Deutsche Forschungsanstalt für Psychiatrie, Kaiser-Wilhelm-Institut, in München zur Stiftungsratssitzung am 7. Mai 1932, Zeitschrift für die gesamte Neurologie und Psychiatrie 140, 1932, S. 824.
269 XI. Bericht über die Deutsche Forschungsanstalt für Psychiatrie, Kaiser-Wilhelm-Institut, in München zur Stiftungsratssitzung am 6. Mai 1931, Zeitschrift für die gesamte Neurologie und Psychiatrie 135, 1931, S. 644–645. Die Erhebungen wurden jedoch dadurch verzögert, dass Brugger am 1. September 1932 eine Stelle in Basel annahm und Lang im Rechnungsjahr 1932/33 ausschließlich soziologische Untersuchungen durchführte; ebd., 148, 1933, S. 315.
270 Es ist unmöglich festzustellen, wie viele Gelder Rüdin für die anthropologische Erhebungen im Allgäu und in der Nähe von Rosenheim genau erhielt, da Zuwendungen auch undifferenziert für mehrere Projekte genehmigt wurden. Insgesamt erhielt er mit etwa einem Drittel der Gesamtsumme einen deutlich überproportionalen Anteil der von der Rockefeller Foundation zur Verfügung gestellten Mittel. 1933 und 1934 erhielt er sukzessive 28 809 und 35 377 RM von der Rockefeller Foundation. Siehe: Aufstellungen über Zahlungen der NG, RAC, Bestand RF 1.1, 717 s, box 20, folder 187.
271 BAK, R 73/95.

2.6. Die Gemeinschaftsarbeiten für Rassenforschung

fen sollte. Während Verbrecher, die „irgendwie im Charakter auffällig" waren, einer eingehenden Untersuchung unterzogen werden sollten[272], seien „lebensgefährlich erkrankte Verbrecher" baldig zu untersuchen.[273] Die Ergebnisse jener Untersuchung sollten mit den anatomischen Befunden, die unter der Leitung von Oskar Vogt an Gehirnen von gestorbenen Insassen erhoben wurden, verglichen werden. Im Todesfall der Kriminellen sollten die Gehirne dem Berliner Hirnforschungs-Institut zur Untersuchung zugeführt werden. Diesen Bedingungen entsprechend machte der Fachausschuss den Vorschlag, dass der von Vogt beantragte Betrag „nach Maßgabe der Erfordernisse" zur gegebenen Zeit in Teilbeträgen bewilligt werden solle. Johannes Lange von der DFA, ein Schüler Emil Kraepelins (1856–1926) und von 1922 bis 1930 Leiter der klinischen Abteilung der DFA, hatte eine Untersuchung solcher Rechtsbrecher vor, von denen Viernstein sich „besondere Einblicke versprach".[274] Die Mittel, die Rüdin hierfür beantragte, waren für zweierlei Aufgaben vorgesehen. Zum einen wollte er die genealogische Untersuchung einer „größeren Zahl rezidivierender Verbrecher unabhängig von der Arbeitsgemeinschaft fortsetzen", zum anderen plante er aber auch die genealogische Untersuchung „der speziell von Viernstein und Lange untersuchten Kriminellen".[275] Es ist auffällig, dass die Anträge der kriminalbiologischen Arbeitsgemeinschaft im Hauptausschuss der NG auf deutliche Kritik stießen. Allerdings war es nicht die fachliche Umorientierung auf die Frage nach der Vererbbarkeit abweichenden Sozialverhaltens, die kritisiert wurde, sondern die Höhe der beantragten Mittel und die Vergabe an ein Kaiser-Wilhelm-Institut.[276] Nun entsprach es den akademischen Gepflogenheiten in der NG, dass als Gründe für die Ablehnung oder Zurückweisung von Anträgen meist entweder der übertriebene Aufwand oder die Unklarheit des Arbeitsplans angegeben wurden. Die Bedenken Friedrich von Müllers gegen den Antrag der kriminalbiologischen Arbeitsgemeinschaft bezogen sich aber ausdrücklich nicht auf den wissenschaftlichen Ansatz der Antragsteller, sondern auf die maßgebliche Förderung eines Kaiser-Wilhelm-Instituts. „Gewiss muss das Problem der kriminalpsychologischen Forschung von allen Seiten angepackt werden, und es besteht kein Zweifel, dass die Herren Vierenstein [sic], Lange, Rüdin und Vogt anerkannte Forscher sind. [...] ich habe dagegen Bedenken, dass die Forschungsanstalt für Psychiatrie mehr und mehr auf Kosten der Notgemeinschaft allzu großzügig vorgeht."[277] Von Müllers Sorge galt dem Selbstverwaltungsprinzip der NG, deren Spielräume es auf dem Gebiet der Forschungsförderung zu bewahren gelte.

---

272 Antrag Nr. 35 aus der Hauptausschussliste Nr. 2 vom Rechnungsjahr 1929/30, BAK, R 73/110.
273 Ebd.
274 Ebd.
275 Ebd.
276 Viernstein, Lange, Rüdin und Vogt forderten wie folgt die nachstehenden Beträge: 6650 RM, 3000 RM, 3600 RM und 15 000 RM; Debatte im Hauptausschuss, 2.7. 1929, BAK, R 73/110.
277 Hauptausschussliste Nr. 2 vom Rechnungsjahr 1929/30, Ebd.

2. Vererbungsfrage und medizinische Forschungsförderung in der Weimarer Republik

Bei der Einwerbung von Mitteln bei der Rockefeller Foundation war ursprünglich nicht geregelt worden, welche Einzeluntersuchungen aus den Gemeinschaftsarbeiten vom Rockefeller Fonds zu übernehmen sein würden. Aufstellungen aus dem Rockefeller Archive Center zeigen, dass mit den Geldern vor allem der neue anthropogenetische und erbpathologische Ansatz der Gemeinschaftsarbeiten gefördert wurde.[278] Ein wesentlicher Anteil der Zuwendungen kam dabei den kriminalbiologischen Arbeiten von Ernst Rüdin, Johannes Lange, Theodor Viernstein und Oskar Vogt zu. Bereits im Dezember 1928 hatte Rüdin einen Antrag an die NG gestellt, in dem er um finanzielle Unterstützung von „kriminal-biologischen Forschungen" seiner Abteilung gebeten hatte.[279] Eine anfängliche Förderung auf diesem Gebiet erfuhr die GDA zwar ab 1929 durch die Gewährung eines Stipendiums an Wittke[280], aber erst nach der finanziellen Beteiligung der Rockefeller Foundation an den Gemeinschaftsarbeiten stieg der Betrag maßgeblich an.

Aus Mitteln der Rockefeller Foundation erhielt Rüdin beziehungsweise die GDA im Rechnungsjahr 1930/31 für "kriminalbiologische Forschung und Zwillingsforschung" 10 665,62 RM. Für seine kriminalbiologische Forschung kamen Vogt 4880,77 RM zu, Viernstein erhielt 2520 RM. Bis zum 31. Dezember 1934 wurde insgesamt für die kriminalbiologische Forschung die sehr hohe Summe von 159 176,43 RM aus dem Fonds der Rockefeller Foundation zur Verfügung gestellt[281], also etwa 20 Prozent der Gesamtzuwendungen der Rockefeller Foundation an die NG für die Gemeinschaftsarbeiten für Rasseforschung, wobei der Anteil der Gelder, die Rüdin beziehungsweise seiner Forschungsabteilung zukamen, besonders hoch war.[282] Dabei darf aber nicht übersehen werden, dass an der DFA die kriminalbiologische Arbeitsrichtung bereits vor der starken Förderung durch die NG/DFG einen Forschungsschwerpunkt gebildet hatte. 1929 war die Untersuchung von Johannes Lange *Verbrechen als Schicksal* erschienen, die auf das Material der Kriminalbiologischen Sammelstelle zurückgriff und zum größten Teil auf die Untersuchung von Zwillingsserien aufbaute.[283] Durch die Gelder der NG erfuhr die kriminalbiologische Zwillingsforschung jedoch eine erhebliche Erweiterung. Als Stipendiat der NG vom 1. März 1929 bis zum 31. Januar 1930 führte Wittke die von Lange eingeleiteten kriminalbiologischen Arbeiten weiter.[284] Nach-

---

278 Siehe: Ebd.
279 Max-Planck-Institut für Psychiatrie, Historisches Archiv München (MPIP-HA), GDA 56.
280 Wittke war Stipendiat der NG vom 1.3.1929 bis 31.1.1930. X. Bericht über die Deutsche Forschungsanstalt für Psychiatrie, Kaiser Wilhelm-Institut, in München zur Stiftungsratssitzung am 9. Mai 1930, Zeitschrift für die gesamte Neurologie und Psychiatrie 129, 1930, S. 630.
281 Dies ergab die Addierung aus den Aufstellungen über Zahlungen der NG, die in einem Bestand des Rockefeller Archiv Center aufbewahrt sind. Siehe: RAC, Bestand RF 1.1, 717 s, box 20, folder 187.
282 In der Zeit vom 1. Juli 1930 bis 1. Juli 1933 erhielt Rüdin insgesamt 23 198,35 RM, während Viernstein 10 080 RM bekam. Vogt konnte sich zwar über 34 873,16 RM freuen, ein unbekannter Teil der zur Verfügung gestellten Mittel wurde dennoch für die experimentelle Rassenforschung verwandt. Siehe: Ebd.
283 Zu Johannes Langes Zwillingsforschung, siehe: Wetzell, Forschung.
284 Der Ansatz von Lange wurde weiter verfolgt, da die Arbeiten Wittkes auf den Vergleich „rück-

dem Wittke am 31. Januar 1930 die DFA verlassen hatte, übernahm am 1. September 1930 der aus Wien kommende Friedrich Stumpfl (1902–1986) als weiterer Stipendiat der NG die Fortführung der kriminalbiologischen Forschungen.[285] Nachdem er die Materialsammlung und anschließend daran eine Arbeit über die Kriminalität in den Familien – hier sprach er stets von „Sippen" – einmaliger und rückfälliger Rechtsbrecher zum Abschluss gebracht hatte, führte er ab 1932/33 „Familienuntersuchungen an charakterologisch verschiedenen Gruppen abnormer krimineller Persönlichkeiten" durch und widmete sich einer Arbeit über „serienmäßig erfasste kriminelle Zwillinge".[286] Über die Förderung der Arbeiten Stumpfls hinaus versuchte man ab Mitte 1932, die im Allgäu eingeleitete anthropologische Erforschung zur kriminalbiologischen Seite hin zu erweitern. Das Ziel bestand darin, die absolute Zahl von Kriminellen zu ermitteln und dabei die Nicht-Insassen von Gefängnisanstalten zu beachten. Im Juli 1932 wurde mit der Oberstaatsanwaltschaft eine Vereinbarung getroffen, um etwaige Vorstrafen der im Allgäu untersuchten Personen zu ermitteln.[287]

Auch die Untersuchungen von geisteskranken beziehungsweise manisch-depressiven Zwillingspaaren durch Hans Luxenburger und die in Zusammenarbeit mit Rüdin begonnenen Forschungen von Adele Juda über die „Verwandtschaft hoch- und höchstbegabter schöpferischer Persönlichkeiten" wurden seit 1929/30 von der NG unterstützt. Die Förderung der erbpathologischen Forschungsrichtung blieb nicht auf Rüdin beziehungsweise seine Forschungsabteilung beschränkt. Am KWI-A wurden Verschuers Forschungen zur „Vererbung normaler und krankhafter Eigenschaften der Menschen" ab 1932 aus dem von der Rockefeller Foundation zur Verfügung gestellten Fonds gefördert. Als Leiter der Abteilung für menschliche Erblehre befasste sich Verschuer damit, die Zwillingsforschung als eine Methode zur ätiologischen Abgrenzung von erblichen und Umweltfaktoren auszubauen. Für die Bestimmung der Vererbbarkeit sozial abweichenden Verhaltens waren die Untersuchungen von zentraler Bedeutung. Gemeinsam mit dem externen Mitarbeiter Karl Diehl (1896–1969) hatte Verschuer 1929 Untersuchungen an einer Serie von tuberkulösen Zwillingen begonnen. Aus dem Fonds der Rockefeller Foundation erhielt er dafür bis 1934 insgesamt 10 959, 48 RM[288], und führte mit diesen Geldern Untersuchungen an 239 Zwillingspaaren durch. Gelder der Rocke-

---

fälliger Verbrecher auf der einen und einmaliger Rechtsbrecher auf der anderen Seite" hinauslaufen sollten. Siehe: X. Bericht über die Deutsche Forschungsanstalt für Psychiatrie, Kaiser Wilhelm-Institut, in München zur Stiftungsratssitzung am 9. Mai 1930, Zeitschrift für die gesamte Neurologie und Psychiatrie 129, 1930, S. 630.

285 Zu Friedrich Stumpfls Familien- und Zwillingsuntersuchungen, siehe: Wetzell, Forschung, S. 82–90.
286 XIII. Bericht über die Deutsche Forschungsanstalt für Psychiatrie, Kaiser Wilhelm-Institut, in München zur Stiftungsratssitzung am 6. Mai 1933, in: Zeitschrift für die gesamte Neurologie 148, 1933, S. 314.
287 Brief vom 15. Juli 1932 an die Oberstaatsanwaltschaft, Bayerisches Hauptstaatsarchiv, Mju 242262.
288 Siehe: Abrechnungen, RCA, Bestand RF 1.1, 717 s, box 20, folder 187. Anfang 1932 hatte Verschuer für dasselbe Forschungsvorhaben 3000 RM vom Preußischen Minister für Volkswohlfahrt und 7800 RM vom RMI erhalten.

feller Foundation flossen auch Heinrich Kranz zu, der seit Oktober 1930 Assistent am KWI-A war, und Untersuchungen an kriminellen Zwillingen aus preußischen Gefängnissen und deren jeweiligen Geschwistern durchführte. Ab Juli 1933 wurde dieses Zwillingsforschungsprojekt in die Gemeinschaftsarbeiten für Rassenforschung aufgenommen und bis 1934 mit Geldern der Rockefeller Foundation ausgestattet.[289] Über die Zuwendungen der NG hinaus wurde Kranz durch das preußische Justizministerium unterstützt. Das Ziel dieser Untersuchung bestand in einer Nachprüfung der Ergebnisse von Johannes Lange aus der DFA, der als erstes das Prinzip der Serienuntersuchungen von Zwillingen auf dem Gebiet der Kriminalbiologie angewandt hatte.[290] In der 1929 erschienenen Monographie *Verbrechen als Schicksal* hatte Lange über 30 Zwillingspaare aus bayerischen Gefängnissen berichtet, anhand derer er die Rolle des Erbfaktors bei der Entstehung kriminellen Verhaltens herauszustellen versuchte. Kranz befasste sich nun einerseits damit, mit der Entwicklung eines Kriminalitätsbiogramms ein Hilfsmittel zur Erfassung und Auswertung bei der kriminalbiologischen Zwillingsforschung zu entwickeln[291], andererseits konzentrierte er sich darauf, die Zahl der Probanden zu erweitern und die durch Rohden gesammelte Serie von Zwillingen aus preußischen Gefängnissen zu ergänzen.[292] Bei seinen Untersuchungen an 64 gleichgeschlechtlichen Zwillingspaaren, die entweder durch die Befragung der Gefängnisinsassen an je einem Stichtag oder durch fortlaufende Feststellung der Zwillingschaft bei den Neuzugängen in Berliner Anstalten ermittelt wurden, verglich er im Hinblick auf die Zahl der Verurteilungen, die Strafhöhe, Deliktarten und den Beginn der Kriminalität die Konkordanzverhältnisse zwischen zweieiigen und eineiigen Zwillingspaaren. Als Ergebnis daraus stellte er ausdifferenziert den Erbeinfluss beim verbrecherischen Verhalten dar.[293] Dabei war er allein auf die Vermittlung von Konkordanzverhältnissen konzentriert, während er Umwelteinflüsse vernachlässigte.

Die kriminalbiologischen Untersuchungen waren wissenschaftlich und politisch von hoher Brisanz. Denn wenn der Nachweis gelang, dass sozial abweichende und insbesondere kriminelle Verhalten auf Umwelteinflüsse zurückzuführen war, konnte dadurch die Entstehung und Verbreitung von Kriminalität auf definierten und vermutlich relativ kleinen Gruppen der Gesellschaft eingegrenzt werden. Daraus konnte man schlussfolgern, dass die Verhinderung oder Verminderung der Fortpflanzung dieser Gruppen zu einem drastischen Rückgang der Kriminalität insgesamt führen würde. Noch weiter reichend aber bot der Nachweis einer Verbindung zwischen krimineller Disposition und erblicher Belastung die Aussicht, genauere Aufschlüsse zwischen Sozialverhalten und erblich dispositionierten Großgruppe zu gewinnen – eine Vorstellung, die im politischen Raum als eine Art von wissenschaftlicher Grundlegung des Rassismus gleichkam.[294]

---

289 RCA, Bestand RF 1.1, 717 s, box 20, folder 187.
290 Kranz, Konkordanz, S. 494.
291 Kranz, Kriminalitätsbiogramm.
292 Insgesamt stellte er eine Serie von 27 eineiigen, 37 zweieiigen und 50 Zwillingspaare zusammen.
293 Kranz, Kriminalität.
294 Vgl. dazu Wagner, Volksgemeinschaft; Wetzell, Forschung.

2.6. Die Gemeinschaftsarbeiten für Rassenforschung

Der Ausbau der Gemeinschaftsarbeiten in erbpathologischer Richtung wurde zwar hauptsächlich, aber nicht ausschließlich aus Mitteln der Rockefeller Foundation finanziert. So erhielten zum Beispiel die Forschungen von Friedrich Curtius (1896–1975) zur Erbdisposition der Nervenkrankheiten, die von der NG seit dem Rechnungsjahr 1927/28 gefördert wurden, auch im Rechnungsjahr 1929/30 weiter finanzielle Zuwendungen und wurden spätestens ab 1930/31 als Teil der Gemeinschaftsarbeiten fortgeführt. Als Konstitutionsforscher war Curtius bemüht, die Lehre der Organminderwertigkeit mit der mendelistischen Wissenschaft in Einklang zu bringen.[295] 1933 veröffentlichte er deren Ergebnisse in einer Monographie mit dem Titel *Multiple Sklerose und Erbanlage*.[296] Mit den Geldern der NG deckte Curtius unter anderem Kosten der Hilfsmittel für seine Untersuchungen an den Familien von 51 Bonner Probanden mit sicherer Multipler Sklerose und von fünf Probanden mit nicht völlig gesicherter Diagnose. Als Ergebnis seiner kasuistischen Analyse, die sich auf entfernte Verwandte erstreckte, stellte er die seltene familiäre Häufung des Probandensyndroms und die große Variabilität der Krankheitsbilder beziehungsweise Erscheinungsbilder auf. Da diese Charakteristika dem monomeren Schema des Mendelismus widersprachen, griff Curtius auf die Forschungsergebnisse des russischen Genetikers Timoféeff-Ressovsky zurück, der eine Theorie zur Beurteilung der unterschiedlichen Manifestationsverhältnisse entwickelt hatte, und nahm die Polymerie des Erbgangs an.[297] So stellte er die Hypothese auf, dass die unterschiedliche Ausprägung der Multiplen Sklerose bei den Verwandten der Probanden durch spezifische Gene verursacht sei, „die bei ihrem Zusammenwirken das vollständige Krankheitsbild, einzeln aber nur eine mehr allgemeine Unterwertigkeit des zentralen Nervensystems verursachen, die dann durch das Hinzutreten anderer Faktoren sich in recht verschiedenen äußeren Bildern dokumentieren kann".[298] Mit der Annahme modifizierender, unspezifischer Nebengene für die Ausgestaltung des durch ein spezifisches Hauptgen verursachten Merkmals beziehungsweise Syndroms konnte eine Erblichkeit postuliert werden, selbst wenn diese sich nicht nach den Mendelschen Regeln verhielt, in der Generationenfolge zum Teil unsichtbar blieb und sich in sehr verschiedenen Phänotypen ausdrückte. Mit seiner erbbiologischen Deutung der Multiplen Sklerose war Curtius bemüht, dem bisher noch „schwankende[n] Boden der allgemeinen, einheitlichen Heredodegeneration" eine vererbungstheoretische Grundlage

---

295 Curtius, Organminderwertigkeit. Von 1923 bis 1928 war er Assistent in der Nervenabteilung der medizinischen Klinik in Heidelberg und an der medizinischen Poliklinik in Bonn, in der er Forschungen zur Disposition von Nervenkrankheiten durchführte. Ende 1928 trat er einen Forschungsaufenthalt am KWI-A an und kehrte Ende 1929 wieder als Assistent an die Bonner medizinische Klinik zurück. Von Bonn siedelte Curtius mit Professor Richard Siebeck (1883–1965) an die medizinische Klinik Heidelberg über, wo er seine Untersuchungen zur Multiplen Sklerose zum Abschluss brachte. Personalakte von Friedrich Curtius, Universitätsarchiv Heidelberg, PA 867.
296 Curtius, Multiple Sklerose.
297 Die Polymerie bezeichnet die Beteiligung mehrerer Gene an der Ausbildung einer einzigen Eigenschaft.
298 Curtius, Multiple Sklerose, S.167.

zu verschaffen und die bisherige Konstitutionsforschung zu erneuern.[299] Indem versucht wurde, die alte Lehre der neuropathischen Veranlagung neu zu begründen, sollte die Annahme streng homologer, sich vererbender, einheitlicher Syndrome bei den Erkrankungen des Zentralen Nervensystems zurückgedrängt werden. Mit dem Ansatz von Curtius erhielt die Konstitutionsforschung neue Anstöße, die nach 1933 weiter gefördert wurden.

Neben der Förderung von erbpathologischen Untersuchungen wurde im Rahmen der Gemeinschaftsarbeiten die anthropologische Erforschung der deutschen Bevölkerung zwar weitergeführt, jedoch wurden nur noch wenige Einzelbezirke eingehend unter die Lupe genommen. Mehr oder weniger unabhängig von territorialen Kriterien wurden zunehmend bestimmte Bevölkerungsgruppen untersucht, die sich durch einen größeren Zusammenhalt auszeichneten. Ab 1930 wurde die jüdische Landbevölkerung in Schwaben, Franken, Hohenzollern und Baden durch Stefanie Martin-Oppenheim anthropologisch erforscht, und zwar bis 1932 mit Geldern der Rockefeller Foundation. Unter den Forschungsprojekten, die ab 1930 von dieser Stiftung gefördert wurden, richteten sich Otto Aichels „Anthropologische Erhebungen in Württemberg", Scheidts „Rassekundliche Erhebungen in Hannover, Westfalen, Oldenburg, Braunschweig, Pommern und Hessen", Günthers „Anthropologische Erhebung der bodenständigen Bevölkerung Thüringens" und Mollisons „Untersuchungen im Ohmtal/Sonthofen" weiter nach dem Prinzip einer flächendeckenden Bestandsaufnahme an einem bestimmten Ort.[300] Die anderen Forschungsvorhaben bestanden nicht mehr nur in einer Bestandsaufnahme der Bevölkerung. Einige widmeten sich Bevölkerungsgruppen in Randgebieten oder außerhalb des Deutschen Reichs und zielten auf die Aufklärung der „Erbfestigkeit" von Rassenmerkmalen. Im Rechnungsjahr 1928/29 förderte die NG eine Untersuchung von Eugen Fischer und Verschuer an den Siebenbürger Sachsen. Der Fachausschuss befürwortete die Bewilligung von Forschungsmitteln mit folgendem Hinweis: „Hier spielt außer den Fragen, denen die gesamte anthropologische Erhebung gilt, auch die Frage der Rassenbeeinflussung oder der Rassenveränderung durch Auswanderung und Umweltänderung stark herein."[301] Ab 1930 wurde auch diese Untersuchung im Rahmen der Gemeinschaftsarbeiten unterstützt und mit den Geldern der Rockefeller Foundation bis 1933 gefördert.[302] Ab 1932 nahm Otto Reche zusätzlich zu der Bearbeitung des anthropologischen Materials aus Westpreußen Erhebungen in Oberschlesien auf. Ab Juli 1933 wurden unter der Leitung von Josef Weninger (1886–1959), dem Inhaber des Lehrstuhls für Anthropologie in Wien, familienanthropologische Erhebungen im ostschwäbischen Dorf Marienfeld im rumänischen Banat gefördert. Dieses Forschungsprojekt wurde ab 1936 durch die charakterologischen und

---

299 Curtius, Organminderwertigkeit, S.179.
300 All diese Untersuchungen konnten ab 1930 oder 1931 mit den von der Rockefeller Foundation zur Verfügung gestellten Geldern unterstützt werden. Siehe: RAC, Bestand RF 1.1, 717 s, box 20, folder 187.
301 Siehe: Hauptausschussliste Nr. 10 vom Rechnungsjahr 1928/29, BAK, R 73/108 und MPG-Archiv, Abt. I, Rep. IA, Nr. 922.
302 Siehe: RAC, Bestand RF 1.1, 717 s, box 20, folder 187.

psychiatrisch-neurologischen Nachuntersuchungen vom Mitarbeiter Rüdins, Friedrich Stumpfl, ergänzt.[303] Die größte anthropologische Untersuchung am Rand des Deutschen Reichs fand seit 1934 in Schlesien unter der Leitung von Egon Freiherr von Eickstedt statt.

Der Wandel der Forschungsförderung zu erbpathologischen Paradigmen vollzog sich vor allem durch die Einbeziehung Ernst Rüdins in die Gemeinschaftsarbeiten und die finanzielle Beteiligung der Rockefeller Foundation. Nicht nur die kriminalbiologische Arbeitsrichtung wurde nun weitgehend gefördert, viele andere an der GDA entwickelten Forschungsprojekte erfuhren durch die Unterstützung der NG einen kräftigen Zuwachs an Fördermitteln. Der Wechsel hin zu erbpathologischen Erhebungen innerhalb der Gemeinschaftsarbeiten ging also einher mit erheblichen Zuwendungen der Rockefeller Foundation, die nun einen großen Anteil der jeweiligen Forschungsetats beglich. Zwar war die Bestandsaufnahme der deutschen Bevölkerung bereits vorher begonnen worden, doch konnte sie nun erweitert und auf neue Fragestellungen hin ausgerichtet werden. Nicht mehr nur geographische Einheiten, sondern vorab definierte Bevölkerungsschichten wurden folglich untersucht.

Anfang der dreißiger Jahre ermöglichten die Gelder der Rockefeller Foundation die Entfaltung einer erbbiologisch ausgerichteten Rassenforschung. Die Gemeinschaftsarbeiten, die Ende der zwanziger Jahre initiiert worden waren, um eine anthropologische Bestandsaufnahme der deutschen Bevölkerung durchzuführen, war im Laufe ihrer Durchführung von der Tradition der physischen Anthropologie immer weiter fortgerückt. Durch den Übergang zu einem kausalen Verständnis der menschlichen Rassen waren sich die daran beteiligten Anthropologen der Aporien der traditionellen Rassenkunde allmählich bewusst geworden und hatten sich einem Rassenbegriff zugewandt, der zunehmend populationsgenetisch ausgerichtet war und mit der Vorstellung von reinen, vorgegebenen Rassentypen kollidierte. Die systematische Zuwendung zu erbpathologischen Fragestellungen erfolgte schließlich durch die Einbeziehung des Psychiaters Ernst Rüdin. Die von Rüdin eingeleitete Akzentverschiebung zu rassenhygienisch-erbpathologischer Forschung wurde nach 1933 weiter ausgebaut. Die wesentlichen Voraussetzungen und theoretischen Konzepte waren aber bereits lange vorher entwickelt und von der NG/DFG finanziert worden.

2.7. FÖRDERUNG IM INSTITUTIONELLEN KONTEXT: DIE MIT MENSCHLICHER ERBFORSCHUNG BEFASSTEN KAISER-WILHELM-INSTITUTE

Auch wenn Ministerialdirektor Max Donnevert (1872–1936) als Vertreter des Reichsinnenministeriums Ende 1925 anlässlich einer Sitzung von Präsidium und Hauptausschuss der NG rückblickend auf deren bisherige Tätigkeit noch darauf aufmerksam gemacht hatte, dass nicht Institute, sondern vor allem Forschungsar-

---

303 Siehe: MPIP-HA, GDA 122.

beiten und Forscher unterstützt worden seien[304], war die NG an der Einrichtung und den laufenden Kosten einiger Kaiser-Wilhelm-Institute stark beteiligt, die auf dem Gebiet der Erb- und Rassenforschung eine zentrale Rolle spielten. Für die NG, die als Vertreterin der Interessen der deutschen Wissenschaft Anspruch auf die Gestaltung der Forschungspolitik erhob, schien die Förderung solcher Institute geboten, die auf ihren jeweiligen Gebieten als Spitzenforschungseinrichtungen gegründet worden waren und neue wissenschaftliche Entwicklungen maßgeblich prägen sollten.

Auf dem Gebiet der Erbforschung spielten in der Weimarer Republik drei Kaiser-Wilhelm-Institute eine zentrale Rolle: das seit 1915 bestehende Kaiser-Wilhelm-Institut für Hirnforschung (KWI für Hirnforschung) in Berlin-Buch, die Deutsche Forschungsanstalt für Psychiatrie (DFA) in München, die 1924 der Kaiser-Wilhelm-Gesellschaft (KWG) angeschlossen wurde, und das 1927 eröffnete KWI-A in Berlin-Dahlem. Die NG trug insofern einen wichtigen Anteil am Aufbau dieser drei Institute, als sie deren Ausstattung weitgehend finanzierte. Am KWI für Hirnforschung wurde mit NG-Mitteln die Bibliothek ausgebaut; in der genetischen Abteilung, die sich mit Drosophila-Genetik befasste, waren drei Stipendiaten der NG beschäftigt, und der Leiter des Instituts, Oskar Vogt, erhielt in der zweiten Hälfte der zwanziger Jahre Zuwendungen sowohl für die „Deutsch-Russische Rassenforschung" als auch für die kriminalbiologische Forschung. Zudem wurden in der anatomischen Abteilung, die mit Forschungen an „Ausnahmemenschen und so genannten Schwachsinnigen" betraut war, vier der acht Präparatorinnen von der NG zum Zweck der Anfertigung von Gehirnschnitten dieser „Schwachsinnigen" bezahlt[305]; und auch die Abteilung für menschliche Erb- und Konstitutionsforschung, die ab 1931 von Bernhard Patzig (1890–1958) am KWI für Hirnforschung geleitet wurde, erhielt Zuwendungen der NG, wenn auch der genaue Umfang nicht mehr rekonstruierbar ist.[306]

In noch größerem Umfang wurde die DFA gefördert. Die NG finanzierte nicht nur Zeitschriften und Bücher für die Institutsbibliothek[307], sondern trug auch mit erheblichen Mitteln dazu bei, dass Rüdin den Ruf nach München annahm. Die Erweiterung des Forschungsprogramms der GDA wurde ebenso finanziert wie die Sekretariatsangestellten des Instituts. Sie beteiligte sich neben der KWG an der Einrichtung eines Untersuchungszimmers, das mit dem zur anthropometrischen Exploration erforderlichen Rüstzeug ausgestattet wurde. Nachdem Rüdin 1930 in die Gemeinschaftsarbeiten für Rassenforschung einbezogen worden war, war die GDA das am meisten von der DFG geförderte Forschungsinstitut auf dem Gebiet der menschlichen Erblehre.

Schließlich finanzierte die NG auch das KWI-A nach dessen Gründung zu erheblichen Teilen. Etwa 60 Prozent des Sachetats des Instituts wurden zu Beginn von der NG übernommen, ebenso die Finanzierung von Sekretariatsstellen und

---

304 Siehe: Protokoll der gemeinsamen Sitzung von Präsidium und Hauptausschuss der NG, 9.1.1925, MPIP-HA, Abt. I., Rep. IA, Nr. 920.
305 Siehe: Ebd., Nr. 1595, fol. 208.
306 Siehe: Ebd., Nr. 1598, fol. 25.
307 Siehe: Ebd., Nr. 921.

Hilfskräften.³⁰⁸ Mit Beginn der Gemeinschaftsarbeiten für Rassenforschung förderte die NG/DFG Projekte zur anthropologischen Erforschung der deutschen Bevölkerung, das Projekt von Verschuer zur Erblichkeit der Tuberkulose und die Zwillingsuntersuchungen an Kriminellen, die im KWI-A von Heinrich Kranz vorgenommen wurden.³⁰⁹ In den letzten Jahren der Weimarer Republik erhielt das Institut als Beihilfen zum Sachetat 20 000 RM von der DFG.³¹⁰ Diese Zuwendungen waren für die Aufrechterhaltung der Forschungstätigkeit am Institut insofern wichtig, als die Zuschüsse der KWG zum Institutsetat als Folge der Weltwirtschaftskrise kräftig zusammengestrichen wurden.³¹¹ Laut Eugen Fischers Darstellung hätte das Institut Anfang der dreißiger Jahre erst dank dieser Zuwendungen weiterbestehen können: „Wenn nicht von der NG und Rockefeller Foundation Mittel gekommen wären", schrieb Eugen Fischer über die Lage seines Instituts im Sommer 1932, hätte er „das Institut schließen müssen."³¹²

2.8. DER „FALL SCHEMANN" UND DIE VERTEIDIGUNG DER DFG-SELBSTVERWALTUNGSSTRUKTUREN

Obwohl die NG sich seit Mitte der zwanziger Jahre überaus erfolgreich als zentrale Förderungsinstitution im akademischen Bereich etabliert hatte, war sie nicht immun gegen Angriffe von Seiten der Presse und staatlicher Organe. Seit dem Frühjahr 1929 war die NG immer neuen Versuchen der preußischen Hochschulverwaltung, sie und ihre Förderungspraxis zu kontrollieren, sowie von verschiedenen Seiten dem Vorwurf der Cliquenwirtschaft ausgesetzt. Seit seinem Amtsantritt als Reichsinnenminister griff außerdem der sozialdemokratische Innenminister Preußens, Carl Severing (1875-1952), den autokratischen Stil Schmidt-Otts an. Als der nationalsozialistische Professor K. Theodor Vahlen (1869-1945), der für mathematische Studien ein Stipendium der NG erhalten hatte, als Rektor der Universität Greifswald die schwarz-rot-goldene Nationalflagge vom Universitätsgebäude niederholte³¹³, ließ Severing, der Forschungspolitik und Finanzgebaren der NG stärker durch die staatlichen Behörden und sein Ministerium kontrollieren lassen wollte, Schmidt-Ott die Zurückziehung der Reichszuschüsse androhen. Im Sommer 1929 fanden schließlich Verhandlungen zwischen der NG und dem Reichsinnenministerium über die Frage statt, wie die verstärkte Kontrolle des Ministeri-

---

308 Siehe: Abschrift, 29.7.1933, fol. 143, MPG-Archiv, Abt. I, Rep. IA, Nr. 2406, fol. 143-145.
309 Siehe: 8. Abrechnung, ebd.
310 Vgl. ebd.
311 Schmuhl, Grenzüberschreitungen, S. 65.
312 Ebd., S. 68. Im Rechnungsjahr 1930/31 hatte die Generalverwaltung dem KWI-A noch einen Zuschuss von etwa 91 000 RM aus dem Generalfonds zukommen lassen. Im Rechnungsjahr 1930/31 betrug der Zuschuss 90 600 RM. Im Rechnungsjahr 1931/32 wurde der Zuschuss auf 78 700 RM und im Rechnungsjahr 1932/33 auf 75 500 RM gekürzt. Siehe: Jahresrechnungen sowie Einnahmen- und Ausgabenrechnungen, MPG-Archiv, Abt. I, Rep. IA, Nr. 2406, fol. 111-117. Vgl. ebd., S. 65-66.
313 Zierold, Forschungsförderung, S. 120.

ums gestaltet werden sollte.³¹⁴ Schmidt-Ott erklärte sich vor allem damit einverstanden, dass der Reichsinnenminister fünf Mitglieder des in Zukunft aus 15 Personen bestehenden Hauptausschusses berief. Anlässlich einer Sitzung am 19. Oktober 1929 billigte der Hauptausschuss die Reformvorschläge, die nicht nur in einer personellen Erweiterung bestanden. Die NG erhielt eine schriftliche Geschäftsordnung, die vor allem die Rechte des Hauptausschusses erweiterte. Ferner wurden die Beziehungen zwischen NG und Reichsinnenministerium in schriftlichen Richtlinien festgelegt. So wurde die Verwendung der der NG vom Reich zur Verfügung gestellten Mittel der Aufsicht durch das Reichsinnenministerium unterstellt.³¹⁵

Kaum hatte die NG die Krise des Sommers 1929 überwunden und sich einer größeren Reform unterworfen, stand sie im Dezember 1929 im öffentlichen Licht, als die Förderung des völkischen Privatgelehrten Ludwig Schemann (1852–1938) angeprangert wurde. Zum ersten Mal wurde die Förderungspraxis der NG im Bereich rassenanthropologischer Forschung scharfer öffentlicher Kritik ausgesetzt. Ludwig Schemann hatte in Deutschland vor allem durch seine deutsche Übersetzung des *Essai sur l'inégalité des races humaines* des französischen Rassentheoretikers Joseph Arthur Comte de Gobineau Bekanntheit erlangt. In der zweiten Hälfte der zwanziger Jahre war er mit der Abfassung des dreibändigen Werkes *Die Rasse in den Geisteswissenschaften* befasst, das im Verlag J.F. Lehmann in München verlegt wurde. Hierfür hatte er von 1926 bis 1929 Zuschüsse der NG erhalten. Nach zwei früheren Bewilligungen von je 600 RM erhielt er in der Zeit vom 1. Juli 1929 bis 31. März 1930 ein Stipendium von monatlich 200 RM³¹⁶ für die Fertigstellung des zweiten Bandes *Die Rasse in den Geisteswissenschaften*. Eugen Fischer, der als Gutachter herangezogen wurde und bereits länger mit Schemann in Kontakt stand, befürwortete wiederholt dessen Anträge auf Fördermittel. Er betrachtete das zu fördernde Buch nicht nur als „ein wissenschaftlich hoch bedeutendes Werk", sondern wies ihm vor allem eine besondere Bedeutung im Hinblick auf die Förderung rassenanthropologischer Forschung zu. In seinem Gutachten zum ersten Verlängerungsantrag Schemanns vom 13. August 1927 schrieb er, der zweite Band der Trilogie werde „für die anthropologische Wissenschaft insofern von besonderer Bedeutung sein, als ein Name wie der Schemanns die Geisteswissenschaft zwingen wird, endlich der Anthropologie die ihr längst verdiente Beachtung zu schenken".³¹⁷ Die Gesuche Schemanns um Fördergelder schienen Fischer geradezu

---

314 Ebd.
315 Zur Reform und Satzungsänderung der NG im Jahre 1929, siehe: Ebd., S. 114–132 und Hammerstein, Forschungsgemeinschaft, S. 76–82.
316 Hiermit erhielt der schon ältere Schemann ein reguläres Stipendium der NG, deren monatliche Sätze 150 bis 300 RM betrugen. Bereits 1928 hatte das Ansteigen der Lebenshaltungskosten zwar eine Erhöhung der Stipendiatenraten nahe gelegt, die NG hielt aber an ihren Sätzen fest. Somit ist die Unterstützung von Schemann im Rechnungsjahr 1929/30 als geringfügig zu werten. Allerdings bedeutete sie eine auffallende Zuwendung der NG, da Stipendien in der Regel an Nachwuchswissenschaftler vergeben wurden. Zudem bedeutete es ein Nebeneinkommen für Schemann.
317 Zit. nach Nemitz, Antisemitismus, S. 399 u. 401. Vgl. Schmuhl, Grenzüberschreitungen, S. 150.

2.8. Der „Fall Schlemann" und die Verteidigung der DFG-Selbstverwaltungsstrukturen 95

opportun, um die in den späten zwanziger Jahren entstehende Konjunktur zur Förderung rassenanthropologischer Forschung zu festigen. Allerdings standen Rasseanthropologen mit ihren Stellungen zur Rassenfrage in den Jahren der Weimarer Republik noch unter strengster Aufsicht der Öffentlichkeit, wie der „Fall Schemann" gut verdeutlicht.

Die NG-Förderung der Arbeiten von Schemann, die durch einen wilden Antisemitismus gekennzeichnet waren, wurde Anfang 1930 zum Gegenstand einer öffentlichen Debatte als im *Vorwärts*, dem sozialdemokratischen Parteiorgan, ein Artikel mit dem Titel „Schundliteratur aus Reichsmitteln?" erschien, der die Unterstützung von Ludwig Schemann durch die NG bloßlegte und die Förderungspraxis der NG anprangerte. Zwar hatte das Präsidium der NG, nachdem es Ende November 1929 mit den antisemitischen Ausfällen im ersten Band *Die Hauptepochen und -völker der Geschichte in ihrer Stellung zur Rasse* konfrontiert worden war, entschieden, das Stipendium einzustellen, gleichwohl zog die Debatte weitere Kreise, als der sozialdemokratische Reichstagsabgeordnete Julius Moses (1868–1942), der im Dezember 1929 vom Reichsinnenminister Carl Severing in den neuen Hauptausschuss der NG für die Dauer von drei Jahren ernannt wurde[318], eine weitreichende Diskussion zur Überwachung der Förderungspraxis anregte. Im Reichstag wurde der „Fall Schemann" eingehend erörtert und die Frage der Kontrolle geförderter Wissenschaftler gestellt. Auch als am 14. Dezember 1929 anlässlich seiner konstituierenden Sitzung der neue Hauptausschuss der NG zusammentrat, stand der „Fall Schemann" zur Debatte.[319] Da Schemanns Anträge durch den entsprechenden Fachausschuss begutachtet worden waren, zeigten sich die Mitglieder des Hauptausschusses darin einig, dass die Bewilligung von Fördergeldern an Schemann nicht zu beanstanden war. Die NG könne nicht für die antisemitischen Ausfälle Schemanns verantwortlich gemacht werden.[320] Andererseits wurde das Vorgehen des Präsidiums gerügt, das bei seiner Entscheidung, das Stipendium zu entziehen, den Hauptausschuss nicht hinzugezogen hatte. Der Reichtagsabgeordnete und führende Kulturpolitiker des Zentrums, Georg Schreiber (1882–1963), der wie Moses im Dezember 1929 von Severing zum Mitglied des neuen Hauptausschusses ernannt worden war, kritisierte die Entscheidung, Schemann das Stipendium zu entziehen und betonte, „das Prinzip der Freiheit des wissenschaftlichen Gedankens müsse aufrecht erhalten werden, weshalb vor der Entziehung des Stipendiums im Hauptausschuss eine Aussprache erwünscht gewesen wäre".[321] Professor Bruno Kuske, der neben Moses und Schreiber auf das Anerbieten Severings im Dezember 1929 dem Hauptausschuss beigetreten war, fragte, „ob nicht

---

318 Zierold, Forschungsförderung, S. 130. Zum neuen Hauptausschuss, siehe: Ebd., S. 129.
319 Siehe: Protokoll der Sitzung des Hauptausschusses am 14.12.1929, GLA Karlsruhe 235, Nr. 7341, fol. 12–23.
320 So argumentierte beispielsweise der Professor Heinrich Konen, der 1929 in das Präsidium der NG aufgenommen worden war: Die NG sei für Schemanns Aufführungen nicht verantwortlich, da der Fachausschuss das Buch Schemanns nicht gekannt habe und das Präsidium sich entschieden habe, das Stipendium zurückzuziehen, bevor Erörterungen in der Presse einsetzten. Siehe: Ebd., fol. 17.
321 Ebd., fol.16.

die Fachausschüsse stärker herangezogen und für das Ergebnis von ihnen empfohlener Arbeiten verantwortlich gemacht werden sollten".[322] Moses, der darum bat, „bei Rassewerken in Zukunft Vorsicht zu üben", unterstrich zwar, dass das Parlament ein Interesse daran habe zu wissen, wie die von der NG bewilligten Gelder verwendet würden, er lehnte es aber ab, die Selbstverwaltung unter parlamentarische Kontrolle zu stellen.[323] Mehrere Aspekte sind in diesem Zusammenhang hervorzuheben. Zum einen wird sichtbar, dass auch in der Spätphase der Weimarer Republik noch eine kritische öffentliche Aufmerksamkeit gegenüber den antisemitischen Tiraden öffentlich geförderter Wissenschaftler existierte. Zum anderen aber nahmen die Gremien der NG die radikal judenfeindlichen Schriften eines von ihr geförderten Wissenschaftlers hin und kritisierten stattdessen die von den Selbstverwaltungsorganen nicht abgedeckte Stipendiumsstreichung durch das Präsidium. Und drittens wurde hier die hohe Bedeutung der wissenschaftlichen Selbstverwaltung erkennbar, die von demokratischen Politikern auch dann noch hochgehalten wurde, als der politische Missbrauch der wissenschaftlichen Freiheit offenkundig wurde.

Betrachtet man nun die hier geschilderten Entwicklungen zwischen 1920 und 1933 im Zusammenhang, so ist festzuhalten, dass in den ersten Jahren bis etwa 1925 nur wenige Forschungen zur Vererbungsfrage von der NG gefördert wurden. In der zweiten Hälfte der zwanziger Jahre hingegen standen, durch die Erfahrung von Krieg und Mangel ebenso wie durch deutsches Autarkiestreben befördert Forschungen zur Tier- und Pflanzengenetik im Vordergrund. Schon hier konnte man nachverfolgen, wie die NG mit nicht unerheblichen Geldsummen die Grundlagenforschung im Bereich der experimentellen Genetik aufbauen half. Erst durch diese Forschungsgelder konnte sich die Genetik als bestimmendes Ordnungsprinzip der züchterischen Maßnahmen etablieren. Die Thematisierung der Vererbungsfrage erfolgte also zunächst im Bereich von Ernährungsphysiologie und Tier- und Pflanzengenetik. Auf dieser Grundlage erfolgte dann seit Mitte der zwanziger Jahre der Übergang zu einer nur den Menschen betreffende Erblehre. Der erste Schritt bestand dabei in umfangreichen Körperuntersuchungen, die von Seiten der Konstitutionsmedizin und der physischen Anthropologie zur Gewinnung erbbiologischer Erkenntnisse angestellt wurden und noch nicht vorrangig oder ausschließlich auf die Betrachtung erblicher Faktoren ausgerichtet waren. Die vergleichende Völkerpathologie eines Ludwig Aschoff führte zeitgleich fast zwangsläufig zu internationalen Verflechtungen. Die auf diesem Gebiet zu verzeichnende Koppelung von wissenschaftlichen und kulturpolitischen Motiven führte zwar zur Gründung internationaler Dependancen, diese konnten jedoch weder auf dem einen noch auf dem anderen Gebiet die hohen Erwartungen erfüllen.

Die Vererbungsfrage spielte zunächst also in disparaten Forschungszweigen eine Rolle, die sich zwar überkreuzten und überlagerten, aber nicht miteinander verknüpften. So war die Vererbungsfrage sowohl im Umfeld der Bakteriologie als auch aus dem der Ernährungsphysiologie, der Kriminalbiologie und der Patholo-

---

322 Ebd., fol. 21.
323 Ebd., fol. 18–19.

2.8. Der „Fall Schlemann" und die Verteidigung der DFG-Selbstverwaltungsstrukturen

gie von Bedeutung. Gegenseitige Beeinflussung oder gar ein übergeordnetes Gesamtkonzept der Erbforschung oder ihrer Förderung ist jedoch nicht erkennbar; zu unterschiedlich waren Zielsetzung und Methodik. Typisch für ein Fach, das erst noch um wissenschaftliche Anerkennung und damit auch um den Zugriff auf Forschungsgelder warb, zeigt sich der vielfältige Zugang zum Untersuchungsgegenstand und die uneinheitliche Definition grundlegender Begriffe wie dem der Rasse. So kann man für die Jahre der Weimarer Republik vor allem durch die Gemeinschaftsarbeiten von einer Akzentverschiebung hin zu einer stärkeren Förderung einer rassenhygienisch-erbbiologischen Forschung sprechen. Von einer forcierten Förderung der Rassenforschung durch die NG kann man jedoch erst seit Beginn der dreißiger Jahre sprechen. Nun traten originäre Erb- und Rassenforscher wie Rüdin, Fischer und Verschuer ins Bild, die die wissenschaftliche Ausrichtung in den entsprechenden Gemeinschaftsarbeiten zunehmend zu dominieren begannen. Sie wurden sowohl von der DFG als auch von der Rockefeller Foundation unterstützt, wobei die DFG oftmals die Ausgaben für die wissenschaftliche Grundausstattung bestritt, während mit Geldern der Rockefeller Foundation Ausbau und Weiterentwicklung der Forschungsarbeiten bezahlt wurden.

In welchem Maße dabei wissenschaftliche Erb- und Rassenforschung bereits vor 1933 mit radikalem Rassismus und Antisemitismus verbunden war, zeigte der Fall Schemann sehr deutlich. Zugleich wurde an der Diskussion um Schemann auch das Gewicht der akademischen Selbstverwaltung sichtbar, die die Wissenschaftler gegenüber der Regierung der demokratischen Republik nachhaltig verteidigten; während sie drei Jahre später sehr schnell bereit waren, diverse Prinzipien gegenüber dem NS-Regime weitgehend und fast widerstandslos aufzugeben.

3. DIE FÖRDERUNG DER ERB- UND RASSENFORSCHUNG IN DER NS-ZEIT

3.1. MACHTWECHSEL

Die Gleichschaltung der DFG mit ihren selbstverwalteten Strukturen war ein Prozess, der bereits relativ kurz nach der Machtübernahme einsetzte.[324] Schmidt-Ott blieb zwar noch über ein Jahr lang Präsident der DFG – erst im Frühsommer 1934 ernannte der Reichswissenschaftsminister den nationalsozialistischen Physiker Johannes Stark (1874–1957) zum neuen Präsidenten. Allerdings war bereits im Mai 1933 anlässlich einer Präsidiumssitzung die „Frage der Anpassung der Notgemeinschaft an die heutige Lage des Reichs" beraten worden.[325] Das Präsidium beschloss einstimmig seinen Rücktritt, und auch die Mitglieder des Hauptausschusses wurden zum Rücktritt bewegt. Die ursprünglich für den 17. Juni 1933 angesetzte Mitgliederversammlung war auf Anweisung des Reichsinnenministers für unbestimmte Zeit verschoben worden. Zu diesem Zeitpunkt hatte Fritz Haber, der als Jude von den neuen Machthabern unter Druck gesetzt wurde, bereits in seinen Rücktritt als Vizepräsident eingewilligt.[326] Der Ausschluss von Haber sowie mehrerer Fachausschuss-Vorsitzender und der Austausch der Hauptausschuss-Mitglieder stellten einen gravierenden Eingriff in das Prinzip der Selbstverwaltung dar. Gleichwohl war Schmidt-Ott – kein Mitglied der NSDAP – darum bemüht, eindeutige Zeichen einer Neuorientierung der Forschungsförderung zu setzen, um an der Spitze der DFG zu bleiben.[327] Im Mai 1933 gab er den Anstoß zu einer bereits als „Kundgebung" apostrophierten Veranstaltung in Königsberg, die als ein klares Signal in Richtung einer von den Nazis geforderten Wende setzte.

Nach Schmidt-Ott und dem Vererbungsforscher und Botaniker Erwin Baur hielt Eugen Fischer einen Vortrag über „Die Fortschritte der menschlichen Erblehre als Grundlage eugenischer Bevölkerungspolitik". „Nur eine gesunde Bauernschaft auf heimischer Scholle" hob er einleitend hervor, könne „einem Volk wirklich Bestand geben."[328] Es wäre also „an erster Stelle zu sorgen für ein gesundes Gedeihen dieses, in nicht vollkommen durchindustrialisierten Völkern größten und lebendigsten Bestandteiles einer Bevölkerung. Das würde man eine gesunde Bevölkerungspolitik nennen, […] – das will sagen: eine solche, die die gesunden Erbstämme ihres eigenen Volkstums hegt und pflegt, zur Vermehrung bringt und

---

324 Zur Gleichschaltung, siehe: Mertens, Würdige, S. 50–79.
325 Schmidt-Ott an Reichsinnenminister, 18.5.1933, BAB, R 1501/26769–3, Bl. 105.
326 Habers Rücktritt erfolgte am 12. Mai 1933, nachdem dieser aus eigenem Entschluss von der Leitung des KWI für physikalische Chemie und Elektrochemie sowie seiner Professur an der Berliner Universität zurückgetreten war. Siehe: Haber an den Reichsinnenminister, 30.4.1933, BAK, R 73/1 und Szöllösi-Janze, Haber, S. 644.
327 Vgl. Hammerstein, Forschungsgemeinschaft, S. 100–110. Mertens, Würdige, S. 50.
328 Fischer, Fortschritte, S. 55.

in eine glückliche Zukunft zu leiten versucht."³²⁹ Im Hinblick auf die Erkenntnisse und die Entwicklung der menschlichen Erblehre übertrieb Fischer maßlos. So behauptete er etwa, dass „die menschliche Zwillingsforschung es fertig gebracht [hatte], dass [sie] die Erblichkeit fast aller erblichen Krankheiten einwandfrei festgelegt [hatte]".³³⁰ Deshalb sei „eine vollkommen sichere Unterlage für alle etwaigen bevölkerungspolitischen Maßregeln" bereits vorhanden.³³¹ Nur die Frage nach der Vererbung geistiger Eigenschaften schilderte er noch als offen. Die Tatsache, dass Fischer den Hauptvortrag der „Kundgebung" hielt und darin die enge Verbindung zwischen wissenschaftlicher Vererbungsforschung und den Grundlinien der nationalsozialistischen Postulate über Rassenhygiene und Eugenik hervorhob, kann einerseits als Versuch der DFG-Führung gewertet werden, sich der finanziellen Unterstützung durch die neuen Machthaber zu versichern. Auf der anderen Seite entsprach diese enge Verbindung ja durchaus der Wirklichkeit, sowohl in Bezug auf die politischen Vorstellungen der meisten Vererbungsforscher als auch im Hinblick auf die Überschneidungsflächen zwischen Wissenschaft und Weltanschauung. Auch in seinem Tätigkeitsbericht war Schmidt-Ott darum bemüht zu zeigen, wie die NG der durch den Machtwechsel bedingten Neuorientierung der Forschungsaufgaben entgegengekommen war. In den Mittelpunkt rückte er daher die GA für Rassenforschung:

> „Ich kann mitteilen, dass inzwischen die Notgemeinschaft wieder mehrfach neue Aufgaben in Angriff zu nehmen hatte, mit denen den Zielsetzungen des nationalen Staates [...] gedient werden kann. Im Besonderen ergibt sich die Aufgabe, die in den Gemeinschaftsforschungen der Notgemeinschaft entfalteten wissenschaftlichen Energien für praktische Gegenwartsaufgaben einzusetzen, die der Führer des deutschen Volkes und der deutschen Wirtschaft gestellt hat. [...] In den Vordergrund treten die Forschungen, die der Rasse, dem Volkstum und der Gesundheit des deutschen Volkes gewidmet sind. Neben den anthropologischen [...] Forschungen in geschlossenen Bezirken stehen die Arbeiten, die der empirischen Erbprognose dienen. Eine neue Arbeit, die der erbbiologischen Erforschung der neurologischen und neurologisch-psychiatrischen Erkrankungen gilt, soll das Material für die praktische Eugenik und die neuen Aufgaben der Gesetzgebung erweitern."³³²

Mit seinem Hinweis auf die Arbeiten zur empirischen Erbprognose, machte Schmidt-Ott vor allem auf die Forschungstätigkeit der Genealogischen-Demographischen Abteilung (GDA) der Deutschen Forschungsanstalt für Psychiatrie (DFA) unter der Leitung von Ernst Rüdin aufmerksam. Sofort nach der Machtübernahme erlebte diese Abteilung einen großen Zuwachs ihrer Forschungsmittel durch die Zuwendungen der DFG. Nachdem Rüdin durch seine Einbeziehung in die Gemeinschaftsarbeiten für Rassenforschung die ersten bedeutenden projektbezogenen Zuwendungen der DFG erhalten hatte, nutzte er die neue politische Situation, um im großen Stil Fördermittel einzutreiben und die Forschungstätigkeit seiner Abteilung auszuweiten. Im Rechnungsjahr 1933/34 unterstütze die DFG

---

329 Ebd.
330 Ebd., S. 57.
331 Ebd.
332 Rundbrief von Schmidt-Ott an die Mitglieder der Notgemeinschaft, hier an den Rektor der Universität Heidelberg, Universitätsarchiv Heidelberg, B 0711/3.

die Mehrheit aller laufenden Forschungsprojekte an der GDA, die das Ziel verfolgten, Erbprognoseziffern für bestimmte neurologische und psychische Leiden beziehungsweise Eigenartigkeiten zu gewinnen.

Hingegen wurde der Frage nach der Verbreitung von Geisteskrankheiten in der deutschen Bevölkerung beziehungsweise der Aufstellung einer Belastungsstatistik in der Forschungsabteilung nicht mehr intensiv nachgegangen. Die beiden im Rahmen der Gemeinschaftsarbeiten für Rassenforschung geführten großen medizinisch-anthropologischen Untersuchungen in zwei bayerischen Bezirken befanden sich im Endstadium und liefen bald aus. 1933/34 wurden insgesamt acht Projekte durch die DFG mitfinanziert, darunter eine von Klaus Conrad großangelegte Untersuchung über die Epilepsie, eine Studie über „die Erblichkeitsverhältnisse in bestimmten Psychopathengruppen" sowie über „Schwindler" von Walter Ritter von Baeyer (1904–1987).[333] Ebenso wurden die kriminalbiologischen Forschungen Stumpfls weiter unterstützt, einerseits die Sammlung und Untersuchung von weiteren Zwillingspaaren aus verschiedenen Gefängnissen, andererseits die Analyse der Wechselbeziehungen zwischen „verschiedenen seelischen Abnormitäten und Kriminalität". Adele Judas Untersuchungen von „schöpferisch höchstbegabten Persönlichkeiten", die sie in Zusammenarbeit mit Rüdin angelegt hatte, wurden gefördert, ebenso ihre Arbeiten über Familien verschiedener sozialer Herkunft sowie Hilfsschüler der Münchener Volksschulen. Gefördert wurde Bruno Schulz (1890–1958), ein früher Mitarbeiter von Rüdin, der sich auf methodische und statistische Fragen der empirischen Erbprognose spezialisierte und eine Arbeit über die „Sterblichkeit und Tuberkulosesterblichkeit in den Familien Geisteskranker und in der Durchschnittsbevölkerung" abschloss[334], ebenso wie Theobald Lang (1898–1957) mit seinen Forschungen zur Parallelität von Boden- beziehungsweise Luftradioaktivität und Stärke der Kropfendemie.[335] Lang befasste sich seit 1926 mit der so genannten Kretinenforschung. 1931 hatte er sich in einem Beitrag der *Zeitschrift für die gesamte Neurologie und Psychiatrie* mit der Bodentheorie des endemischen Kropfes auseinandergesetzt und den Plan entwickelt, die Hypothese, wonach ein Kropf auf den Gehalt des Bodens an radioaktiven Substanzen zurückzuführen ist, durch systematische Messungen der Radioaktivität in verschiedenen bayerischen Bezirken zu überprüfen.[336] DFG-Zuwendungen erhielt schließlich Hans Luxenburger (1894–1976), der seit 1924 Assistent an der GDA war und sich mit der Sammlung von geisteskranken Zwillingsserien aus deutschen Anstalten befasste.[337]

---

333 Siehe: Weber, Rüdin, S. 247.
334 Siehe: XIV. Bericht über die Deutsche Forschungsanstalt für Psychiatrie, Kaiser-Wilhelm-Institut, in München zur Stiftungsratssitzung am 5. Mai 1934, in: Zeitschrift für die gesamte Neurologie und Psychiatrie 150, 1934, S. 799.
335 Siehe: Ebd. und MPG-Archiv, Abt. I, Rep. IA, Nr. 2451.
336 Lang, Bodentheorie. Insgesamt führte Theo Lang von 1931 bis 1937 sieben Messungsserien durch.
337 Im Rechnungsjahr 1933/34 zählte seine Sammlung bis 53 575 Ausgangsfälle.

3.1. Machtwechsel

Insgesamt erhielt Rüdin im Rechnungsjahr 1933/34 von der DFG 74 016 RM.[338] Diese Summe entsprach fast den Gesamteinnahmen des KWI-A im Jahr 1933[339] und stellte einen sehr bedeutenden Anteil der Forschungsmittel der DFA dar. Der Vergleich mit den Gesamteinnahmen der DFA und dem Zuschuss der Kaiser-Wilhelm-Gesellschaft (KWG) im Rechnungsjahr 1932/33, die nicht nur die Forschung, sondern auch die Fixkosten der Anstalt decken sollten, macht die Bedeutung der DFG-Zuwendungen an die GDA deutlich: Diese Zuwendungen repräsentierten 27,3 Prozent der Gesamteinnahmen beziehungsweise 58 Prozent des Zuschusses der KWG. Unter allen 18 Kaiser-Wilhelm-Instituten (KWI), die von der DFG 1934 gefördert wurden, erhielt die DFA den höchsten Beitrag.[340] Dieser bildete nicht weniger als 32,8 Prozent der gesamten Gelder, die von der DFG den verschiedenen KWI zur Verfügung gestellt wurden. Rüdin erhielt also die höchsten Zuwendungen, die von der DFG im Bereich der Erb- und Rassenforschung einem einzigen Institut zur Verfügung gestellt wurden.

Dem Kaiser-Wilhelm-Institut für Anthropologie, menschliche Erblehre und Eugenik dagegen wurde in den Jahren nach der Machtübernahme eine ähnliche Förderung nicht zuteil. Im Rechnungsjahr 1933/34 erhielt lediglich Verschuer als Mitarbeiter des Instituts für seine Forschungen an tuberkulösen Zwillingen Zuwendungen der DFG in Höhe von 5000 RM. Was vor allem darauf zurückzuführen war, dass Fischer nun vor allem von der KWG finanziert wurde. Fischer hatte mit seinen Anträgen an die KWG auf Etaterhöhung sehr deutlich auf die politischen Implikationen seiner Forschungen hingewiesen.[341] Die Haushaltmittel des KWI-A stiegen 1934 von 88 700 RM auf 125 000 RM. Das Kuratorium der KWG genehmigte den Anbau für das Institut sowie eine Erweiterung der Tierställe und die Errichtung einer Garage ohne größere Diskussion. Die Bausumme wurde auf 270 000 RM veranschlagt, wovon das RMI (Reichsministerium des Innern) einen Zuschuss in Höhe von 170 000 RM entrichten sollte.[342] Insgesamt ist hier eine genaue Arbeits- und Aufgabenteilung zu erkennen: Fischer wurde vor allem von der KWG finanziert, Rüdin von der DFG. Beide Institute konnten so nach 1933 ihren finanziellen Spielraum erheblich erweitern.

Indem Rüdin und Fischer die Initiative ergriffen, im „Dritten Reich" konsequent die Erweiterung ihres Personal- und Sachetats zu betreiben, nahmen sie an den Umstrukturierungsprozessen der Forschungsförderung unmittelbar teil. Nachdem sie in der Weimarer Republik als Stifter der Gemeinschaftsarbeiten für Ras-

---

338 Siehe: Wildhagen an REM, 25.10.1935, BAK, R 73/14095. 1932/33 lagen die Gesamteinnahmen der DFA mit 270 546 RM und der Zuschuss der KWG mit 127 353 RM auf einem Tiefpunkt.
339 Siehe: MPG-Archiv, Abt. I, Rep. IA, Nr. 2406.
340 Siehe: Bewilligte Zuwendungen der DFG an in Deutschland gelegene KWI, MPG-Archiv, Abt. I, Rep. IA, Nr. 927.
341 Er schrieb „Ich hätte der sog. reinen wissenschaftlichen Forschung wegen den Antrag nicht gestellt. Hier handelt es sich um Forschung und Arbeit, die der heutige Staat für die wichtigste aller seiner Aufgaben gebraucht, für die Sorge um die erb- und rassengesunde Zukunft unseres Volkes". In "Notwendigkeit und Umfang einer Erweiterung des Instituts und Erhöhung seiner Mittel", 24.10.1934, MPG-Archiv, Abt. I, Rep. IA, Nr. 2406, fol. 149.
342 Siehe: MPG-Archiv, Abt. I, Rep. IA, Nr. 2413, Mp. 1, Bl. 17.

senforschung der NG fungiert hatten und bereits zu Autoritäten auf dem Gebiet der Erb- und Rassenforschung aufgestiegen waren, wurden sie nach 1933 weiterhin als Gutachter herangezogen und beeinflussten die Erbforschungsförderung maßgeblich. Die Machtübernahme durch die Nationalsozialisten bedeutete für das Fachgutachtersystem also keinen Bruch. Im Rahmen der GA für Rassenforschung hatte sich bereits zu Anfang der dreißiger Jahre ein Fachgutachtersystem herausgebildet, das als Gutachter in der Regel Eugen Fischer und Ernst Rüdin heranzog und an dem sich in der Folgezeit wenig änderte. Lediglich Otmar Freiherr von Verschuer, der zunächst als Assistent an der Medizinischen Poliklinik der Universität Tübingen und später als Mitarbeiter am KWI-A die Zwillingsforschung weiterentwickelte, wurde bald nahezu ebenso oft wie Fischer und Rüdin in die Begutachtung einbezogen.

Da das Forschungsfeld insgesamt von wenigen Wissenschaftlern besetzt war, bestanden häufig direkte Kontakte zwischen Antragstellern und Gutachtern, so etwa im Fall von Johannes Lange, der im Oktober 1933 einen Antrag auf Gewährung eines Sachkredits zu systematischen Familienuntersuchungen von Nervenkrankheiten, Muskelatrophien und Myotonien stellte. Bevor Lange im Mai 1930 an die psychiatrische- und Nervenklinik Breslau berufen wurde, hatte er die klinische Abteilung der DFA geleitet. Neben Fischer wurde Rüdin um eine Stellungnahme gebeten. Auch wenn Rüdin Lange als potentiellen Konkurrenten einstufte, war er bereit, den Antrag zu unterstützen. Zum einen wies Rüdin auf die Notwendigkeit einer Erweiterung genealogischer Forschungen hin, die die Voraussetzung zur Fundierung eugenischer Maßnahmen bildeten. Zum anderen betonte er seine Verbindung zu Lange und seinem Mitarbeiter, die eine Gewähr dafür zu bieten schien, dass die in Aussicht gestellten Forschungen in der von ihm unterstützen Richtung durchgeführt würden. So setzte Rüdin sein eigenes Forschungsprogramm als Maßstab für die Beurteilung von Forschungsanträgen auf dem Gebiet der Erb- und Rassenforschung.[343]

Reichsinnenminister Wilhelm Frick hatte Schmidt-Ott im November 1933 darum gebeten, den Leiter der Gesundheitsabteilung seines Ministeriums, den Ministerialdirektor Arthur Gütt, „bei der Bearbeitung von Angelegenheiten, die die Erb- und Rassenforschung berühren, möglichst zu beteiligen, um zu erreichen, dass die rassenhygienischen und bevölkerungspolitischen Belange überall nach einheitlichen Gesichtspunkten behandelt werden".[344] Im Mai 1934 forderte Gütt dann auch selbst, seine Abteilung sei bei den Beratungen zur Distribution der Gelder der NG hinzuzuziehen. Er versuchte, gegen die Verteilung der Mittel Einspruch zu erheben, da sie seines Erachtens „dem Streben des heutigen Staates nicht [entsprachen]".[345] Zeitgleich war er um eine wissenschaftliche Auswertung der Praxis des „Gesetzes zur Verhütung erbkranken Nachwuchses" vom 14. Juli 1933 bemüht, die im Januar 1934 zu den ersten Zwangssterilisierungen führte. Gemäß einer Verfügung des Reichsinnenministeriums (RMI) begann das Reichsgesund-

---

343 Siehe beispielsweise Rüdins Gutachten über Heinz Boeters: Rüdin an Karl Stuchtey, 23.11.1933, BAK, R 73/12582.
344 Frick an Schmidt-Ott, 4.11.1933, BAK R 73/170.
345 Gütt an Linden 17.5.1934, BAB, R 1501/26252/1.

3.1. Machtwechsel

heitsamt (RGA) im Mai 1934 die Akten und Berichte der Erbgesundheitsgerichte über die Ausführung der Eingriffe zentral zu sammeln. Am 1. Juni 1934 bat Gütt daraufhin die DFG, Mittel für die Auswertung dieser Akten zu bewilligen, um „eine gegenseitige Befruchtung von Wissenschaft und praktischer Rassenpflege" zu erreichen.[346] Bei Sterilisationsfällen, die einer weiteren Klärung bedürften, solle die Forschung dazu dienen, die Grundlagen des Gesetzes fortzuentwickeln und seiner Durchführung neue Anstöße zu geben. Eine Förderung durch die NG werde hier die Möglichkeit bieten, reichsweit mit Kliniken sowie auch mit einzelnen Forschern und Spezialisten in Verbindung zu treten. Gütt stellte eine Gemeinschaftsaufgabe in Aussicht, deren Ausgangspunkt eine Untersuchung durch fünf Stipendiaten unter der Leitung von Ernst Rüdin, Eugen Fischer und Otmar Freiherr von Verschuer bilden sollte.[347]

Besonderen Wert legte Gütt dabei auf die Kooperation mit der neuerrichteten Poliklinik für Erb- und Rassenpflege, einer wissenschaftlichen Abteilung im Berliner Kaiserin-Auguste-Victoria-Haus (KAVH), das eine lange Tradition in der medizinischen Behandlung von Kindern und Säuglingen hatte.[348] Bei einer Besprechung am 28. Juni 1934 einigte man sich darauf, Otmar Freiherr von Verschuer zum Leiter der Poliklinik zu bestellen[349] und zu ihrer Errichtung eine Baracke des KAVH zur Verfügung zu stellen. Die Leitung der Poliklinik sollte er in Personalunion mit seinen Pflichten am KWI-A wahrnehmen. Für ihre Besetzung mit wissenschaftlichem Personal wollte Gütt an die DFG herantreten, mit dem Erfolg, dass die Gehälter für die wissenschaftlichen Mitarbeiter der Poliklinik zum großen Teil von der DFG finanziert wurden. Ab 1. Oktober 1934 verfügte die Poliklinik über einen approbierten Arzt und einen Medizinalpraktikanten, die beide Stipendiaten der DFG waren. Zusätzlich zu diesen beiden trat lediglich der bisherige

---

346 Gütt an DFG, 1.6.1934, Ebd.
347 Für München waren unter Leitung von Rüdin ein Forschungsstipendiat, für Dahlem unter Leitung von Eugen Fischer zwei Forschungsstipendiate und für das Kaiserin-Auguste-Victoria-Haus (KAVH) unter der Leitung von Verschuer ebenfalls zwei vorgesehen. Siehe: Niederschrift über die Besprechung in der Notgemeinschaft der Deutschen Wissenschaft am 20. Juni 1934 betreffend die wissenschaftliche Auswertung der Akten der Erbgesundheitsgerichte, ebd. Es ist nicht erkennbar, ob und wie diese Untersuchungen durchgeführt wurden; entsprechende Förderakten liegen nicht vor. Sicher ist nur, dass die Akten der Erbgesundheitsgerichte nur bis zum 1. April 1935 im RGA in Berlin zentral gesammelt wurden. Ab 1. April 1935, als die staatlichen Gesundheitsämter mit ihren „Beratungsstellen für Erb- und Rassenpflege" eingerichtet wurden, gab das Gericht die Akten in der Regel an dasjenige Gesundheitsamt ab, das für den Geburtsort des Sterilisationskandidaten zuständig war. Siehe: Bock, Zwangssterilisation, S. 180. Der Biograph von Eugen Fischer, Niels C. Lösch, führt aus, dass zwei der beteiligten Stipendiaten in der Poliklinik für Erb- und Rassenpflege tätig wurden, die im Lauf des Jahres 1934 auf Veranlassung des RMI errichtet wurde. Lösch, Rasse, S. 314.
348 In einem Privatdruck von 1935 aus dem Archiv des KAVH wird das KAVH als Reichsanstalt zur Bekämpfung der Säuglings- und Kleinkindersterblichkeit bezeichnet. Siehe: Bericht des Kaiserin-Auguste-Victoria-Hauses, Berlin-Charlottenburg, vom 1. April 1934 bis 31. März 1935, A-KAVH, Mappe 1600. Die gesamten von Niels Lösch in seiner Monographie vorgeführten Akten zur Poliklinik wurden trotz mehrmaliger Anrufe und Besuche im Archiv nicht zur Einsicht vorgelegt, da sie nicht ausfindig gemacht werden konnten.
349 Siehe: Ebd., Mappe 1600a.

Assistent des KWI-A als Oberarzt, Dr. Martin Werner (1903–1975), ab dem 1. Januar 1935 hinzu. Der Poliklinik kam in der Implementierung der NS-Erbgesundheitsgesetzgebung eine wichtige Rolle zu, denn sie fungierte nicht nur als klinische Abteilung des KWI-A, sondern auch als erbbiologische Beratungsstelle für zwei Bezirke von Charlottenburg. Anlässlich einer Sitzung des Verwaltungsrates des KAVH am 12. Oktober 1934 im Dienstzimmer von Gütt im Reichsinnenministerium war die Verbindung der Poliklinik mit den Beratungsstellen für Erb- und Rassenpflege der Stadt Berlin in Aussicht gestellt worden. Die Poliklinik war schließlich an der Untermauerung und Ausführung der NS-Erbgesundheitspolitik weitgehend beteiligt. Ihre Mitarbeiter bearbeiteten nicht nur Anträge auf Ehestandsdarlehen, sondern führten auch Eheberatungen durch und erstellten erbbiologische Gutachten auf Veranlassung verschiedener Erbgesundheitsgerichte, die Zwangssterilisierungen legitimieren sollten. Bis zum 1. November 1935 hatten sie zur Erledigung von erbbiologischen Gutachten nicht weniger als 1717 Personen untersucht.[350]

Im Oktober 1934 hatte Gütt mit seiner Gesundheitsabteilung im RMI die allgemeine Zuständigkeit für Erbgesundheitspolitik erhalten. Einen Monat darauf wurde seine Stellung durch die Zusammenfassung der Medizinalabteilungen des Reichs- und des preußischen Innenministeriums noch weiter gestärkt; auch ihr Einfluss auf die Förderung der Erbforschung nahm noch weiter zu. Unterstützt wurde sie darin von dem NSDAP-Mitglied Johannes Stark, der im Juni 1934 Schmidt-Ott an der Spitze der DFG abgelöst hatte und sich für höhere Mittel an die Erb- und Rassenforschung einsetzte. In dem Haushaltsvoranschlag, den Stark Ende 1934 dem Reichsministerium für Wissenschaft, Erziehung und Volksbildung (REM) zukommen ließ, machte er nachdrücklich auf die Bestrebungen der Gesundheitsabteilung des RMI aufmerksam, die NS-Politik zur Erb- und Rassenpflege wissenschaftlich zu untermauern:

> „Neben der wirtschaftlichen Aufgabe stellt die nationalsozialistische Staatsführung der deutschen Forschung eine zweite ebenso wichtige Aufgabe. Sie betrifft wohl die rassische, wie die kulturelle Eigenart des deutschen Volkes. Es gilt nämlich, durch geeignete gesetzgeberische Maßnahmen die rassische Entwicklung des deutschen Volkes zu fördern. Die gesetzgeberischen Maßnahmen müssen sich aber auf eingehende rassenhygienische Forschungen gründen. [...] In Verbindung mit dem RMI sind umfangreiche Forschungen zur Rassenhygiene eingeleitet worden, die unsere Gesetzgebung auf diesem Gebiet untermauern und ausgestalten helfen sollen. Da hierbei ohne Massenuntersuchungen, die sich über lange Zeit hinziehen, entscheidende Ergebnisse nicht gewonnen werden können, muss mit einem Aufwand von Mitteln im ersten Jahre in Höhe von etwa 300 000 RM gerechnet werden."[351]

Der Machtwechsel an der Spitze der DFG bedeutete für die Erb- und Rassenforschung den Beginn einer Art Forschungsplanung. Mitte 1935 wurde zum Beispiel avisiert, dass die „zahlreich vorliegenden Gesuche aus dem Gebiet der Rassenhy-

---

350 Siehe: Bericht des Kaiserin-Auguste-Victoria-Hauses, Berlin-Charlottenburg, vom 1. April 1934 bis 31. März 1935, ebd., Mappe 1600.
351 „Über die Notwendigkeit des Aufwandes von größeren Mitteln zur Förderung der deutschen Forschung", MPG-Archiv, Abt. I, Rep. 1, Nr. 926, Bl. 80–81.

giene und Erbbiologie im größeren Zusammenhang geprüft werden" sollten.³⁵²
Vermutlich ließ sich die DFG, vertreten durch ihren Referenten für Biologie und
Medizin, Walter Greite (1907–1945), damit erstmals auf eine eingehende Begutachtung der Forschungsanträge durch die Gesundheitsabteilung ein. Letztere war
nun nicht mehr nur um eine Sicherstellung der Betriebsmittel für die DFA bemüht³⁵³, sie setzte sich fortan auch immer wieder für solche Forschungsvorhaben
ein, die die NS-Erbgesetzgebung zu unterstützten versprachen.³⁵⁴

Im Dezember 1935 apostrophierte Rüdin die Gesundheitsabteilung als dasjenige Ressort, „dem die Pflege der Erbgesundheit des deutschen Volkes in erster
Linie anvertraut sei".³⁵⁵ In dieser Zeit fand eine Besprechung zwischen Greite und
Gütt zur gemeinsamen Begutachtung mehrerer Anträge statt. Gütt unterstützte
dabei die Anträge von Johannes Lange, Otmar Freiherr von Verschuer und Wilhelm Weitz (1881–1969), deren Arbeiten – so der Aktenvermerk der DFG – „der
Klärung von wichtigen Erbkrankheiten dienen, an der auch die Gesetzgebung des
Reiches großes Interesse hat".³⁵⁶ Anfang 1936 wurde Gütt als Vorsitzender eines
Fachausschusses für Humangenetik genannt. Aus einem weiteren Aktenvermerk
vom 12. März 1936 geht hervor, dass eine offizielle Betreuung der Anträge durch
Ministerialdirektor Gütt als „Obmann für die Erbforschung" vorgesehen war.³⁵⁷
In der Regel wurden die Anträge nun Gütt zugeleitet und von seinem Mitarbeiter,
dem Sterilisationsaktivisten und späteren Mitorganisator der „Aktion T4" Herbert
Linden (1899–1945), bearbeitet.

3.2. FORSCHUNGSFÖRDERUNG ALS FORSCHUNGSPOLITIK

Auf dem Gebiet der Erb- und Rassenforschung ermöglichten die Zuwendungen
der DFG die weitere Institutionalisierung der Disziplin, die sich am Ende der
zwanziger Jahre im akademischen Bereich zu etablieren begonnen hatte. Auch
wenn die DFG sich stets als eine Förderungsinstitution verstand, die sich der

---

352 DFG an Ritter, 4.5.1935, BAK, R 73/14005.
353 Die Gesundheitsabteilung wies darauf hin, dass sie Rüdin zusätzliche Mittel zukommen lassen würde und machte Druck auf die DFG. Siehe: Abschrift „Sicherstellung der Betriebsmittel für die DFA", 19.8.1935, BAK, R 73/14095.
354 Dies lässt sich vereinzelt aus Stellungnahmen von Arthur Gütt und Herbert Linden zu Anträgen ableiten. Vgl. BAK, R 73/15598, Aktenvermerk. Als sich im Frühjahr 1939 der Dozent des Zoologischen Instituts der Universität Halle an der Saale, Wilhelm Ludwig, an das RMI wandte, um die Förderung seiner genetisch-experimentellen Untersuchungen zum „Rechts-Links Problem" zu beantragen, übermittelte Linden Ludwigs Antrag an die DFG mit der Erläuterung, dass „es nicht Aufgabe des Reichsinnenministeriums" sei, „derartige rein wissenschaftliche Arbeiten zu unterstützen". Linden fügte auch hinzu: „Wir müssen vielmehr unsere Mittel da ansetzen, wo es sich darum handelt, mehr praktische Probleme der Erbpflege zu lösen." Siehe: Linden an Breuer, 15.2.1939, BAK, R 73/12798.
355 Brief Rüdins vom 7.12.1935, BAK, R 73/14095.
356 Aktenvermerk, BAK, R 73/15598.
357 Siehe: Aktenvermerk über eine Besprechung mit Herrn Oberregierungsrat Linden am 9.3.1936, Berlin 12.3.1936, BAK, R 73/14095.

zeitlich begrenzten Unterstützung von bestimmten Forschungsprojekten durch außerordentliche Fördermittel widmete, prägte sie in der NS-Zeit auch die längerfristige Forschungspolitik auf dem Gebiet der Erb- und Rassenforschung, da sie an der Finanzierung von neu gegründeten Forschungsstellen und Universitätsinstituten maßgeblich beteiligt war. In einigen bedeutenden Fällen wurden die Gründung und der Fortbestand von Instituten auf diesem Gebiet überhaupt erst durch ihre Zuwendungen ermöglicht. Während des „Dritten Reichs" war die DFG insgesamt an der Finanzierung der überwiegenden Mehrzahl der neu entstandenen Institute beteiligt.[358]

Bereits kurz nach der nationalsozialistischen Machtübernahme begann in Greifswald eine besondere Förderung der Vererbungswissenschaft. Im Mai 1933 wurde die kleine, an das zoologische Institut der Universität angegliederte Abteilung für Vererbungswissenschaft, die von Günther Just (1892–1950), außerordentlicher Professor und Lehrbeauftragter für allgemeine Biologie und Vererbungslehre, seit 1929 geleitet wurde, zu einem selbstständigen Institut befördert. Das Reichsministerium für Wissenschaft, Erziehung und Volksbildung (REM) überwies 5000 RM für die Ausstattung der neuen Institutsräume und 4500 RM für die laufenden Sachausgaben.[359] Die Summe entsprach fast dem Jahresgehalt eines Ordinarius.[360] Das neu gegründete Greifswalder Institut sollte eines der größten Institute an der Universität Greifswald bilden.[361] Im Frühjahr 1934 konnte Just durch erhebliche Unterstützung der DFG die Forschungstätigkeit seiner Einrichtung erweitern. Aufgrund einer Besprechung mit Schmidt-Ott sowie Stuchtey am 1. März 1934 stellte er einen Antrag, seine „Untersuchungen auf dem Grenzgebiet von Vererbungswissenschaft und Pädagogik" zu unterstützen. Diese waren bereits im Oktober 1932 durch die Gewährung einer Sachbeihilfe von 1500 RM durch die DFG bezuschusst worden. Im Frühjahr 1934 forderte Just Fördermittel für fünf bis sechs Akademiker und bezeichnete die in Aussicht gestellte Arbeit als „Notarbeit, deren Ergebnisse der Allgemeinheit unmittelbar zugute kommen [würden]".[362] Ab Juni 1934 erfreute er sich tatsächlich der Unterstützung von Jungakademikern durch die Akademikerhilfe der NG. Durch die Unterstützung der DFG erfuhr das Institut somit einen bedeutenden Zuwachs an Personal und Forschungstätigkeit. Im

---

358 Unter den 13 neuen Instituten auf diesem Gebiet erhielten nicht weniger als zehn Institute Zuwendungen der DFG: Das Münchener Institut für Rassenhygiene, das Berliner Institut für Rassenhygiene, das Institut für menschliche Erblehre und Eugenik in Greifswald, das Gießener Institut für Erb- und Rassenpflege, das Rassenbiologische Institut in Königsberg, das Rassenbiologische Institut in Tübingen, das Institut für Erbbiologie und Rassenhygiene in Frankfurt, das rassenbiologische Institut in Würzburg, das Erb- und Rassenbiologisches Institut in Innsbruck und das Institut für Erb- und Rassenhygiene in Prag.
359 Siehe: Universitätsarchiv Greifswald, K 701 und 702.
360 Als der Münchener Lehrstuhl für Rassenhygiene 1933 neu besetzt wurde, erhielt der dafür vorgesehene siebenundvierzigjährige Lothar Gottlieb Tirala ein Jahresgehalt von 12 600 RM.
361 Siehe: Ebd., K 5979, fol. 59.
362 Just an die NG, 8.3.1934, ebd., K 702.

3.2. Forschungsförderung als Forschungspolitik

September 1934 wies er darauf hin, dass sich die Institutsarbeit verdoppelt habe.[363]

Seit 1935 war Just jedoch vergeblich darum bemüht, die zuständigen Stellen zu einer Erhöhung seines planmäßigen Etats von 4500 auf 7000 RM zu bewegen. Im Februar 1935 wurde sein Antrag an das REM sowohl auf die einmalige Bewilligung in Höhe von 1500 RM für den notwendigen Ausbau der Instituts-Bibliothek als auch auf einen Zuschuss von 400 RM zur Beschaffung anthropologischer Untersuchungsinstrumente abgelehnt. Im Lauf des Jahres 1935 wurde zudem den beiden Anträgen von Just auf die weitere Unterstützung seiner „Untersuchung auf dem Grenzgebiet von Vererbungswissenschaft und Pädagogik" entsprochen. Die DFG stellte Sachbeihilfen sowie Gelder zur Einstellung von zwei Hilfskräften zur Verfügung.[364]

In Stuttgart und Hamburg trug die DFG die wesentlichen Kosten für den Aufbau von klinischen Abteilungen für Zwillings- und Erbforschung unter der Leitung von Wilhelm Weitz, einem Schwager von Fritz Lenz (1887–1976) und Mentor von Verschuer. Weitz hatte in den zwanziger Jahren als Leiter der medizinischen Poliklinik in Tübingen zur Weiterentwicklung der Zwillingsforschung und ihrer Methode mit großem Einsatz beigetragen. Er wurde zum Pionier einer klinisch ausgerichteten Erbforschung. Bis 1933 fehlte Weitz, der seit April 1927 die innere Abteilung des Städtischen Krankenhauses Stuttgart-Cannstatt leitete[365], für seine erbbiologischen Arbeiten eine großzügige materielle Unterstützung. Die Erstellung großer Zwillingsserien lag zunächst außerhalb seiner Möglichkeiten. Seine Zwillings-Publikationen vor 1933 stützten sich auf ganze 45 Zwillingspaare.[366] Nach der Machtübernahme konnte Weitz seine erbbiologischen Arbeiten auf dem Gebiet der inneren Erkrankungen erheblich erweitern, nicht zuletzt aufgrund von DFG-Zuwendungen. Neben der Stadt Stuttgart war es die DFG, die seine erbbiologischen Arbeiten in der Hauptsache finanzierte. In den Jahren 1934 und 1935 erhielt Weitz je 5000 RM von der DFG, woraus er die Kosten für eine Abteilung für Zwillings- und Erbforschung bestritt.[367] Ende 1934 suchte er Dr. Eduard Wildhagen (1890–1970), den ersten Mitarbeiter Schmidt-Otts und späteren Stellvertreter Johannes Stark, persönlich auf und sicherte sich dessen Unterstützung. Seit Anfang 1935 konnte Weitz auf die Mitarbeit von zwei DFG-Stipendiaten zurückgreifen. Darüber hinaus erhielt er im Oktober 1935 einen Kredit über 1600 RM für „Untersuchungen über die erblichen Verhältnisse bei den rheumatischen Erkrankungen und beim Magengeschwür".[368] Dabei profitierte er vom Rückhalt Eugen Fischers.[369] Anfang 1936 wurde Weitz zum Direktor der II. Medizinischen Universitätsklinik nach Hamburg berufen. Fischer setzte sich nicht mehr für die Förderung eines zeitlich begrenzten Forschungsvorhabens, sondern für die universitäre Verankerung des von Weitz vertretenen Forschungszweigs ein.

---

363 Just an das REM, 20.9.1934, ebd.
364 Siehe: Bewilligungen vom 28.5.1935 und 1.10.1935, BAK, R 73/11998.
365 Siehe: Staatsarchiv der Freien und Hansestadt Hamburg (StA HH), 361/6 IV-1217.
366 Bussche/Pfäffin/Mai (Hg.), Fakultät, S. 1309.
367 Weitz an REM, 9.12.1936, StA HH, 364-5-I.
368 Siehe: BAK, R73/15598.
369 Ebd.

Bis zu seiner Berufung nach Hamburg hatte Weitz mit seinen Mitarbeitern die Adressen von 7000 Zwillingspaaren aus der Umgebung Stuttgarts ermittelt und bereits viele Zwillinge und deren Familien untersucht. In Hamburg führte er seine erbbiologischen Arbeiten zu inneren Krankheiten weiter und profitierte ebenfalls in ganz erheblichem Maße von der Unterstützung der DFG. DFG-Gelder machten den Hauptteil an der Finanzierung seiner neuen „Abteilung für Zwillingsforschung" aus, nachdem Landesunterrichtsbehörde und Rektor seine groß angelegten Pläne zur Zwillingsforschung blockiert hatten.[370] Genauso wie in Stuttgart baute er mit der Unterstützung der DFG eine lokale Zwillingskartei von Hamburg und Umgebung auf. Darüber hinaus leitete er mehrere Forschungsprojekte zur Rolle der Vererbung bei inneren Krankheiten ein. In der Zeit von 1936 bis 1939 erhielt die Abteilung Stipendien und Sachbeihilfen in Höhe von insgesamt 42 960 RM von der DFG.[371] So konnte die Stelle von Weitz' Assistenten Hubert Habs (geb. 1895) finanziert werden. Als die Förderung der Abteilung durch die DFG nach 1940 eingestellt wurde, konnte sie kaum noch Forschungstätigkeit entwickeln. So lassen sich in Hamburg die Gründung und der Fortbestand einer universitären Forschungsstelle, die sich mit ausgedehnten erbbiologischen Arbeiten befasste, zum größten Teil dem finanziellen Einsatz der DFG zuschreiben.

Die DFG-Einzelförderakten zeigen, dass die Institutionalisierung der Erb- und Rassenforschung an der Universität mit der finanziellen Unterstützung der DFG vorangetrieben wurde und die Erbpathologie in den Jahren nach der Machtübernahme eine erhebliche Förderung durch die DFG erfuhr. Leider lässt sich die genaue Höhe der Mittel, die von der DFG für die Erbforschung in den Jahren nach der Machtübernahme verausgabt wurden, nicht mehr ermitteln. Vermutlich lag sie bei etwa 300 000 RM, wie Stark es Ende 1934 in seinem Haushaltsvoranschlag beantragt hatte.[372] Sicher ist aber nur, dass die Wissenschaftler die neue Förderkonjunktur relativ zügig erkannten. Immer mehr Erbforscher traten an die DFG mit wachsenden Forderungen heran. Im März 1935 beantragte zum Beispiel Friedrich Curtius, der seit dem Rechnungsjahr 1927/28 für Forschungen zur Erbdisposition der Nervenkrankheiten gefördert wurde, die Erhöhung seines Kredits. Statt der ihm bisher bewilligten Summe von 3000 RM forderte er nun 5000 RM, die im Juli 1935 tatsächlich bewilligt wurden. Anfang 1936 wurde die von der DFG für das neue Rechnungsjahr bewilligte Sachbeihilfe sogar noch um 1000 RM erhöht. Curtius war seit April 1934 Leiter einer erbpathologischen Abteilung in der I. Medizinischen Universitätsklinik der Charité, die ursprünglich auf Grund privater Zuwendungen von Professor Richard Siebeck gegründet worden war. Da die Abteilung nicht etatisiert wurde, erlaubte erst die Förderung durch die DFG eine gewisse Kontinuität und sogar Ausweitung der Forschungstätigkeit.[373] Bis weit in

---

370 Dekan an die Landesunterrichtsbehörde, 10.9.1936, StA HH, 364-5-I.
371 Bussche/Pfäffin/Mai (Hg.), Fakultät, S. 1311.
372 MPG-Archiv, Abt. I, Rep. 1, Nr. 926, Bl. 80–81.
373 Zwar stellte Siebeck nach der Gründung der erbpathologischen Abteilung weitere private Zuwendungen zur Verfügung – so bestritt er mit seinem eigenen Vermögen zum Beispiel die Kosten für Röntgen – und Blutuntersuchungen sowie für die Bezahlung technischer Hilfskräfte und Mittel für den Betriebsstoff für den Kraftwagen der Abteilung. Diese Mittel reich-

3.2. Forschungsförderung als Forschungspolitik

die Kriegszeit hinein konnte sich die Abteilung der DFG-Zuwendungen erfreuen. Als die Räumlichkeiten in der Universitätsklinik zu eng wurden, wurde der Abteilung von der Charité-Direktion ein Teil des Poliklinik-Gebäudes zur Einrichtung einer neuen erbpathologischen Zentralstelle zugewiesen.

In den Jahren nach der Machtübernahme förderte die DFG nicht nur Erbforscher, die bereits in der Weimarer Republik Zuwendungen erhalten hatten, sondern auch eine Reihe von bisher unberücksichtigten Wissenschaftlern. Unter ihnen gab es nun eine deutliche Mehrheit von Klinikern und klinisch ausgebildeten Forschern, während sich bisher vor allem Anthropologen dank der Gelder der NG beziehungsweise der DFG mit der Vererbungsfrage befasst hatten. Der Direktor des pathologischen Instituts am Rudolf-Virchow-Krankenhaus in Berlin, Berthold Ostertag (1895–1975), erhielt beispielsweise bereits im Rechnungsjahr 1933/34 die ersten DFG-Zuwendungen für seine Untersuchung über die vererbbare Syringomyelie[374] des Kaninchens und über die Blastoentstehung[375] im Nervensystem.[376] In den folgenden Jahren sollte er sich mit DFG-Mitteln verstärkt einer erbbiologischen Fragestellung zuwenden.[377] Der Psychiater Ernst Braun (1893–1977) erhielt als Leiter der psychiatrischen- und Nervenklinik der Universität in Gelsheim-Rostock im Juli 1934 einen Kredit von 1000 RM für die Einrichtung einer erbbiologischen Kartei über die Erbkranken der Provinz Schleswig-Holstein.[378] Seinem Mitarbeiter, dem Mediziner Gerhard Koch (1913–1999), kam außerdem im Jahr 1934 ein DFG-Stipendium für „Untersuchungen über die Erblichkeit der symptomatischen Epilepsie" zugute.[379] Auch Johannes Lange bekam 1934 als Leiter der Psychiatrischen und Nervenklinik der Universität Breslau die ersten Zuwendungen der DFG für „Familienuntersuchungen von Nervenkrankheiten, der Muskelatrophien und der Myotonien", die im Jahr 1932 von seinem Assistenten Heinz Boeters in Angriff genommen worden waren.[380] Der Pädiater Bernhard de Rudder (1894–1962) aus der Frankfurter Universitätskinderklinik wurde im Laufe des Jahres 1935 für „Untersuchungen über die Erblichkeit der Bildungsfähigkeit bestimmter Antikörper" von der DFG finanziell unterstützt.[381] Der Marburger Chirurg Hans Boeminghaus erhielt Anfang 1936 einen Kredit der DFG für „Untersuchungen über die Frage, inwieweit Nierenmissbildungen erbbiologisch be-

---

ten aber für den Betrieb der Abteilung nicht aus. Siehe: Curtius an die DFG, 4.11.1936, BAK, R 73/10641.
374 Dabei handelt es sich um eine Erkrankung des Rückenmarks.
375 Das Blastom ist eine Geschwulst im Sinne eines eigenständigen, ungehemmten Wachstums von körpereigenem Gewebe.
376 Dies geht aus seinem Antrag vom 6. Januar 1934 hervor. So erhielt vermutlich Ostertag für das Rechnungsjahr 1933/34 1800 RM sowohl für die Untersuchung über die vererbbare Syringomyelie des Kaninchens als auch für embryologische Untersuchung zur Frage der Blastomentstehung im Nervensystem. Siehe: BAK, R 73/13495.
377 Siehe: Ebd.
378 Bewilligung, 4.7.1934, BAK, R 73/1044.
379 BAK, R 73/12233.
380 BAK, R 73/12582 und R 73/10379.
381 Bewilligung, 15.11.1935, BAK, R 73/16670.

dingt sind".³⁸² Neben der Förderung von bereits etablierten Klinikern, unterstützte die DFG schließlich junge Mediziner mit Forschungsstipendien, die als Nachwuchswissenschaftler auf dem Gebiet der Erbforschung tätig wurden.

Die DFG übernahm in den Jahren nach 1933 nicht nur eine tragende Rolle in der Förderung der Erbforschung, sondern hatte auch als Vertreterin fachwissenschaftlicher Interessen eine andere wichtige Funktion. Bei der Inangriffnahme seiner Arbeiten über die Vererbung von Karzinomen, die im Rahmen des Mitte 1936 von der DFG initiierten Krebsforschungsprogramms vorgenommen wurden, wandte sich Friedrich Curtius an die DFG mit der Bitte, das Innenministerium zu ersuchen, die Standesämter zur Mitteilung von für die Erbforschung nützlichen Daten zu verpflichten.³⁸³ Die Intervention der DFG beim RMI war erfolgreich – bereits Anfang April 1937 machte dieses Ministerium einen Runderlass mit dem Titel „Mitwirkung der Standesbeamten bei der Zwillingsforschung" bekannt, der die Standesämter zur Beantwortung der von den Erbforschern gestellten Fragen verpflichtete.³⁸⁴

3.3. DIE NS-ERBGESUNDHEITSPOLITIK UND DIE SELBSTMOBILISIERUNG DER ERB- UND RASSENFORSCHER

Die Machtübernahme der Nationalsozialisten begünstigte nicht nur eine großzügige Förderung der Erb- und Rassenforschung, sondern setzte vor allem eine gezielte Förderung rassenhygienisch-erbpathologischer Forschung fort. Dies lag weitgehend an der Bereitschaft der geförderten Wissenschaftler, ihre Forschungen in den Dienst der neuen Politik der Erb- und Rassenpflege zu stellen. Nicht nur der bedeutende Einfluss der Fachgutachter auf die Forschungsförderung spricht für solch einen Befund. In ihrer Forschungstätigkeit ließen sich Erb- und Rassenforscher weitgehend von ihrem rassenhygienischen Engagement leiten. Als paradigmatisches Beispiel für die Verschränkung wissenschaftlicher Aktivitäten mit rassenhygienischen Motiven gilt die Forschungstätigkeit von Ernst Rüdin, mit der nicht nur wissenschaftliche, sondern auch politische Ambitionen verfolgt wurden. Wenige Monate nach der Machtübernahme war Rüdin, der 1932 die Leitung der DFA übernommen hatte, besonders bemüht, auf die herausragende Bedeutung des Forschungsprogramms der GDA für die rassenhygienische Politik des neuen Regimes hinzuweisen:

> „Die Arbeiten der Vererbungsabteilung der Deutschen Forschungsanstalt in München wurden grundlegend für die Schaffung des Gesetzes zur Verhütung erbkranken Nachwuchses und für andere öffentliche und private rassenhygienische Maßnahmen im Dritten Reich. Allein viele Probleme der Vererbung schwerer Krankheitszustände beim Menschen sind immer noch ungelöst, können aber doch durch die an meinem Institut ausgebildeten Arbeitsmethoden und mittels der reichen Verbindungen des Instituts mit Ärzteschaft und Bevölkerung einer Lösung in absehbarer Zeit und absolut sicher zugeführt werden, wenn meiner Anstalt die

---

382 Bewilligung, 14.1.1936, BAK, R 73/10370.
383 Curtius an Breuer, 15.2.1937, BAK, R 73/10641.
384 Ebd., Abschrift zu WO 2174.

3.3. Die NS-Erbgesundheitspolitik

dazu nötigen Betriebsmittel bewilligt werden. Volk, Partei und Regierung haben Anspruch darauf, dass diese Art Forschung, welche die wissenschaftlichen Grundlagen zu rassenhygienischer Tat zu schaffen geeignet ist, nicht zum Stocken gebracht wird."[385]

Rüdin hätte den innigen Bezug seiner eigenen Forschungen zur NS-Rassenhygiene kaum besser ausdrücken können. Indem er einen Bogen zwischen der Anwendung seiner Forschungsergebnisse und der NS-Erbgesundheitspolitik schlug, betonte er, dass seine Forschung nicht nur darum bemüht sei, sich in den Dienst des NS-Regimes und seiner Erbgesundheitspolitik zu stellen. Sie bildete vielmehr ihre unentbehrliche Grundlage, da sie am Anfang der NS-Rassenhygiene stehe und deren treibende Kraft sei. Von dieser Warte aus vollzog sich eine Umkehrung der Perspektive, denn nicht mehr Rüdin selbst als Erbforscher, sondern vielmehr „Volk, Partei und Regierung" sollten Anspruch auf die Förderung seines Forschungsprogramms haben. Wie stark die Stilisierung einer politischen Indienstnahme der Erbforschung zu Förderungszwecken auch sein mochte, so entsprach sie bei Rüdin einem starken persönlichen Engagement auf dem Gebiet der Rassenhygiene. Rüdin wirkte tatsächlich beim Sterilisierungsgesetz mit und war bereits in den zwanziger Jahren an der Ausgestaltung der sich ausweitenden rassenhygienischen Forschung – bezeichnenderweise auf dem Gebiet der Kriminalbiologie – maßgeblich beteiligt gewesen. Durch den Machtwechsel konnte sich Rüdin in seinen Forschungsbemühungen umso mehr bestätigt fühlen, als er bereits im Mai 1933 zum Leiter der Arbeitsgemeinschaft II „Rassenhygiene und Rassenpolitik" in den „Sachverständigenbeirat für Bevölkerungs- und Rassenpolitik" des RMI berufen wurde, der die Grundlinien der Erbgesundheitspolitik festlegte. Im Nationalsozialismus sollte Rüdin nicht nur die Chance erkennen, seine anwendungsorientierte Forschungspraxis weiterzuentwickeln, sondern auch seinen Forschungsstil in der Fachgemeinschaft durchzusetzen. Dass Rüdin stets bemüht war, nützliche Forschungsergebnisse zu produzieren, lässt sich in der Tat nicht nur an seinem Forschungsprogramm, sondern auch an seiner Rolle eines Gutachters für die Forschungsförderung feststellen. In seinen Gutachten für die DFG drängte Rüdin zuweilen darauf, Nachkommenschaften im Hinblick auf die Anwendung des Sterilisierungsgesetzes zu untersuchen. Im Vergleich zur Zwillingsforschung, die allein den Zweck hatte, den Erblichkeitsgrad einer gegebenen Krankheit oder Disposition zu ermitteln, boten Nachkommenschaftsuntersuchungen unmittelbare Einblicke in die Übertragung von Erbkrankheiten und hatten insofern eine praktischere Bedeutung für die Anwendung des Sterilisierungsgesetzes, das die Zwangssterilisierung von vermeintlichen „Erbkranken" verordnete, „wenn nach den Erfahrungen der ärztlichen Wissenschaft mit großer Wahrscheinlichkeit zu erwarten ist, dass [ihre] Nachkommen an schweren körperlichen oder geistigen Erbschäden leiden werden".[386]

Wie oben schon erwähnt, war Friedrich Curtius seit 1934 am Aufbau einer erbpathologischen Abteilung an der Charité beteiligt. Bis 1937 erfreute er sich

---

385 Rüdin, 16.8.1935, MPG-Archiv, Abt. I, Rep. IA, Nr. 2451.
386 § 1 des Gesetzes zur Verhütung erbkranken Nachwuchses vom 14.7.1933, in: Reichsgesundheitsblatt I, Nr. 80 (1933), S. 529.

hierfür steigender Zuwendungen der DFG. Als Gutachter unterstützten sowohl Fischer als auch Rüdin die Anträge von Curtius, die bei der DFG in regelmäßigen Abständen eingereicht wurden. Als Curtius im März 1935 eine Erhöhung seines DFG-Kredits von 3000 auf 5000 RM beantragte, befürworteten sowohl Fischer als auch Rüdin dieses Anliegen. Da der Kredit, der Curtius bewilligt worden war, bereits im November 1936 aufgebraucht war, beantragte dieser einen weiteren und machte auf die „erhebliche rassenhygienische Bedeutung" seiner erbbiologischen Forschungen aufmerksam.[387] Nun jedoch fand Curtius keine positive Resonanz, denn neben Rüdin wurde Fritz Lenz (1887–1976) als Gutacher herangezogen. Die Beurteilung von Curtius' Antrag durch Lenz war niederschmetternd. Zwar bezeichnete er Curtius als „einen sehr rührigen Forscher, dem die menschliche Erbbiologie einige beachtliche Ergebnisse zu verdanken hat".[388] Aber er wies auch gleichzeitig darauf hin, dass die bisher von Curtius erzielten Forschungsergebnisse entgegen seiner Schilderung in „vorgefassten Meinungen bestanden, die [Curtius] an einem nicht gerade kritisch zusammengetragenen Material bestätigt zu finden glaub[t]e".[389] Da Lenz über die Gewährung des Antrages nicht zu entscheiden vermochte, riet er der DFG, sich an Weitz zu wenden. Eine gutachterliche Stellungnahme von Weitz ist nicht überliefert, aber dafür ein weiteres Gutachten von Rüdin vom Dezember 1936, der auf die Bedeutung von Nachkommenschaftsuntersuchungen hinwies:

> „Es wäre wohl doch auch im Interesse der Forschungsgemeinschaft und des Staates gelegen, wenn man Herrn Curtius die Anregung gäbe, er möchte doch nunmehr auch vor allem Nachkommenschaftsuntersuchungen machen oder machen lassen, deren Ergebnisse auch praktisch für die ganze rassenhygienische Eheberatung verwertbar sind. Solche Untersuchungen sind meiner Ansicht nach angesichts der Knappheit der Mittel dringend geboten und jeder wissenschaftliche Kopf hat doch unter den vielen Problemstellungen, die sich ihm darbieten, eine ganze Zahl von solchen, die außer dem wissenschaftlichen Interesse, das sie bieten, auch noch praktisch unmittelbar auswertbare Ergebnisse in Aussicht stellen. Gerade auf internistisch erbbiologischen Gebiete fehlen uns solche Nachkommenschaftsuntersuchungen."[390]

Wegen der drastischen Kürzung ihres Etats im Jahre 1936 sollte die DFG schließlich den Antrag von Curtius zurückstellen. Trotzdem unterließ der Referatsleiter für Biologie und Medizin, Walter Greite, es nicht, Curtius auf die Anregung von Rüdin hinzuweisen, ohne jedoch dessen Namen zu erwähnen. So legte Greite Curtius nahe, seine Forschungen um Nachkommenschaftsuntersuchungen zu ergänzen und dementsprechend seinen Antrag zu überarbeiten. Als Curtius im Januar 1937 sich wieder an die DFG wandte, legte er jedoch den bisherigen Antrag vor, ohne eine einzige Änderung vorgenommen zu haben. Es verwundert also nicht, dass Rüdin in seinem erneuten Gutachten auf die Durchführung von Nachkommenschaftsuntersuchungen bestand.[391]

---

387 Curtius an die DFG, 4.11.1936, BAK, R 73/10641.
388 Lenz an die DFG, 21.11.1936, ebd.
389 Ebd.
390 Rüdin an die DFG, 8.12.1936, BAK, R 73/10641.
391 Rüdin an Greite, 26.1.1937, ebd.

3.3. Die NS-Erbgesundheitspolitik

Da Curtius infolge des Antrages weitere Zuwendungen der DFG erhielt, stellt sich die Frage, ob er von 1937 an bemüht war, anwendungsorientierte Ergebnisse zu produzieren. Das Forschungsprogramm der von Curtius geleiteten erbpathologischen Abteilung, das von der Untersuchung neurologischer Erkrankungen bis zu Forschungen an Stoffwechselkrankheiten und Venensystem reichte, war dem „Ausbau einer exakten, nicht auf Hypothesen und Spekulationen errichteten klinischen Konstitutionslehre" gewidmet.[392] Innerhalb dieser Konstitutionspathologie sollte, so Curtius, „der genotypische Anteil am Aufbau der Einzelkrankheit beziehungsweise ihr Ineinandergreifen mit peristatischen Faktoren umrissen werden".[393] So galt es, durch eine strukturanalytische Betrachtung und aufgrund neuer erbtheoretischer Erkenntnisse die disponierende Rolle von erbbiologischen Faktoren bei der Entstehung von Krankheiten aufzuklären. In diesem Sinne kreiste das Forschungsprogramm der erbpathologischen Abteilung um die Erneuerung ätiologischer Erkenntnisse und war nicht allein auf das Ziel der rassenhygienischen Verwertbarkeit ausgerichtet. Gleichwohl verstand Curtius seine gesamten Bemühungen auf dem Gebiet der Ursachenforschung als einen wesentlichen Beitrag zur Rassenhygiene, da sie auf eine Sicherung der Diagnostik hinausliefen. „Es braucht wohl kaum besonders hervorgehoben zu werden" – so Curtius in seinem Antrag vom 26. März 1935 an die DFG –, „dass unsere ganze erbpathologische Arbeit letzten Endes dem einen hohen Ziel der rassenhygienischen Gesundung unseres Volkes dient. Wie jedem, der sich mit erbpathologischen Fragen eingehender beschäftigt, ist auch mir die unbedingte Notwendigkeit rassenhygienischer Arbeit im Verlauf meiner Studien zur festen Überzeugung geworden, der ich bereits im Jahre 1930 Ausdruck verliehen habe".[394] Wohlgemerkt stand die Rassenhygiene nicht am Anfang von Curtius' Forschungsbemühungen, sie folgte vielmehr „letzten Endes" derselben. So suggerierte Curtius, dass sich sein rassenhygienisches Engagement erst aus einer eingehenden Beschäftigung mit der Erbpathologie entwickelt habe. Das umfassende Verständnis der Ätiologie von Krankheiten sollte stets eine Voraussetzung zur Durchführung von rassenhygienischen Maßnahmen bilden. Von dieser Auffassung wich Curtius kaum ab. In seinem Forschungsprogramm nahmen Nachkommenschaftsuntersuchungen keinen höheren Stellenwert ein. Auch nach 1937 lässt sich keine spürbare Änderung seiner Forschungspraxis beobachten. Das Ziel blieb bestimmend, die Entstehung von Krankheiten eingehend zu klären. Infolgedessen sollte keine besondere Konzentration auf Nachkommenschaftsuntersuchungen erfolgen. Erst mit dem Krieg und der sich daraus ergebenden Radikalisierung rassenhygienischer Handlungen scheint sich ein gewisse Umorientierung der Forschungspraxis ergeben zu haben. In seinem Tätigkeitsbericht aus dem Jahre 1941 konnte Curtius auf eine Arbeit hinweisen, die „unmittelbar der praktischen Erbprognostik gewidmet [war]". So sei, wie es hieß, nämlich eine „Untersuchung über die zu erwartenden Gesundheitsverhältnisse der Kinder

---

392 Zitiert nach Curtius, Tätigkeitsbericht vom 1.12.42, ebd.
393 Curtius, Strukturanalyse, S. 66–67.
394 Curtius an die DFG, 26.3.1935, ebd.

solcher Eltern, die ein Kind mit offener Wirbelspalte erzeugt haben", begonnen worden.[395]

Auch wenn Curtius auf die Anregung von Rüdin, mehr anwendungsorientierte Forschung zu betreiben, kaum einging und seinen eigenen Forschungsinteressen treu blieb, bedeutete dies nicht, dass Rüdins Einflussnahme auf die Forschungsförderung irrelevant geblieben wäre und dass die NS-Erbgesundheitspolitik keine tiefgreifende Wirkung auf das Forschungsprogramm der geförderten Wissenschaftler gehabt hätte. Die NS-Erbgesundheitspolitik spielte für die Erbforscher die Rolle eines „Handlungsgebots", das eine gewisse Umstellung der Forschungsthematik nach sich zog. Im Folgenden soll untersucht werden, inwieweit die Erb- und Rassenforscher darauf bedacht waren, mit ihren Forschungen auf die Ziele und Forderungen der NS-Rassenhygiene einzugehen. Dabei soll die Nachwirkung der NS-Rassenhygiene bis in die Forschungsinhalte nachvollzogen werden.

3.3.1. Auswirkung der NS-Rassenhygiene auf die Forschungsinhalte

Als Spezialist der Blastomentstehung im Nervensystem war der Pathologe Berthold Ostertag im Laufe der zwanziger und dreißiger Jahre mit anatomischen Studien bei Entwicklungsstörungen des Zentralnervensystems beschäftigt.[396] In der NS-Zeit wandte er sich verstärkt einer erbbiologischen Fragestellung zu. Nach seinem Medizinstudium in Tübingen und Berlin war Ostertag zunächst am Pathologischen Institut der Charité tätig. Da er dort in der Hauptsache für das pathologisch-anatomische Laboratorium der psychiatrischen und Nervenklinik zuständig und mit dieser Betätigung außerhalb der allgemeinen Pathologie nicht zufrieden war, kehrte er 1924 nach Tübingen zurück. Bald wurde er aber wieder in Berlin tätig, nachdem er Ende 1925 den Auftrag wahrgenommen hatte, an den städtischen Krankenanstalten in Berlin-Buch ein pathologisches Institut einzurichten. Als Direktor der pathologisch-anatomischen Abteilung der Bucher Heilanstalten entfaltete er eine wichtige Forschungsarbeit zu Entwicklungsstörungen des Gehirns und Geschwulstbildungen im Rückenmark.[397] In diesem Forschungsrahmen näherte er sich zunächst eher zufällig der Erbbiologie einer Lähmungserscheinung des Nervensystems an. 1929 wurde Ostertag vom Säugetiergenetiker Hans Nachtsheim (1890–1979) aufgesucht und mit der pathologischen Untersuchung von Kaninchen betraut, deren hintere Beine gelähmt waren. Seit seiner Umhabilitierung Anfang der zwanziger Jahre auf dem Gebiet der Vererbungswissenschaft führte Nachtsheim an der Landwirtschaftlichen Hochschule in Berlin Tierversuche zum Zweck der genetischen Analyse durch. Seit 1927 waren in seinem Kaninchen-

---

395 Curtius: Bericht über die wissenschaftlichen Arbeiten der Abteilung, die mit der Unterstützung der DFG durchgeführt wurden, 21.6.1941, ebd.
396 Ostertag habilitierte sich mit einer Arbeit über die „Neue Einteilung der Blastome des Nervensystems auf ontogenetisch lokalisatorischer Grundlage". Siehe: BAK, R 73/13495.
397 Siehe: Auszug aus dem Schriftenverzeichnis, NS-Archiv Dahlewitz-Hoppegarten (NS-Archiv), ZW/436. Der Auszug weist bis Anfang der dreißiger Jahre elf Veröffentlichungen zu diesem Thema auf.

bestand gehäuft Lähmungserscheinungen aufgetreten.[398] Nachdem Nachtsheim zunächst eine Infektion vermutet hatte, war er auf die Idee gekommen, dass es sich bei der beobachteten Lähmung um ein erbliches Syndrom handeln könnte. So war ihm nämlich aufgefallen, dass alle gelähmten Tiere aus bestimmten Versuchsserien stammten und alle mit dem importierten Tier einer besonderen Rasse verwandt waren.[399] Da die Tierversuche, die Nachtsheim infolgedessen vorgenommen hatte, zum Ergebnis geführt hatten, dass die Lähmung zwar erblich, aber anscheinend völlig unabhängig von der Kaninchenrasse schien, hatte er beschlossen, sich umfassender der Ätiologie der Lähmungserscheinung – sowohl von einer genetischen als auch neurologischen Warte – zu widmen. So kam Nachtsheim in Verbindung mit Ostertag, der bereits 1930 die ersten Ergebnisse zu seinen Untersuchungen an den Kaninchen von Nachtsheim vor der deutschen pathologischen Gesellschaft vorstellte. Für Ostertag handelte es sich bei der beobachteten Lähmung um ein dysraphisches[400] und neurodegeneratives Syndrom, das sich analog zu der in der Medizin bekannten Syringomyelie verhielt.[401] Zum ersten Mal setzte sich Ostertag in der Hauptsache mit der Erbbiologie des Syndroms und nicht in erster Linie mit den ihm entsprechenden anatomischen Befunden auseinander.

Mit der Untersuchung über die vererbbare Syringomyelie hielt der erbpathologische Gegenstand Einzug in Ostertags Forschungen. Der Regierungswechsel 1933 begünstigte die Fortführung der Untersuchung insofern, als Ostertag nun Zuwendungen der DFG erhielt.[402] Sein Forschungsprojekt, das er in Kooperation mit Nachtsheim verfolgte, profitierte bis 1935 von DFG-Zuschüssen. Der Untersuchungsgegenstand wurde ausgeweitet. So sollte sich Ostertag außer der Syringomyelie einer Schüttellähmung und einer Art Spinalparalyse[403] weiter zuwenden, die von Nachtsheim in weiteren Zuchten entdeckt worden waren. 1935 trat Ostertag mit einem neuen Forschungsprojekt an die DFG heran, das sich mit der „erbbiologische[n] Bewertung der angeborenen Miss- und Fehlbildungen" befassen sollte.[404] Seine laufenden Untersuchungen an Föten mit Fehlbildungen, die neben seinen Forschungen über die Syringomyelie ebenfalls länger mit der finanziellen Unterstützung der DFG durchgeführt wurden, wollte er anscheinend einer erbbiologischen Deutung unterziehen. So rückte das Erbpathologische, das bisher

---

398 Siehe: Schwerin, Experimentalisierung, S. 101–103.
399 Das betreffende Kaninchen war ein Rex-Rammler 744, ein in Frankreich durch Mutation entstandener und weiter gezüchteter Typus, dessen Hauptmerkmal eine besondere Beschaffenheit des Haares darstellte.
400 Das Dysraphische Syndrom ist eine angeborene Entwicklungsstörung der Neuralanlage mit unvollständigem Verschluss des Neuralrohrs. Dabei kann es zu Fehlbildungen im Gesichtsbereich wie etwa Gesichtsspalten (Gaumen-Kiefer-Rachen-Spalten), aber auch zu Knochenbildungsstörungen am Schädeldach oder an den Wirbelkörpern (Spina bifida) kommen bis hin zu seltenen Erscheinungen wie Akranie (Fehlen des Kopfes).
401 Ostertag, Syringomyelie.
402 Siehe: BAK, R73/13495.
403 Hierbei handelt es sich um eine seltene Erkrankung des Rückenmarkes.
404 Das Projekt wird erstmalig in einem Dokument vom 16.10.1935 erwähnt. Siehe: Ebd. Anderswo wird das Projekt auch unter der Bezeichnung „erbbiologische *Bedeutung* der angeborenen Miss- und Fehlbildungen" vorgeführt.

in der Kooperation mit Nachtsheim einen situativ eingebundenen und fast zufälligen Forschungsgegenstand gebildet hatte, in den Mittelpunkt seiner Forschungstätigkeit. Zwar lehnte Eugen Fischer den Antrag von Ostertag zunächst ab, denn er war mit der Arbeit des Pathologen Ostertag nicht vertraut. Aber Ostertag erhielt ab 1936 für sein Forschungsvorhaben Zuwendungen der DFG. Nachdem Fischer seine Meinung über Ostertags Antrag geändert hatte, wurde Ostertag von der DFG im Februar 1936 zunächst ein Kredit bis zu 1800 RM bewilligt.

Ab Juni 1936 setzte Ostertag seine Forschungen fort, indem er sich auf einen neuen Untersuchungsgegenstand konzentrierte. In einem neuen Antrag stellte er am 22. Juni 1936 gemeinsam mit dem Berliner Orthopäden Lothar Kreuz (1888–1969), dem Leiter der Berliner Orthopädischen Universitätsklinik, eine Untersuchung der Sammlung von menschlichen Embryonen und Frühgeburten mit Fehlbildungen in Aussicht. Dabei nahm er Bezug auf das Sterilisierungsgesetz und erhielt bald Unterstützung durch die Gesundheitsabteilung des RMI.[405] Das im Antrag dargestellte Forschungsvorhaben war nämlich mit dem Ziel begründet, feste Richtlinien zur Unterscheidung erblicher und nichterblicher Missbildungen zu erarbeiten, um die Durchführung des Sterilisierungsgesetzes zu erleichtern. Ostertags eigene Forschungsinteressen stimmten also mit den forschungspolitischen Zielen des NS-Regimes überein. Somit konnte er beflügelt die von ihm schon länger vorgenommene Grundlagenforschung über die Entwicklung des Nervensystems weiterführen. Dabei wurde er bis zum Kriegsbeginn von der DFG finanziell unterstützt.

Geförderte Wissenschaftler waren nicht nur darum bemüht, dem Sterilisierungsgesetz die wissenschaftliche Legitimierung zu liefern, sondern auch seinen Anwendungsbereich zu erweitern. Gerade zu diesem Zweck legte Rüdin in den Jahren nach der nationalsozialistischen Machtübernahme Forschungen zu den erbbiologischen Grundlagen neurologischer Erkrankungen vor, die sowohl von der KWG als auch von der DFG finanziell unterstützt wurden:

> „Schon lange war mein Bestreben, nicht bloß Erbforschung für Geistesstörungen, sondern auch neurologische Erbforschung zu treiben. [...] Diese Krankheiten werden im Gesetz zur Verhütung erbkranken Nachwuchses gar nicht berücksichtigt, weil sie noch nicht folgerichtig erbbiologisch bearbeitet sind. Die KWG gab mir durch Bewilligung einer Summe Gelegenheit, auch hier die nötigen Grundlagen für eine kommende Gesetzesänderung zum heutigen Unfruchtbarmachungsgesetz zu schaffen. Hierzu spendete außerdem noch die Notgemeinschaft einen Zusatzkredit von 5100 RM für das laufende Jahr."[406]

Etwa gleichzeitig leitete der ehemalige Leiter der klinischen Abteilung der DFA, Johannes Lange, der im Mai 1930 zum Leiter der psychiatrischen und Nerven-Klinik der Universität Breslau berufen worden war, ähnliche Forschungen in Schlesien ein. In seinem DFG-Antrag vom Oktober 1933 auf die Unterstützung „systematischer Familienuntersuchungen von Nervenkrankheiten, der Muskel-

---

405 Am 5. August 1936 ließ Linden folgende Mitteilung an die DFG ausrichten: „Im Auftrag von Ministerialdirektor Gütt, der mir die Erledigung der Angelegenheit übertragen hat, befürworte ich den gemeinsamen Antrag des Universitätsprofessoren Dr. Lothar Kreuz und PD Ostertag, Direktor des Pathologischen Instituts." In: Ebd.
406 Rüdins Brief, 04.10.1934, MPG-Archiv, Abt. I, Rep. IA, Nr. 2451.

atrophien und der Myotonien" lenkte den Blick auf die unzureichende Erforschung solcher Krankheiten, die seiner Meinung nach ebenso wie die psychiatrischen Erkrankungen die Suche nach einer eugenischen Lösung erforderten:

> „Im Laufe des letzten Jahres hat die Klinik, und zwar Herr Dr. med. und phil. Boeters unter meiner Leitung, systematische Familienuntersuchungen von Nervenkrankheiten, der Muskelatrophien und der Myotonien begonnen. [...] Die Untersuchungen sind von erheblicher wissenschaftlicher und vor allem auch eugenischer Bedeutung. Während die Tatsache, dass gewisse Myotonie-Formen erblich sind, schon jetzt feststeht, ist doch über den ganzen Kreis der Myotonien noch durchaus Ungenügendes bekannt, insbesondere nicht genug für die Lösung eugenischer Fragen. Noch viel mehr gilt dies für die verschiedenen Formen der Muskelatrophien, deren soziale Bedeutung eine sehr erhebliche ist. Während im Bereich der Psychiatrie vor allem die DFA und die dort ausgebildeten Ärzte mit gewaltigen Mitteln fruchtbare Arbeit geleistet haben, fehlen systematische Erbuntersuchungen im Bereich der Neurologie noch so gut wie ganz. Die Wichtigkeit der Untersuchungen braucht in der gegenwärtigen Zeit nicht des Näheren erläutert zu werden, da sie als allgemein bekannt vorausgesetzt werden kann."[407]

In der ersten Auflage des offiziellen Kommentars zum Sterilisierungsgesetz von 1934 waren die neurologischen Erkrankungen, die im offiziellen Kommentar zum Sterilisierungsgesetz im Zusammenhang mit den Ausführungen über die Sterilisation bei schweren körperlichen Missbildungen erwähnt wurden, nicht als Sterilisationsfall vorgesehen.[408] Hier hatten die verstärkten Bemühungen um die erbbiologische Erforschung neurologischer Erkrankungen eine bemerkenswerte Nachwirkung. Sie führten zu einer neuen „Umgrenzung der vom Erbgesundheitsgesetz betroffenen Formen erblicher Nervenkrankheiten"[409], denn bereits in der zweiten Auflage des Kommentars zum Sterilisierungsgesetz von 1936 wurden mehrere Nervenkrankheiten, unter anderem der Muskelschwund und die Multiple Sklerose, als „sterilisationsfähige Indikationen" angegeben.

Für die Erbforscher bildete nicht nur das Sterilisierungsgesetz, sondern auch die staatlich verordnete erbbiologische Bestandsaufnahme der deutschen Bevölkerung ein „Handlungsgebot". Im Folgenden soll auf den besonderen Fall des Psychiaters Ernst Braun eingegangen werden, der seine Bemühungen um den Aufbau einer erbbiologischen Erbkartei der Schleswig-Holsteiner Bevölkerung als eine notwendige Ergänzung zur Bestandsaufnahme der staatlichen Gesundheitsämtern verstand. Anfang 1934 stellte Braun als Oberarzt an der Kieler Universitätsnervenklinik an die DFG einen Antrag, die Erfassung der Erbkranken in der Provinz Schleswig-Holstein zu finanzieren. Nachdem Rüdin die Einrichtung einer erbbiologischen Kartei als „sehr wünschenswert" bezeichnet hatte, wurde Braun ein Kredit von 1000 RM bewilligt. 1935 befasste sich Braun weiterhin mit dem Aufbau der eingerichteten Kartei. Dabei zielte er darauf ab, Maßstäbe zu setzen, die im Hinblick auf die staatlich verordnete erbbiologische Bestandsaufnahme eine größere Bedeutung haben sollten. „Das Reichsministerium des Innern hat letzthin Verfügungen erlassen, die der Vorbereitung einer erbbiologischen Be-

---

407 Lange an die DFG, 25.10.1933, BAK, R 73/12582.
408 Gütt/Rüdin/Ruttke, Gesetz, S. 121.
409 Lange an DFG, 9.3.1937, ebd.

standsaufnahme der Reichsbevölkerung dienen sollen. Sie veranlassen mich, über eine in die gleiche Richtung zielende Arbeit zu berichten, die im Laufe der letzten beiden Jahre an der Kieler Nervenklinik begonnen worden ist."[410] Mit seiner Kartei fasste Braun die einheitliche und lückenlose Erfassung von „erbgesunden" und „erbhochwertigen Stämme" ins Auge, die eine sichere Grundlage für die Durchführung von erbbiologischen Beratungen und die Erstellung von Gutachten bilden sollte. Die Kartei war als ein hilfreiches Instrument für die Anwendung der Erbgesundheitsgesetzgebung gedacht, insofern sie sich weitgehend an den Vorgaben der NS-Rassenhygiene orientierte. Bei der Registrierung der erbpathologischen Erbmerkmale hielt sich Braun im Wesentlichen an die Sterilisierungsdiagnosen.[411]

Seine Konzeption einer erbbiologischen Kartei fand die rückhaltlose Unterstützung Fischers[412] und erhielt im Jahre 1935 von der DFG einen weiteren Kredit von 1000 RM. Als Braun als Leiter der psychiatrischen- und Nervenklinik der Universität in Gelsheim-Rostock eingesetzt wurde, war er weiterhin mit der Förderung seiner Arbeiten zur erbbiologischen Bestandsaufnahme beschäftigt und plante vor Ort die Einrichtung einer neuen Erbkartei nach dem bereits entwickelten Muster. In einem neuen DFG-Antrag vom 10. Februar 1937 stilisierte er seine in Aussicht gestellte „wissenschaftliche erbbiologische Erforschung der erbkranken Bevölkerung" als eine ideale Ergänzung zur staatlichen Bestandsaufnahme der deutschen Bevölkerung.[413]

Um seinen Plan zu finanzieren, wandte sich Braun neben der DFG an das Mecklenburgische Staatsministerium, da sein planmäßiger Etat im Rahmen der psychiatrischen Klinik für besondere Ausgaben nicht ausreichend war. Im August 1937 sollte Braun erneut an die DFG herantreten und darauf drängen, die ihm zugesagte Stelle des erbbiologischen Assistenten und einer Schreibkraft zu bewilligen.[414] Braun war es inzwischen gelungen, zur Einrichtung einer erbbiologischen Abteilung die nötigen Mittel vom Mecklenburgischen Staatsministerium zu erhalten. Ab Oktober 1937 gewährte die DFG ein Stipendium an Karl Friedrich Lüth (geb. 1913), der sich unter der Leitung von Braun mit der „erbbiologischen Erforschung der Sippen endogener und symptomatischer Psychosen" befasste. Indem Lüth Personenkarten und Stammestafeln von Geisteskranken anlegte, griff er auf das von Braun erarbeitete Muster der erbbiologischen Kartei zurück. Seine erho-

---

410 Siehe: Braun, Bestandsaufnahme, S.17.
411 Ebd.
412 In seinem Gutachten vom 3. April 1935 beurteilte er den Antrag von Braun mit folgenden Worten: „Den Antrag kann ich nur befürworten. Ich kenne Braun und seine Arbeiten nicht, da mir das speziell Psychiatrische ferner liegt. Aber ich zweifle nicht an seiner völligen Geeignetheit. Die Aufgabe, die er sich stellt, verdient in jeder Hinsicht rückhaltlose Unterstützung. Die erbetene Summe ist sicher angemessen, eigentlich verhältnismäßig gering". In: Fischer an die DFG, 3.4.1935, BAK, R 73/10441. Außer Fischer wurde der Leiter des pathologischen Instituts der Kieler Universität, Staemmler, als Gutachter herangezogen. Dieser befürwortete auch mit großem Nachdruck den Antrag von Braun. Siehe: Staemmler an die DFG, 1.4.1935, ebd.
413 Braun an die DFG, 10.2.1937, ebd.
414 Braun an die DFG, 4.8.1937, ebd.

3.3. Die NS-Erbgesundheitspolitik

benen Daten sollten nämlich in die Erbkartei hineingefügt werden, die später wiederum den Grundstock für eine Landeszentrale für die erbbiologische Bestandsaufnahme bilden sollte.[415] Lüth, dessen Stipendium bis Ende 1939 von der DFG beziehungsweise dem RFR mehrmals verlängert wurde, sollte dann die erbbiologische Abteilung von Braun und gleichzeitig die Funktion der Landeszentrale für die erbbiologische Bestandsaufnahme in Mecklenburg übernehmen. Am 23. Mai 1938 wurde er vom Mecklenburgischen Staatsministerium zum Landesobmann für die erbbiologische Bestandsaufnahme in Mecklenburg bestellt. Die von Braun eingeleitete erbbiologische Bestandsaufnahme, die als eine Ergänzung zu staatlichen Erhebungen konzipiert wurde, hatte so schließlich eine besondere Rückwirkung auf staatlicher Ebene.

Viele der geförderten Wissenschaftler waren nicht nur geneigt, mit ihren Forschungen die NS-Politik der Erb- und Rassenpflege zu untermauern, sondern sie waren unmittelbar an deren Durchsetzung beteiligt. Entweder fertigten sie Gutachten für staatliche Behörden an und saßen als ärztliche Beisitzer in Erbgesundheitsgerichten oder führten sogar als praktizierende Ärzte Sterilisierungsoperationen durch. So war Eugen Fischer im Berliner Erbgesundheitsobergericht tätig[416], Verschuer gehörte dem Erbgesundheitsgericht Charlottenburg an, und Rüdin war Beisitzer im Münchener Erbgesundheitsobergericht. Mit dem Inkrafttreten des Sterilisierungsgesetzes am 1. Januar 1934 wurde Weitz Mitglied des Württembergischen Erbgesundheits-Obergerichts, dem er bis zu seiner Übersiedlung nach Hamburg angehörte. In Hamburg arbeitete er für das Amt für Volksgesundheit und für das Rassenpolitische Amt (RPA). Curtius, der für seine Konstitutionsforschung von der DFG alimentiert wurde, war bereits nach einjähriger Tätigkeit am Berliner Erbgesundheitsgericht seit 1936 im dortigen Erbgesundheitsobergericht.[417] Außerdem wirkte er im gerichtsärztlichen Ausschuss der Stadt Berlin und verfasste für das Reichsarbeitsministerium zahlreiche Gutachten.[418] Über ihre Tätigkeit als Gutachter waren nicht wenige Erbforscher unmittelbar mit der Durchführung von Sterilisierungsoperationen betraut, so der Chirurg Hans Boeminghaus, der Ende 1934 einen Antrag an die DFG für Untersuchungen über möglicherweise erbbiologisch bedingte Nierenmissbildungen stellte.[419] Auch der Chirurg Hans Stiasny (geb. 1904), der 1937 und 1938 von der DFG für „Untersuchungen über Erbkrankheit und Fertilität" gefördert wurde[420], nahm im Laufe der dreißiger Jahre im Berliner Krankenhaus am Urban Hunderte von Sterilisationen sowohl an Frauen als auch an Männern vor.[421] Der Orthopäde Franz Schwarzweller aus der Universitätsklinik und Poliklinik Friedrichsheim, der 1937 DFG-Zuwendungen

---

415 Lüth an die DFG, 18.3.38, BAK, R 73/12815.
416 Lösch, Fischer, S. 349–356.
417 Siehe: Curtius an DFG, 4.11.1936, BAK, R 73/10641.
418 Siehe: Siebeck an REM, 18.9.1941, Universitätsarchiv Berlin, UK/C70 und Curtius an die DFG, 4.11.1936, BAK, R 73/10641.
419 Siehe: Zentralblatt für Chirurgie 1, 1935.
420 Siehe: BAK, R 73/14972.
421 Laut Stiasnys eigenen Angaben wurden im Krankenhaus am Urban bis zum 1. April 1936 215 Frauen und 126 Männer sterilisiert. Siehe: Stiasny, Erbkrankheit, S. 9.

für die „statistische Festlegung von angeborenen und erblichen körperlichen Missbildungen" erhielt[422], wies schließlich in seinem Tätigkeitsbericht an die DFG darauf hin, dass im Anschluss an die Beobachtung von Geburtsverläufen bei der Little'schen Krankheit in zehn Fällen ein erbbiologisches Ermittlungsverfahren eingeleitet wurde.[423] Den Beteiligten war sehr deutlich, wie eng Forschung und Exekution der Erbgesundheitsgesetzgebung mit einander verflochten waren.

In vieler Hinsicht ließen sich die von der DFG geförderten Erbforscher von den rassenhygienischen Handlungen des NS-Regimes und seiner Erbgesetzgebung leiten und waren sogar aktiv an ihrer Ausweitung beziehungsweise Radikalisierung beteiligt. Inwieweit ließ sich aber die wissenschaftliche Forschung selbst politisch steuern? Diese Frage stellt sich insofern, als sich rassenhygienische Forschung nicht auf ihren Anwendungsbezug reduzieren lässt. Sie konnte auch in Grundlagenforschung bestehen. Das bedeutete nicht zwingend einen unmittelbaren Beitrag zur nationalsozialistischen „Erb- und Rassenpflege". Gewiss wirkte diese Politik vielfach als Handlungsgebot für die Forschungsthematik, denn Aussicht auf eine Förderung hatten vor allem Antragsteller, die mit ihren Forschungen die NS-Rassenhygiene zu untermauern versprachen. Die Ergebnisse rassenhygienischer Forschungen standen jedoch zuweilen in keinem politisch eindeutig kalkulierbaren Verhältnis zur Verwertbarkeit für die rassenhygienischen Maßnahmen des Regimes. Im Folgendem soll deshalb exemplarisch dargestellt werden, wie die Logik wissenschaftlicher Forschung mit dem Wunsch kollidieren konnte, eine wissenschaftlich gesicherte Diagnose für die unter das Sterilisierungsgesetz fallenden Krankheiten zu gewinnen. Die hier geförderten Forschungen, dies gilt es hinzuzufügen, waren jedoch nicht weniger kennzeichnend für die menschenverachtende medizinische Praxis im Nationalsozialismus.

3.3.2. Zur Wechselwirkung rassenhygienischer Forschung mit der Grundlagenforschung

Bei der praktischen Durchführung des 1933 verabschiedeten Sterilisierungsgesetzes stellte die Diagnose der Epilepsie eine besondere Schwierigkeit dar, da das Verhältnis der erblichen zur symptomatischen Epilepsie bis 1933 nahezu unerforscht war. Seit Mitte der dreißiger Jahre untersuchte der Säugetiergenetiker Hans Nachtsheim an weißen Wiener Kaninchen den differentialdiagnostischen Wert des Cardiazols.[424] Die Grundannahme war hier, den Hypothesen einiger Psychiater folgend[425], dass ein an erblicher Epilepsie Leidender schon auf eine geringere Dosis Cardiazol mit einem Krampf reagierte, anders als ein von nichterblicher Epilepsie

---

422 Siehe: BAK, R 73/14666.
423 Ebd.
424 Zu den Forschungen Nachtsheims zur Epilepsie, siehe: Schwerin, Experimentalisierung, S. 283–319. Cardiazol ist ein Kreislaufmittel.
425 So kamen Mitte der dreißiger Jahre die Psychiater Schönmehl, Langelüddeke, Stiefler und Langsteiner zu dem Ergebnis, dass die Größe der Krampfdosis als diagnostisches Hilfsmittel verwertet werden konnte. Siehe: Nachtsheim, Bedeutung, S. 168.

Befallener. Wo die genealogische Methode nicht praktikabel war, erschien das Cardiazol folglich als ideales Hilfsmittel, mit dem das Sterilisierungsgesetz in diesem Punkte reibungslos umzusetzen sei.[426] Vor diesem Hintergrund waren Nachtsheims Ergebnisse niederschmetternd: Es konnte lediglich bewiesen werden, dass erstens Epileptiker im Allgemeinen auf eine geringere Dosis Cardiazol reagierten als Nichtepileptiker, dass zweitens die Krampfbereitschaft des erblichen Epileptikers sehr starken individuellen Schwankungen unterlag und dass drittens das Alter für die Entstehung der Anfälle eine Rolle spielte. Die Experimente machten auf diese Weise deutlich, dass sich Cardiazol nicht als erfolgreiches diagnostisches Hilfsmittel eignete. Nachtsheim war mittels seiner rassenhygienischen Fragestellung dennoch zu interessanten Ergebnissen gekommen, die einen Gewinn für die Grundlagenforschung im Bereich der Epilepsie darstellten. Sein Anliegen war es, die komplexe Pathogenese der Epilepsie aufzuklären, die als Krankheit nicht in ein nosologisches System hineinzupassen schien, das auf der schlichten Unterscheidung zwischen erblichen und nichterblichen Krankheiten basierte. Nachtsheims Forschungen wurden den Zielen rassenhygienisch unmittelbar verwertbarer Forschung folglich nicht gerecht.

Wie der Psychiater Klaus Conrad, der seit 1933 an der DFA an epileptischen Zwillingspaaren forschte, verstand Nachtsheim die Epilepsie als Zusammenspiel eines „adäquaten Umweltreizes" mit einer erblich „erhöhten Krampfbereitschaft".[427] Das forschungspraktische Problem, das sich ihm stellte, lautete, wie sich mögliche Genkombinationen (Genotypen) in Beziehung zur unterschiedlich ausgeprägten Krampfbereitschaft setzen ließen. So liefen Nachtsheims Forschungen auf einen Ausbau der Grundlagenforschung hinaus – gleichwohl waren sie weiterhin von rassenhygienischen Idealen geleitet. Es bestand nämlich nie „eine völlige Trennung zwischen der diagnostisch-eugenischen Option und dem pathogenetischen Erkenntnisinteresse, schon deshalb, weil auch Klassifikation und pathogenetisches Verständnis wechselseitig korrespondierten."[428]

In einem anderen Fall scheint der rassenhygienische Diskurs der Forschung als willkommenes Mittel gedient zu haben, um Fördermittel einzuwerben, die dem ungestörten Zugriff auf menschliches Material dienen und letztlich eine ins Detail gehende Grundlagenforschung ermöglichen sollten. Der Assistenzarzt Hans Stiasny am Berliner Krankenhaus am Urban stützte sich in einem Antrag an die DFG vom März 1937 auf die aus Tierexperimenten abgeleitete Grundannahme, dass eine vererbliche Beeinträchtigung auch bei Menschen mit einer Störung der Spermiogenese einhergehe. Er stellte in Aussicht, dass sich durch Untersuchungen an Spermien sterilisierter Männer und durch die zeitgleiche Familienforschung, „für die Beurteilung der unter das Gesetz zur Verhütung erbkranken Nachwuchses

---

426 In der Einleitung zum dritten Teil seiner Artikelreihe „Krampfbereitschaft und Genotypus" betonte Nachtsheim das rassenhygienische Ziel seiner Untersuchung: „In dem provozierten Cardiazolkrampf hätten wir hiernach" – so schrieb er – „eine rassenhygienisch wichtige Methode in der Hand, um uns einen Einblick in das Erbbild des einzelnen Epileptikers zu verschaffen." In: Nachtsheim, Krampfbereitschaft, 1942, S. 23.
427 Ders., Krampfbereitschaft, 1941, S. 242.
428 Schwerin, Experimentalisierung, S. 310.

fallenden Krankheiten [...] eine wesentlich sicherere Grundlage" ergeben würde.[429] Stiasny hatte nach drei Jahren Erfahrung mit Sterilisierungsoperationen erst kurz zuvor seine Forschungsergebnisse in einer größeren Monographie veröffentlicht.[430] Dabei konnte er die Annahme einer starken Verminderung der durchschnittlichen Anzahl normaler Spermien bei erbkranken im Vergleich zu erbgesunden Männern nicht immer bestätigen und kam zu dem Schluss, dass sich gerade bei den „erbbiologisch gesehen sehr wichtige[n] Krankheiten wie der Epilepsie und der Schizophrenie" kein unterdurchschnittlicher Wert feststellen lasse. Ganz in der rassenhygienischen Denkweise verhaftet, deutete Stiasny jene Ergebnisse als bevölkerungspolitische Gefahr.[431] Stiasny dürfte von seinen Ergebnissen enttäuscht gewesen sein. Das reichlich vorhandene Material bot aber für den Grundlagenforscher andere unverhoffte Möglichkeiten. Nicht nur anhand des Ejakulats, sondern direkt in den Samenwegen der Männer, die sich einer Sterilisation zu unterziehen hatten, konnte er sowohl die Genese als auch die Morphologie von Spermien untersuchen und hatte es so mit einem offenen Forschungsfeld zu tun, auf dem bislang nur wenig Grundlagenforschung betrieben worden war.[432] Ausgehend von seinen Untersuchungen an den Spermien von 53 sterilisierten Männern widmete er sich einer eingehenden Beschreibung der pathologischen Formen von Spermien und marginalisierte so seine ursprünglich erbbiologische Fragestellung in seiner zweiten Monographie.[433] In diesem Sinne schuf der NS-Staat nicht nur die Voraussetzung für die potentielle Nutzung von rassenhygienisch verwertbaren Forschungsergebnissen, sondern auch für eine Grundlagenforschung, die auf Untersuchungen basierte, die an Opfern der NS-Rassenhygiene durchgeführt wurden.

3.4. ZUR POLITISIERUNG DER GEFÖRDERTEN ERB- UND RASSENFORSCHER

DFG-Förderakten offenbaren, dass die Erb- und Rasseforscher die rassenhygienischen Ziele des NS-Regimes nicht „nur" berücksichtigt haben, sie weisen auch auf deren Selbstmobilisierung hin. Diese lässt sich nicht allein durch ökonomische Argumente erklären, sondern deutet auf die rassenhygienische Überzeugung der geförderten Wissenschaftler und gleichzeitig auf die Gleichschaltung des Förderwesens hin. Gefördert wurden nämlich viele Wissenschaftler, die sich bereits vor 1933 in der rassenhygienischen Bewegung hervorgetan hatten.[434] Im „Dritten Reich" befassten sich diese meist nicht nur damit, mit ihren Forschungen die NS-Politik

---

429 BAK, R 73/14972.
430 Stiasny, Erbkrankheit.
431 Ebd., S. 113.
432 Dieses Forschungsfeld war bisher auf einige Gynäkologen beschränkt gewesen, die sich vor allem auf die Frage der Mobilität der Spermien als ein Kriterium für die Fertilität konzentriert hatten.
433 Stiasny, Unfruchtbarkeit.
434 So arbeiteten zum Beispiel Eugen Fischer sowie Verschuer und Johannes Lange, der im „Aus-

3.4. Zur Politisierung der geförderten Erb- und Rassenforscher

der Erb- und Rassenpflege zu untermauern, sondern sie waren auch an deren Durchführung unmittelbar beteiligt. Inwieweit lag ihre aktive Unterstützung der NS-Rassenhygiene – über ihre rassenhygienische Überzeugung hinaus – in einer entsprechenden Politisierung begründet? Welche Rolle spielte die Affinität zum Nationalsozialismus bei ihrer Förderung? Inwieweit lassen sich hinsichtlich ihrer Politisierung verschiedene Kategorien von Wissenschaftlern unterscheiden? Betrachten wir zur Beantwortung all dieser Frage die Karriere der Erb- und Rassenforscher.

In der Zeit von 1933 bis 1945 sind im Einzelförderakten Bestand der DFG, dem Bestand R73 im Koblenzer Bundesarchiv, insgesamt 96 Wissenschaftler nachzuweisen, die im Bereich der Erb- und Rassenforschung Anträge stellten. Sie setzen sich aus 69 selbstständigen Akademikern und 29 Stipendiaten zusammen und lassen sich in zwei Alterskohorten aufteilen – erstens die vor 1900 Geborenen, die 1914 mit der Frage des Kriegseinsatzes konfrontiert wurden, und zweitens die Angehörigen der Geburtsjahre zwischen 1910 und 1914, von denen die meisten erst im Nationalsozialismus studierten und eine akademische Karriere einschlugen. Die geförderten Erbforscher waren in der überwiegenden Mehrzahl der Fälle Mitglieder der NSDAP und bilden insofern eine besondere Gruppe von Medizinern, unter denen Michael Kater zwar einen erheblich höheren Prozentsatz von NSDAP-Mitgliedern als bei allen anderen akademischen Berufsgruppen ermittelte, aber eine Mitgliedschaft lediglich für nicht mehr als die Hälfte nachwies. Während Katers Erhebungen zufolge reichsweit etwa 45 Prozent der Ärzte in der NSDAP organisiert waren[435], lässt sich bei fast allen geförderten Erbforschern eine Mitgliedschaft in der NSDAP nachweisen. Dabei weist aber die Untersuchungsgruppe im Hinblick auf die Politisierung wesentliche Unterschiede auf. Während die Stipendiaten bereits in den ersten Monaten nach der Machtübernahme oder sogar schon vorher in die Partei und darüber hinaus in die SS eintraten[436], wurden ihre Mentoren nicht selten erst nach der Aufhebung des Aufnahmestopps im Jahre 1937 Mitglied der NSDAP. So lassen sich zwei politische Generationen identifizieren.

Bei einigen der bedeutendsten Erb- und Rassenforscher des „Dritten Reichs" war der Weg zum Eintritt in die Partei keineswegs geradlinig. Der 1874 geborene Eugen Fischer, der im Kaiserreich Beamter gewesen war, war ein Akademiker mit tiefer Heimatverbundenheit und starkem Nationalbewusstein. 1919 war er in die DNVP ein- und bereits 1927 wieder ausgetreten, als er sein Amt als Direktor des KWI-A antrat. Als Grund für seinen Austritt betonte er, dass er frei von parteilichen Bindungen bleiben wolle, um seinen wissenschaftlichen Anliegen am besten dienen zu können. Aus dieser Haltung heraus hatte er mehrere Angebote zur Zusammenarbeit mit der NSDAP vor 1933 abgelehnt.[437] In den zwanziger Jahren

---

schuss für Bevölkerungswesen und Eugenik" des Preußischen Landesgesundheitsrates saß, im Juli 1932 am Entwurf eines Sterilisierungsgesetzes mit.
435 Kater, Doctors.
436 Unter den 28 nachgewiesenen Stipendiaten traten lediglich 3 erst 1937 in die NSDAP. Es waren Hilde Lucas, Erich Scheerer und Irmgard Tillner.
437 Lösch, Rasse, S. 217.

entwickelte sich die Berliner Ortsgruppe unter seiner Führung zum gemäßigten Flügel der deutschen Gesellschaft für Rassenhygiene. Im Gegensatz zu den Mentoren der Münchner Ortsgruppe ging Fischer auf Distanz zum politischen Rassismus, wie dieser vom Nationalsozialismus gefördert wurde. So hielt er sich von der Doktrin der NS-Partei über den höheren Wert der nordischen Rasse fern. Nach der Machtübernahme bemühte sich Fischer intensiv darum, das Vertrauen des NS-Staates zu gewinnen – so sorgte er für das Ausscheiden von politisch unerwünschten Mitarbeitern aus dem von ihm geleiteten KWI-A und trat auf zahlreichen Veranstaltungen als Redner auf. Dennoch beharrte er weitgehend auf seiner wissenschaftlichen Haltung in der Rassenfrage. 1934 musste er sich gegen Pressekampagne und Angriffe von rassenpolitischen Parteistellen zur Wehr setzen. Durch seine Forschungen am Nachwuchs von holländischen Buren und einheimischen Hottentotten-Müttern im Dorf Rehoboth in der deutschen Kolonie „Südwestafrika" aus dem Jahr 1908 war Fischer zum Ergebnis gekommen, dass die intellektuellen Fähigkeiten der Rassenmischlinge keineswegs niedriger als die ihrer farbigen Mütter sei. In einem Vortrag vom Februar 1934 vertrat Fischer sogar die These, dass innerhalb des deutschen Volkes und in Mitteleuropa die höchste Kulturleistung in der Mischungszone zwischen nordischer Rasse mit der alpinen und dinarischen Rasse auftrete. Erst durch Mischlinge mit einem hohen Anteil an nordischen Komponenten sei die deutsche Hochkultur entstanden. Darüber hinaus wies er darauf hin, dass die jüdische Rasse nicht minderwertiger, sondern „anderswertig" sei.[438] Die süddeutsche Ausgabe des *Völkischen Beobachters*, die Ende Februar über Fischers Vortrag berichtete, griff Fischer daraufhin an. Auch im völkischen Weltanschauungs-Blatt *Die Sonne* erschien unter der Überschrift „Eugen Fischer für Rassenmischung!" ein polemischer Artikel, der Fischers Haltung in der Rassenfrage anprangerte. Vor diesem Hintergrund drängten verschiedene Parteistellen der NSDAP, etwa Walter Darré (1895–1953) vom RuSHA und Walter Groß (1904–1945) vom RPA der NSDAP zu einer Klärung der Position Fischers in der Rassenfrage. In einer Denkschrift, die den Titel „Beweise für meine Einstellung zur Rassenfrage des deutschen Volks" trug und als Verteidigungsschrift vorgesehen war, sollte Fischer kaum von seiner Haltung abweichen. In der Frage der nordischen Rasse und vor allem bei seiner Haltung zur „Mischlingsfrage" machte er keine wesentlichen Kompromisse. Er hob lediglich die Leistungsfähigkeit der nordischen Rasse hervor. Gleichzeitig behauptete er aber, dass die „Einkreuzung" der europäischen Rassen in die „nordische Rasse unter günstigen Verhältnissen deren Leistungsfähigkeit zur höchsten Spitzenleistung steigert[e]".[439]

Fischer war insofern unabhängig von der NS-Rassendoktrin und ihre weitgehende Idealisierung der nordischen Rasse, als er sich bei seiner Beurteilung der Rassenfrage durch seine eigenen wissenschaftlichen Erkenntnisse leiten ließ. So wie die mendelistische Wissenschaft davon ausging, dass jedes Merkmal einem eigenen Erbgang folge, wies Fischer darauf hin, dass Rassenmerkmale sich unabhängig voneinander vererbten, und folgerte daraus, dass bestimmte seelischen

---

438 Ebd., S. 244.
439 BAB, R 1501/26245, Bl. 221.

3.4. Zur Politisierung der geförderten Erb- und Rassenforscher

Qualitäten nicht zwingend zur selben Rasse gehören müssten. Nach Fischers wissenschaftlicher Logik konnten die Eigenschaften, die in der NS-Rassendoktrin als eigentümlich für die nordische Rasse stilisiert wurden, auch bei anderen Rassen vorkommen. Obwohl Fischer in der Rassenfrage weitgehend auf seiner Haltung beharrte, konnte er sich als Leiter des KWI-A weiter behaupten. Dabei erhielt er die Unterstützung der Gesundheitsabteilung des RMI, die bei der Legitimation der NS-Rassenhygiene viel Wert auf die Rückendeckung durch die Wissenschaft legte. Bei der Kontroverse um Fischers umstrittene Haltung betonte Arthur Gütt, dass Fischer „eine im In- und Ausland anerkannte Größe auf dem Gebiet der Erblehre und Rassenforschung" sei und „ein Zerwürfnis zwischen ihm und den amtlichen Stellen im In- und Ausland gar leicht den Eindruck erwecken würde, als ob Professor Fischer die von der Regierung in der Rassenpflege eingeschlagenen Wege missbillige, die Maßnahmen der Regierung also mit den Erkenntnissen der Wissenschaft in Widerspruch stehen müssten".[440] Vor diesem Hintergrund hatte es Fischer als anerkannte Koryphäe nicht nötig, in die Partei einzutreten. Erst im November 1939 stellte er einen Antrag auf Mitgliedschaft in der NSDAP. Er habe – wie er selbst betonte – dem Druck Gütts nachgegeben.[441] Wahrscheinlich wollte Fischer durch seinen Antrag auf Mitgliedschaft in der NSDAP seine Loyalität gegenüber dem NS-Regime beweisen.

Otmar Freiherr von Verschuer, der seit 1927 als Assistent Fischers im KWI-A tätig war und sich sehr früh in der staatlich organisierten Rassenhygiene hervortat, trat erst 1940 in die NSDAP ein. Der Grund für Verschuers späten Parteieintritt lag womöglich im besonderen Habitus eines kultivierten Adeligen begründet, der frei von parteilichen Bindungen bleiben wollte. Im Nachhinein betonte Verschuer, dass eine Mitgliedschaft in der NSDAP mit seiner religiösen Gesinnung unvereinbar gewesen wäre. Möglicherweise war es die Aussicht auf die Übernahme der Leitung des KWI-A, die Verschuer dann doch dazu bewog, in die NSDAP einzutreten.[442] Auch wenn seine Distanz zur NSDAP keineswegs eine Ablehnung des Nationalsozialismus bedeutete, sorgte Verschuer für ein gewisses Misstrauen in den Kreisen eifriger Nationalsozialisten, die sich von einem hochrangigen Wissenschaftler eine uneingeschränkte Zustimmung zum Nationalsozialismus und seinen Zielen gern gewünscht hätten. Im Zuge der Gleichschaltung sollte ein jüngerer Mitarbeiter des KWI-A, der Arzt Günther Brandt (1898–1973), der sehr früh in die NSDAP eingetreten war, die politische Zuverlässigkeit von Verschuer vehement infrage stellen: „Prof. Verschuer war noch bis vor kurzem gegen den Nationalsozialismus eingestellt. Wenngleich er Antisemit ist und ganz sicher sehr national denkt, so ist er in seiner ganzen Art und inneren Einstellung doch ein typischer Liberalist."[443] Dessen ungeachtet gibt es keinen Zweifel daran, dass Verschuer das NS-Regime unterstützte, weil er sich davon versprach, seine rassenhygienischen Ziele am besten verfolgen zu können. Trotz dieser „opportunistischen" Grundhal-

---

440 BAB, R 1501/26245, Bl. 218. Vgl. Lösch, Rasse, S. 249.
441 Lösch, Rasse, S. 276.
442 Zwar wurde Verschuer erst 1942 Leiter des KWI-A, seine Berufung als Nachfolger Fischers war aber von langer Hand geplant gewesen. Siehe: Kröner, Rassenhygiene, S. 33.
443 BAB, R 1501/126243.

tung lässt sich die nachdrückliche Mitwirkung Verschuers an der NS-Rassenhygiene nur durch die weitgehende Übereinstimmung mit den Vorgaben des NS-Staates erklären: Verschuer teilte nicht nur rassenhygienische Ansichten mit den Nazis, er war auch Antisemit und Antidemokrat.

Auch wenn die schon vor dem Nationalsozialismus mit der Erbforschung beschäftigten Wissenschaftler meisten erst nach der Aufhebung des Aufnahmestopps in die NSDAP eintraten, bedeutete dies nicht notwendig, dass sie wie im Fall von Fischer und Verschuer zu einer gewissen – im Nachhinein mit großem Nachdruck stilisierten – Abgrenzung vom Nationalsozialismus neigten. Ein Teil von ihnen stand der nationalsozialistischen Bewegung sehr nah und war sogar vor dem Parteieintritt in einer ihrer parteilichen Organisationen tätig. Wilhelm Weitz etwa, der in der Weimarer Republik vorübergehendes Mitglied der DNVP war, war seit 1934 Mitglied des NS-Ärztebundes[444] und trat 1937 in die NSDAP ein. Nach seinem Wechsel nach Hamburg arbeitete er sowohl für das Amt für Volksgesundheit als auch für das RPA der NSDAP. Auch sein Assistent Hubert Habs war als Mitarbeiter des RPA unter der Leitung von Walter Groß tätig. Nach seinem Parteieintritt wurde Weitz als Staffelmann in die SS aufgenommen. Im September 1939 erhielt er durch einen Erlass Hitlers das silberne Treudienst-Ehrenzeichen.

Bei einer Minderheit der älteren Erbforscher, die bereits 1933 in die NSDAP eintraten, kann politischer Eifer als Motiv angenommen werden. Der Direktor des Instituts für Vererbungswissenschaft an der Universität Greifswald, Günther Just, trat bereits im Mai 1933 in die NSDAP ein. Im Laufe des Jahres 1935 und 1936 war er Ortsgruppenschulungsleiter der NSDAP in Greifswald-Ost. Später war er Mitarbeiter des RPA.[445] Im Jahre 1939 kommentierte der stellvertretende Hochschuldozentenführer Professor Velde in einem Gutachten an den Reichserziehungsminister Justs politisches Engagement wie folgt: „Just ist persönlich einwandfrei. Er gehört der NSDAP seit 1933 an und hat sich seit dieser Zeit, besonders in zahlreichen Vorträgen, für die Ziele der Bewegung eingesetzt."[446]

Der Konstitutionsforscher Walter Jaensch, der an der Charité ein Ambulatorium für Konstitutionsmedizin leitete und von der DFG über eine lange Zeit hinweg gefördert wurde, trat ebenfalls 1933 in die Partei ein. Darüber hinaus war er stellvertretender Führer der NS-Dozentenschaft der Berliner Universität, Sturmarzt des SS-Sturms und Mitglied des NS-Ärztebundes.[447] Als solcher stilisierte er sich gern als politisches Opfer der Weimarer Republik. Seine Forschungsthesen hätten ihm „nicht nur die Verfolgung durch den an der damaligen Universität Berlin fast allmächtigen, verjudeten Gestaltpsychologenkreis" eingebracht, „sondern vor allem auch den Hass der damals sehr einflussreichen Kreise der jüdischen Ärzte in Hochschule, Praxis sowie amtlichen Stellen. Diesen Einflüssen gegenüber konnte sich das Institut [...] nur mit größten persönlichen Opfern seitens des Leiters behaupten."[448] Jaensch, der sich persönlich vom „sozialistische[n] Kultus-

---

444 Siehe: StA HH, 361-6-IV 1217.
445 NS-Archiv, ZA V/63.
446 Ebd., Velde an Reichserziehungsminister, ZB II/1924/Akte 2.
447 Siehe: Universitätsarchiv der Humboldt-Universität, Personalakte Walter Jaensch: UK J 18.
448 Ebd., Char. Dir. 2603/107, S. 2. Zit. nach Kölch, Förderungsfähig, S. 77.

minister" um eine Professur gebracht sah, betonte, dass man ihm vor 1933 eine offizielle Förderung seiner Forschung verwehrt habe.[449] In Wirklichkeit hatte Jaensch während der Weimarer Republik durchaus bedeutende Förderung von offiziellen Stellen erhalten. Durch Zuwendungen der Stadt Berlin hatte er zum Beispiel Untersuchungen an 18 000 Kindern in mehreren Ländern durchführen können. Die politische Gesinnung Jaenschs wird nicht nur durch den denunziatorischen Bericht über seine Erfahrung in der Weimarer Republik ersichtlich, sondern vor allem durch seine Bemühungen, seine Forschungsarbeit in einen Zusammenhang zu den Zielen des NS-Regimes zu stellen. Bereits mit seiner Habilitation hatte er versucht, die biologisch begründete Weltanschauung, Rasse, Konstitution und Psyche als Einheit zu sehen und „auf wissenschaftlich medizinischem Gebiet" zu untermauern.[450] Später wies er in einem DFG-Antrag darauf hin, dass er die Arbeit des Ambulatoriums, „immer stärker [...] im Sinne einer ‚Erbpoliklinik' (gemäß der von Verschuer erhobenen Forderung) ausgestaltet [habe]", und betonte, dass die wissenschaftliche Forschung des Ambulatoriums sich so, „organisch und insbesondere in Ausrichtung auf die Zeitforschung fortentwickeln [könne]".[451] In einer ähnlichen Weise führte der selbstständige Gelehrte aus Wien, der Studienrat Heinrich Bouterwek, der 1937 und 1938 von der DFG gefördert wurde, seine Zwillingsforschung vor. In seinem DFG-Antrag vom 17. Januar 1937 hob er hervor, dass seine Arbeit „sich in den Rahmen reichsdeutscher Forschung organisch einfügt[e]".[452] Der Österreicher Bouterwek war bereits am 10. Oktober 1931 in die NSDAP eingetreten. Von 1926 bis 1938 gehörte er dem Verband deutschvölkischer Mittelschullehrer und von 1934 bis 1938 der Vaterländischen Front an.[453]

Auf dem Gebiet der Erb- und Rassenforschung taten sich im Nationalsozialismus aber nicht nur Wissenschaftler hervor, die sich bereits in der Weimarer Republik mit erbbiologischen Fragen befasst hatten. Die besondere Zuwendung zum Gebiet der Erb- und Rassenforschung ergab sich zum Teil auch erst im Nationalsozialismus aus dem Wunsch, das Regime und seine Forschungspolitik zu unterstützen, aber auch zügig Karriere zu machen. Außerdem sorgte der Bedarf an Experten für „menschliche Erblehre" für ein allgemeines wissenschaftliches Interesse am Gebiet der Rassenhygiene. Ludwig Schmidt-Kehl, der im Rechnungsjahr 1938/39 für erbbiologische Untersuchungen in der Rhön von der DFG gefördert wurde, war zunächst in der Physiologie und in der Hygiene tätig, bevor er den Lehrstuhl für Vererbungswissenschaft an der Universität Würzburg vertrat. Nach einem Volontariat am physiologischen Institut der Universität in Halle bekleidete er verschiedene Positionen an den hygienischen Instituten der Universität Tübingen und Würzburg. Er war Assistent, dann Privatdozent und ab Ende 1930

---

449 Siehe: Ebd., 2603/16.
450 Universitätsarchiv der Humboldt-Universität, UK J18. Siehe: Kölch, Förderungsfähig, S. 76.
451 BAK, R 73/11893.
452 Bouterwek an die DFG, 17.1.1937, BAK, R 73/10421.
453 NS-Archiv, ZA V/98.

außerordentlicher Professor für Hygiene an der Universität Würzburg.[454] Am 1. April 1937 übernahm Schmidt-Kehl die neu eingerichtete Professur für Vererbungswissenschaft und Rasseforschung an der Universität Würzburg. Am 1. Mai 1937 trat er in die NSDAP ein. Als neues Parteimitglied war er schon länger politisch aktiv, denn er leitete seit Mai 1934 das RPA der Gauleitung Mainfranken. Bei den Wissenschaftlern, die sich erst im Nationalsozialismus der Erb- und Rassenforschung zuwandten, lässt sich zumeist eine aktive Bindung zur NS-Bewegung beobachten.

Der 1895 geborene Neuropathologe und Sohn eines Berliner Ministerialdirektors, Berthold Ostertag, war früh von vaterländischen Gefühlen erfüllt. 1913 stand er bereits im militärischen Dienst. Nach seiner Einberufung in die Reichswehr sollte er während des Ersten Weltkrieges „trotz mehrfacher freiwilliger Meldung" – so die persönlichen Angaben Ostertags über seine Laufbahn – nach einer Gallenoperation im Spätjahr 1915 nicht mehr ins Feld ziehen. In der Nachkriegszeit schloss er sich einem Freikorps an. Schon bald nach dem Januar 1933 stellte er einen Antrag auf Mitgliedschaft in der NSDAP. Nachdem er im April 1933 in die SA eingetreten war, folgten die Partei und später die SS.

Zusammen mit Ostertag wurde der Orthopäde Lothar Kreuz für ein Forschungsvorhaben zur „erbbiologischen Bewertung angeborener Miss- und Fehlbildungen" gefördert. Kreuz, der ebenfalls wie Ostertag im April 1933 in die NSDAP eintrat, kann als ein aktivistischer Nationalsozialist bezeichnet werden.[455] In der Nacht vom 30. Juni auf den 1. Juli 1934 wohnte er als „SS-Exekutivarzt" den Verhören der Gefolgsleute Ernst Röhms im Columbushaus und ihrer anschließenden Erschießung in der Kadettenanstalt Berlin-Lichterfelde bei.[456] Später bekleidete er den Rang eines SS-Obersturmbannführers.[457] Vor Kriegsende floh er aus Berlin, hinterließ aber auf seinem Schreibtisch eine Liste der Zehlendorfer SS-Mitglieder. Während des Krieges sollte ihm Conti persönlich eine Stelle als wissenschaftlicher Sachbearbeiter und Berater des Reichsgesundheitsführers persönlich anbieten.[458]

Im Fall von Alfred Schittenhelm (geb. 1874), dem Münchener Ordinarius für interne Medizin, kann die Zuwendung zur Erbforschung als das Ergebnis einer eingehenden Beschäftigung mit dem Nationalsozialismus betrachtet werden. In seinem DFG-Antrag vom Februar 1937 stellte er die Tätigkeit der erbbiologischen Abteilung, die er an seiner Klinik hatte einrichten lassen, in einen direkten Zusammenhang mit der NS-Forschungspolitik: „An der II. Medizinischen Klinik

---

454 Ebd., ZA V/134.
455 Kreuz, der am 18. April in die NSDAP eintrat, wurde bereits am 28.4.1933 in die SS aufgenommen.
456 Vgl. dazu Erica Hollnagel an das Amtsgericht, 16.1.1937, Universitätsarchiv der Humboldt-Universität, UK PA K346, Bd. IV, Bl. 108–112, hier Bl. 109–110.
457 Siehe: Fragebogen zur Feststellung der politischen Zugehörigkeit zum Nationalsozialismus. Fünfer-Ausschuß des Amtes für Volksbildung und Erneuerung der Hochschulen und wissenschaftlichen Einrichtungen Berlins. Prof. Dr. Kreuz, or. Prof. der Orthopädie, 10.7.1945, ebd., UK PA K346, Bd. IV, Bl. 4.
458 Kreuz lehnte jedoch das Stellenangebot ab. Siehe: Kreuz an Conti 1.10.1943, BAK, R 1501/3810.

3.4. Zur Politisierung der geförderten Erb- und Rassenforscher

besteht seit 1934 beziehungsweise 1935 eine Abteilung für Erbpflege und Erbforschung. Ihre Aufgabe ist es, nationalsozialistische Gedankengänge auf dem Gebiet der Erbforschung und Rassenpflege an einem großen Universitätskrankenhaus praktisch in die Tat umzusetzen."[459] Schittenhelm, der bereits vor 1933 als internationale Koryphäe galt, war im Mai 1933 in die NSDAP eingetreten. In einem Parteiurteil über ihn hieß es, dass er „ein sehr guter Nationalsozialist und in politischer Beziehung vollkommen einwandfrei" sei.[460] Wahrscheinlich war er tatsächlich von der nationalsozialistischen Bewegung begeistert. Sehr schnell kam er in die Gunst der SS. Kurz nach seinem Parteieintritt, hatte ihm die Schutzstaffel ihren speziellen Schutz angedeihen lassen, als er nämlich den 45. Kongress der Deutschen Gesellschaft für Innere Medizin eröffnete und sich zu diesem Anlass „zur neuen Regierung und den rassenhygienischen Bestrebungen der neuen Zeit bekannte".[461] Schittenhelm wurde dann Anfang 1935 SS-Sturmbannführer und sollte es während des Krieges bis zum Brigadeführer bringen.[462]

Die beschriebenen Fälle zeigen, dass viele der Wissenschaftler, die bereits vor 1933 in eine akademische Position gelangt waren und sich während des „Dritten Reichs" auf dem Gebiet der Erb- und Rassenforschung hervortaten, die NS-Bewegung mit einem gewissen Eifer unterstützten. Ihr Eintritt in die NSDAP stellte aber keine Voraussetzung für ihre Förderung dar. Fischer und Verschuer wurden gefördert, obwohl sie sogar abgeneigt waren, in die NSDAP einzutreten. Als viel entscheidender als der Parteieintritt galt schließlich zum einen die Anerkennung in wissenschaftlichen Kreisen – so wollte man trotz einer anfänglichen Kontroverse auf Fischer nicht verzichten –, aber zum anderen auch die rassenhygienische Überzeugung und die Bereitschaft an der NS-Rassenhygiene mitzuwirken. Im Vergleich zur Gruppe der als selbstständige Forscher geförderten Wissenschaftler bildeten die Nachwuchswissenschaftler eine sehr homogene Gruppe. Die überwiegende Mehrheit der DFG-Stipendiaten trat nicht nur sehr früh in die NSDAP ein und war politisch aktiv, sondern wurde auch relativ einseitig ausgebildet.

Während es in der Weimarer Republik im Bereich der Erb- und Rassenforschung keinen spezifischen Berufszweig und keine entsprechende Ausbildung für Nachwuchswissenschaftler gab, arbeitete man im „Dritten Reich" dezidiert daran, die Situation grundsätzlich zu ändern. 1936 war die Rassenhygiene an den medizinischen Fakultäten als Prüfungsfach eingeführt worden.[463] Die NS-Politik der Erb- und Rassenpflege erzeugte einen beträchtlichen Bedarf an wissenschaftlichen Kräften, den es in geeigneten Lehrstätten auszubilden galt. Sowohl seitens der

---

459 BAK, R 73/14305.
460 Ortsgruppenleiter Scheide, München, 12.1.1939, BAB, BDC, SS Akte Schittenhelm. Vgl. Kudlien, Ärzte, S. 87.
461 In: Ziel und Weg 3, 1933, S. 133. Siehe auch: Hoffmann, Ringen, S. 17.
462 Lebenslauf Schittenhelm; Brandt an Georgi, 12.12.1934, BAB, BDC, SS Akte Schittenhelm. Vgl. ebd.
463 Mit der Fassung der Bestallungsordnung für Ärzte vom 25. März 1936 war die noch aus der Zeit vor 1933 stammende Prüfungsordnung für Medizin aufgehoben und die Rassenhygiene als neues Prüfungsfach eingeführt worden. Siehe: Schneck, Rassenhygiene, S. 356; Günther, Institutionalisierung.

staatlichen Behörden, die an der Wissenschaftpolitik beteiligt waren, als auch seitens der auf dem Gebiet der Erb- und Rassenforschung tätigen Wissenschaftler wurde der Mangel an wissenschaftlichem Nachwuchs stets mit besonderem Nachdruck bedauert oder sogar angeprangert.[464] Bis zum Kriegsbeginn bildete die Förderung von Nachwuchskräften auf dem Gebiet der Erb- und Rassenforschung ein besonderes Anliegen des Regimes.[465] Während zur Schulung der Ärzte in Erb- und Rassenpflege zwei staatsmedizinische Akademien in München und Berlin vom RMI gegründet wurden[466], wurden erbbiologisch-rassenhygienische Lehrgänge in der DFA in München und am KWI-A in Berlin veranstaltet, um den Bedarf an wissenschaftlichen Nachwuchskräften zu decken. Im Januar 1934 fand in der DFA ein vom RMI gemeinsam mit dem Deutschen Verband für psychische Hygiene und Rassenhygiene veranstalteter Lehrgang unter der Leitung von Rüdin statt, bei dem etwa 120 Psychiater, zumeist Direktoren und Oberärzte der Heil- und Pflegeanstalten des Deutschen Reiches, mit dem Sterilisierungsgesetz vertraut gemacht wurden.[467] Unter Mitwirkung des RPA der NSDAP veranstaltete das KWI-A auf Anweisung des RMI vom November 1934 bis Juli 1935 einen ersten, durch den Reichsausschuss für Volksgesundheitsdienst geförderten erbbiologisch-rassenbiologischen Schulungskurs.[468] Später fand ein zweiter Kurs statt. In einer Denkschrift vom Oktober 1934 über die „Notwendigkeit und Umfang einer Erweiterung des Instituts und Erhöhung seiner Mittel", führte Eugen Fischer aus, dass er „auf Wunsch des Herrn Reichsinnenministers" nicht weniger als 20 „Ausbildungs-Assistenten [...] auf zehn Monate als Mitarbeiter und zur Ausbildung in Erb- und Rassenlehre und Rassenhygiene aufgenommen" habe.[469]

Im „Dritten Reich" stiegen das Berliner KWI-A und die Münchener DFA zu Ausbildungszentren auf. Zudem fungierten auch größere Universitätsinstitute als Ausbildungsstätten. Neben den beiden KWI war vor allem das 1935 gegründete und von Verschuer geleitete Institut für Rassenhygiene maßgeblich an der Ausbildung von wissenschaftlichen Kräften beteiligt. Infolgedessen sollten die in diesen Instituten angewandten Methoden als Maßstäbe für die Beurteilung, aber auch zur Förderung wissenschaftlicher Arbeit dienen. In einem Gutachten über die Förderung „erbbiologischer Untersuchungen von Nervenkranken" unter der Leitung von Johannes Lange, betonte Rüdin, dass der dafür vorgesehene Nachwuchswissenschaftler „nach den hiesigen Methoden [seiner] Schule" arbeite und auch

---

464 Im Jahre 1937 war das REM um die Sicherstellung des Nachwuchses auf dem Gebiet der Erb- und Rassenforschung bemüht und rief Wissenschaftler dazu, Vorschläge zu formulieren, um die gegenwärtige Lage zu verbessern. Vgl. zum Beispiel die Meinung von Hermann Boehm, dem Leiter des erbbiologischen Forschungsinstituts der Führerschule der deutschen Ärzteschaft in Alt-Rehse und späterer Direktor des Gießener Instituts für Erb- und Rassenpflege, in: BAB, R 4901/965.
465 Ebd.
466 Vgl. Bock, Zwangssterilisation, S. 184.
467 Siehe: Rüdin (Hg.), Erblehre.
468 Lösch, Rasse, S. 251 u. 319. Während die weltanschauliche Schulung dem RPA der NSDAP anvertraut war, war das KWI-A für die wissenschaftliche Ausbildung der Teilnehmer zuständig. Zum ersten erbbiologischen Schulungskursus am KWI-A, siehe: BAB, R 1501/126369.
469 Siehe: MPG-Archiv, Abt. I, Rep. IA, Nr. 2406, fol. 149 b.

3.4. Zur Politisierung der geförderten Erb- und Rassenforscher

sonst ganz „von dem wissenschaftlichen Geist, der [dort] herrscht", erfüllt sei.[470] Der Mitarbeiter von Lange, Heinz Boeters, war sowohl im KWI-A als auch in der DFA ausgebildet worden. Als Doktorand der Medizin hatte er zunächst eine erbbiologische Vorbildung am KWI-A erhalten, bevor er in der Zeit vom April 1931 bis April 1933 als wissenschaftlicher Mitarbeiter und Medizinalpraktikant an der GDA in die Methoden Rüdins eingearbeitet wurde.[471] In einem DFG-Gutachten vom 25. Januar 1935 stellte Rüdin hinsichtlich der Förderung von Hans Boeminghaus, dem Leiter der chirurgischen Poliklinik in Marburg, die Bedingung, dass dieser über ausreichende erbbiologische Vorbildung verfügen müsse.[472] Verschuer versicherte daraufhin, dass Boeminghaus über eine entsprechende Ausbildung verfüge. In seinem Frankfurter Institut hätte er nämlich an einem wöchentlichen Ärztekurs teilgenommen, der von der Staatsmedizinischen Akademie veranstaltet worden war. Darüber hinaus hätte Verschuer mit Boeminghaus sein Forschungsvorhaben besprochen und ihm „bezüglich der erbtheoretischen Auswertung der Ergebnisse" seine Beratung angeboten.

Auch das Institut für menschliche Erbforschung und Rassenpolitik in Jena folgte den Maßgaben des KWI-A und der GDA: In einem Brief vom April 1937 an die DFG beteuerte Karl Astel (1898–1945), dass sein Mitarbeiter Heinrich Schröder, an den kurz zuvor ein Stipendium bewilligt worden war, sein genealogisches Material zur mongoloiden Idiotie nach der von Rüdin entwickelten Methode der empirischen Prognose bearbeiten würde und zu diesem Zweck ein Forschungsaufenthalt in München eingeplant sei.[473] Rüdin, der am Forschungsvorhaben von Schröder besonders interessiert war, sollte das Forschungsvorhaben unterstützen. Nachdem Schröder von einem vorübergehenden Forschungsaufenthalt bei der GDA Mitte 1937 nach Kiel zurückkehrte, setzte sich Rüdin für die Bewilligung eines Stipendiums an Schröder ein, damit er an seinem Institut weiterforschen könne.[474] Bis Juni 1939 erhielt Schröder eine Verlängerung seines Stipendiums.[475]

Die Vormacht der Fischer-Rüdin'schen Schule auf dem Gebiet der Erb- und Rassenforschung lässt sich nicht nur auf die besondere Rolle des KWI-A und der GDA als Ausbildungszentren zurückführen, sondern erklärt sich auch dadurch, dass Fischer, Rüdin und Verschuer vor allem die ihnen bekannten Nachwuchswissenschaftler fördern ließen. Das Prinzip der internen Anwerbung und der Austausch von Nachwuchswissenschaftlern sorgten somit für die große Homogenität im Kreis der DFG-Stipendiaten. Deren überwiegende Mehrzahl erhielt ihre Ausbildung entweder als Gast oder Mitarbeiter am KWI-A und an der DFA oder aber auch am Frankfurter Institut für Erbbiologie und Rassenhygiene. Der jüngere Orthopäde Franz Schwarzweller, der am erbbiologischen Kursus des KWI-A teil-

---

470 Rüdin an Karl Stuchtey, 23.11.1933, BAK, R 73/12582.
471 Siehe: BAB, R 4901/1729, fol. 79.
472 BAK, R 73/10370.
473 BAK, R 73/14530.
474 Rüdin an die DFG, 26.9.1937, ebd.
475 Ebd.

genommen hatte[476], war später Assistent von Verschuer in Frankfurt.[477] Die Stipendiatin Leonore Liebenam, die zunächst als Assistentin bei Wilhelm Weitz arbeitete, kam zur Fortbildung in die Abteilung von Verschuer am KWI-A[478], als sie bereits an der Frankfurter Universitätskinderklinik beim Pädiater Heinrich von Mettenheim tätig war. Schließlich war sie Mitarbeiterin Verschuers im Frankfurter Institut.[479] Martin Werner, der als Assistent an der Frankfurter Universitätsklinik im März 1936 bei der DFG ein Stipendium beantragte und Gastforscher am Frankfurter Institut für Erbbiologie und Rassenhygiene war, hatte schon während seiner Zeit als Assistent bei Eugen Fischer in Berlin am KWI-A mit Verschuer zusammengearbeitet.[480] Heinrich Schade (1907–1989), der im KWI-A am erbbiologischen Kursus teilgenommen hatte, arbeitete über lange Zeit hinweg bei Verschuer. Er war zunächst Assistent bei Verschuer in Frankfurt, folgte ihm 1942 nach Berlin und war sogar nach dem Krieg einer seiner Mitarbeiter im Münsteraner Institut für Humangenetik. Nach seinem Weggang aus Berlin im Jahre 1935 nahm Verschuer Mitarbeiter von Dahlem nach Frankfurt mit.[481] So gingen zum Beispiel die beiden Stipendiaten der Poliklinik für Erb- und Rassenpflege mit Verschuer nach Frankfurt.[482] Auch Weitz nahm, als er zum Direktor der II. medizinischen Universitäts- und Poliklinik nach Hamburg berufen wurde, den Stipendiaten Spaich mit.[483] Ein anderer verließ ihn aber, um eine Stelle als Assistent bei Heinrich Wilhelm Kranz (1897–1945) am Institut für Erb- und Rassenpflege in Gießen anzunehmen.[484] Der junge, eifrige Nationalsozialist Günther Brandt (1898–1973) wechselte drei Mal die Arbeitsstätte. Nachdem er zunächst Mitarbeiter von Walter Groß im RPA der NSDAP war, arbeitete er am KWI-A und dann bei Alfred Schittenhelm in München.[485] Durch den Austausch von Nachwuchskräften entstanden Forschungsnetzwerke, die die verschiedenen rassenhygienischen Institute und Forschungsstellen miteinander verbanden.

Die DFG-Stipendiaten bilden nicht nur bezüglich ihrer Ausbildung einen homogenen Kreis von Nachwuchswissenschaftlern, sondern auch bezüglich ihrer Politisierung. In der überwiegenden Zahl der Fälle lässt sich eine starke Bindung zur NS-Bewegung beobachten. Sie traten meisten nicht nur sehr früh in die Partei ein, sondern hatten häufig Kontakte zu verschiedenen parteilichen Organisationen. Bei der Förderung von Nachwuchswissenschaftlern spielte die Einrichtung eines Personalamtes in der Amtszeit Stark eine besondere Rolle. Der Leiter dieser zentralen Parteistelle in der DFG, der vom REM als Referent für „politische Begutachtung" eingestellte SS-Mann Johannes Weninger, sorgte bei der Überprüfung

---

476 Siehe: BAB, R 1501/126369.
477 Siehe: BAK, R 73/14666.
478 Verschuer an die DFG, 6.3.1935, BAK, R 73/16101.
479 Siehe: Verschuer an das Kuratorium, 04.05.1939, U Ffm, H32, Bz. 48.
480 Siehe: BAK, R 73/15635; Fischer an die DFG, 31.1.1936, BAK, R 73/10462.
481 Siehe: MPG-Archiv, Abt. I, Rep. IA, Nr. 2409.
482 Siehe: Bericht des Kaiserin-Auguste-Victoria-Hauses, Berlin-Charlottenburg, vom 1. April 1934 bis 31. März 1935, A-KAVH, Mappe 1600; Stürzbecher, Geschichte, S. 69.
483 Weitz an die DFG, August 1935, BAK, R 73/15598.
484 Siehe: BAK, R 73/15171.
485 Siehe: BAB, R 1501/126243.

von Antragstellern vor allem für die Entfernung von politischen Gegnern. Sein Nachfolger Walter Greite, der später beim „Ahnenerbe" tätig werden sollte, war ab Mitte 1935 darum bemüht, gezielt nationalsozialistische Nachwuchswissenschaftler fördern zu lassen, von denen man erwarten konnte, dass sie zu wichtigen Positionen in den Universitäten aufsteigen würden.[486] Die durch das Personalamt ausgeübte Kontrolle auf die DFG-Forschungsförderung war vermutlich im Fall der Erb- und Rassenforschung fast entbehrlich, weil Nachwuchswissenschaftler auf diesem Gebiet ohnehin politisch sehr engagiert waren. Ihre Beschäftigung mit Erb- und Rassenfragen ergab sich nicht zuletzt aus einer Weltanschauung, die vom Nationalsozialismus geprägt wurde.

Der Einzelförderaktenbestand weist auf einen einzigen Fall hin, bei dem ein Gutachten des NS-Dozentenbundes eingeholt wurde. Dieser beurteilte im Mai 1937 den Stipendiaten Heinz Schröder, dem Anfang April ein Stipendium bewilligt worden war: „Dr. Schröder ist charakterlich einwandfrei, bei seinen Kameraden beliebt und dienstlich zuverlässig. Beim Kreisamtsleiter des Amtes für Volksgesundheit erfreute er sich besonderer Wertschätzung. Seine Doktordissertation wird von seinem Chef als eine gediegene Arbeit bezeichnet, und auch seine sonstigen Veröffentlichungen zur Erbbiologie und Bevölkerungspolitik finden nach Form und Inhalt Anerkennung."[487] In der Weimarer Republik hatten die DFG-Stipendiaten meistens keine politische Bindung.[488] Lediglich der Mitarbeiter von Otto Reche am Institut für Rassen und Völkerkunde der Universität Leipzig, Otto Schneider, gab an, dass er der deutsch-nationalen Volkspartei angehört habe.[489] Gleichwohl verband ihn vermutlich spätestens nach der Machtübernahme eine innige Beziehung zum Nationalsozialismus. Schneider nahm nicht nur an einem Schulungslehrgang des RPA der NSDAP Gau Sachsen teil, sondern erfreute sich auch der besonderen Unterstützung der akademischen Selbsthilfe Sachsen, die unter der Aufsicht des RPA und des Sächsischen Ministeriums für Volksbildung für die Betreuung der in Berufsnot stehenden Jungakademiker zuständig war.

Den 1895 geborenen Hubert Habs, der ab dem 1. März 1936 als Hilfsassistent bei Weitz arbeitete und der an den durch die DFG geförderten Forschungen über die Vererbung des Krebses beteiligt war[490], hing schon in jungen Jahren einer nationalen Einstellung nach. Während seiner vorklinischen Zeit im November

---

486 Siehe zum Personalamt: Mertens, Würdige, S. 131–146.
487 NS-Dozentenbund an die DFG, 15.5.1937, BAK, R 73/14530.
488 Siehe: Personalfragebögen, die alle Bewerber für ein Forschungsstipendium der NG auszufüllen hatten. Ab dem Frühjahr 1933 mussten die Bewerber neben dem Personalfragebogen auch einen „Anhang zum Personalfragebogen zu dem Gesuch um ein Forschungsstipendium" ausfüllen. Darin wurde nicht nur im Sinne der ersten Verordnung zur Durchführung des "Gesetzes zur Wiederherstellung des Berufsbeamtentums vom 7. April 1933" ein Nachweis der „arischen Abstammung" gefordert, sondern auch die frühere politische Betätigung und Zugehörigkeit zur „kommunistischen Partei oder kommunistischen Hilfs- oder Ersatzorganisationen" eruiert. Zum Personalfragebogen, siehe: Mertens, Würdige, S. 146–156.
489 Siehe: BAK, R 73/14439.
490 Siehe: BAK, R 73/11412.

und Dezember 1923 war er Angehöriger der „Schwarzen Reichswehr".[491] Vom Juli 1930 bis März 1932 hatte er eine planmäßige Assistenzstelle am physiologischen Institut der Universität Tübingen inne. Vom Oktober 1932 bis Januar 1933 wurde er dann nach Peyse im ehemaligen Ostpreußen auf eine Halbinsel an der Ostsee zur Erforschung der Haffkrankheit[492] abkommandiert. Erst nach 1933 erfuhr er eine Ausbildung auf dem Gebiet der Erbbiologie. Auf Veranlassung des RMI ließ er sich beurlauben, um am erbbiologischen Lehrgang des KWI-A teilzunehmen. Nach dem Kurs wurde er Referent für erbbiologische Fragen im RPA.[493] Entsprechend seiner Vorbildung übernahm er im März 1936 eine Assistenzstelle bei Weitz und leitete eine studentische Arbeitsgemeinschaft über Erb- und Rassefragen. Als Habs 1937 das Rasse- und Siedlungshauptamt SS darum bat, sich weiter als Referent für das RPA betätigen zu können, hob er hervor, dass in Deutschland „nur wenige Ärzte eine ausreichende Vorbildung [besäßen], um auf erbbiologischem Gebiet wissenschaftlich arbeiten zu können und durch ihr Wissen und durch ihr Arbeiten dem Staat und der Partei zu dienen".[494]

Ebendies strebte auch Leonore Liebenam (geb. 1894) an. Als im Juli 1936 Verschuer die DFG um die Gewährung eines Stipendiums für seine Mitarbeiterin bat, unterstrich er ihre nationalsozialistische Gesinnung: „Dr. Liebenam ist nicht nur eine weit überdurchschnittliche begabte und erfahrene Ärztin und wissenschaftliche Forscherin. Sie hat sich außerdem schon seit langem für die Nationalsozialistische Bewegung eingesetzt."[495] Ab 1934 versah Liebenam das Amt der Gauärztin für den BDM und war Referentin in der Abteilung fünf des Obergaues Hessen Nassau. Andere Mitarbeiter Verschuers taten sich ebenfalls in Organisationen hervor. Seit 1931 war Heinrich Schade Angehöriger der SA. Im Krieg war er zunächst Stabsarzt in der Luftwaffe und im Sanitätswesen der Waffen-SS tätig.[496] Mit Wirkung vom 5. Oktober 1943 wurde er schließlich zum Rasse- und Siedlungshauptamt SS kommandiert. In der SS brachte er es im Juni 1944 bis zum SS-Sturmbannführer.[497] Der Österreicher Hermann Lenz (geb. 1912), der zunächst als Stipendiat in der Berliner Poliklinik für Erb- und Rassenpflege tätig war und

---

491 Siehe: StA HH, 361-6-IV 1212.
492 Die Haffkrankheit trat erstmalig im Sommer 1924 am „Frischen Haff" (Ostpreußen) auf und kehrte dann jährlich abnehmend wieder. Dabei handelt es sich um eine äußerst akut auftretende Erkrankung, deren wesentliche Symptome in plötzlich einsetzenden, heftigen Muskelschmerzen in den Extremitäten, dann am ganzen Körper, Zerfall von Muskelfasern, Eintreten von mehr oder weniger ausgesprochener Ausscheidung von Methämoglobin oder Hämoglobin im Urin, Albuminurie und Cylindrurie bestehen. Als Ursache wurde zuerst Vergiftung durch eingeatmete arsenhaltige Gase aus Industrieabwässern angenommen. Spätere Untersuchungen ergaben, dass die Erkrankungen durch Genuß von Aalen vom nördlichen Teil des Frischen Haffes hervorgerufen werden. Es ist aber anzunehmen, dass nur ein geringer Teil der gefangenen Aale giftig ist, dass beim Menschen eine bestimmte Disposition erforderlich ist, und dass eine äußere Veranlassung (Anstrengung) eine Rolle spielt.
493 Habs an das Rasse- und Siedlungshauptamt SS, 6.9.1937, BAB, RS/B5450.
494 Ebd.
495 BAK, R 73/12707.
496 Thums an die DFG, 1.6.1937, BAK, R 73/12682.
497 Schade wurde am 3. Mai 1944 als SS-Hauptsturmführer in die Waffen-SS übernommen.

Verschuer nach Frankfurt folgte, wurde von Rüdins Mitarbeiter an der GDA, Karl Thums, als „ein sehr eifriger und wissenschaftlich strebsamer Mediziner" angesehen, „der schon vor Jahren großes Interesse für Rassenhygiene und Erbgesundheitspflege gezeigt habe, zudem sei er „ein völlig einwandfreier Nationalsozialist, für dessen Gesinnung und Einstellung [er] ohne Weiteres bürgen" könne.[498] Möglicherweise war Lenz, der bereits am 10. Januar 1933 sowohl in die NSDAP und SA eingetreten war, sogar zweimal wegen verschiedener politischer Vergehen vorbestraft gewesen.[499]

Eine Stipendiatin von Weitz, Käthe Thiessen (geb. 1911), die im Mai 1933 in die NSDAP eintrat, war im BDM tätig, wo sie ab Mai 1937 als Hilfsärztin arbeitete. Der Stipendiat von Günther Just, Günther Lutz (geb. 1910), der in dem von der DFG geförderten Projekt über „die genetische und konstitutionsbiologische Grundlage der Gesamtperson" tätig war, war Mitglied des Vereins Lebensborn.[500] Lutz, der als 17-Jähriger im November 1927 in die HJ eingetreten war, galt als „alter Kämpfer". 1929 wurde er bereits Kulturreferent in der Reichsjugendführung. 1931 trat er sowohl in die NSDAP als auch in die SA ein, im März 1937 dann in die SS, wo er ab 1937 den Rang eines Untersturmführers bekleidete.[501] Bei vielen Nachwuchswissenschaftlern, deren Affinität zum Nationalsozialismus meistens ausgeprägter als bei ihren Mentoren war, war das politische Engagement mit der Bereitschaft verbunden, sich für den NS-Staat aufzuopfern. Eine junge Mitarbeiterin von Just, die sich seit 1943 eines Stipendiums der DFG für Forschungen über die Erblichkeit der Nasenform bei Mädchen und Jungen erfreute, zog es vor, mitten im Krieg auf ihre Förderung zu verzichten, um in einer Zuckerfabrik zu arbeiten und sich so für den Kriegseinsatz nützlich zu machen.[502] Meist ist das Schicksal der vielen im Nationalsozialismus ausgebildeten Nachwuchswissenschaftler und DFG-Stipendiaten auf dem Gebiet der Erb- und Rassenforschung spätestens ab Kriegsende nicht nachvollziehbar, denn der Weg zur Fortsetzung der wissenschaftlichen Karriere blieb ihnen nach 1945 aufgrund ihrer politischen Vergangenheit versperrt.

Die DFG-Förderakten offenbaren nicht nur Einblicke in die Affinität der Erb- und Rasseforscher zum Nationalsozialismus, sondern auch in die Machtstrukturen einer wissenschaftlichen Disziplin, denn beim Ringen um Fördergelder stand (für die jeweiligen Antragsteller) nicht nur die berufliche und gesellschaftliche Karriere auf dem Spiel, sondern auch das Ansehen der gesamten Forschungseinrichtung in Wissenschaft und Gesellschaft. Wie bereits hervorgehoben, stellte die Forschungsförderung durch die DFG zum Teil ein Instrument der Forschungspolitik dar, da einige Institute und Forschungsstellen erst durch die maßgebliche Förderung durch die DFG gegründet und über Jahre hinaus aufrecht erhalten werden konnten. Für die Erb- und Rassenforschung waren die Zuschüsse der DFG nicht unbedeutend, vielmehr lohnte es sich, um sie zu werben. Anträge und Gutachten zeigen insge-

---

498 Karl Thums an die DFG, 1.6.1937, BAK, R 73/12682.
499 Siehe: Ebd.
500 Siehe: NS-Archiv, ZB II/1103/1.
501 Siehe: BAK, R 73/12825. Vgl. Mertens, Würdige, S. 346.
502 Elisabeth Kerck an den Präsidenten des RFR, 27.9.1944, BAK, R 73/12086.

samt ein vielfältiges Bild, das von der unterschwelligen Konkurrenz zwischen Fachvertretern bis zu professionellen Konflikten und wissenschaftlichen Kontroversen reicht. Bereits vor der Machtübernahme durch die Nationalsozialisten waren Eugen Fischer die Forderungen Ernst Rüdins nach immer mehr Fördermitteln besonders aufgefallen. Obwohl Rüdin auf dem Gebiet der Kriminalbiologie bereits Ende der zwanziger Jahre den größten Anteil an Fördergeldern erhielt, war sein Hunger nach Fördermitteln noch längst nicht gestillt. Anfang der dreißiger Jahre fasste Rüdin immer größere Forschungspläne und stellte Paralleluntersuchungen in Aussicht, die die Forschungen seines Mitarbeiters Stumpfl an kriminellen Zwillingen erweitern sollten. Als Fachgutachter fühlte sich Fischer schließlich berufen, sich gegen die Gewährung von übermäßig hohen Fördermitteln an Rüdin auszusprechen, denn er fürchtete dadurch die Benachteiligung eines seiner Mitarbeiter. In einem Gutachten vom 24. Mai 1932 schrieb Fischer an die DFG:

> „Herr Rüdin erbittet für seine Erweiterungsarbeit Mk. [Mark, d.V.] 7000., wozu eine Erübrigung aus dem letzten Halbjahr kommen soll mit Mk. 1000. Er veranschlagt also seine Untersuchung auf Mk. 8000. Für meine eigene sind aus Sparsamkeit Mk. 4000., gerade die Hälfte verlangt und genehmigt worden. Ich würde nicht aus einer Art Neid diese Tatsache erwähnen, muss es aber tun, um die Arbeit meines Assistenten nicht um ihre Frucht bringen zu lassen. Die hiesige Arbeit hat Herr Dr. Kranz übernommen. Er hat gleichzeitig seine Assistentenpflichten zu erfüllen, hat keine besondere Kanzlistin zur Verfügung, sondern nur ab und zu Schreibhilfe im Institut. Seine Arbeit an den kriminellen Zwillingen wird infolgedessen langsam gehen. Wenn dagegen Herr Rüdin den Herrn Dr. Stumpfl als Stipendiaten ohne sonstige Verpflichtungen an die Arbeit setzt, ihn mit einer Kanzlistin ausstattet, mit einem Reisebudget von Mk. 2000. für sechs Monate, wird diese angebliche Ergänzungsarbeit selbstverständlich vor der hiesigen erscheinen und damit der hiesigen das Resultat vorwegnehmen. Die hiesige wird lediglich an einer größeren Anzahl Fälle das dortige erweitern und bestätigen können. Es ist unbillig, auf diese Weise Herrn Dr. Kranz, der an die Aufgabe schon viel Arbeit gesetzt hat und am langsameren Tempo keine Schuld trägt, zu benachteiligen."[503]

So zeigte sich Fischer um die Karriere seines eigenen Mitarbeiters, Heinrich Kranz, bemüht, der seit Mai 1931 die Untersuchungen des Leiters der Landesheilanstalt Nietleben in Halle, Dr. Friedrich von Rohden, an kriminellen Zwillingen mit der Unterstützung der DFG weiterführte. Von einer Beeinträchtigung des von ihm geleiteten KWI-A war nicht die Rede, denn es galt in erster Linie, das Forschungsfeld eines Nachwuchswissenschaftlers zu schützen beziehungsweise zu retten.

Im Fall von Friedrich Curtius war die Förderung mit der Institutionalisierung der eigenen Forschungsrichtung verbunden. Deshalb stieß seine Promotion auf schärfere Widerstände. Nachdem Curtius im April 1934 die Leitung der erbpathologischen Abteilung in der ersten medizinischen Klinik der Charité übernommen hatte, war er darauf bedacht, DFG-Zuwendungen verstärkt in Anspruch zu nehmen. Dabei sollte er vor allem darauf achten, dass seine Abteilung im Vergleich zu anderen deutschen Forschungsstätten nicht benachteiligt wurde. Nachdem Curtius 1935 erfolgreich eine Erhöhung seines DFG-Kredits beantragt hatte, drängte er im Laufe des Jahres 1937 darauf, dass die für die Forschungstätigkeit der Abteilung gewährten Zuschüsse als eine feste jährliche Beihilfe bewilligt wür-

---

503 Fischer an die DFG, 24.5.1932, BAK, R 73/11004.

den. Im entsprechendem Antrag an die DFG nahm er explizit auf die Förderung der Abteilung für Zwillingsforschung unter der Leitung von Weitz in Hamburg Bezug: „Da nunmehr – wie ich höre – Herr Professor Weitz für die Aufrechterhaltung seiner Erbklinik in Hamburg eine feste Beihilfe für die Dauer des Finanzjahres zugesagt erhalten hat, gestatte ich mir, um über die bestehenden, auf lange Sicht geplanten Arbeiten meiner Abteilung ebenso disponieren zu können, eine feste jährliche Forschungsbeihilfe von RM 5000 zu beantragen. Damit ziehe ich meinen Antrag vom 4.1.1937 zurück, da er den früheren organisatorischen Voraussetzungen der Deutschen Forschungsgemeinschaft angepasst war."[504] So gestattete sich Curtius selbst einen „Antrag des Überganges vom bisherigen Verfahren zu einer Etatisierung" zu stellen[505], indem er die Förderung seiner eigenen Abteilung mit der einer anderen Forschungsstelle auf demselben Gebiet maß. Gleichzeitig griff er auf weitere Vergleiche zurück, um die herausragende Bedeutung seiner Abteilung herauszuarbeiten: „Unsere Abteilung ist die einzige wissenschaftliche erbpathologische Forschungsstelle Berlins, da im Kaiser-Wilhelm-Institut für Anthropologie in Dahlem die für die erbpathologische Forschung unbedingt erforderlichen klinischen Hilfsmittel (Röntgen, klinisch-chemisches Laboratorium, Spezialkliniken etc.) naturgemäß nicht zur Verfügung stehen und ja auch die führenden Persönlichkeiten des betreffenden Instituts keine Kliniker sind."[506] In seinem Vergleich mit dem KWI-A schnitt seine Abteilung aus taktischen Gründen schlechter ab, als es angebracht gewesen wäre, denn einerseits verfügte das KWI-A seit der Gründung der Poliklinik für Erb- und Rassenforschung im Jahre 1934 über eine klinische Abteilung[507], andererseits waren eine Vielzahl der Assistenten durchaus klinisch ausgebildet.

Als die Fördermittel der erbpathologischen Abteilung im Zuge der Kriegsvorbereitung verkürzt wurden, versuchte Curtius Druck auf die DFG auszuüben, indem er wiederum die Förderung der Abteilung mit jener anderer Institute verglich – diesmal aber ohne konkrete Anspielung auf bestimmte Einrichtungen:

> „Ich glaube […] ein Anrecht darauf zu haben, ein Minimum zur Aufrechterhaltung des Betriebes unserer erbpathologischen Abteilung zu erbitten. Ich kann jedenfalls nicht anerkennen, dass die Leistungen anderer, mit enormen Dotationen versehener erbbiologischer Institute so viel höherwertig sind als die unserer Abteilung, dass sich der außerordentliche Unterschied in der Zuweisung von Mitteln rechtfertigte. Sollte eine Zuweisung entsprechender Mittel nicht möglich sein, so werde ich Prof. Siebeck mitteilen, dass ich zur Leitung der Abteilung nicht mehr in der Lage bin."[508] Unter den Instituten, die mit „enormen Mitteln dotiert waren",

könnte Curtius das KWI-A gemeint haben, das im Krieg stark gefördert wurde. Auch die Abteilung von Curtius erfreute sich während des Krieges weiterer Zu-

---

504 Curtius an die DFG, 15.4.1937, BAK, R 73/10641.
505 Ebd.
506 Ebd.
507 Außerdem bestand am Berliner Elisabeth-Krankenhaus in der inneren Abteilung von Wilhelm Bremer eine gesonderte Station, in der Aufgaben der klinischen Erbforschung in Zusammenarbeit mit dem KWI-A weiter in Angriff genommen werden sollen. Bremers Mitarbeiter Martin Werner war ein Assistent von Eugen Fischer. Siehe: BAK, R 73/10462.
508 Curtius an die DFG, 10.5.1938, BAK, R 73/10641.

wendungen der DFG.⁵⁰⁹ Die Situation der Abteilung war aber umso prekärer, als sie im Gegensatz zum KWI-A immer noch nicht etatisiert und auf die nicht stetige Förderung durch die DFG angewiesen war. Ende 1941 scheiterte der Antrag von Siebeck auf die Umwandlung der Abteilung in ein selbstständiges Institut. Hierbei war vermutlich die Rolle von Fritz Lenz, dem Leiter des Berliner Instituts für Rassenhygiene, entscheidend. In einem Brief vom Oktober 1941 setzte sich Lenz der Gründung eines selbstständigen Instituts für Erbpathologie unter der Leitung von Curtius vehement entgegen. Lenz missfiel die Lösung der Abteilung aus der Klinik, da er sich für den besonderen Anschluss der Erbpathologie an klinischer Erfahrung einsetzte.⁵¹⁰ Seine Position lag aber vor allem in seiner Gegnerschaft zu Curtius begründet, der sich in Berlin mit dem Aufbau einer mit seinem Institut direkt konkurrierenden Forschungsstelle befasste. Der Aufstieg von Curtius' Abteilung zu einem Institut hätte Fördermittel auf sich konzentrieren können, auf Kosten des Forschungsprogrammes von Lenz – so vermutlich das Lenz'sche Kalkül. Das Konkurrenzverhältnis zwischen Lenz und Curtius war außerdem auf eine ältere wissenschaftliche Kontroverse gestützt, die von Lenz zugespitzt und mehrmals als Argument gegen die Förderung von Curtius ins Spiel gebracht wurde.

Bereits im November 1936 hatte sich Lenz in einem DFG-Gutachten missbilligend über Curtius' grundlegende Arbeit über die Multiple Sklerose geäußert. Vor allem lehnte er dessen These ab, wonach sie auf erblichen Faktoren beruhe, indem er auf die Forschungen eines Mitarbeiters Rüdins hinwies. Entgegen Curtius' These hatte Karl Thums durch die Untersuchungen von Zwillingsserien an der GDA nämlich gezeigt, dass erbliche Momente bei der Multiplen Sklerose keine ausschlaggebende Rolle spielten.⁵¹¹ Um nun die Gründung eines selbstständigen Instituts unter der Leitung von Curtius zu verhindern, kritisierte Lenz auch von einem wissenschaftlichen Standpunkt aus: „Curtius ist gewiss ein eifriger und fleißiger Arbeiter, und ich glaube Herrn Siebeck ohne Weiteres, dass Curtius große klinische Erfahrung besitzt. Auf dem Gebiet der erbpathologischen Forschung hat er aber keineswegs immer eine glückliche Hand gehabt. Er hat in einer größeren Arbeit zu beweisen gesucht, dass die MS aus der Erbanlage erwachse, meines Erachtens mit unzulänglicher Methode und ohne genügende Selbstkritik. Die These von Curtius hat denn auch ganz überwiegend Ablehnung gefunden."⁵¹² So bezog

---

509 1941 erhielt Curtius die Bewilligung von 6000 RM für „Erbpathologie und Ihrer Untersuchungen über die Pathogenese der Blutdrucksteigerung", 1943 die einer Sachbeihilfe von 559 RM für „Arbeiten aus dem Gebiet der klinischen Erbpathologie" sowie die von 5000 RM für das bereits erwähnte Projekt „Erbpathologie und Ihrer Untersuchungen über die Pathogenese der Blutdrucksteigerung". Siehe: Ebd.
510 Auch im Fall von Walter Jaensch, der in der II. medizinischen Klinik der Charité ein „Ambulatorium für Konstitutionsmedizin" aufgebaut hatte, sollte Lenz ähnlich Stellung beziehen. So lehnte er 1942 die Errichtung eines planmäßigen Lehrstuhls für Konstitutionsmedizin ab, indem er sich gegen die Abgrenzung eines besonderen Faches „Konstitutionsmedizin" einsetzte. Siehe: Lenz an Dekan der medizinischen Fakultät, 1.6.1942, Universitätsarchiv der Humboldt-Universität, UK/J18.
511 Lenz an die DFG, 21.11.1936, BAK, R 73/10641.
512 Lenz an die medizinische Fakultät der Friedrich-Wilhelms-Universität, 6.10.1941, Universitätsarchiv der Humboldt-Universität, Personalakte Curtius: UK/C70.

3.4. Zur Politisierung der geförderten Erb- und Rassenforscher

Lenz in seiner Ablehnung der Arbeit Curtius' die überwiegende Mehrheit der Fachwelt ein. Die Tatsache, dass Rüdin in seinen Gutachten die forscherische Tätigkeit Curtius' insgesamt als positiv beurteilte und sich also über die These einer starken erblichen Veranlagung der MS entgegen der Ergebnisse eines engen Mitarbeiters hinwegsetzte, zeigt, dass einerseits die Konkurrenz bei der Anwerbung von Fördergeldern interne wissenschaftliche Konflikte steigerte und andererseits durch diese Konflikte wiederum gesteigert wurde. Der Rassenhygieniker Lenz, der bereits vor der Machtübernahme den Münchner Lehrstuhl für Rassenhygiene vertreten hatte, stand nicht nur der Münchner Schule um Ernst Rüdin nahe, sondern erkannte vermutlich auch die besondere sowohl wissenschaftsinterne als auch politische Macht Rüdins und war umso mehr geneigt, die von Thums vertretenen Thesen zu unterstützten.

In diesem Zusammenhang ist hervorzuheben, dass im Nationalsozialismus der Spielraum für wissenschaftliche Kontroversen keineswegs enger wurde. Der Kampf um die Erhaltung von Fördermitteln und darüber hinaus um die Institutionalisierung des eigenen Forschungszweiges überschnitt sich zum Teil mit wissenschaftlichen Kontroversen. Nicht selten tendierten Erbforscher aber auch so dazu, unabhängig von der ideologischen Linie staatlicher Machthaber auf ihren Theoremen zu bestehen. Deren Wissenschaftlichkeit war schließlich nicht leicht preiszugeben, denn davon hing für sie die Behauptung beziehungsweise Anerkennung des eigenen Forschungsstils ab. Die Unzulänglichkeit der Arbeitsmethode, die Lenz Curtius vorwarf, warf Curtius wiederum Thums vor.[513] Wenn Curtius noch 1933 seine erbbiologische Deutung der MS mit der infektiösen Erklärung dieser Krankheit für kompatibel gehalten hatte – er war nämlich zum Schluss gekommen, dass MS zwar erblich veranlagt, aber auch gleichzeitig eine Infektionskrankheit war[514] –, so entfernte er sich 1937 von dieser Position, indem er schließlich die infektiöse Erklärung der MS als unhaltbar vorwarf.[515]

Anders als bei der MS zog eine wissenschaftliche Kontroverse, in der Arthur Gütt als Leiter der Gesundheitsabteilung des RMI einbezogen wurde, weitere Kreise. Mitte 1936 erhob Gütt Einspruch gegen die Berufung von Lothar Kreuz (1888–1969) als Nachfolger seines Lehrers Hermann Gocht (1869–1938) auf den Berliner Lehrstuhl für Orthopädie. Er warf Kreuz „abfällige Äußerungen" über das Erbpflegegesetz vor.[516] Im Hinblick auf die Sterilisation beim Klumpfuß und bei der Hüftgelenksverrenkung vertrat Kreuz tatsächlich eine Position, die mit den Ausführungen des offiziellen Kommentars zum Sterilisierungsgesetz nicht über-

---

513 Curtius schrieb: „Die von [Thums] gezogenen Schlüsse über die geringe Bedeutung der Erbanlage bei der Multiple Sklerose-Entstehung dürften jedoch nicht haltbar sein, da inzwischen das gesamte Material konkordanter eineiiger Zwillinge mit Multipler Sklerose wesentlich vergrößert wurde [...] und das Thums'sche Material außerdem methodisch unzureichend ist." In: Curtius an die DFG, 15.4.1937, BAK, R 73/10641,
514 Siehe: Curtius, Multiple Sklerose, S. 201–202.
515 In seinem Tätigkeitsbericht vom 6. September 1938 schrieb Curtius: „Eine infektiöse Erklärung dieser Erscheinung ist unmöglich." Siehe: BAK, R 73/10641.
516 Siehe: Tatbestand, BAB, SSO/214A.

einstimmte.[517] So war Kreuz der Meinung, dass die Krankheitsbilder Klumpfuß und Hüftluxation nicht zu den „schweren erblichen Missbildungen" gezählt werden sollten, bei denen eine Zwangssterilisierung drohte. Damit schloss er sich weitgehend der Meinung seines Fachkollegens, des Orthopäden und Oberarztes am Oskar-Helene-Heim[518], Hellmut Eckhardt (1896–1980), an.[519] Für Eckardt stellten Gebrechen wie Klumpfuß oder Hüftgelenksluxation nach dem „Gesetz zur Verhütung erbkranken Nachwuchses" keine eindeutigen Indikationen zur Zwangssterilisierung dar. Eckhardt war der Meinung, dass durch die Möglichkeit einer kurativen Behandlung das soziale Gewicht dieser Krankheiten gering sei, eine Auffassung, die sogar von Verschuer unterstützt wurde.[520] Auch wenn Kreuz mit seiner gemäßigten Position zur Frage der Sterilisation bei Klumpfuß und der Hüftgelenkverrenkung nicht isoliert war, verzögerte sich das Berufungsverfahren auf den Berliner Lehrstuhl. Seit 1935 finanzierte die Gesundheitsabteilung des Reichsinnenministeriums die Untersuchungen von Karlheinz Idelberger (1909–2003), einem Mitarbeiter Ernst Rüdins, der zum Nachweis der Erblichkeit des angeborenen Klumpfußes Zwillingsforschung durchführte und 1939 eine einfach-rezessive Vererbung des Klumpfußes postulieren sollte.[521] Vor diesem Hintergrund sollte sich Gütt schwer tun, den Weg zur Berufung Kreuz' zu ebnen. Im Laufe des Jahres 1936 setzten sowohl Gütt als auch Jansen als Vertreter des REM Kreuz unter Druck und legten ihm nahe, auf den Berliner Lehrstuhl zu verzichten.[522] Erst 1937 konnte Kreuz die Nachfolge Gochts in Berlin antreten, nachdem er zunächst in seiner Eigenschaft als nicht-verbeamteter außerordentlicher Professor für ein Jahr einem Ruf als Leiter der Orthopädischen Universitätsklinik Königsberg gefolgt war.[523] Dabei beharrte er auf seiner wissenschaftlichen Haltung und konnte letztlich ohne Schwierigkeiten seine Karriere fortsetzen. Von 1940 bis 1942 war er Dekan der Medizinischen Fakultät und von 1942 bis 1945 Rektor der Berliner Friedrich-Wilhelms-Universität.

---

517 Im von Arthur Gütt, Ernst Rüdin und Falk Ruttke herausgegebenen offiziellen Kommentar zum Sterilisierungsgesetz galt der erbliche Klumpfuß als Sterilisationsdiagnose und wurde im Zusammenhang mit den Ausführungen über die Sterilisation bei schwerer körperlicher Missbildung behandelt. In diesem Fall betonte der Kommentar, daß therapeutische Erfolge keineswegs als mildernde Umstände angesehen werden dürften und ungeachtet dessen und unnachgiebig Sterilisierungen vorzunehmen seien. Vgl.: Gütt/Rüdin/Ruttke, Gesetz, S. 125–126.
518 Zum Oskar-Helene-Heim, siehe: Osten, Modellanstalt.
519 Nachdem Kreuz als erster Oberarzt seines Lehrers Hermann Gocht, dem Berliner Ordinarius für Orthopädie, sich mit dem Aufbau einer orthopädischen Abteilung des Krankenhauses Berlin-Britz befasst hatte, wurde er neben Eckhardt ab 1934 mit der Leitung des Oskar-Helene-Heims betraut, einer Kinderanstalt, die sich seit Ende des ersten Weltkrieges der Rehabilitierung von behinderten Kinder widmete.
520 Siehe: Osten, Die Modellanstalt, S. 375. Siehe auch: Eckhardt, Missbildungen.
521 Vgl. Weber, Rüdin, S. 246.
522 Siehe: BAB, BDC, SSO/214A.
523 In einem SS-Ehrengerichtsverfahren konnte Kreuz auf die Unterstützung des Polizei-Generals (und späteren Leiters des Reichssicherheitshauptamtes) Daluege bauen, der sich bemühte, die Vorwürfe Gütts auszuräumen. Vgl. dazu Lothar-Kreuz an den Polizei-General Daluege, 18.7.1936, BAB, R/36 Bd. 1744, S. 1–15.

3.4. Zur Politisierung der geförderten Erb- und Rassenforscher

Im Nationalsozialismus blieb nicht nur ein gewisser Spielraum für wissenschaftliche Kontroverse, sondern auch eine gewisse Freizügigkeit gegenüber untypischen Forschungsansätzen vorhanden. Die Förderung jener Ansätze war allerdings minimal. Dadurch waren die herrschenden Forschungsparadigmen nicht in Gefahr, zurückgedrängt zu werden. So war man umso mehr bereit, ungewöhnliche Forschungsvorhaben zu unterstützen. Obwohl Verschuer der Zwillingsforschung des Wiener Studienrats Bouterwek skeptisch gegenüberstand, war er geneigt, seinen Antrag zu befürworten. Allerdings war er lediglich bereit, die Gewährung einer einmaligen Beihilfe in Höhe von 200 RM zu billigen, indem er auf die Beschränkung der zur Verfügung stehenden Mittel aufmerksam machte.[524] Im Februar 1937 ging die Österreichisch-Deutsche Wissenschaftshilfe auf den Vorschlag Verschuers ein und bewilligte Bouterwek eine Beihilfe in Höhe von 200 RM.[525]

Auch wenn die gleichgeschaltete DFG die Förderung der menschlichen Erbforschung sehr schnell zu einem ihrer besonderen Anliegen gemacht hatte, ließen sich die Förderungsmöglichkeiten nicht überstrapazieren. Bereits im Laufe des Jahres 1935 sah sich die DFG gezwungen, dem wachsenden Druck der Erbforscher Einhalt zu gebieten. In diesem Jahr wurden die ersten Anträge in diesem Bereich zurückgestellt. Als Abteilungsleiter am KWI-A gelang Otmar Freiherr von Verschuer Ende Februar 1935 ein großer Karrieresprung. Er wurde zum Leiter eines neu gegründeten Instituts für Rassenhygiene in Frankfurt am Main berufen. Als solcher wandte sich Verschuer, der sich seit Ende 1934 der großzügigen Förderung durch die DFG erfreute[526], an die Förderinstitution und beantragte im September 1935 die einjährige Einstellung einer Hilfskraft für eine Arbeit über die erblichen Erkrankungen des Muskelsystems. Im Oktober 1935 teilte Greite Verschuer mit, dass „sein Antrag laut Entscheidung des Präsidenten zunächst zurückgestellt worden [war], da augenblicklich die Mittel der DFG sehr angespannt [waren]".[527] Unter diesen Bedingungen wurde Verschuer von Greite anheim gestellt, mit niedrigeren Forderungen erneut an die DFG heranzutreten.

Auch wenn sich Johannes Stark als erster nationalsozialistischer Präsident der DFG seit Ende 1934 für die Förderung der menschlichen Erbforschung stark gemacht hatte, war er im Laufe des Jahres 1935 nicht bereit, den Forderungen der am meisten geförderten Erbforscher uneingeschränkt zu entsprechen. Er war es, der Verschuers Antrag zurückstellen ließ, und er wandte sich darüber hinaus gegen eine Erhöhung der Fördermittel für Ernst Rüdin und seiner Forschungsabteilung an der GDA. Dabei galt es nicht allein, die Finanzmittel der DFG in einem guten Zustand zu erhalten, sondern vielmehr die Autonomie der Förderinstitution gegenüber den für die Wissenschaft zuständigen Reichsministerien zu behaupten.

---

524 Verschuer an die DFG, 2.11.1936, BAK, R 73/10421.
525 Österreichisch-Deutsche Wissenschaftshilfe an Bouterwek, 10.2.1937, ebd.
526 Im Oktober 1934 wurde Verschuer ein Kredit von 5260 RM zur Entwicklung der Zwillingsmethode gewährt. Siehe: Bewilligung, 6.10.34, BAK, R 73/15341.
527 Aktenvermerk über die fernmündliche Besprechung mit Verschuer am 14.10.1935, BAK, R 73/15341.

3.5. DIE FÖRDERUNG VON ERNST RÜDIN UND DIE SELBSTBESTIMMUNG DER DFG IN DER FORSCHUNGSPOLITISCHEN LANDSCHAFT DES NS-REGIMES

Nachdem Rüdin im Rechnungsjahr 1934/35 von der DFG an außerordentlichen Mitteln insgesamt 74 016 RM für fünf verschiedene Forschungsprojekte erhalten hatte[528], nahm er für das Rechnungsjahr 1935/36 die Verdoppelung seiner bisherigen Zuwendungen in Angriff. Am 4. Oktober 1934 legte Rüdin der DFG einen Haushaltsvoranschlag vor, in dem er über die Bewilligung von Fördergeldern in der bisherigen Höhe hinaus die weitere Bewilligung von 75 400 RM für Zusatzuntersuchungen über empirische Erbprognosen und Zwillingsforschung forderte.[529] Sowohl für die „Materialsammlung" als auch für die „Materialverarbeitung" bat Rüdin die DFG um zusätzliche Mittel für die Besoldung von fünf weiteren Fachärzten und zehn Schreibkräften, aber auch für die Anschaffung von zehn Schreibmaschinen sowie von zwei Kraftwagen für Dienstreise-Zwecke und Briefmarken.[530] Vermutlich machte Stark Rüdin anlässlich einer persönlichen Unterredung am 6. Mai 1935 darauf aufmerksam, dass sein Haushaltsvoranschlag in der verlangten Höhe keine Aussicht auf eine Bewilligung habe, denn Rüdin trat am 14. Mai 1935 mit niedrigeren Forderungen erneut an die DFG heran.[531] Doch vergebens, denn die DFG lehnte es schließlich ab, Rüdin für das Rechnungsjahr 1935/36 neue Kredite zu eröffnen.

Als Rüdin wenig später für das noch laufende Jahr einen weiteren Kredit von 20 000 RM beantragte[532], erhielt er ebenfalls eine Absage.[533] Gleichwohl war Rüdin umso stärker bemüht, zusätzliche Forschungsmittel zu erhalten. Er wandte sich nicht nur an die Verwaltung der KWG zur Förderung der Wissenschaft und wies auf die Notwendigkeit eines Ausgleichs für die durch die Kürzung ihrer Zuwendungen entstandenen Verluste hin[534], sondern war auch beim Reichs- und preußischen Ministerium des Innern vorstellig, das im August 1935 Druck auf die DFG ausübte: „Mit Rücksicht auf die Bedeutung der Forschungsanstalt von Rüdin wäre ich dankbar" – so der Reichs- und preußische Minister des Innern in einem Brief, den er am 19. August 1935 mit dem Vermerk „eilt sehr!" an die DFG zukommen ließ –, „wenn die Notgemeinschaft zur nachhaltigen finanziellen Förderung, insbesondere zur Bereitstellung der im Rahmen des Rüdinschen Haushaltsplans vom 4. Oktober 1934 für die Weiterführung der Forschungsarbeiten erbe-

---

528 DFG-Zuschüsse kamen dem Projekt von Theo Lang über die Ursache des endemischen Kropfes und Kretinismus, der Genialenforschung von Rüdin und Adele Juda, der psychiatrischen Zwillingsforschung von Hans Luxenburger, der kriminalbiologischen Forschung von Friedrich Stumpfl, den Arbeiten von Bruno Schulz zur empirischen Erbprognose sowie der neurologischen Erbforschung von Klaus Conrad und von Karl Thums zugute.
529 Rüdin an Stark, MPG-Archiv, Abt. I, Rep. IA, Nr. 2451, fol. 54.
530 Ebd., fol. 55.
531 Rüdin an Stark, 14.5.1935, BAK, R 73/14095.
532 Siehe: Rüdin an die DFG, 22.6.1935, ebd.
533 DFG an Rüdin, 27.6.1935, ebd.
534 Rüdin an die Verwaltung der KWG, 16.8.1935, MPG-Archiv, Abt. I, Rep. IA, Nr. 2451.

3.5. Die Förderung von Ernst Rüdin und die Selbstbestimmung der DFG

tenen Mittel, von Ihnen ermächtigt würde".[535] Die Leitung der DFG ließ sich jedoch nicht beeindrucken. In einem Brief vom 7. September 1935 an das REM teilte die DFG nicht nur mit, dass sie auf ihrer Entscheidung bestehe, sondern ging auch zur Offensive über. Rüdin wurde nicht nur vorgeworfen, seine Finanzen nicht in Ordnung zu halten, sondern auch zwei Halbjuden zu beschäftigen.[536]

Rüdin, der von Seiten der DFG den erwünschten Betrag nicht bekommen konnte, fand vorläufig anderswo eine Finanzierung für seine Erweiterungspläne. Durch den Rat von Regierungsrat Herbert Linden wandte er sich im November 1935 direkt an die Reichskanzlei und drohte damit, Personal zu entlassen, falls ihm eine Zuwendung von 20 000 RM nicht gewährt würde.[537] Am 14. Dezember wurde seinem Gesuch entsprochen. Auch für das Rechnungsjahr 1936/37 war Rüdin frühzeitig bemüht, umfangreiche Fördermittel zu erhalten, und war bei vielen verschiedenen Stellen vorstellig geworden. Am 1. Dezember 1935 führte ihn sein Weg zu Stark, der ihm vorschlug, einen Bericht über die Forschungstätigkeit der GDA zu schreiben, um die DFG in die Lage zu versetzen, Haushaltsverhandlungen mit anderen Stellen vorzunehmen. So war Stark immerhin bereit, sich als wichtiger Akteur der Förderungspolitik für Rüdins Institut einzusetzen. Bereits am 4. Dezember 1935 erstattete Rüdin einen solchen Bericht. Rüdin rechnete, dass für die Unterstützung laufender Forschungen an seinem Institut die Summe von 99 604 RM notwendig sei. Kurz darauf wandte er sich sowohl an das RMI als auch an den Präsidenten der KWG, um sie von der Notwendigkeit der Unterstützung durch die DFG zu überzeugen.[538] Am 7. Januar 1936 nahm Linden mit Walter Greite Kontakt auf, um sich nach den Plänen der DFG in der Angelegenheit Rüdin zu erkundigen. Zwei Tage danach intervenierte Max Planck (1858–1947) als Präsident der KWG bei Rudolf Mentzel, der seit 1934 die Unterabteilung für wissenschaftliche Forschung und Technik im Amt für Wissenschaft (WII) leitete und für Wissenschaftsfragen zuständig war.[539] Mentzel versicherte beruhigend, dass er entweder die DFG oder das REM dazu bringen würde, Rüdin zu unterstützen.

Auf einer Sitzung des Senats der KWG am 10. Januar 1936 wies Planck auf die Verkürzung der DFG-Zuschüsse an die einzelnen Institute der KWG im Jahr 1935 und insbesondere an die DFA hin und äußerte den Wunsch, dass das REM bei der DFG intervenieren möge.[540] An diesem Tag nahm Stark in einem Brief an Rüdin grundsätzlich zur Förderung der GDA Stellung: „Die Deutsche Forschungsgemeinschaft muss es grundsätzlich ablehnen, den laufenden Bedarf von Instituten zu finanzieren." Stark begründete seinen Widerstand gegen die weitere Bewil-

---

535 Abschrift „Sicherstellung der Betriebsmittel für die DFA", 19.8.1935, BAK, R 73/14095.
536 DFG an das Reichs- und preußische Ministerium für Wissenschaft, 7.9.1935, ebd.
537 Rüdin an die Reichskanzlei, 22.11.1935, MPIP-HA, GDA 10.
538 Siehe: Rüdin an Glum, 7.12.1935; Rüdin an den Reichsminister des Innern und an den Präsidenten der KWG, 7.12.1935, MPG-Archiv, Abt. I, Rep. IA, Nr. 2451, fol. 78–80.
539 So führte er am 9. Dezember 1935 ein Telefonat mit Mentzel durch. Siehe: Planck an Mentzel, 9.12.1935, ebd., fol. 81.
540 Auszug aus der Niederschrift über die Sitzung des Senats der KWG am 10.1.36, Harnack-Haus, ebd.

ligung von umfangreichen Fördermitteln an Rüdin, indem er an das Grundkonzept der DFG erinnerte, deren Zuschüsse zur Förderung von Forschungsprojekten bestimmt seien. Gleichermaßen hatte Greite bereits am 7. Januar Linden darauf aufmerksam gemacht, dass „Prof. Rüdin das ihm von der DFG zur Verfügung gestellte Geld als Institutsbeihilfe betrachte und sich in keiner Weise den Gepflogenheiten der DFG anpasste".[541] Auch wenn die nachhaltige Förderung von Rüdin die Gefahr einer irreparablen Abweichung vom Prinzip der Anpassung an die sich wandelnde Forschungslandschaft und an ihre Bedürfnisse zu bergen schien, spielten hinter der Entscheidung, Rüdins Forderungen entgegenzutreten, vermutlich andere Motive eine Rolle. Für Stark, der seit Anfang 1935 einen erbitterten Kampf gegen die Einflussnahme des REM auf die DFG führte, ging es um die Bewahrung einer gewissen Autonomie in der Forschungsförderung und um seine Macht als Präsident der DFG.

Bereits im Februar 1935 hatte Rudolf Mentzel als Vertreter des REM versucht, die Kontrolle seines Ministeriums über die DFG zu verstärken.[542] Als Folge des Konfliktes zwischen Stark und dem REM musste die DFG eine Änderung ihres Etattitels für das Rechnungsjahr 1936/37 in Kauf nehmen. In diesem Jahr wurde der jährliche Reichszuschuss, mit dem die DFG sich vorwiegend finanzierte, von 4 374 000 auf nur zwei Millionen RM herabgesetzt. Vor diesem Hintergrund war Stark vermutlich umso weniger geneigt, Rüdins Institut in der bisherigen Höhe zu fördern. Gleichzeitig wollte er dadurch verhindern – wie eng der Spielraum für die Bewilligung von Zuschüssen auch geworden sein mochte –, dass die DFG zur bloßen Zahlstelle eines zentralen Kultusministeriums degenerierte.[543]

Nach einer erneuten Unterredung mit Stark bat Rüdin am 2. September 1936 die DFG darum, seinen bereits bewilligten Kredit von 29 000 RM durch weitere Mittel zu ergänzen. In seinem Gesuch berief sich Rüdin auf Angaben des RMI, wonach das Reichsfinanzministerium sich bereit erklärt hatte, der DFG zur Finanzierung seiner Bedürfnisse freie Mittel zur Verfügung zu stellen. So wusste er von der Rückendeckung des RMI Gebrauch zu machen, das versuchte, über das REM Druck auf die DFG auszuüben. Diesmal wollte das REM jedoch nicht mehr intervenieren: „In dem Haushalt der DFG für das Rechnungsjahr 1936" – so die Mitteilung des REM an das RMI vom 29. September – „sind für die DFA zur Durchführung seiner Aufgaben 50 000 RM vorgesehen. Rüdin hat schon 20 000 RM bekommen, er wird zukünftig bis insgesamt 50 000 RM bekommen. Seine Forderungen überschreiten aber 50 000 RM. Mittel für den vorliegenden Zweck kann die DFG mit Rücksicht auf die geringen Haushaltsmittel nicht zur Verfügung

---

541 Aktenvermerk von Greite, 9.1.1936, BAK, R 73/14095.
542 Zierold, Forschungsförderung, S. 206–207.
543 Es sei darauf hingewiesen, dass Stark auch auf dem Gebiet der Krebsforschung die Bindung eines festen Betrages ablehnte. So widersprach er den von Werner Jansen in seiner Funktion als Vizepräsident der DFG zugesagten Bewilligung von 300 000 RM für die Einrichtung eines Tumorforschungsprogramms an die beiden inhaltlich Hauptverantwortlichen Sergius Breuer und Max Borst. Siehe: Moser, Musterbeispiel.

stellen."⁵⁴⁴ Vermutlich hatten die Bemühungen der DFG, das REM zu informieren und für sich zu gewinnen, Wirkung gezeigt.

Unter diesen Bedingungen sollte Rüdin erneut um die Gunst der Reichskanzlei werben, ohne dabei seine zukünftigen Pläne zu vergessen.⁵⁴⁵ Ende November 1936 stellte die Reichskanzlei Rüdin den erbetenen Zuschuss zur Verfügung und drückte ihren Wunsch aus, dass er im kommenden Rechnungsjahr von den „verantwortlichen Stellen" „einen den tatsächlichen Bedürfnissen entsprechenden ordentlichen Haushalt" beziehen würde.⁵⁴⁶ So ging Rüdin konsequent alle Wege, um sein Ziel zu erreichen und machte von seinen Netzwerken umfassend Gebrauch.

Auch wenn Stark die Gleichschaltung der DFG vorantrieb und sich für eine Orientierung der Forschungsförderung nach den Vorgaben des NS-Staates einsetzte, war er nicht geneigt, die Förderungsinstitution als einen verlängerten Arm des Kultusministeriums dienen zu lassen. Als unter dem Eindruck der Kriegsvorbereitung die DFG begann, ihre Förderungspolitik umzustellen, beharrten die Entscheidungsträger weiterhin auf ihrer Autonomie. Hier wurde das Selbstverständnis der DFG als Förderungsinstitution, die ihre Aufgabe in der Verteilung von Drittmitteln sah, weiter gepflegt, um den Abbau der Erbforschungsförderung zu rechtfertigen.

3.6. DER REICHSFORSCHUNGSRAT UND DIE UMSTELLUNG DER FORSCHUNGSFÖRDERUNG

Der 1937 eingerichtete und 1942 reorganisierte Reichsforschungsrat (RFR) hatte die Aufgabe, die staatliche Forschung auf die Ziele des Vierjahresplanes beziehungsweise des Krieges auszurichten.⁵⁴⁷ Er fungierte als Beschlussorgan im Bereich der Forschungsförderung, während die DFG auf eine Art Verwaltungs- und Kassenstelle reduziert wurde. Mit dem RFR änderten sich zugleich die Zuständigkeiten für die Erb- und Rassenforschung und der mit ihr zusammenhängenden Gebiete. Während die menschliche Erbforschung seit 1933 im Rahmen des biologischen Referats der DFG durch Walter Greite betreut worden war⁵⁴⁸, wurde im Zuge der Einrichtung des RFR überlegt, das gesamte Forschungsgebiet in die neu zu gründende Fachsparte Medizin zu übernehmen. Zwar befasste sich der neue Referent für medizinische Belange, Sergius Breuer (geb. 1887), seit seinem Amtsantritt im Dezember 1936 mit Anträgen auf dem Gebiet der Erbforschung⁵⁴⁹, doch

---

544 Abschrift, REM an RMI, 29.9.1936, MPIP-HA, GDA 8.
545 Rüdin an Viernstein, 16.11.1939, ebd.
546 Lammers an Rüdin, 25.11.36, ebd.
547 Die Reorganisierung des RFR ging auf eine Anregung des Rüstungsministers Albert Speers zurück, der den Kriegsbedürfnissen entsprechend eine stärkere Konzentration der Forschungsförderung anstrebte. Siehe: Zierold, Forschungsförderung, S. 381–383.
548 Siehe: BAB, R 2301, Nr. 2311, Bl. 95.
549 Im Frühjahr 1936 war Sergius Breuer an der Konzeption des Tumorforschungsprogramms der DFG beteiligt. Im Juli 1936 wurde er vom Präsidenten der DFG Johannes Stark entlassen und

war die Einbindung der Erb- und Rassenforschung in das medizinische Referat der DFG noch nicht vollzogen. Laut Breuers Tätigkeitsbericht sollten lediglich die Fragen, die mit „klinischen Dingen" zusammenhingen, in das Gebiet des medizinischen Referats fallen.[550] Tatsächlich überschnitten sich teilweise die Zuständigkeiten für die Erbforschungsförderung des biologischen und des medizinischen Bereichs bis zur Einrichtung des RFR.[551] Die Kategorie der Erb- und Rassenforschung war breit gefasst, darunter fielen auch Bereiche der experimentellen Genetik, die einen mehr oder weniger näheren Bezug zur menschlichen Erblehre hatten. Allerdings sollten die im Zusammenhang mit den Gemeinschaftsarbeiten zur Versuchstierzuchtanlage und zur Frage der Erbschädigung durch Strahlenwirkung geförderten Arbeiten zunächst im Bereich des biologischen Referats bleiben.[552] Als der Plan für den RFR festgelegt wurde, fielen „Rassenforschung und Rassenbiologie" in den Zuständigkeitsbereich des neuen Fachspartenleiters für die Medizin, des Chirurgen Ferdinand Sauerbruch (1875–1951), der seit 1927 an der Chirurgischen Klinik der Charité in Berlin tätig war.[553] Mit der Einrichtung des RFR sollten Möglichkeiten geschaffen werden, einen Überblick über alle auf dem Gebiet der Erbforschung laufenden Arbeiten zu ermitteln.[554] Referatsleiter Herbert Linden aus der Gesundheitsabteilung des Innenministeriums strebte offenbar eine Zentralisierung der Erbforschungsförderung an, die durch die Arbeit des RFR ein Stück weit verwirklicht wurde.

Mit der Aufstellung des Reichsforschungsplanes kam es zu einer gewissen Koordinierung der Forschungsförderung, um Doppelbewilligungen zu vermeiden: Am 2. März 1938 ließ der Leiter der Gesundheitsabteilung des RMI, Arthur Gütt, folgenden Brief dem Fachspartenleiter des RFR für die Medizin, Ferdinand Sauerbruch, zukommen:

> „Es ist mir mehrfach aufgefallen, dass von Institutsleitern und Einzelforschern gestellte Anträge auf Gewährung von Unterstützungen von Forschungen auf dem Gebiet der Erb- und Rassenpflege sich sowohl an die deutsche Forschungsgemeinschaft als auch an mich wenden. Zur Vermeidung von Doppelbewilligungen erscheint es mir daher notwendig, sich darüber zu verständigen, welche Mittel von mir beziehungsweise von Ihnen den einzelnen Gesuchstellern bewilligt werden."[555]

Gütt berief sich in seinem Brief auf die schon laufenden Verhandlungen zwischen seinem Mitarbeiter Linden, der innerhalb der Gesundheitsabteilung für die Durch-

---

zum 1. Dezember 1936 durch seinen Nachfolger Mentzel wieder in seiner alten Funktion als Referent für medizinische Belange bei der DFG eingestellt. Siehe: BAK, R 73/12388.
550 Breuers Tätigkeitsbericht, 3.9.1936, BAB, R 26, Film 56875.
551 Siehe beispielsweise: BAK, R 73/10641 und R 73/15598. Walter Greite und Sergius Breuer waren demnach beide Ansprechpartner für die Förderung der Erbforschung durch die DFG.
552 In einem Brief vom 6. März 1937 an Alfred Kühn machte Breuer darauf aufmerksam, dass „die Themen ,Versuchstierzuchtanlage' und Röntgenschädigung [...] vorläufig im Bereich des biologischen Referats von Herrn Greite" verblieben. In: BAK, R 73/12475.
553 Siehe: Ein Ehrentag der deutschen Wissenschaft. Die Eröffnung des Reichsforschungsrats am 25. Mai 1937. Hg. von der Pressestelle des REM, Berlin 1937, S. 21.
554 Siehe: BAB, R 4901/965.
555 BAK, R 73/13857.

führung des Gesetzes zur Verhütung des erbkranken Nachwuchses zuständig war, und Sergius Breuer. Diese Verhandlungen im Frühjahr 1938 verfolgten den Zweck, „die Verteilung von Mitteln für Arbeiten auf dem Gebiet der Erb- und Rassenforschung" neu zu regeln. Ende März 1938 teilte Breuer Verschuer mit, dass man sich über einen einheitlichen Verteilungsplan geeinigt habe.[556] Im folgenden Rechnungsjahr fand erneut eine Beratung im RMI zusammen mit der Fachsparte und unter Beteiligung des RPA der NSDAP statt.[557] Vor diesem Hintergrund sprach Breuer von einem „Programm" der Erbforschung.[558] Es liegt nahe zu vermuten, dass Breuer damit die von Linden in Aussicht gestellte Zentralisierung der Erbforschungsförderung meinte.

Mangels Überlieferung von Förderakten aus dem RMI lässt sich heute leider nicht mehr rekonstruieren, inwieweit die Zusammenarbeit mit der Gesundheitsabteilung zur Vermeidung von Doppelbewilligungen beitrug. Sicher ist nur, dass die Gesundheitsabteilung, die für die NS-Erbgesundheitspolitik zuständig war[559], bei den Verhandlungen mit der Fachsparte um einen Ausbau und eine Einbindung der Erb- und Rassenforschung in die Ziele der NS-Rassenhygiene bemüht war.[560] Nachdem das RMI sich zunächst wesentlich am Aufbau von Forschung und Lehre auf dem Gebiet der Erbforschung beteiligt hatte, zog es sich wegen der durch die Kriegsvorbereitung bedingten Kürzungen seines Etats immer mehr zurück.[561] Vor diesem Hintergrund ist der Eingriff der Gesundheitsabteilung in die Kompetenzen des RFR zu werten: Einerseits bewirkte er zwar eine weitere Förderung von rassenhygienischer Forschung. Andererseits führte er nicht zu der von der Gesundheitsabteilung gewünschten stärkeren Übertragung der Erbforschungsförderung auf den RFR.

---

556 BAK, R 73/15342.
557 Siehe: Breuer an Schmidt, 7.7.1939, BAK, R 73/14352 und DFG an Thiess, 15.11.1939, BAK, R 73/15169.
558 Siehe: Breuer an Schmidt, 7.7.1939, BAK, R 73/14352.
559 Durch einen Erlass vom Oktober 1934 hatte die Gesundheitsabteilung die Generalkompetenz für die Durchführung der NS-Erbgesundheitspolitik erhalten. Siehe: Süß, Volkskörper, S. 45; Erlass des Reichs- und Preußischen Ministeriums des Innern, 25.10.1934, Reichsministerialblatt für die innere Verwaltung, S. 681.
560 Dies lässt sich vereinzelt aus Stellungnahmen von Arthur Gütt und Herbert Linden zu Anträgen ableiten. In einem Aktenvermerk von Walter Greite heißt es Ende 1935: „In einer Besprechung mit Herrn Ministerialdirektor Gütt am 4. Dezember 1935 befürwortete Ministerialdirektor Gütt die Anträge Lange, Breslau, Verschuer, Frankfurt, und Weitz, Cannstatt. Ihre Arbeiten dienen der Klärung von wichtigen Erbkrankheiten, an der auch die Gesetzgebung des Reiches großes Interesse hat." In: BAK, R 73/15598, Aktenvermerk. In ihren Äußerungen brachten Gütt und Linden die Erbforschung und die NS-Erbgesundheitspolitik stets in einen direkten Zusammenhang. In einem Brief an Staatsminister Wacker aus dem REM drückte Herbert Linden 1937 seine Überzeugung aus, dass „für die Deutschen eine unbedingte Notwendigkeit besteht, auf dem Gebiet der allgemeinen Vererbungsforschung die Führung zu behalten und für die Zukunft zu sichern. Nur die wissenschaftliche Führung auf diesem Gebiet sichert uns dem Ausland gegenüber auch die Anerkennung unserer auf den Menschen bezogenen erbbiologischen Maßnahmen." In: BAB, R 4901/965.
561 Vgl. zum Beispiel Just an die DFG, 20.3.1940, BAK, R 73/11998.

3.6.1. Ferdinand Sauerbruch und der Abbau der Erbforschungsförderung

Sauerbruch, Fachspartenleiter für Medizin im RFR, wehrte sich erfolgreich gegen den Versuch, die Förderung der Erb- und Rassenforschung zunehmend auf den RFR abzuwälzen. Er war vor allem darauf bedacht, die DFG-Gelder nicht als Ersatz für fehlende Ressourcen der für den universitären Betrieb zuständigen Ministerien zu verwenden. In einem Brief vom Dezember 1937 an den Präsidenten des RFR beklagte sich Sauerbruch über die Beschränkung seiner Dispositionsfreiheit durch die Bindungen an den vorausgegangenen Etat:

> „Dies muss besonders zur Geltung kommen, wenn sich gewisse Forschungsstellen daran gewöhnen, ihren Bedarf, der aus eigenen ordentlichen Etats gedeckt werden sollte, jedes Jahr fortlaufend beim Reichsforschungsrat anzumelden und mit verschiedenen Druckmitteln einzutreiben. Hier sei die DFA für Psychiatrie, München, mit ihrer alljährlichen ‚Minimalanforderung' von 50 000 RM als Beispiel erwähnt. Gegen eine solche Art einer getarnten Etatisierung, die sich mit dem satzungsgemäßen Bestimmungszweck unserer Mittel nicht vereinbaren lässt, muß meines Erachtens eindeutig Stellung genommen werden."[562]

Bezeichnenderweise spielte Sauerbruch auf den Leiter der DFA, Ernst Rüdin, an. Weil die verhältnismäßig hohe Förderung Rüdins einer „getarnten Etatisierung" entsprach, barg sie die Gefahr einer irreparablen Abweichung vom Grundkonzept der DFG, das heißt vom Prinzip einer Förderung der von der forschenden Basis kommenden Anregung der Forschung. Sauerbruch zeigte sich bemüht, an diesem Prinzip festzuhalten. In seiner Aufstellung für den Haushaltsplan 1938/39 hatte er deswegen auf „einen ins Einzelne gehenden Organisationsplan für die medizinische Forschung verzichtet". Bei der Vorbesprechung im RMI zum Zweck der Beratung über die Erb- und Rassenforschung kam es im Juli 1938 lediglich zu einer „gegenseitigen Orientierung über die zu erwartenden finanziellen Anforderungen", aber nicht zu einer genauen Absprache über die neuen Anträge „für Erb- und Rassenforschung".[563] Da der erst später bewilligte Etat der Fachsparte den Kostenvoranschlägen nicht entsprach, lehnte es Sauerbruch ab, die Beratung über die Erb- und Rassenforschung weiterzuführen. Unter diesen Umständen wollte er keine verbindlichen Zusagen abgeben.[564] Im Juni hatte Sauerbruch Verschuer deswegen mitgeteilt, dass er seine Zuschüsse für das neue Rechnungsjahr zunächst nur für ein halbes Jahr zu bewilligen vermöchte. „Eine Entscheidung über die Restzeit" wolle er sich nämlich „vorbehalten".[565]

Im August 1938 nahm Breuer im Auftrag von Sauerbruch Stellung gegen die Bewilligung von laufenden Beträgen an Alfred Schittenhelm, dem Leiter einer Abteilung für Erbforschung und Erbpflege an der zweiten medizinischen Klinik

---

562 BAK, R 73/14176.
563 BAK, R 73/14366.
564 Siehe: BAK, R 73/13863 und R 73/13495. Der Etat für das Rechnungsjahr 1938/39 wurde erst Ende April 1938 verlautbart, wobei sich für die Mittel der Fachsparte Medizin eine Kürzung von etwa 40 Prozent gegenüber dem Voranschlag herausstellte. Siehe: Breuer an Enjo von Eickstedt, 28.5.1938, BAK, R 73/10863; DFG an Bauermeister, 23.7.1938, BAK, R 73/10181.
565 Sauerbruch an Verschuer, 1.6.1938, BAK, R 73/15342.

3.6. Der Reichsforschungsrat und die Umstellung der Forschungsförderung 149

in München. Die Gründung dieser Abteilung war im Sommer 1935 durch einen einmaligen Zuschuss des RMI ermöglicht worden. Ab 1936 war das RMI nicht mehr bereit, für die Forschungsaktivitäten der Abteilung einen erneuten Zuschuss zur Verfügung zu stellen. Daraufhin versuchte Schittenhelm, mit der Unterstützung des RMI die weitere Finanzierung der Abteilung durch eine Unterstützung des bayerischen Staatsministeriums des Innern und des Staatsministeriums für Unterricht und Kultus zu ermöglichen. Da diese Ministerien ablehnend reagierten, stellte Schittenhelm im Februar 1938 schließlich einen Antrag an die DFG beziehungsweise den RFR, der mit folgender Begründung abgelehnt wurde:

> „Ihr Antrag vom 15.2. konnte bisher keiner abschließenden Bearbeitung unterzogen werden. Es scheiterte dies in erster Linie an der außerordentlichen Höhe der angeforderten Summe. Ein Betrag von 18 000 RM war bei der starken Vorbelastung unseres Etats aus dem Vorjahr völlig untragbar. Auch formelle Bedenken standen dagegen, da es sich bei dieser Summe eigentlich um eine Personaletatisierung einer ganzen Abteilung handelt. Etatfragen müssen grundsätzlich staatlichen Stellen vorbehalten bleiben, [...]. Geheimrat Sauerbruch [...] vertritt den Standpunkt, dass wissenschaftliche Arbeitsgebiete von besonderem staatlichen Interesse, soweit sie sich nicht im Rahmen des Vierjahresplans unterbringen lassen, pflichtgemäß von den dafür zuständigen staatlichen Stellen gefördert werden müssen, indem die dafür erforderlichen Mittel für Personal aus einem ordentlichen Haushalte bereitgestellt würden."[566]

Sauerbuch betrachtete die Erbforschungsförderung in erster Linie als eine staatliche Angelegenheit und setzte sich einem Ausbau der Erbforschungsförderung durch den RFR entgegen. Von dieser Haltung heraus wies er auf die Gesundheitsabteilung des RMI als die zuständige Förderinstanz hin, die er zuweilen sogar dazu berufen hielt, den Abbau der Erbforschungsförderung durch den RFR beziehungsweise die DFG auszugleichen.[567]

In einem anderen symptomatischen Fall wehrte sich Sauerbruch bis zuletzt gegen den Versuch staatlicher Stellen, die Geschäftsmechanismen des RFR beziehungsweise der DFG zu umgehen. Anfang 1938 übermittelte Stark seinem Nachfolger Mentzel das Gesuch seines Schützlings Lothar Gottlieb Tirala (geb. 1886) um Bewilligung eines Stipendiums. Der geborene Tscheche und Freund des englischen Rassentheoretikers Houston Stewart Chamberlain, der 1933 zum Nachfolger von Fritz Lenz auf den Münchener Lehrstuhl für Rassenhygiene berufen worden war, war 1936 aufgrund seiner umstrittenen Eignung als Lehrer und Wissenschaftler von seinem Amt enthoben worden. In einem Brief an Mentzel bemerkte Stark, dass Tirala vor allem Nationalsozialist sei und deswegen unterstützt werden sollte.[568] Sich vor dem schlechten Ruf Tiralas in wissenschaftlichen Kreisen fürchtend, schlug Stark vor, den Antrag Tiralas durch einen Ausschuss beurteilen zu lassen, bestehend aus ihm, Mentzel und einem Vertreter des REM. „Es hat keinen Zweck" – so betonte er –, „das Gesuch Tiralas durch den Schweizer Rüdin,

---

566 Breuer an Schittenhelm, 26.8.1937, BAK, R 73/14305.
567 Im April 1938 bedankte sich Verschuer bei Sauerbruch für „[seinen] freundlichen Hinweis, beim RMI einen Sonderzuschuss zur Ausfüllung der Lücke zu beantragen", welche durch die Herabsetzung seines Etats entstanden war". In: Verschuer an Sauerbruch, 8.4.1938, BAK, R 73/15342.
568 Stark war davon überzeugt, dass Tirala mit seiner Entlassung „Unrecht geschehen [war]". In: Mentzel an Sauerbruch, 4.1.1938, BAK, R 73/15218.

der nur seine eigenen Arbeiten gelten lässt, oder Ministerialdirektor Schultze, der persönlich mit Tirala verfeindet ist, begutachten zu lassen."[569] So war Starks Versuch, das zum Teil noch vorhandene Gutachtersystem zu umgehen[570], durchsichtig. Sauerbruch, der durch Mentzel vom Gesuch Starks in Kenntnis gesetzt wurde, bemühte zwei Argumente gegen die Förderung Tiralas. Zum einen wies er darauf hin, dass „die wissenschaftliche Haltung [Tiralas] und [seine] Auffassung wissenschaftlicher Probleme den nötigen Ernst und auch die nötige allgemeine Vorbildung vermiss[t]en".[571] Zum anderen machte er aber vor allem darauf aufmerksam, dass „es nicht Sache der Deutschen Forschungsgemeinschaft sein kann, Unrecht wieder gutzumachen, das [Tirala] vielleicht nach dem Brief des Herrn Prof. Stark widerfahren ist".[572] Sauerbruch sollte erneut im Lauf des Jahres 1938 Stellung gegen eine Förderung Tiralas nehmen, denn dieser bat wenige Monate nach dem persönlichen Gesuch von Stark an die DFG um seine Einstellung als Direktor eines mit bedeutenden Zuschüssen der DFG neu zu gründenden rassenbiologischen Instituts.[573] Tirala war rehabilitiert worden und erfreute sich der Unterstützung des fränkischen Gauleiters Julius Streicher, des Reichsärzteführers Gerhard Wagner, des Leiters des RPA der NSDAP Walter Groß und nicht zuletzt des Reichserziehungsministers Bernhard Rust. Diese vielfache Unterstützung beeindruckte offensichtlich Mentzel[574], denn dieser war im Juli 1938 infolge einer Besprechung mit dem Sachbearbeiter für medizinische Angelegenheiten im REM nicht nur bereit, die Gesamtsumme von 30 000 RM im Etat der Fachsparte Medizin für Tirala freizumachen, sondern auch aus den Mitteln der geisteswissenschaftlichen Sparte einen zusätzlichen Sachkredit von 20 000 RM zu schöpfen. Verglichen mit den üblichen Zuwendungen der DFG war die von Mentzel in Aussicht gestellte Förderung Tiralas mehr als beträchtlich.[575] Sauerbruch, der von Breuer über die Absprache Mentzels mit dem REM in Kenntnis gesetzt wurde, stellte sich vehement gegen die Gründung eines neuen Instituts unter der Leitung von Tirala. Er drückte nicht nur seine Bedenken aus, – durch einen solchen Ein-

569 Ebd.
570 Auch wenn die begutachtenden Fachausschüsse der Weimarer Republik nur noch pro forma existierten, ließ die DFG die Forschungsanträge in der Regel von anerkannten, dem Regime gegenüber sich aber besonders loyal verhaltenden Wissenschaftlern begutachten. Auf dem Gebiet der Erb- und Rassenforschung waren Eugen Fischer, Ernst Rüdin und Otmar Freiherr von Verschuer die am häufigsten herangezogenen Gutachter.
571 Sauerbruch an Mentzel, 17.1.1938, ebd.
572 Ebd.
573 Tirala forderte nicht nur die Gewährung von Besoldungsgeldern für zwei wissenschaftliche Assistenten, sondern auch für zwei Laborantinnen, eine Sekretärin, einen Tierwärter und eine Hilfskraft. Siehe: Tirala an Mentzel, 24.6.1938, ebd.
574 In einem Vermerk bezüglich der Förderung von Tirala hielt Mentzel fest: „Da die Unterstützung Prof. Tiralas auf ausdrücklichen Wunsch des Herrn Reichsministers Rust zurückzuführen ist und dazu die Persönlichkeit Prof. Tiralas nach der politischen Seite hin völlig geklärt ist, wird der Reichsforschungsrat und die Deutsche Forschungsgemeinschaft sich der Verpflichtung auf Unterstützung der wissenschaftlichen Arbeiten Prof. Tiralas nicht entziehen können." In: Vermerk, 1.7.1938, ebd.
575 Die üblichen Sachbeihilfen der DFG betrugen in der Regel bis zu ein paar tausend Reichsmark.

3.6. Der Reichsforschungsrat und die Umstellung der Forschungsförderung 151

schnitt in seinen Etat – sich der Verantwortung zu entziehen „gegenüber den vielen Forschern, die große aktuelle Probleme in Angriff genommen hatten", sondern betonte vor allem, dass die Gründung von Instituten dem REM, nicht der DFG, oblag: „Wenn der Herr Reichsminister Rust von der Notwendigkeit der Einrichtung eines weiteren rassenbiologischen Institutes überzeugt ist, so sollte das Reichsministerium für Wissenschaft, Erziehung und Volksbildung die Mittel bewilligen, vielleicht in Verbindung mit dem Ministerium des Innern, das für solche Aufgaben ebenfalls Fonds zur Verfügung hat."[576] Somit stoppte Sauerbruch den Plan einer großzügigen Förderung Tiralas durch die DFG.

Im Rechnungsjahr 1938/39 nahm Sauerbruch dann sogar Kürzungen von bis zu 50 Prozent der ursprünglich in den Anträgen geforderten Zuwendungen vor.[577] In einer Aufstellung über die Verteilung der Mittel seiner Fachsparte, die dem Anschein nach einen Haushaltsvoranschlag darstellt, sah Sauerbruch einen Betrag für die Erb- und Rassenforschung vor, der zwar fast genauso hoch war wie der für die allgemeine Medizin und das medizinische Programm des Vierjahresplanes.[578] Auffällig ist aber, dass er die in Aussicht gestellten Investitionen mit einem minimalen Anteil an außerordentlichen Mitteln zu bedienen gedachte, während für andere Bereiche wie die physiologische Ernährungs- oder vor allem die kolonialmedizinische Forschung ein viel größerer Anteil des so genannten außerordentlichen Haushaltes zur Verfügung gestellt werden sollte.[579] Bereits im Rechnungsjahr 1937/38 zeigte sich die Fachsparte Allgemeine Medizin besonders daran interessiert, Forschungen zu fördern, die im Hinblick auf die vom Vierjahresplan gesetzten Prioritäten als förderungswürdig betrachtet werden konnten. Als wissenschaftlicher Assistent am Rassenbiologischen Institut der Universität Hamburg befasste sich Johann Gottschick mit sprachpsychologischen Arbeiten. Dafür hatte Gottschick vom RFR beziehungsweise der DFG sowohl im Juli 1936 als auch im August 1937 Sachbeihilfen in Höhe von 300 beziehungsweise 400 RM bekommen. Seine Forschungen sollten einerseits herausfinden, „worin sich die verschiedenen

---

576 Sauerbruch an Mentzel, 8.7.1938, ebd.
577 Siehe: BAK, R 73/15342, R 73/14972. In diesem Rechnungsjahr wurde beispielsweise der an Curtius gewährte jährliche Zuschuss von 5000 auf 3000 RM herabgesetzt. Siehe: Curtius an den Präsidenten der DFG, 10.5.1938, BAK, R 73/10641. Ende 1938 wurde die Überweisung von Geldern an Weitz gestoppt. Siehe: StA HH, Hochschulwesen, Personalakte Wilhelm Weitz: DPA IV/1217 (Beiakte 1). Vgl. auch Bussche/Pfäffin/Mai (Hg.), Fakultät, S. 1311.
578 Bisher bleibt es leider unklar, worum es sich genau bei den außerordentlichen Mitteln handelte. Dass es sich bei den unter der Signatur BAK, R 73/14176 im Koblenzer Bundesarchiv befindlichen Unterlagen vermutlich um einen Haushaltsvoranschlag Sauerbruchs handelt, geht daraus hervor, dass sich die in Aussicht gestellten Ausgaben aus abgerundeten Beträgen zusammensetzten. Mit 221 070 RM war der vorgesehene Etat für die Erb- und Rassenforschung etwa genauso hoch wie die jeweiligen Etats für die „allgemeine Medizin" (221 500 RM) und „Medizin und Vierjahresplan" (119 825 RM). Nur etwas niedriger war der in Aussicht gestellte Etat für die Erb- und Rassenforschung als der für die Krebsforschung (290 640 RM). Siehe: BAK, R 73/14176.
579 Der Anteil an vorgesehenen außerordentlichen Mitteln im Bereich der Erbforschung macht nur fünf Prozent des ordentlichen Haushaltsvoranschlags aus, während andere Bereiche wie die Physiologische Ernährungs- oder vor allem kolonialmedizinische Forschung zehn bis 50 Prozent dieses Haushaltsvoranschlags in Anspruch nehmen sollen.

sprachlichen Ausdruckstile der Menschen voneinander unterscheiden", und andererseits die erblichen Grundlagen dieser Ausdrucksstile klären. Als Gottschick im Laufe des Jahres 1937 um 3500 RM bat, wurde er abgewiesen, da – wie Breuer in einem Brief an Gottschick argumentierte – die „Belange der auf den Vierjahresplan abgestellten Forschung [...] nach den Grundsätzen, die der RFR wahrzunehmen hat", im Vordergrund standen. Unter diesen Umständen sei ein Betrag von 3500 RM „auf keinen Fall tragbar" sei.[580] Allein ein Projekt, das im Rahmen des Kriegseinsatzes Relevanz hatte, ließe eine Aussicht auf eine Förderung zu.[581]

Als Günther Just im September 1944 seine ehemalige Mitarbeiterin am erbwissenschaftlichen Institut des RGA, die Zoologin Elisabeth Wolf (geb. 1910), für sein rassenbiologisches Institut an der Universität Würzburg gewinnen wollte und den RFR darum bat, das seit 1941 an sie vom RFR beziehungsweise der DFG gewährte Stipendium weiter zu verlängern, erlitt auch Just Schiffbruch an der Klippe der Kürzungen.[582] Seit ihrer wissenschaftlichen Tätigkeit am erbwissenschaftlichen Institut des RGA hatte sich Elisabeth Wolf zunächst mit „vererbungswissenschaftlichen Untersuchungen an Drosophila melanogaster"[583] und Studien über die „Rolle des Plasmas im Vererbungsgeschehen" am deutsch-italienischen Institut für Meeresbiologie in Rovigno D'Istria in Italien befasst und nach Auflösung dieses Instituts, seit 1943 mit der Fortsetzung ihrer Untersuchungen in Langenargen am Bodensee.[584] Bis zum 31. März 1945 war Wolf von der Fachsparte Landbauwissenschaft und Allgemeine Biologie ein Stipendium für „experimentelle Untersuchungen über die Umweltbeeinflussbarkeit erblicher Flügelmerkmale" bewilligt worden.[585] Just wollte sie aber mit „einer Reihe von Untersuchungen über die Ätiologie der mongoloiden Idiotie" beauftragen und sie so mit einer „cytologischen Teilarbeit" beschäftigen, die sie bereits als Mitarbeiterin am Erbwissenschaftlichen Institut im RGA begonnen hatte.[586] Da von Just eine grundsätzliche Änderung des Forschungsthemas vorgesehen war, das mehr in das Gebiet der Medizin zu gehören schien, war die zuständige Fachsparte für Landbauwissenschaft und Allgemeine Biologie bestrebt, das Stipendium von der Fachsparte Medizin finanzieren zu lassen. Letztere war aber Ende 1944 für solche Pläne unzugänglich, denn der totale Kriegseinsatz und die mit ihm verbundene Festlegung der Mittel ließen angeblich keine Umgestaltung der Förderungspolitik – sei es auch nur minimal – zu. Am 2. Oktober 1944 ließ die Fachsparte Medizin durch ihren Referenten der Fachsparte Landbauwissenschaft mitteilen: „Wenn wir das Stipendium von Frau Wolf auf die Fachsparte Medizin übernehmen würden, so kämen wir in Konflikt mit dem vom Reichskommissar für das Sanitäts- und Gesundheits-

---

580 Breuer an Gottschick, 7.7.1937, BAK, R 73/11299.
581 Breuer an Gottschick, 22.2.1938, ebd.
582 Siehe: BAK, R 73 /15848.
583 Drosophila melanogaster ist eine schwarzbäuchige Taufliege, die in der experimentellen Genetik als Modellorganismus gilt.
584 Krüger (Referent in der Fachsparte Medizin) an Liebmann (Referentin in der Fachsparte Landbauwissenschaft und Allgemeine Biologie), 2.10.1944, ebd.
585 Liebmann an die DFG, 31.10.1944, ebd.
586 Just an den RFR, 1.9.1944, ebd.

3.6. Der Reichsforschungsrat und die Umstellung der Forschungsförderung

wesen für die medizinische Forschung aufgestellten Arbeitsprogramm, welches den jetzigen Verhältnissen, dem totalen Kriegseinsatz entsprechend, gekürzt aufgestellt worden ist."[587]

Während im Rechnungsjahr 1937/38 46 Erbforscher gefördert wurden, waren es nur noch 34 im Rechnungsjahr 1938/39, zwölf im Rechnungsjahr 1940/41 und 13 Ende 1943.[588] Nach Kriegsbeginn kann die Förderung der Erb- und Rassenforschung, vor allem bestimmte Teile von ihr, als marginal betrachtet werden. Im Jahre 1943 wurden insgesamt 97 100 RM zur Verfügung gestellt. In diesem Jahr belief sich die Förderung für Arbeiten auf dem Gebiet der Medizin auf 1 132 680 RM.[589] Spätestens ab April 1944 wurde die Förderung der „Erb- und Rassenpflege" eingestellt: In der Zeit von April bis September 1944 betrugen die Neubewilligungen nur 252 RM, während zum Beispiel im Bereich der klassischen Medizin eine Förderung von Neubewilligungen in Höhe von fast zwei Millionen Reichsmark in Aussicht gestellt wurde.[590] Diese Entwicklung entsprach weitgehend der Forschungspolitik des NS-Staates, der während des Krieges dem institutionellen Ausbau der menschlichen Erblehre ein Ende setzte. So wurden Pläne über die Einrichtung von neuen Instituten suspendiert und die Förderungen des akademischen Personals eingestellt.[591] Der kriegsbedingte Abbau der Erbforschungsförderung ist umso auffälliger, als die Förderung im gesamten medizinischen Bereich bis 1943 auf einem hohen Niveau erhalten blieb. Zwar erreichte sie in den Kriegsjahren nicht mehr den Spitzenwert von 1938 in Höhe von 1 088 000 RM, aber sie blieb relativ konstant zwischen 700 000 und 900 000 RM.[592]

---

587 Krüger an Liebmann, 2.10.1944, BAK, R 73/15848.
588 Diese Zahlen ergab eine Auswertung der gedruckten Überblicke des RFR und der Zusammenstellung der vom RFR geförderten Arbeiten auf dem Gebiet der Medizin. Siehe: Überblicke über die vom Reichsforschungsrat unterstützten wissenschaftlichen Arbeiten unter Beifügung der von der Deutschen Forschungsgemeinschaft auf den geisteswissenschaftlichen Gebieten geförderten Arbeiten im ersten Rechnungshalbjahr 1937/38, im zweiten Rechnungshalbjahr 1937/38, im ersten Rechnungshalbjahr 1938/39, im zweiten Rechnungshalbjahr 1938/39, im Rechnungsjahr 1940/41 (als Manuskript gedruckt), und Zusammenstellung der vom Reichsforschungsrat geförderten Arbeiten auf dem Gebiet der Medizin vom Dezember 1943, BAB, R 26/III, 382.
589 Die Angaben stammen aus einer Zusammenstellung der vom RFR geförderten Arbeiten auf dem Gebiet der Medizin vom Dezember 1943. Siehe: Ebd.
590 Siehe: Alte Verpflichtungen, Neubewilligungen und Auszahlungen der Fachsparte, BAB, R26/III, 436.
591 In Göttingen wurde 1943 die geplante Errichtung eines neuen Lehrstuhls auf einen späteren Zeitpunkt hinausverschoben. Lediglich an der Universität Straßburg wurde während des Krieges ein neues Institut für Erbbiologie und Rassenhygiene gegründet und an dessen Leitung Wolfgang Lehmann als außerordentlicher Professor berufen. Siehe: BAK, R 73/12637 und NS-Archiv Dahlwitz-Hoppegarten, ZA 5,119.
592 Nipperdey/Schmugge (Hg.), Forschungsförderung, S. 120–121.

3.6.2. Der Aufstieg der experimentellen Genetik

Im Gegensatz zu den Förderungsverhältnissen im Bereich „Menschliche Erblehre" lässt sich auf dem Gebiet der experimentellen Genetik während des Krieges kein Abbau der Forschungsförderung beobachten. Im gesamten Umfeld genetischer Forschung hatte der Krieg und die mit ihm verbundene Umverteilung der Forschungsgelder keineswegs eine ähnliche Auswirkung wie sie bei der menschlichen Erblehre zu beobachten war. Bis zum Ende des Krieges wurden im Bereich experimentelle Genetik fast genauso viele Forschungsprojekte wie in der Vorkriegszeit gefördert. Unter den Wissenschaftlern, die von der Fachsparte Landbauwissenschaft und Allgemeine Biologie protegiert wurden, befassten sich im Rechnungsjahr 1937/38 sechs Prozent mit experimentell-genetischen Projekten, im Rechnungsjahr 1938/39 waren es 6,4 Prozent und im Rechnungsjahr 1940/41 fünf Prozent.[593] Auch das Verhältnis zwischen der Gesamtzahl der geförderten Wissenschaftler und der Zahl der an experimentell-genetischen Projekten beteiligten Forscher blieben im Rahmen der Fachsparte Allgemeine Medizin relativ konstant. Im Rechnungsjahr 1937/38 machten Experimentalgenetiker 4,6 Prozent der von dieser Fachsparte geförderten Wissenschaftler aus. Im Rechnungsjahr 1938/39 entsprachen sie einem Anteil von 5,2 Prozent und im Rechnungsjahr 1940/41 von 5,35 Prozent.[594] Im Gegensatz dazu sank der Anteil der im Bereich der menschlichen Erblehre tätigen Wissenschaftler von 14 Prozent im Rechnungsjahr 1937/38 auf 7,1 Prozent im Rechnungsjahr 1940/41.[595]

Die Zahl der geförderten Projekte im Bereich experimentelle Genetik blieb nicht nur relativ konstant, der Anteil der Forschungsgelder, die hierfür zur Verfügung gestellt wurden, nahm möglicherweise sogar zu. Allein die 1941 neu gegründete Abteilung für experimentelle Erbpathologie am KWI-A erfreute sich mit der mehrmaligen Förderung von 40 000 RM eines verhältnismäßig hohen Anteils an Forschungsgeldern.[596] In der zweiten Hälfte der dreißiger Jahre und während des Krieges profitierte die experimentelle Genetik von einer steigenden Wertschätzung in der Fachwelt, die der Grund für die Umorientierung des Forschungsprogramms am KWI-A war. Anfang der vierziger Jahre leitete Fischer die Umgestaltung des Forschungsprogramms am KWI-A ein und regte die Gründung von Nachtsheims Abteilung für experimentelle Erbpathologie an. Auf dem Gebiet der experimentellen Genetik war das Interesse an einer entwicklungsphysiologischen Fragestellung nach wie vor vorherrschend. Für Max Hartmann, den Direktor des KWI für Biologie, war die „Verknüpfung von Genetik und Entwicklungsphysiologie [...]

---

[593] Die Prozentangaben ergab die Auswertung der gedruckten Überblicke des RFR. Siehe: Überblicke über die vom Reichsforschungsrat unterstützten wissenschaftlichen Arbeiten unter Beifügung der von der Deutschen Forschungsgemeinschaft auf den geisteswissenschaftlichen Gebieten geförderten Arbeiten im ersten Rechnungshalbjahr 1937/38, im zweiten Rechnungshalbjahr 1937/38, im ersten Rechnungshalbjahr 1938/39, im zweiten Rechnungshalbjahr 1938/39, im Rechnungsjahr 1940/41 (als Manuskript gedruckt).
[594] Ebd.
[595] Ebd.
[596] Siehe: BAK, R 73/15342.

3.6. Der Reichsforschungsrat und die Umstellung der Forschungsförderung 155

eine der wichtigsten Aufgaben der experimentellen [sic] Biologie".[597] Neben der zytogenetischen Forschung befand sich die Mutationsforschung seit Mitte der dreißiger Jahre im Aufschwung. Diese versprach nicht nur mit der züchterischen Auswertung röntgen-induzierter Genmutationen neue landwirtschaftliche Anwendungen[598], sondern hatte für die Medizin und das rassenhygienische Paradigma weitreichende Nachwirkungen.

Im Bereich zytogenetische Forschung förderte der RFR beziehungsweise die DFG bis in die vierziger Jahre hinein Projekte, die den in den ersten Jahrzehnten des 20. Jahrhunderts in Deutschland besonders verbreiteten entwicklungsphysiologischen Ansatz weiterführten. Zwar gab es einige Forscher, die, ihre Untersuchungen auf T.H. Morgans Chromosomentheorie aufbauend, sich mit der Darstellung der Chromosomen in den unterschiedlichen Stadien der Zellteilung und der relativen Anordnung der Gene aufgrund des genetischen Faktorenaustausches (*crossing over*)[599] befassten. Doch die überwiegende Mehrheit der in Deutschland in der Hauptsache durch Botaniker und Zoologen vorangetriebenen zytogenetischen Forschung war vererbungsphysiologisch orientiert. 1938 erhielt der Dozent Dr. Ahrens vom Zoologischen Institut der Universität Erlangen eine Sachbeihilfe der DFG in Höhe von 400 RM, um Apparaten für seine Untersuchungen über den mizellaren[600] Feinbau der Chromosomen anzuschaffen.[601] Diese Sachbeihilfe, die zehn Prozent des planmäßigen Etats des Instituts entsprach[602], sollte vor allem dem Ankauf eines Polarisationsmikroskops der Firma Zeiss dienen, mit dem Ahrens neue Erkenntnisse über die Chromatinreduktion[603] in der Meiosis gewinnen wollte. Auch der Direktor des botanischen Gartens und Instituts der Universität Wien, Lothar Geitler, war an der Weiterführung von Forschungen über den Chromosomenbau besonders interessiert. Zunächst wurde ihm im Mai 1937 eine Reisebeihilfe von der Österreichisch-Deutschen Wissenschaftshilfe bewilligt, um seinem Wunsch entsprechend Literaturstudien am KWI für Biologie durchführen und mit den dort anwesenden Zytologen Kontakt aufnehmen zu können.[604] Geitler beabsichtigte, eine Monographie über den Chromosomenbau zu schreiben

---

597 Siehe: BAK, R 73/11596.
598 Die gewonnenen Erkenntnisse auf dem Gebiet der Mutationsforschung ließen sehr bald die Hoffnung aufkommen, durch eine experimentelle Erhöhung der Mutationsrate bei Kulturpflanzen die Grundlage zur Selektion neuer, praktisch wertvoller Mutanten zu schaffen. Der Kulturpflanzenforscher Rudolf Freisleben befasste sich beispielsweise mit den Zuwendungen des RFR bzw. der DFG mit der Erforschung einer mehltauresistenten Mutante nach Röntgenbestrahlung. Siehe: BAB, R 26/III, Nr. 382, Nr. 19 und Nr. 6, Bl. 41. Siehe dazu: Heim, Kalorien, S. 219–220.
599 Unter chromosomalem Crossing over versteht man in der Genetik einen Austausch, der zwischen homologen Chromosomen während der Meiose stattfindet.
600 Als Mizellen bezeichnet man Molekülaggregate schwer oder unlöslicher Stoffe, die sich so anordnen, dass sie trotzdem in Lösung gehalten werden können.
601 Fehling an Ahrens, 18.5.1938, BAK, R 73/10027.
602 Ahrens an die DFG, 20.7.1937, ebd.
603 Die Chromatinreduktion bezeichnet den Vorgang, bei dem der aus beiden elterlichen Geschlechtern stammenden Chomosomensatz halbiert wird.
604 Österreichisch-Deutsche Wissenschaftshilfe an Geitler, 3.5.1937, BAK, R 73/11196.

und erhielt weitere 150 RM für Arbeiten über den genetischen Aufbau der Liliengewächse „Paris quadrifolia" bewilligt. Im Frühjahr 1938 erhielt Geitler für dasselbe Forschungsprojekt erneut eine Beihilfe bewilligt.[605] Über die Arbeiten an Paris quadrifolia hinaus untersuchte Geitler sehr verschiedene Gattungen sowohl im Tierreich als auch in der Pflanzenwelt.[606] Dabei beschränkten sich seine Arbeiten wie die von Ahrens in der Hauptsache auf die Untersuchung der Chromosomenmorphologie und gehörten einer minoritären Forschungsrichtung an.

Die zytogenetische Forschung in Deutschland war während der dreißiger Jahre und des Krieges weiterhin, wie in den zwanziger Jahren bereits, grundsätzlich auf eine Aufklärung des Vererbungsprozesses ausgerichtet, bei dem neben den Chromosomen der Rolle von zytoplasmatischen Faktoren besondere Beachtung geschenkt wurde. Nach wie vor standen auch physiologische Aspekte im Vordergrund des Forschungsinteresses. In den dreißiger Jahren wurden sowohl der Direktor des Botanischen Instituts und Gartens der Universität Erlangen, Julius Schwemmle (geb. 1894), als auch der Leiter des Botanischen Instituts und Gartens der Universität Freiburg im Breisgau, Otto Renner (1883–1960), für Arbeiten über die zytoplasmatische Vererbung von der DFG gefördert.[607] Der Botaniker Friedrich Oehlkers (1890–1971) aus Tübingen, der bereits in den zwanziger Jahren von der NG für Arbeiten über die zytoplasmatische Vererbung unterstützt worden war, wurde bis mindestens 1942 für seine Forschungen zur Physiologie der Meiosis alimentiert. Er führte Arbeiten an der Gattung Streptocarpus weiter, die er bereits 1933/34 in Angriff genommen hatte. Ähnlich seinen Untersuchungen der zwanziger Jahre an der Nachtkerze Oenothera versuchte er bei dieser neuen Gattung, Erkenntnisse über die Mitwirkung des Plasmas auf die Vererbung zu gewinnen. Dabei war er vor allem an physiologischen Vorgängen interessiert. Seit 1936 wurde Oehlkers bei seinen Untersuchungen über die Chromosomenreduktion unterstützt[608], ein Forschungsfeld, auf dem er bis zum Ende des Krieges tätig war. Im Zuge der Einrichtung des RFR wurde Oehlkers bei seinen genetischen Arbeiten allerdings (erst) mit Verzögerung gefördert. Zwar wurden im Mai 1937 Oehlkers' Versuche zur Beeinflussung der Reduktionsteilung vom angesehenen Direktor des KWI für Biologie, Fritz von Wettstein, mit „Vorrang befürwortet".[609] Doch wurde erst im Oktober 1937 eine Entscheidung über Oehlkers' Antrag von Anfang März 1937

---

605 Mentzel an Geitler, 28.1.1938, ebd.
606 Geitler war mit Chromosomenuntersuchungen an zwei Sorten Wanzen, „Gerris laterlalis" und „Gerris lacustris", beschäftigt. Gleichzeitig forschte er über den Zellkern einer Vielzahl von Kieselalgen („Gryrosigna", „Nitzschia", „Pinnularia", „Batrachospermum") und der Flechte „Endocarpon".
607 Nach einer langjährigen Beschäftigung mit verschiedenen Arten der Gattung Eu-Oenotheren hatte Schwemmle mit Kreuzungsversuchen begonnen, die darauf abzielten, „das Problem der Plasmavererbung" zu klären. Siehe: Schwemmle an die DFG, 17.3.1935, BAK, R 73/14672. In einem Gutachten vom 21. März 1936 lobte der Botaniker Friedrich Oehlkers die Absicht Renners, über die Bedeutung plasmatischer Faktoren im Vererbungsprozess zu arbeiten. Siehe: BAK, R 73/13917.
608 Siehe: Bewilligung, 7.2.1936, BAK, R 73/13453.
609 Von Wettstein an die DFG, 15.4.1937, ebd.

getroffen.⁶¹⁰ Die Verzögerung der Entscheidung war durch den Wunsch des Leiters der neuen Fachsparte „Landwirtschaft und allgemeine Biologie", Konrad Meyer (1901–1973), bedingt, zunächst einen genauen Überblick über die „getätigten vordringlichen Bewilligungen und über die noch zur Verfügung stehenden Mittel" zu bekommen, bevor neue Anträge bewilligt würden.⁶¹¹ Trotz Verzögerung konnten Oehlkers' Arbeiten vorwärts schreiten. Mit den Geldern der DFG konnte er Apparaturen anschaffen und Hilfskräften bezahlen.⁶¹² Die Physiologie der Meiosis baute Oehlkers zu seinem Spezialgebiet aus. Hierfür beanspruchte er bis Ende des Krieges Gelder der DFG. Im Lauf des Rechnungsjahres 1941/42 untersuchte er mit seinen Mitarbeitern die Abhängigkeit des Ablaufs der Meiosis von der Zuführung bestimmter Salze. Dafür erhielt er die nicht unbeträchtliche Summe von 1800 RM, mit der eine Hilfskraft eingestellt wurde. In seinem Kurzantrag vom Januar 1942 betonte Oehlkers, dass bei weiterer Bearbeitung der Versuche mit Salzen sowohl „theoretisch, als auch praktisch wesentliche Resultate zu erwarten" seien.⁶¹³ Diese Arbeiten führten letztlich zu Mutationsversuchen, die während des Krieges nicht nur von Oehlkers, sondern von einer Reihe weiterer Botaniker, aber auch Zoologen durchgeführt wurden. Auf die in den späten dreißiger und vierziger Jahren in Deutschland blühende Mutationsforschung soll im Folgenden näher eingegangen werden.

Der Zoologe Günther Just, der in den zwanziger Jahren zum Direktor des Greifswalder Instituts für Vererbungswissenschaft aufgestiegen war und 1935 Leiter einer erbwissenschaftlichen Abteilung im RGA wurde, war der einzige Forscher auf dem Gebiet der menschlichen Erblehre, der sich mit experimenteller Genetik befasste und von einem entwicklungsphysiologischen Ansatz geleitet wurde. Mitte der dreißiger Jahre arbeitete er an einem Projekt zur „Phylogenese von Anpassungserscheinungen und experimentellen Untersuchungen an Drosophila", das allerdings von der DFG nicht sofort gefördert wurde.⁶¹⁴ Erst im Mai 1935 erhielt Just eine Bewilligung von 600 RM.⁶¹⁵ Im RGA leitete er ein Drosophilalaboratorium, in dem die Stummelflügeligkeit der Obstfliege einer näheren Untersuchung unterzogen wurde.⁶¹⁶ Damit wollte er zur genetischen Aufklärung der Phylogenese spezialisierter Anpassungen beitragen. Die Stummelflügeligkeit galt als eine pa-

---

610 Siehe: Bewilligung, 28.10.1937, ebd.
611 Siehe: Wolff an Oehlkers, 4.6.1937, ebd.
612 Oehlkers war insofern auf Hilfskräfte angewiesen, als er im Ersten Weltkrieg den Gebrauch der rechten Hand verloren hatte. Siehe: Oehlkers an die DFG, 7.6.1937, ebd. Nachdem im Oktober 1937 eine Sachbeihilfe von 2000 RM für „Pflanzengenetik und Entwicklungsphysiologie" bewilligt worden war, erhielt Oehlkers auch für das Rechnungsjahr 1938/39 eine Sachbeihilfe in derselben Höhe. Siehe: Bewilligung, 18.5.1938, ebd.
613 Oehlkers an den Forschungsdienst, Fachsparte Landbauwissenschaft und Allgemeine Biologie, 10.1.1942, ebd.
614 BAK, R 73/11998.
615 Just an die DFG, 19.3.1935, ebd.
616 Dabei handelte es sich um das unter der Leitung von Just durchgeführte Projekt im Bereich experimentelle Genetik. Zwar waren einige Mitarbeiter von Just mit anderen Untersuchungen beschäftigt. So legte beispielsweise Dr. Reck während seiner Tätigkeit im RGA eine Veröffentlichung mit dem Titel „Untersuchungen über Faktorenaustausch am X-Chromosom von

thologische erbliche Rückbildung, und ihre Untersuchung sollte überdies im Hinblick auf „menschliche Vererbungsprobleme" eine Bedeutung erlangen. Indem man die entwicklungsphysiologischen Abläufe bei verschiedenen Allelen und Allelkombinationen von Drosophila mit Stummelflügeligkeit verglich, erhoffte man sich, bei verschiedenen Temperaturen einen Einblick in die Art der Genwirkung während der Entwicklung gewinnen zu können.[617] In einem weiteren Forschungsvorhaben „über die Phänogenetik der Schwanzlosigkeit bei der Katze" sollte der entwicklungsphysiologische Ansatz weiter verfolgt werden, indem er auf ein Säugetier übertragen wurde.[618] Allerdings wurden dieses Projekt und die Arbeiten an der Drosophila während des Krieges nicht mehr gefördert; der RFR beziehungsweise die DFG unterstützten vielmehr Forschungen zur erbbiologischen Grundlage von Leistung. Außerdem beteiligten sich die Forschungsförderungsinstitutionen an einem anderen entwicklungsphysiologischen Projekt im Bereich der experimentellen Genetik, das als besonders vielversprechend galt.

Seit Mitte 1934 führte Alfred Kühn, damals noch Direktor des Zoologischen Instituts der Universität Göttingen, mit der finanziellen Unterstützung der Rockefeller Foundation Arbeiten zum Genwirkstoff an der Motte Ephestia durch.[619] 1929 hatte Kühn eine rotäugige Mutante aus seinen Züchtungen schwarzäugiger Mehlmotten isoliert und sein Doktorand Ernst Caspari (geb. 1909) anschließend gezeigt, dass sich durch Verpflanzung von Organen des Wildtyps in die Mutante deren Augen wieder dunkel färben ließen. Daraus folgerte dieser, dass das Wildtyp-Organ einen löslichen Stoff in die Zirkulation seiner Raupen abgab, eine dem „A-Gen" korrespondierende „A-Substanz", die dem genetisch verändertem Organismus fehlte.[620] Kühn, der das beobachtete Phänomen auf eine durch Gene kontrollierte Hormonwirkung zurückführte, initiierte ab 1934 eine Kooperation mit dem jungen Biochemiker Adolf Butenandt (1903–1995), der sich bald mit großem Interesse der Chemie der Hormone zuwenden sollte.[621] Nachdem Kühn im Frühjahr 1937 am KWI für Biologie die Direktorenstelle übernommen hatte, wurden seine Arbeiten zur „Wirkungsweise der Erbanlagen" vom RFR beziehungsweise der DFG im beachtlichen Ausmaß gefördert.[622] Vor allem wurden sie mit

---

Drosophila melanogaster" vor. Diese Projekte wurden aber nicht in einem ähnlichen Ausmaß gefördert. Siehe: Ebd.
617 Just an den RFR, 30.11.1937, ebd.
618 Just an die DFG, 15.1.1937, ebd.
619 Die Rockefeller Foundation unterstütze Kühns Arbeiten bis 1937. Aufgrund der Kooperation von Kühn mit dem Biochemiker Adolf Butenandt ab September 1934 beschloss die Rockefeller Foundation Ende 1934, Kühn für sein Projekt drei Jahre jährlich 3000 Dollar zur Verfügung zu stellen, die in Vierteljahresraten, verbunden mit Arbeitsberichten, abgerufen werden konnten. Siehe: Rheinberger, Zusammenarbeit, S. 175.
620 Caspari, Wirkung; vgl. ebd., S. 172.
621 Mit einem Reisestipendium der Rockefeller Foundation besuchte Butenandt im Frühjahr 1935 zahlreiche Institute in den USA und in Kanada, die auf dem Gebiet der Chemie der Hormone tätig waren. Siehe: Ebd., S. 171.
622 Im Rechnungsjahr 1938/39 und im März 1940 wurden Kühn Sachbeihilfen von der DFG bewilligt. Siehe: Überblicke über die vom Reichsforschungsrat unterstützten wissenschaftlichen Arbeiten unter Beifügung der von der Deutschen Forschungsgemeinschaft auf den

Kriegsbeginn vom RFR als „kriegswichtig" eingestuft.[623] Vor diesem Hintergrund entschied sich Kühn, das genphysiologische Projekt im bisherigen Umfang weiter zu fördern.

Auch wenn die Förderung zytogenetischer und entwicklungsphysiologischer Forschung (im Gegensatz zur menschlichen Erblehre) mit dem Krieg nicht grundsätzlich zurückging, hatte der Krieg in gewisser Hinsicht – wenn auch unerheblich – Auswirkung auf dieses Forschungsgebiet. Oehlkers' Arbeiten über die Physiologie der Meiosis wurden in dem Sinne beeinträchtigt, als eine im Jahr 1941 geplante Arbeit über das Einsetzen der Meiosis und ihren Ablauf in den Zellen der Blüten großblütiger Pflanzen nicht durchgeführt werden konnte, weil der von Oehlkers dafür vorgesehene Mitarbeiter (Dr. Bogen) zum Militär einberufen wurde.[624] In einigen Fällen waren Forscher zudem mit Kürzungen konfrontiert. 1940 wurde die Förderung des Dozenten Wilhelm Ludwig aus dem Zoologischen Institut der Universität Halle an der Saale zunächst zurückgestellt und letztlich verringert. 1937 noch hatte Alfred Kühn Ludwigs Antrag auf „Untersuchungen über Art und Vererbung der Asymmetrieformen bei Bettwanzen, zur normalen und inversen Asymmetrie des Eingeweidesitus der Wirbeltiere und an Drosophila zur Vererbungsphysiologie akzessorischer Asymmetrien sowie zur Vererbung des Flugvermögens und zum Faktorenaustausch" (mit sehr positiven Worten) befürwortet.[625] Im Mai 1937 und 1938 wurden Ludwig Sachbeihilfen für die Untersuchung über die Vererbung von Asymmetrien bewilligt.[626] Bis zum Frühjahr 1940 erhielt Ludwig vom RFR beziehungsweise von der DFG vorerst eine weitere Unterstützung.[627] Doch im März 1940 wurde sein Antrag vom Frühjahr 1939 zurückgestellt. Breuer ließ Ludwig mitteilen:

> „Die Bearbeitung Ihres Antrages vom Vorjahr sollte im August 1939 unter Hinzuziehung der Reichsgesundheitsführung abgeschlossen werden, ist jedoch infolge der Kriegsereignisse und der damit verbundenen Neuordnung in der Verteilung unserer Mittel zurückgestellt worden. Eine nochmalige Überprüfung vor dem Beginn des Rechnungsjahres 1940/41 hat nunmehr ergeben, dass mit Rücksicht auf die uns als vordringlich bezeichneten staats- und kriegswichtigen Aufgaben die Bearbeitung des von Ihnen vorgeschlagenen Themas für die Dauer des Krieges nicht in Betracht gezogen werden kann."[628]

Nicht nur kriegsbedingte Kürzungen, sondern vermutlich auch inhaltliche Gründe erklärten die Zurückstellung des Antrages. In einer allerdings nicht unterschriebenen Stellungnahme zu Ludwigs Antrag wurde die mangelnde Kohärenz der von Ludwig in Aussicht gestellten Untersuchungen und deren Ungeeignetheit für eine Förderung durch den RFR betont:

> geisteswissenschaftlichen Gebieten geförderten Arbeiten im ersten Rechnungshalbjahr 1938/39 und im Rechnungsjahr 1940/41 (als Manuskript gedruckt). Siehe auch: Stellvertretender Präsident der DFG an Kühn, 15.03.1940, BAK, R 73/12475.

623 RFR an Kühn, 29.9.1939, ebd.
624 Oehlkers an den Forschungsdienst, Fachsparte „Landbauwissenschaft und Allgemeine Biologie", 10.1.1942, ebd.
625 Kühn an den RFR, 27.2.1937, ebd.
626 Siehe: Bewilligungen vom 13.5.1937 und vom 2.5.1938, ebd.
627 Siehe: Bewilligungen vom 22.5.1939 und 15.3.1940, ebd.
628 Breuer an Ludwig, 11.3.1940, ebd.

„Der Antrag von Prof. Ludwig ist recht verzettelt. Er sieht eine Reihe verschiedener, unter sich nicht zusammenhängender Thesen vor und schließt Zwecke ein, deren Förderung nicht Aufgabe des RFR ist, so die Herausgabe eines Taschenbuchs der Statistik für Biologen. Das ist sicher ein nützliches Unternehmen, aber die Heranziehung einer Hilfskraft zum ‚Durchrechnen der Rechenbeispiele' ist kein Grund für den R.F.R, Mittel zu bewilligen."[629]

Die Umstrukturierung der Forschungsförderung hatte nur eine vorläufige Unterbrechung der finanziellen Unterstützung von Ludwigs Arbeiten zur Folge, denn Ludwig erhielt ab dem Frühjahr 1941 wieder Zuwendungen des RFR beziehungsweise der DFG. Obwohl er 1942 zur Wehrmacht einberufen wurde, konnte er mindestens bis Mitte 1944 – wenn auch in beschränktem Maße – seine Arbeiten weiterführen.

Der Krieg hatte nicht nur finanzielle Auswirkung auf die Forschungsförderung, sondern führte auch zuweilen – wie dies für die Erb- und Rassenforschung bereits gezeigt wurde – zu einem Wandel der Forschungsthematik. Die Zoologin Ilse Fischer (geb. 1905), die von 1932 bis 1935 in der Abteilung für experimentelle Zellforschung des Pathologischen Instituts der Charité und seit Anfang 1936 als Mitarbeiterin in der Abteilung für experimentelle Zellforschung des Pathologischen Instituts der Charité Untersuchungen über die Zelldifferenzierung in vitro durchführte, erhielt etwa ab 1936 ein Stipendium der DFG, mit dem sie ihre Arbeiten auf dem Gebiet der Gewebezüchtung vertiefen konnte. Bis September 1938 wurde ihr Stipendium mit der Unterstützung des Direktors des KWI für Biologie, Max Hartmann (1876–1962), zweimal verlängert.[630] Fischer untersuchte das rhythmische Kernwachstum und züchtete Gewebe von Wirbellosen. Zusätzlich zu diesen Arbeiten hatte sie aber auch angefangen, Insektengewebe zu züchten, bei denen sie das Verhalten der Chromosomen während der Zellteilung zu erforschen beabsichtigte.[631] Ab Januar 1940 beschäftigte sie sich mit der Mechanik der Mitose durch. Auf diesem Forschungsfeld sollte sie eine Vielzahl von Versuchen unternehmen, die sich von der Aufdeckung neuer Methoden zur Sichtbarmachung der Chromosomen bis hin zur filmischen Erfassung der Verteilung der Zellorganellen auf die Tochterzellen während der Mitose, der Rekonstruktion der Ruhekerne oder der Verteilung der Chromosomenspalthälften in der Meiose erstreckten. Die technischen Voraussetzungen für ihre Versuche bot das KWI für Biologie, wo es Fischer gelungen war, Gewebe von Drosophila in vitro zu halten.[632] Im Zusammenhang mit ihren zytogenetischen Forschungen wurde sie 1940 von der Reichsanstalt für Film und Bild in Wissenschaft und Unterricht aufgefordert, die Erstellung eines Mitosefilms zu übernehmen.[633] Im Dezember 1940 wurde ihr eine Sachbeihilfe von 800 RM zur Bezahlung einer Hilfskraft durch den Leiter der Fachgliederung

---

629 Stellungnahme vom 24.1.1941, ebd.
630 Hartmann an die DFG, 6.2.1937 und 7.1.1938, BAK, R 73/11015.
631 Siehe: Tätigkeitsbericht vom 3.10.1938, ebd. Bei der Darstellung ihrer in Aussicht gestellten Forschungen zum Verhalten der Chromosomen wies Fischer darauf hin, dass die Chromosomenstrukturen von Insekten übersichtlicher sind als die von Wirbeltiere.
632 Fischer an die DFG, 29.10.1940, ebd.
633 Ebd.

3.6. Der Reichsforschungsrat und die Umstellung der Forschungsförderung 161

Erb- und Rassenpflege, Bevölkerungspolitik, Kurt Blome (1894–1969), bewilligt.[634] Die Arbeiten zur Mechanik der Mitose berührten Gebiete der Mutationsforschung, denn Ilse Fischer plante Untersuchungen über den Einfluss verschiedener Strahlungen auf die Zellteilung.[635] Von der Grundlagenforschung im Bereich Zytologie wandte sie sich schließlich im Krieg einem neuen Forschungsgebiet zu, das sich besonderer Förderung erfreute. Ende des Jahres 1942 siedelte Fischer nach Münster an das Zoologische Institut und Museum der Universität über, wo sie eine Diäten-Dozentur-Stelle für Zoologie erhielt.[636] Dort sollte sie für eine in Verbindung mit dem Leiter des Hygienischen Instituts der Universität, Karl Wilhelm Jötten, durchzuführende Untersuchung über die „Wirkung von gewerblichen Staubarten auf Zellen in Gewebekulturen" großzügig gefördert werden: Der RFR beziehungsweise die DFG stellte die verhältnismäßig hohe Summe von 10 000 RM zur Verfügung.[637] Ein solches Projekt fügte sich in eine Reihe von Forschungsvorhaben ein, die das Ziel verfolgten, die für die kriegswichtige Produktion von Eisen und Stahl gravierende Staublungenerkrankung zu bekämpfen und die während des Krieges vom RFR beziehungsweise von der DFG besonders unterstützt wurden. Der Krieg hatte auch hier zu einem allmählichen Wandel der Forschungsthematik geführt.

Der Mutationsforschung, die in Deutschland seit der zweiten Hälfte der dreißiger Jahre im Aufwind war, blieben während des Krieges Kürzungen grundsätzlich erspart. Auf diesem Gebiet beanspruchten deutsche Wissenschaftler die Führung gegenüber dem Ausland.[638] Unter den experimentellgenetischen Projekten machte die Mutationsforschung ab 1937 einen bedeutenden Anteil der laufenden Forschungen aus. Von diesem Zeitpunkt an war ihre Förderung konstant und sogar ansteigend. Im Rechnungsjahr 1937/38 werden in den Überblicken sechs Projekte im Bereich der Mutationsforschung, im Rechnungsjahr 1938/39 acht Projekte und im Rechnungsjahr 1940/41 sechs Projekte aufgeführt.[639] Nachdem die NG beziehungsweise die DFG in der späten Weimarer Republik experimentelle Arbeiten zu Mutationen im Rahmen der Gemeinschaftsarbeiten für Rassenforschung zu fördern begonnen[640] und 1933 „Gemeinschaftsarbeiten zur Frage der Erbschädi-

---

634 Bewilligung, 2.12.1940, ebd.
635 In ihrem Brief vom 29. Oktober 1940 an die DFG betonte Fischer, dass mit der Analyse der Mitose und der Zellteilungsvorgänge eine Reihe von Forschungsarbeiten über den Einfluss verschiedener Strahlungen auf die Zellteilung verbunden werden müsste. Siehe: Ebd.
636 Fischer wurde mit Wirkung vom 1. November 1942 zur Dozentin für Zoologie an der Universität Münster ernannt. Siehe: Fischer an den RFR, 25.11.1942, ebd.
637 Bewilligung, 17.8.1944, ebd.
638 In den Anträgen an die DFG wurde immer wieder auf die Notwendigkeit hingewiesen, auf diesem Gebiet die Führung gegenüber dem Ausland zu behalten. Siehe beispielsweise den Antrag von Hans Stubbe vom 29.2.1940, BAK, R 73/15057.
639 Überblicke über die vom Reichsforschungsrat unterstützten wissenschaftlichen Arbeiten unter Beifügung der von der Deutschen Forschungsgemeinschaft auf den geisteswissenschaftlichen Gebieten geförderten Arbeiten im ersten Rechnungshalbjahr 1937/38, im zweiten Rechnungshalbjahr 1937/38, im ersten Rechnungshalbjahr 1938/39, im zweiten Rechnungshalbjahr 1938/39 und im Rechnungsjahr 1940/41 (als Manuskript gedruckt).
640 1929 erhielt Lothar Loeffler als Assistent am Kieler anthropologischen Institut Fördergelder

gung durch Röntgenstrahlen" ins Leben gerufen hatte, stieg die Mutationsforschung im Laufe der dreißiger Jahre zu einer immer stärker geförderten Forschungsrichtung auf. Dies hing auch mit einer regen Debatte über die Gefahren zusammen, die mit der therapeutischen oder diagnostischen Anwendung von Röntgenstrahlen verbunden waren, und später mit Bemühungen um eine epidemiologische Erfassung der Strahlenwirkungen.

Das RGA war nur in begrenztem Ausmaß an der Mutationsforschung experimentell beteiligt, da es sich vorwiegend auf epidemiologische Aspekte konzentrierte und vor allem für die statistische Erhebung von Daten sorgte. Im Drosophilalaboratorium der erbbiologischen Abteilung des RGA befasste sich die DFG-Stipendiatin Elisabeth Höner (geb. 1910), die vom April 1937 bis März 1939 gefördert wurde, im Rahmen einer Analyse des genetischen Milieus bei Drosophila mit der „Genetik und Cytologie von zwei Mutationen".[641] Höners Mutationsversuche standen im engen Zusammenhang mit der vorher erwähnten, unter der Leitung von Günther Just eingeleiteten Untersuchung zur „Phylogenese von Anpassungserscheinungen", die sich mit der Stummelflügeligkeit bei Drosophila auseinander setzte. In einem Arbeitsbericht vom November 1937 konnte Just dem RFR mitteilen, dass es gelungen war, durch Temperatureinwirkung „einen unter üblichen Bedingungen verstümmelten unbeweglichen Flügel zu einem normalen, allerdings noch unbeweglichen, umzubilden".[642] So wurde versucht, eine durch Mutation entstandene erbliche Rückbildung durch Veränderung der Umweltbedingungen zur Entwicklung eines „normalen" Organs zu zwingen.

Ausgedehnte Untersuchungen im Bereich der experimentellen Mutationsforschung fanden sowohl am KWI für Hirnforschung als auch am KWI für Züchtungsforschung und für Biologie statt. 1927 hatte der US-Amerikaner Herman J. Muller erfolgreich mit der künstlichen Erzeugung von Mutationen experimentiert. Zum ersten Mal konnten durch Wirkung von Röntgenstrahlen Brüche in den Chromosomen festgestellt werden. In Deutschland war es der Mediziner Hans Grüneberg (1903–1964), der als erster Mullers Ergebnisse bestätigen konnte. 1928 war er von Bonn aus an das von Erwin Baur geleitete Institut für Vererbungsforschung gewechselt und hatte dort Strahlversuche an Drosophila vorgenommen.[643] Als er 1929 seine experimentell-genetische Arbeit wieder nach Bonn verlagerte[644], übernahm Paula Hertwig (1889–1983), die Tochter des Anatomen und Entwicklungsphysiologen Oscar Hertwig (1849–1922), Grünebergs Drosophilazuchten. Dabei erweiterte sie das Spektrum der bisherigen Untersuchungen, indem sie vor allem Bestrahlungsexperimente an Mäusen vornahm. So sollten dieselben Experimente, die mit Röntgenstrahlen an Drosophila durchgeführt wurden, an Säugetieren überprüft werden. Besonders diskutiert wurde damals die

---

der NG für ein Forschungsprojekt zur Erzeugung von Erbänderungen am Säugetier mit arsenhaltigen Substanzen, das er bereit am KWI-A unter der Leitung von Eugen Fischer in Angriff genommen hatte. Siehe: BAK, R 73/12756.
641 Siehe: BAK, R 73/11730.
642 Just an den RFR, 30.11.1937, BAK, R 73/11998.
643 Schwerin, Experimentalisierung, S. 124.
644 Ebd., S. 125.

3.6. Der Reichsforschungsrat und die Umstellung der Forschungsförderung 163

Frage der Übertragbarkeit der genetischen Experimente, die an der Fruchtfliege durchgeführt wurden, auf Medizin und menschliche Erblehre. Am Säugetier wollte man Ergebnisse erzielen, die im Hinblick auf das Problem der Übertragung auf den Menschen verwertbar sein sollten.

Neben Paula Hertwig war auch der Assistent am KWI-A, Lothar Loeffler, der bereits Ende der zwanziger Jahre auf die Anregung Fischers hin in die Problematik der Erbschädigung durch Strahlenwirkung eingeführt worden war, mit großangelegten Strahlungsexperimenten an Säugetieren beschäftigt.[645] Auf diesem Gebiet erhielt er sogar als erster Zuwendungen der NG.[646] Im Dezember 1933 war er durch den Zoologen Alfred Kühn aufgefordert worden, an den unter Anleitung der DFG neu eingerichteten Gemeinschaftsarbeiten (GA) zur „Klärung der Frage der Erbschädigung durch Röntgenstrahlen" teilzunehmen.[647] Bei der Durchführung dieser GA ging es vor allem darum, geeignetes Versuchsmaterial zu gewinnen, denn erst Arbeiten an reinen Säugetierstämmen ließen eine erbbiologische Auswertung zu. Die GA zur „Erforschung der Erbschädigungsgefahr" war insofern eng an die GA für Tierzucht gekoppelt. Im Februar 1934 erhielt Loeffler für seine Mutationsversuche die beträchtliche Summe von bis zu 7000 RM.[648] Nach seinem Wechsel an die Universität Königsberg als Leiter des dortigen Rassenbiologischen Instituts nahm Loeffler die Mittel für Strahlenversuche, die nun an Drosophila durchgeführt wurden, vorwiegend aus dem Institutsetat.[649] Im Sommer 1936 trug die DFG lediglich zur Verbesserung der materiellen Ausstattung des neuen Instituts bei, indem sie einen Thermostat und eine Kaltwasser-Vorrichtung zur Verfügung stellte.[650] Seit September 1936 wurden Loefflers Untersuchungen im Bereich Mutationsforschung nicht mehr gefördert.[651] Zwar erhielt er vom RFR beziehungsweise von der DFG für die Forschungen seines Mitarbeiters Karl Horneck (geb. 1894) über die „Rassendifferenzierung beim Menschen" weitere Zuwendungen[652], allerdings wurde er im Gegensatz zu vielen mit ihm auf demselben Gebiet arbeitenden Mutationsforschern während des Krieges nicht gefördert.

---

645 Loeffler führte am anthropologischen Institut der Universität Kiel Mutationsversuche an Säugetieren durch, die bereits von Fischer unternommen worden waren. Siehe: BAK, R 73/12756.
646 Siehe: Bewilligung, 17.9.1929, ebd.
647 Loeffler an Schmidt-Ott, 2.12.1933, ebd.
648 Siehe: Bewilligung, 9.2.1934, ebd.
649 Seit Ende 1935 war er damit beschäftigt, mit Hilfe seines Assistenten Karl-Heinz Koch, der durch Timoféeff-Ressovsky in der genetischen Abteilung am KWI für Hirnforschung in die Drosophilagenetik eingeführt worden war, sein Experimentalsystem auf die Drosophila zu übertragen. Siehe: Loeffler an die DFG, 22.5.1936, ebd.
650 Siehe: Bewilligungen vom 27.6.1936 und 25.7.1936, ebd. Die experimentellen Arbeiten mit Drosophila waren insofern auf die Bewilligung einer Kaltwasser-Kühlvorrichtung angewiesen, als die Fruchtbarkeitsgrenze der Drosophila bei 30° Celsius fast erreicht ist und die in Ostpreußen sommerlichen Temperaturen üblicherweise sehr hoch waren. Siehe: Karl Heinz Koch an DFG, 6.7.1936, ebd.
651 Loefflers Antrag vom 29.6.1936 auf Bezahlung einer Hilfskraft wurde aufgrund der „außerordentlichen Inanspruchnahme der Forschungsmittel" unter der Präsidentschaft von Johannes Stark abgelehnt. Siehe: Greite an Loeffler, 9.9.1936, ebd.
652 Siehe: Ebd.

Im Rahmen der Gemeinschaftsarbeit zur „Erforschung der Erbschädigungsgefahr" arbeitete Loeffler seit 1933 mit dem Drosophilagenetiker Nikolaj Timoféeff-Ressovsky und mit Paula Hertwig zusammen, die auch für ihre Strahlenversuche gefördert wurden. Die drei Wissenschaftler gehörten einer Arbeitsgemeinschaft an, die innerhalb der GA die Versuche an Mäusen durchführen sollten, während Versuche an Meerschweinchen am Zoologischen Institut der Universität Göttingen bereits liefen. Über die Versuche an Säugetieren hinaus sah die GA Versuche an der Fruchtfliege Drosophila vor. Timoféeff-Ressovsky befasste sich seit Februar 1934 mit „allgemein-wichtige theoretische Fragen über die Wirkung der Bestrahlung auf das Keimplasma", um allgemeine Mutationsgesetzmäßigkeiten anhand von Drosophila zu beschreiben.[653] Zunächst wurde ihm ein Kredit von bis 7500 RM gewährt.[654] Seit der Einrichtung des RFR wurden Timoféeff-Ressovsky und seine Mitarbeiter regelmäßig vom Mai 1938 bis Mitte 1944 gefördert. Dabei kamen die Zuwendungen des RFR beziehungsweise der DFG Forschungen zu „experimentelle[r] Mutationsauslösung und [über] die biophysikalische Analyse des Mutationsvorganges" zugute, die zunächst von der Fachsparte Landbauwissenschaft und Allgemeine Biologie und später vorübergehend von der Fachsparte Bevölkerungspolitik, Erb- und Rassenpflege betreut wurden.[655] Unter der Leitung von Timoféeff-Ressovsky arbeiteten nicht weniger als vier Forschungsstipendiaten des RFR beziehungsweise der DFG.[656] Als solcher befasste sich Karl Eberhardt (geb. 1913), der an reifen und unreifen Spermien experimentierte, mit der Prüfung der Wirksamkeit der Neutronen auf die Auslösung von Chromosomenbrüchen. Diese Forschungsrichtung hatte 1944 so viel Bedeutung erlangt, dass sie vom Bevollmächtigten des RFR für Kernphysik schließlich unmittelbar betreut und großzügig gefördert werden sollte. Dieser erarbeitete im Mai 1944 einen Forschungsauftrag, der mit der hohen Förderungssumme von 11 900 RM versehen wurde.[657]

Auch die Genphysiologie wurde intensiv gefördert. Anna Elise Stubbe (geb. 1907), deren Forschungsstipendium vom 1. April 1941 bis 31. März 1945 immer wieder verlängert wurde, führte vergleichende Untersuchungen an verschiedenen Drosophila-Arten durch. Ziel ihrer Forschungen war es, durch quantitative Vergleiche der drei Ausfärbungswirkstoffe die verwandtschaftliche Stellung der Arten

---

653 Siehe: Entwurf: Niederschrift über die Sitzung der Notgemeinschafts-Kommission für Gemeinschaftsarbeiten zur Klärung der Fragen auf dem Gebiet der Erbschädigung durch Strahlenwirkung, BAK, R 73/12475.
654 Bewilligung vom 9.2.1934, BAK, R 73/15215.
655 Siehe: Ebd.
656 Es waren Dr. Beleites, Dr. Eberhardt, Frl. Dr. Anne Elise Stubbe und Dr. Zimmer. Siehe: Timoféeff-Ressovsky an DFG, 22.4.1941, ebd.
657 Siehe: Der Bevollmächtigte des Reichsmarschalls für Kernphysik an Dr. Fischer im RFR, 23.5.1944, BAK, R 73/15216. Bei Dr. Fischer handelt es sich um den DFG- beziehungsweise RFR-Referenten Friedrich August Fischer, der seit 1928 in der NG wirkte und zunächst für das gesamte Apparatewesen sowie die chemische, physikalische und die technische Forschung verantwortlich war. Mit der Gründung des RFR dehnte sich sein Arbeitsfeld neben der „Wehrtechnik", der Physik und der Chemie auch auf die Bereiche Bodenforschung, organische Werkstoffe, Metallforschung, Berg- und Hüttenwesen sowie Treibstoffe aus.

3.6. Der Reichsforschungsrat und die Umstellung der Forschungsförderung 165

zueinander zu klären. Dabei war sie unter anderem darum bemüht, das Eindringen gewisser Stoffe wie Jod und Arsen in die Zellen und vor allem in die Zellkerne bestimmter Organe (Speicheldrüse, Gonade) zu verfolgen.[658] Nachdem sie 1943 die Transplantationsversuche abgeschlossen hatte, um die in der Hämolymphe der jeweiligen Drosophila-Arten enthaltenen relativen Mengen der Augenausfärbungs-Wirkstoffe nachzuweisen[659], führte sie schließlich Versuche mit dem radioaktiven Metall Thorium durch.[660]

Neben Timoféeff-Ressovsky war Hertwig eine der am meisten geförderten Wissenschaftlerinnen auf dem Gebiet der Mutationsforschung während des Krieges. Durch Nachtsheims Vermittlung kam sie an Erwin Baurs Institut für Vererbungsforschung.[661] Dort organisierte sie gemeinsam mit Nachtsheim die Versuchstierzucht für die NG. Als Fragen der Mutationsgenetik am Institut allmählich an Bedeutung gewannen, wandte sich Hertwig dieser Forschungsrichtung zu. 1927 veröffentlichte sie einen Überblick über die strahlengenetische Forschung[662] und übernahm 1929 Grünebergs Drosophilazuchten, als dieser seine experimentell-genetische Arbeit 1929 wieder nach Bonn verlagerte.[663] Zwar züchtete sie die Fliegen eine Zeit lang weiter. Allerdings war sie sehr früh mit dem Problem der Übertragung auf den Menschen beschäftigt und ging daher sehr schnell zu Strahlengenetik an Säugetieren über. Im Laufe der dreißiger und vierziger Jahre führte sie großangelegte Bestrahlungsexperimente an Mäusen durch, die die Gültigkeit der Fruchtfliegenexperimente für Säugetiere und den Menschen belegen sollten. Bereits im Rahmen der GA zur Klärung der Frage der Erbschädigung durch Röntgenstrahlen wurde Hertwig mit Versuchen an Mäusen beauftragt und dementsprechend gefördert. Seit Februar 1934 befasste sie sich in einer Gemeinschaftsarbeit mit dem Zoologischen Institut und der Frauenklinik mit der Bestrahlung von Keimdrüsen.[664] Erst seit der Einrichtung des RFR wurde sie regelmäßig gefördert: Sie erhielt in den Rechnungsjahren 1937/38, 1938/39 und 1940/41 Zuwendungen des RFR beziehungsweise der DFG[665] und wurde zuletzt 1944 gefördert.[666] Dabei war Hertwig darauf bedacht, ihren vergleichenden Ansatz

---

658 Siehe: Stubbe an die DFG, 2.12.1942, BAK, R 73/15056.
659 Siehe: Stubbe an die DFG, 23.7.1943, ebd.
660 Drosophila-Maden fütterte sie mit Thorium-B-Brei und anderen injizierte sie Thorium-B in Gelatine. Dabei konnte sie das Eindringen der radioaktiven Substanz in Speicheldrüsen und Gehirne der Larven nachweisen. Siehe: Ebd.
661 Schwerin, Experimentalisierung, S. 124.
662 Hertwig, Keimesschädigungen.
663 Schwerin, Experimentalisierung, S. 125.
664 Siehe: Niederschrift über die Sitzung der Notgemeinschafts-Kommission für Gemeinschaftsarbeiten zur Klärung der Fragen auf dem Gebiet der Erbschädigung durch Strahlenwirkung, BAK, R 73/12475.
665 Siehe: Überblicke über die vom Reichsforschungsrat unterstützten wissenschaftlichen Arbeiten unter Beifügung der von der Deutschen Forschungsgemeinschaft auf den geisteswissenschaftlichen Gebieten geförderten Arbeiten im ersten Rechnungshalbjahr 1937/38, im zweiten Rechnungshalbjahr 1937/38, im ersten Rechnungshalbjahr 1938/39, im zweiten Rechnungshalbjahr 1938/39 und im Rechnungsjahr 1940/41 (als Manuskript gedruckt).
666 Siehe: BAB, R 26/III, Nr. 6, Bl. 80.

auszubauen. Nachdem sie bei ihrem Antritt in Baurs Institut den landwirtschaftlichen Bezug im Auge behalten hatte, wollte sie nun, mit ihren Strahlenversuchen für die menschliche Erblehre verwertbare Ergebnisse erzielen. Bereits am Anfang der dreißiger Jahre hatte Hertwig bei ihren Untersuchungen zu Vererbung der Rotgrün-Blindheit den „Menschen-Genetikern" verdeutlichen wollen, dass die Humangenetik ohne die experimentelle Genetik und den Analogieschluss vom „tierischen und pflanzlichen Material" auf den Menschen nicht weiter käme.[667] Am Ende des Krieges war Verschuer begeistert darüber, dass sie sich dem „neuesten Gebiet der Verbindung der Genetik und Entwicklungsgeschichte (Phänogenetik)" zugewandt hatte.[668]

Am KWI für Biologie wurde die Mutationsforschung, die vor allem durch einen ehemaligen Mitarbeiter von Baur vertreten wurde, bis Ende des Krieges stark gefördert. Der Pflanzengenetiker Hans Stubbe, der zunächst als Assistent von Erwin Baur Mutationsversuche mit Antirrhinum[669] in Angriff genommen hatte, setzte Mitte 1936 seine Forschungstätigkeit im KWI für Biologie fort, wo der Zoologe Alfred Kühn seit 1937 Präsident war. Seine Forschungen gehörten neben dem langjährigen Projekt zur entwicklungsphysiologischen Wirkung von Genen, die unter der Leitung von Alfred Kühn bereits am Zoologischen Institut der Universität Göttingen eingeleitet worden waren und von einer Gruppe von Genetikern bis zum Ende des Krieges fortgeführt wurden, zu den vom RFR beziehungsweise von der DFG am meisten geförderten Forschungen. Bereits im Jahre 1935 hatte die DFG angefangen – wenn auch in beschränktem Ausmaß –, Hans Stubbes Versuche im Müncheberger Institut zu unterstützen. Stubbe hatte so umfangreiche Versuche eingeleitet, dass er sie mit den ihm zur Verfügung stehenden planmäßigen Mitteln nicht durchführen konnte. Infolgedessen hatte die DFG 6000 RM bewilligt.[670] Nach seinem Wechsel an das KWI für Biologie konnte Stubbe die von der DFG leihweise zur Verfügung gestellten Apparaturen weiterhin behalten[671] und wurde ab 1937 bis zu seinem Kriegseinsatz jedes Jahr mit mehreren tausend Reichsmarken gefördert. Während Stubbe Mitte 1936 für die Durchführung von Strahlenmessungen in medizinischen und gewerblichen Röntgenbetrieben lediglich 1500 RM beantragte[672], trat er im Februar 1937 an die DFG mit einem Antrag in Höhe von 7589,32 RM für sein eigentliches Hauptforschungsprojekt zu Mutationen mit Chemikalien an Antirrhinum heran.[673] Noch im Juni 1937 stellte er sogar einen Zusatzantrag zur Bezahlung des Gehaltes eines Gärtners für dasselbe Projekt.[674] Für die Mutationsversuche wurde zunächst eine Sachbeihilfe in Höhe von 7000 RM am 8. Juni 1937 bewilligt.[675] Noch im selben Rech-

---

667 Hertwig, Stand; dies., Vererbung. Vgl. Schwerin, Experimentalisierung, S. 126.
668 Verschuer an de Rudder, 29.2.1944, Universitätsarchiv Münster, Nachlass Otmar Freiherr von Verschuer, Nr. 8. Zit. nach Schwerin, S. 126.
669 Antirrhinum ist der lateinische Begriff für die Pflanzengattung der Löwenmäuler.
670 Rudorf an die DFG, 19.6.1936, BAK, R 73/15057.
671 Siehe: Greite an Stubbe, 11.6.1936, ebd.
672 Siehe: Stubbe an die DFG, 15.7.1936, ebd.
673 Siehe: Stubbe an die Notgemeinschaft der Deutschen Wissenschaft [sic], 6.2.1937, ebd.
674 Siehe: Stubbe an die Notgemeinschaft der Deutschen Wissenschaft [sic], 11.6.1937, ebd.
675 Siehe: Sauerbruch an Stubbe, 8.6.1937, ebd.

3.6. Der Reichsforschungsrat und die Umstellung der Forschungsförderung 167

nungsjahr stellte Stubbe einen weiteren Antrag, der allerdings nicht in der gewünschten Höhe bewilligt wurde.[676] Nach Rücksprache mit dem Direktor des KWI, Fritz von Wettstein, führte Stubbe trotzdem in vollem Umfange seine Versuche weiter. Mehr noch: Stubbe nahm im Rechnungsjahr 1938/39 zusätzliche Untersuchungen über den Einfluss von genetisch bedingten Stoffwechseländerungen auf die strahleninduzierte Mutabilität einerseits[677] und über die Beziehungen zwischen Ernährung und Mutabilität andererseits in Angriff. In seinem Antrag vom November 1938 wies er darauf hin, dass diese (letzteren) Untersuchungen „für Fragen der Keimschädigung beim Menschen von großer Bedeutung" seien, da hierbei auch pharmazeutisch wichtige Verbindungen geprüft würden.[678] Mit dem im Juli 1939 bewilligten Betrag von 4500 RM führte Stubbe Mutationsversuche mit verschiedenen Chemikalien wie Äthyl- und Methylalkohol, aber auch mit Nicotin und Coffein durch, um die keimschädigende Wirkung von Genussgiften zu prüfen. Darüber hinaus war er weiterhin damit beschäftigt, die Beziehung zwischen Nährstoffhaushalt und Mutabilität zu untersuchen.[679] Diese letzten Untersuchungen bauten auf der Erkenntnis auf, dass die Mutabilität zwar durch Mangel bestimmter Elemente gesteigert, aber nicht vom Gesamtmangel an Nährstoffen entscheidend beeinflusst wurde. Seit 1938 experimentierte Stubbe, der die Mutationsversuche auf die drei wichtigsten Elemente Phosphor, Stickstoff und Schwefel ausgebaut hatte, mit drei verschiedenen Strahlendosen. Mit den Zuwendungen des RFR im Jahre 1939 konnte zu diesem Zweck eine umfangreiche Zucht von etwa 25 000 Pflanzen angebaut werden, deren Nachwuchs 1940 auf die Mutabilität hin geprüft wurde.[680] Am Anfang des Kriegs bestand sein Forschungsprogramm in vielfältigen Mutationsversuchen, die zum Teil in Kooperationen mit anderen Forschungsstätten vorgenommen und erforscht wurden. Zusammen mit dem Chemiker Adolf Windaus aus Göttingen, der 1942 von Hitler mit der Goethe-Medaille für Kunst und Wissenschaft wegen seiner Verdienste um die biochemische Forschung geehrt wurde, befasste sich Stubbe mit der mutationsauslösenden Wirkung carcinogener Substanzen. Mit dem Dozenten Gerhard Hesse vom chemischen Institut der Universität Marburg nahm er Samen- und Pollenbehandlungen von Antirrhinum mit dem hochaktiven Gas Keten vor. Auf dem Gebiet der Erzeugung von Mutationen des Tabakmosaikvirusproteins kooperierte er mit dem Regierungsrat Dr. Kausche von der Biologischen Reichsanstalt.[681] Bis zu seiner Einberufung zur Armee im Jahre 1943 trieb Stubbe, der vom Oberkommando der Wehrmacht einen Forschungsauftrag zur biologischen Kriegsführung

---

676 In einem Antrag vom 22.12.1937 beantragte Stubbe für die Durchführung seiner Mutationsversuche mit Chemikalien an Antirrhinum die Bewilligung eines Kredits in Höhe von 7089,32 RM. Die Fachsparte Landbauwissenschaft und Allgemeine Biologie bewilligte am 2. Mai 1938 nur 3000 RM. Siehe: Ebd.
677 Hierzu wurden bestimmte Mutanten aber auch normale Pflanzen zum Zweck der Kontrolle mit gleichen Dosen bestrahlt. Siehe: Stubbe an die DFG, 29.2.1940, ebd.
678 Stubbe an Kersting (RFR), 30.11.1938, ebd.
679 Siehe: Stubbe an die DFG, 30.11.1939, ebd.
680 Siehe: Stubbe an die DFG, 29.2.1940, ebd.
681 Siehe: Ebd.

erhielt[682], mit den Zuwendungen des RFR beziehungsweise der DFG die Mutationsforschung in einem beachtlichen Maße voran. Beispielsweise kam er zu dem Schluss, dass sich keine Steigerung der Mutationshäufigkeit durch Genussgifte und krebserregende Substanzen nach Samenbehandlung nachweisen ließ.[683]

Außer Stubbe befassten sich unter der Leitung von Alfred Kühn weitere Genetiker mit Aspekten der Mutationsforschung. Karl Henke (1895-1956), der schon am Zoologischen Institut der Universität Göttingen Kühns Mitarbeiterstab angehört hatte, wurde von 1934 bis Ende 1943 von der DFG für „Vererbungs- und entwicklungsphysiologische Untersuchungen an Insekten" gefördert.[684] Im Rahmen dieser Untersuchungen erforschte er Bedingungen für die Erzeugung von Dauermodifikationen[685] und versuchte, die Wirkung von Strahlen zu kontrollieren. Nachdem er Anfang 1942 Untersuchungen an Drosophila begonnen hatte[686], verwandte Henke die Zuwendungen des RFR beziehungsweise der DFG im Rechnungsjahr 1942/43 dafür, Modifikationen an Drosophila, die durch Temperaturreize erzeugt wurden, mit durch „bestimmte Erbfaktoren bedingte Abänderungen der Entwicklung" zu vergleichen.[687] Der Genetiker Hans Bauer (1904-1988), der zunächst in der Abteilung von Marx Hartmann am KWI für Biologie tätig war und 1943 selbst Abteilungsleiter in demselben Institut wurde, kombinierte bei seiner von 1938 bis 1943 vom RFR beziehungsweise von der DFG geförderten „Untersuchung über Röntgenauslösung von Chromosomenmutationen"[688] Mutations- mit Chromosomenforschung. Vor allem untersuchte er an Ring-X-Chromosomen von Drosophila die Korrelation zwischen Letalfaktoren und durch Röntgenbestrahlung erzeugte Chromosomenmutationen.[689]

Die seit Mitte der dreißiger Jahre besonders geförderte Mutationsforschung sollte im Endeffekt eine große Auswirkung auf die rassenhygienische Debatte in Deutschland haben. Vor allem Alfred Kühn betonte die praktische Bedeutung der Mutationsforschung.[690] Auf einer Sitzung der Notgemeinschafts-Kommission für Gemeinschaftsarbeiten zur Klärung der Fragen auf dem Gebiet der Erbschädigung durch Strahlwirkung erläuterte Timoféeff-Ressovsky seine Arbeiten über Muta-

---

682 Stubbe befasste sich mit der Produktion von schnell keimendem Unkraut, um im Feindesland Nutzpflanzen zu ersticken.
683 Siehe: Kurzbericht über die am Kaiser-Wilhelm Institut für Biologie in den letzten Jahren durchgeführten Arbeiten auf dem Gebiet der experimentellen Mutationsforschung, ebd.
684 Siehe: BAK, R 73/11596.
685 Eine Dauermodifikation bezeichnet eine umweltinduzierte Veränderung, die einige Generationen weitervererbt wird.
686 Henke an RFR (Fachgliederung Landbauwissenschaft und allgemeine Biologie), 13.1.1942, BAK, R 73/11596.
687 Henke an RFR (Fachgliederung Landbauwissenschaft und allgemeine Biologie), 14.12.1942, ebd.
688 Siehe: BAK, R 73/10178.
689 Bauer an RFR (Fachgliederung Landbauwissenschaft und allgemeine Biologie), 14.12.1940, ebd.
690 Entwurf: Niederschrift über die Sitzung der Notgemeinschafts-Kommission für Gemeinschaftsarbeiten zur Klärung der Fragen auf dem Gebiet der Erbschädigung durch Strahlwirkung, BAK, R 73/12475.

3.6. Der Reichsforschungsrat und die Umstellung der Forschungsförderung

tionen, die zu Vitalitätsstörungen führten und machte 1934 darauf aufmerksam, dass „solche Mutationen, übertragen auf den Menschen, [...] vom rassenhygienischen Standpunkt aus als besonders unerwünscht bezeichnet werden [müssen]; denn sie rufen eine erbliche Konstitutionsschwäche hervor, die zu gering ist, um durch raschen Tod sich selbst von der weiteren Vermehrung auszuschließen und keine groben und deutlichen pathologischen Merkmale zeigen, an denen man sie leicht erkennen könnte".[691] Vor allem fand die Diskussion über die rassenhygienische Bedeutung der Mutationsforschung in direktem Zusammenhang mit der zunehmenden Sorge über die Verbreitung von rezessiven Anlagen statt.[692]

Der Krieg hatte unterschiedliche Wirkung auf die genetische Forschung in Deutschland: Einerseits wurde die Mutationsforschung verstärkt gefördert, andererseits sah sich die menschliche Vererbungswissenschaft mit einem starken Abbau der Förderung konfrontiert. Dieser Abbau, der bereits im Zuge der Einrichtung des RFR eintrat, lässt sich vermutlich nicht nur als eine Begleiterscheinung der kriegsbedingten Umverteilung der Ressourcen im medizinischen Bereich interpretieren, sondern hängt möglicherweise auch mit dem mangelnden Interesse oder Wertschätzung des berühmten Chirurgen Sauerbruch an der Erb- und Rassenforschung zusammen. In einem späteren Zeugnis des Sicherheitsdienstes mit dem Titel „Überprüfung der vorhandenen und vorgesehenen Fachspartenleiter und Bevollmächtigten des Reichsforschungsrates" heißt es, dass Sauerbruch „als Fachspartenleiter sich [...] nicht bewährt [habe], da er mit anderen Aufgaben belastet und zu einseitig an Chirurgie interessiert [sei]".[693] Bei den Verhandlungen der Fachsparte für Medizin des Reichsforschungsrates mit der Gesundheitsabteilung des RMI trafen sich jedenfalls Wissenschaftsorganisatoren ganz unterschiedlicher Prägung. Sauerbruch war kein Bewunderer der Nazi-Ideologie, auch wenn er sich dem nationalsozialistischen Regime stets zur Verfügung stellte, „mitmachte" und entsprechend belohnt wurde.[694] Der ältere Parteigenosse Arthur Gütt und der spätere Mitorganisator der Euthanasie-Aktion, Herbert Linden, waren dagegen überzeugte Anhänger des Nationalsozialismus, die stets um eine Legitimierung der Erb- und Rassenpolitik des NS-Staates bemüht und mit diesem Ziel entsprechend darauf bedacht waren, die wissenschaftlichen Ressourcen zu mobilisieren. Am allgemeinen Trend eines starken Abbaus der Erb- und Rassenforschung änderte die Ernennung von Kurt Blome als Fachspartenleiter für „Bevölkerungspolitik, Erbbiologie und Rassenpflege" 1939 durch den Reichswissenschaftsminister Bernhard Rust auch nichts.

---

691 Ebd.
692 Siehe: Roth, Mensch.
693 BAB, R 26III/213.
694 Kudlien/Andree, Sauerbruch.

3.6.3. Kurt Blome und die Fachsparte „Bevölkerungspolitik, Erbbiologie und Rassenpflege"

Die Umstrukturierung der Erbforschungsförderung drückte sich nicht nur in der Einrichtung einer Fachsparte für allgemeine Medizin unter der Leitung von Sauerbruch aus, sondern auch in einer Fachsparte für „Bevölkerungspolitik, Erbbiologie und Rassenpflege" unter der Leitung des stellvertretenden Reichsärzteführers Kurt Blome. Nachdem der Reichswissenschaftsminister Rust durch einen Erlass vom März 1937 mehrere Wissenschaftler als „Leiter der im Forschungsrat zu bildenden Fachgliederungen" berufen und dementsprechend zunächst 13 Fachsparten ins Leben gerufen hatte, schuf er im Laufe des Jahres 1939 die Fachsparte für Bevölkerungspolitik. Die Herausbildung einer eigenständigen Fachsparte unter der Leitung von Kurt Blome hängt möglicherweise mit der Aufnahme von Blomes Vorgesetzten, dem Reichsgesundheitsführer Leonardo Conti (1900–1945), in den Präsidialrat des Reichsforschungsrates zusammen. Die Gründung einer zusätzlichen Fachsparte ließe sich aber auch durch die Bedeutung erklären, die dem Fachgebiet beigemessen wurde – in Anbetracht der im Krieg fortschreitenden Expansion des „Dritten Reiches" wurde gerade die Bevölkerungspolitik zu einer förderungswürdigen Angelegenheit. Die erhaltenen Förderakten, die den Stempel der Fachsparte tragen, lassen darüber hinaus vermuten, dass unter Blomes Schirmherrschaft eine bessere Koordinierung der Forschungsbemühungen sowohl auf dem Gebiet der praktischen Rassenhygiene als auch der experimentellen Genetik angestrebt wurde. Die Fachsparte für Bevölkerungspolitik sollte vielleicht den Zusammenschluss der experimentellen Genetik mit der auf den Menschen bezogenen menschlichen Erblehre fördern, um die Übertragung von experimentell gewonnenen Erkenntnissen auf den Menschen zu erleichtern. Einerseits wurden beispielsweise die Arbeiten vom „Zigeunerforscher" Robert Ritter (1901–1951), der während des Kriegs weitgehend an der Erfassung der zu deportierenden „Zigeuner" beteiligt war[695], aufgrund der Bewilligung der Fachsparte für Bevölkerungspolitik vom RFR beziehungsweise der DFG gefördert.[696] Andererseits erhielten die experimentellen Genetiker Timoféeff-Ressovsky und seine Mitarbeiter Anna Elise Stubbe und Karl Eberhardt sowie Ilse Fischer und Gertrud Wundrig (geb. 1908), die sich unter der Leitung von Friedrich Kröning mit genetischen und entwicklungsphysiologischen Studien an einem Drosophilatumor befasste, von der Fachsparte Sachbeihilfen genehmigt. Vermutlich verfolgte man mit der Gründung der Fachsparte ein weiteres Ziel als nur das der strukturellen Vereinigung der experimentellen Genetik mit der menschlichen Erblehre. Bislang wurde die experimentelle Tier- und Pflanzengenetik sowohl im Rahmen der Fachsparte für allgemeine Medizin als auch der biologisch ausgerichteten Fachsparte für Landbauwis-

---

695 Siehe zum Beispiel: Zimmermann (Hg.), Erziehung; Luchterhandt, Weg; Lewy, Rückkehr; Willems, Gypsy; Hohmann, Ritter; ders. Zigeuner.
696 Am 10. Mai 1940 teilte Breuer Ritter mit, dass „die Unterlagen bezüglich [s]einer Arbeiten auf dem Gebiet der Asozialenforschung [...] an den Leiter der neu errichteten Fachsparte für Bevölkerungspolitik, Erb- und Rassenpflege, Herrn Blome, weitergeleitet worden [waren]". Siehe: Breuer an Ritter, 10.5.1940, BAK, R73/14005.

3.6. Der Reichsforschungsrat und die Umstellung der Forschungsförderung 171

senschaft und allgemeine Biologie betreut – wobei die Mehrzahl der Bewilligungen sicherlich durch die letztere Fachsparte ausgesprochen wurde. Nun war man vermutlich darauf bedacht, die Förderung der Grundlagenforschung im Bereich Genetik unter einem einzigen Dach zu verwalten, um einen besseren Überblick über die laufenden Projekte zu gewinnen und dem Ideal einer effizienten Konzentration der Forschungsförderung entgegenzukommen.

Mit der Gründung der neuen Fachsparte wurde wahrscheinlich ein ambitioniertes Konzept verfolgt, aber die Koordinierung der Bereiche Bevölkerungspolitik, Erbbiologie und Rassenpflege gelang letztendlich nicht. Im Zuge der Reorganisation des RFR im Frühjahr 1943 wurde die Fachsparte nicht wieder eingerichtet. Ende November 1942 wurde noch eine Sachbeihilfe von 2600 RM an Lothar Loeffler für „Untersuchungen über die serologische Rassendifferenzierung beim Menschen" durch die Fachsparte bewilligt, dann war offensichtlich Schluss.[697] Insgesamt blieb die Zahl der von der Fachsparte ausgesprochenen Bewilligungen relativ niedrig. Zwar hatte die allgemeine Tendenz zu einem Ausbau der Erb- und Rassenforschung auch Auswirkungen auf die von der Fachsparte für Bevölkerungspolitik geförderten Gebiete, die zum großen Teil mit der Erb- und Rassenforschung identisch waren, diese Zahl fällt dennoch als sehr niedrig auf, wenn man sie mit der Zahl der durch die Fachsparte für allgemeine Medizin ausgesprochenen Bewilligungen auf dem Gebiet der Erb- und Rassenforschung während des Krieges vergleicht. Außerdem sind kaum Bewilligungen vorhanden, die Blome persönlich unterzeichnete. Blome, der als Fachspartenleiter nicht hauptberuflich, sondern ehrenamtlich tätig war, war möglicherweise ein Verlegenheitskandidat. Neben seiner Funktion als Fachspartenleiter übte er eine Vielzahl von verschiedenen Funktionen aus: Er war nicht nur stellvertretender Reichsärzteführer, sondern auch stellvertretender Vorsitzender der Reichsärztekammer, stellvertretender Leiter des Hauptamts für Volksgesundheit der NSDAP und Schriftleiter der Zeitschrift *Die Gesundheitsführung*, in der er selber einige Artikel veröffentlichte. Als „alter Kämpfer" verfügte er über gute Kontakte in die NSDAP-Führung. Allerdings zeigte er als solcher kein offenkundiges Interesse an den von ihm zu betreuenden Arbeitsgebieten im Rahmen der Fachsparte Bevölkerungspolitik. Vielmehr widmete er sich vorrangig den „Volkskrankheiten" Tuberkulose und Krebs. Seit Mitte des Jahres 1941 befasste er sich vor allem mit der Gründung eines Zentralinstituts für Krebsforschung.[698]

Die Fachsparte existierte nur kurze Zeit, was einerseits auf die ungünstige Wirkung der kriegsbedingten Umverteilung der Ressourcen auf das von der Fachsparte zu fördernde Gebiet zurückgeführt werden kann. Sie lässt sich andererseits aber auch mit forschungspolitischen Entscheidungen begründen. Im Zuge der Reorganisation des RFR im Frühjahr 1943 hatte Mentzel dem Stabsamt des Reichsmarschalls Göring zunächst den Entwurf einer Ernennung Blomes zum Leiter einer Fachsparte „Bevölkerungspolitik, Erbbiologie und Rassenpflege" vorgelegt.[699] Als Reichsgesundheitsführer Conti in Erwägung zog, neue Arbeitsge-

---

697 Bewilligung vom 24.11.1942, BAK, R 73/12756.
698 Siehe: Moser, Deputy; dies., Musterbeispiel.
699 Mentzel an Görnnert, 16.4.1943, BAB, R 26III/437a.

meinschaften zu bilden, widersetzte er sich jedoch entschlossen der Gründung einer Arbeitsgemeinschaft, die sich auf die Förderung der „kriegswichtigen Bevölkerungspolitik" konzentrieren sollte.[700] Am 30. April 1943 sollte Blome stattdessen als Bevollmächtigter für die Krebsforschung – und zwar rückwirkend – ernannt werden.

Erbforschung und Kriegsvorbereitung

Der Abbau der Erbforschungsförderung durch die DFG hatte zum Teil unmittelbare Auswirkung auf die Etablierung der menschlichen Erblehre an der Universität. Mit Kriegsbeginn wurde zum Beispiel die Abteilung für Zwillings- und Erbforschung an der II. medizinischen Universitätsklinik und Poliklinik in Hamburg geschlossen, die bis Ende 1938 in der Hauptsache durch die DFG finanziert worden war.[701] Seitdem die Förderung der Abteilung durch die DFG eingestellt worden war, bemühte sich Wilhelm Weitz als Leiter der Abteilung umso mehr, von der Staatsverwaltung der Hansestadt Hamburg die notwendigen Mittel zu erhalten, da er der Meinung war, dass der Unterricht in Rassenhygiene ohne Abteilung auf Dauer nicht aufrechtzuerhalten war.[702] Die Förderakten der DFG und des RFR zeigen, dass die Vorbereitung des Krieges sich nicht nur auf die Forschungsbudgets, sondern auch auf die Inhalte der Forschungsarbeit auswirkte.

Die Umverteilung der Ressourcen im RFR führte vermutlich zunächst dazu, dass flächendeckende Forschungen zur erbbiologischen Bestandsaufnahme eingestellt wurden. Dies war zum großen Teil in der pragmatischen Einsicht begründet, dass der Krieg eine lückenlose Familienforschung erschwere beziehungsweise unmöglich mache. Durch die kriegsbedingten Prioritäten wurde die erbbiologische Bestandsaufnahme auf einmal entbehrlich. Das NS-Regime hatte ab 1935 sein anfängliches Interesse an der „Erbbestandsaufnahme" nach und nach verloren.[703] Der Krieg verstärkte diesen Trend. Ernst Braun, der im Jahre 1934 an der psychiatrischen Klinik in Rostock die Einrichtung einer erbbiologischen Kartei über die Erbkranken der Provinz Schleswig-Holstein geleitet hatte, erhielt nach 1939 keine Zuwendungen mehr von der DFG. Sauerbruch begründete die Einstellung der Forschungsförderung mit allgemeinen Etatkürzungen.[704] Von 1938 an wurde lediglich einem Mitarbeiter Brauns ein Stipendium gewährt.[705] Auch Alexander

---

700 Ebd.
701 Weitz an die Staatsverwaltung der Hansestadt Hamburg, 15.10.1938, StA HH, Beiakte 1 zur Personalakte von Wilhelm Weitz: 361-6-IV-1217.
702 Weitz an die Staatsverwaltung, 14.12.1939, ebd.
703 Roth, Bestandsaufnahme, S. 92.
704 Vgl. BAK, R 73/10441. Durch einen Runderlass vom 27. März 1939 hatte das RMI die Mitarbeit der Heil- und Pflegeanstalten an der Erbbestandsaufnahme neu geregelt. Demzufolge wurden für die erbbiologische Bestandsaufnahme Übergangsrichtlinien getroffen, die die Ergänzung der alten Karteikarten durch neue vorsahen. Wenige Tage vor dem Brief Sauerbruchs an Braun war darüber hinaus ein Erlass des RMI erschienen, der die Durchführung der Bestandsaufnahme nach einheitlichen Gesichtspunkten anordnete. Siehe: BHStA, Minn 79478.
705 Siehe: Ebd. und BAK, R 73/12815.

Thiess (geb. 1891), der an der psychiatrischen Klinik Heidelberg das erbbiologische Material der Kinzigtalbevölkerung auswertete, musste nach Kriegsbeginn auf sein Stipendium verzichten. Die Verlängerung wurde mit folgender Begründung abgelehnt: „Bei der letzten Besprechung zwischen der Fachsparte Medizin des RFR und der Reichsgesundheitsführung bezüglich der Fortsetzung der von uns bisher gestützten Arbeiten ist entschieden worden, dass Ihr Thema unter den heutigen Verhältnissen nicht weiter bearbeitet werden soll. Es handelt sich um die Auswertung erbbiologischen Materials, die auch zu einem späteren Zeitpunkt durchgeführt werden kann. Ab 1.11 ist das Stipendium zu löschen."[706] Das Projekt von Thiess war im RFR nicht als kriegs- und staatswichtig eingestuft worden.[707] Der Leiter des RPA der NSDAP, Walter Groß, an den sich Thiess gewandt hatte, versuchte 1940 die Entscheidung über den zurückgewiesenen Antrag ohne Erfolg anzufechten. Er wandte sich an Kurt Blome, der sein Gesuch ablehnte: „Ich bitte Dich [...] von vornherein zu bedenken, dass die dem RFR zur Verfügung stehenden Mittel mit Kriegsbeginn um ein Vielfaches gekürzt sind. Es war daher nicht möglich, dem Antrag von Thiess zu entsprechen."[708] Vor dem Hintergrund des Krieges war der Spielraum für Klientelpolitik enger geworden.

Krebs und Vererbung: Eine Interimsangelegenheit

Seit Frühjahr 1936 war die DFG an laufenden Bestrebungen beteiligt, den personellen, aber auch wissenschaftsorganisatorischen Defiziten der deutschen Krebsforschung entgegenzuwirken.[709] Die rassistische Hochschulpolitik des NS-Staates nach 1933 und die sich daraus ergebende Emigration bedeutender Krebsforscher hatten die schon Anfang der dreißiger Jahre wahrgenommenen Defizite der Krebsforschung noch verschärft und die Notwendigkeit einer rationellen Organisation der Forschung deutlich gemacht. Im Mai 1936 begann die DFG mit der Konzeption eines Tumorforschungsprogramms. Als fachlicher Berater wurde der Münchener Pathologe Maximilian Borst (1869–1946), der Vorsitzende des „Reichsausschusses für Krebsbekämpfung" herangezogen, der in Zusammenarbeit mit dem DFG-Sachbearbeiter Sergius Breuer die Themen für das zu fördernde Forschungsprogramm aussuchte. Im Laufe des Sommers 1936 konnte zunächst ein vorläufiger Teil-Etat freigemacht werden. Mit diesem ersten von Jansen als Vizepräsident der DFG bewilligten Etat, der sich auf 50 000 RM für Sachkredite belief und die Bewilligung ab dem 1. August 1936 von acht Stipendien zu je 175 RM vorsah, sollten Arbeiten über die Genese von Tumoren, die Erstellung von statistischen

---

706 BAK, R 73/15169.
707 Einem Brief der DFG vom 8. September 1939 an Verschuer ist zu entnehmen, dass alle Stipendiaten, deren Forschungen vom RFR nicht als staats- und kriegswichtig anerkannt wurden, nach Kriegsbeginn auf ihr Stipendium verzichten mussten. Siehe: Johann-Wolfgang-Goethe-Universität Frankfurt am Main (U Ffm), Dekanatsarchiv des Fachbereichs Medizin, H32, Bz. 139.
708 BAK, R 73/15169.
709 So hatten sich Vertreter der DFG (S. Breuer), des RGA (H. Reiter) und des „Reichsausschusses für Krebsbekämpfung" (H. Auler, M. Borst) über die Behebung jener Defizite verständigt. Hinweis bei Steinwachs, Förderung, S. 37. Moser, Musterbeispiel.

Übersichten, aber auch Forschungen über Konstitutions-, Dispositions- und Erblichkeitsfragen finanziell unterstützt werden.[710] Bereits zu diesem Zeitpunkt war als Bearbeiter eines von Borst vorgeschlagenen Forschungsprojekt über „Erbliche Anlage beim menschlichen Krebs" der Konstitutionsforscher Friedrich Curtius vorgesehen.[711] Am Tumorforschungsprogramm wurde Curtius erst Anfang 1937 beteiligt, nachdem die DFG Gespräche zum Zweck der Gründung einer Arbeitsgemeinschaft auf diesem Gebiet eingeleitet hatte. Vermittelt durch die DFG trafen sich am 15. Februar 1937 Curtius, Otmar von Verschuer und Wilhelm Weitz im Dienstzimmer von Curtius an der Charité, um sich über die Durchführung von Arbeiten zur Erblichkeit des Krebses zu verständigen. Kurz nach der Besprechung vom Februar 1937 bewilligte die DFG den beteiligten Forschern die ersten Zuschüsse.[712] Dabei handelte es sich jedoch nur um Teilbewilligungen, denn mit der in Planung stehenden Einrichtung des RFR war es nicht abzusehen, welche Nachwirkung die Umstrukturierung der Forschungsförderung auf das Tumorforschungsprogramm haben würde.

Mit der Einrichtung des RFR fiel die Entscheidungskompetenz über die Weiterförderung der Projekte des Tumorforschungsprogramms an den Fachspartenleiter Sauerbruch. Breuer befürchtete, dass Sauerbruch das Gesamtkonzept beziehungsweise Teile des von Borst und Breuer entwickelten Tumorprogramms ablehnen werde, weil er möglicherweise andere Forschungsprioritäten setzen würde.[713] Vor allem war er hinsichtlich der weiteren Bewilligung von Geldern für die angelaufenen Forschungen zur Erblichkeit des Krebses pessimistisch: „Bezüglich Ihrer weiteren Beteiligung an dem Krebsprogramm" – so schrieb Breuer an Verschuer im Juni 1937 – „herrscht, wie überhaupt über dem ganzen Kapitel ,Vererbungswissenschaft', leider noch immer Unklarheit. Sie wurde hervorgerufen durch die Intentionen, welche der neu gegründete Reichsforschungsrat in die Arbeit der Forschungsgemeinschaft hineingetragen hat und von denen man noch nicht genau weiß, wie sie sich auswirken werden. Der medizinische Fachspartenleiter im Forschungsrat, Geheimrat Sauerbruch, scheint für die vererbungswissenschaftliche Seite unseres Krebsprogramms nicht viel übrig zu haben."[714] Auch wenn Breuer hiermit andeutete, dass die Umstrukturierung der Forschungsförderung durch den RFR die bisherige Förderung der Erbforschung in Frage stellen würde, wurden seinen Befürchtungen zunächst widersprochen. So wurden Zuschüsse für die laufenden Forschungen zur Erblichkeit des Krebses sowohl am Institut von Verschuer

---

710 Breuer an Borst, 11.6.1936, BAK, R 73/12388.
711 Breuer an Curtius, 28.1.1937, BAK, R 73/10641.
712 Bis zum 1. April 1937 war ein Betrag von 2600 RM für die neu ins Leben gerufene Arbeitsgemeinschaft bewilligt worden. Siehe: DFG an Verschuer, 28.1.1937, ebd. In einem Brief, datiert vom 19. Februar 1937, erhielt Verschuer den Bescheid über die Bewilligung eines Stipendiums in der Höhe von 200 bis 300 RM und eines Kredits von 350 RM. Ebenfalls brieflich wurde Curtius am 19. Februar 1937 von der Bewilligung eines Kredits von 150 RM und von Zuwendungen für die Bezahlung einer technischen Hilfskraft in Kenntnis gesetzt. Ab dem 1. März 1937 erhielt ein Mitarbeiter von Weitz ein Stipendium. Siehe: Ebd., BAK, R 73/10641 und R 73/13116.
713 Moser, Musterbeispiel.
714 Breuer an Verschuer, 14.6.1937, BAK, R 73/15342.

3.6. Der Reichsforschungsrat und die Umstellung der Forschungsförderung

als auch in der erbbiologischen Abteilung von Weitz bewilligt.[715] Aber Curtius verzichtete freiwillig – vermutlich in Einvernehmen mit Sauerbruch – auf die Erforschung des Krebses unter erbbiologischen Gesichtspunkten.[716] Im zweiten Jahr der Existenz des RFR wurde die Förderung schließlich eingestellt. Das DFG-Tumorforschungsprogramm, das bis in die Kriegszeit hinein weitergeführt wurde[717], verlor gerade mit Kriegsbeginn seinen erbbiologischen Schwerpunkt, der nie wieder aufgenommen wurde. Im August 1939 wurde der DFG-Stipendiat Hubert Habs (geb. 1895), der sich unter der Leitung von Weitz mit den Forschungen zur Erblichkeit des Krebses befasste, zur Wehrmacht einberufen. Dem anderen DFG-Stipendiat Ernst Kober (geb. 1913), der im Frankfurter Institut von Verschuer krebskranke Zwillinge untersuchte, wurde nach dem 1. Oktober 1939 das Stipendium nicht verlängert. Seine Arbeit war als nicht kriegswichtig eingestuft worden. Erst nach dem Krieg konnte Kober seine Forschungen zur Erblichkeit des Krebses fortsetzen, allerdings nicht mehr mit der finanziellen Unterstützung der 1949 wieder neu gegründeten DFG, sondern mit Unterstützung der Mainzer Akademie der Wissenschaften.[718] 1956 legte Kober seine Ergebnisse in einer Monographie mit dem Untertitel „Ergebnis einer Forschung durch 20 Jahre an einer auslesefreien Zwillingsserie" vor.[719]

3.6.4. Erbforschung für die Kriegsanstrengung

Mit der Gründung des RFR entstand eine neue Dimension in der Forschungsförderung. Der RFR förderte nicht nur Forschungsvorhaben, er war auch befugt, neben den Reichsministerien und der Wehrmacht Forschungsaufträge zu erteilen. So zeichnete er sich durch eine aktive Forschungsförderung aus, die auch Teile der Erbforschung – auch wenn diese marginal sind – betraf. Während des Krieges wurden besondere Anstrengungen zur Bekämpfung der im Bergbau verbreiteten Staublungenkrankheit unternommen. Der RFR unterstützte eine Reihe von Forschungsvorhaben, die das Problem der für die kriegswichtige Produktion von Eisen und Stahl gravierenden Staublungenerkrankung von jeder möglichen Seite angehen sollte.[720] Dabei wurde Verschuer als Leiter des Frankfurter Instituts für Ras-

---

715 Laut eines Bewilligungsschreibens vom 7. Juli 1938 erhielt Verschuer 3000 RM für die „Untersuchung über die erbliche Anlage beim Krebs unter statistischen Gesichtspunkten". Im Juli 1937 erhielt Weitz eine Bewilligung von 3000 RM für die Forschungsarbeiten auf dem Krebsgebiet. Siehe: BAK, R 73/15342 und R 73/15598.
716 Siehe: Curtius an den Präsidenten der DFG, 10.5.1938, BAK, R 73/10641.
717 Im Jahr 1941 lag der Etat für Krebsforschung bei rund 281 000 RM und 1942 immerhin noch bei rund 250 400 RM. Siehe: Moser, Musterbeispiel.
718 Siehe: Kober, Frage.
719 Ebd.
720 Folgende Arbeiten über Staublungenkrankheiten wurden durch den RFR unterstützt: Prof. Böhme, Bochum, Augusta-Kranken-Anstalt, Störung der Lungenfunktion bei Silikoseerkrankung; Prof. Jötten, Münster, Hygienisches Institut der Universität Münster, Experimentelle Gewerbestaubversuche; Prof. Kraut, Dortmund, KWI für Arbeitsphysiologie, Prof. Lehmann, Dortmund, KWI für Arbeitsphysiologie, Bekämpfung und Verhütung der

senhygiene mit einem Projekt bedacht, das die erbbiologischen Grundlagen dieser Krankheit erforschen sollte. 1938 begannen im Auftrag des Reichsarbeitsministeriums und unter der Leitung von Verschuer Forschungen zur „konstitutionellen Bedingtheit für Staubschädigungen der Lunge".[721] Da der dafür vorgesehene Mitarbeiter Verschuers zur Wehrmacht einberufen wurde, mussten die Forschungen drei Jahre lang unterbrochen werden. Erst 1942 konnten sie wieder in Gang gebracht werden. Bis Ende 1943 konnten jedoch keine abschließenden Ergebnisse gewonnen werden, da sich die Forschungen auf die für die Zwillingsforschungen typischen aufwendigen Vorarbeiten beschränkten. Bis Oktober 1944 waren aus über 20 000 Staublungenkranken der Knappschaftskrankenhäuser, die durch Reihenröntgenuntersuchungen der SS ermittelt wurden, durch standesamtliche Anfragen die Zwillinge herausgesucht worden.[722] Die besondere Aufmerksamkeit für die Staublungenkrankheit blieb bis Ende des Krieges erhalten. So wurde schließlich im Juli 1944 ein eigenes Reichsinstituts zur „Erforschung und Verhütung der Staublungen-Erkrankungen" in Münster gegründet.[723]

Im Kontext der Kriegsanstrengung war zudem die Leistungssteigerung zu einem Forschungsfeld geworden, das sich zunehmend der Zuwendung erfreute. Vor allem in die kriegswichtige Rüstungsindustrie sollte das Ideal der „NS-Leistungsgemeinschaft" übertragen und die Arbeitskräfte optimal mobilisiert werden. Nicht nur Physiologen, sondern auch Erb- und Konstitutionsforscher erkannten diese neue Förderkonjunktur, stellten Anträge an den RFR und versuchten damit, die besten Rahmenbedingungen für ihre breit angelegten Forschungen zu schaffen. Als einer der Pioniere einer medizinisch ausgerichteten Erbforschung leitete der Internist Wilhelm Weitz ab 1937 eine Untersuchung über die Erblichkeit der körperlichen Leistungsfähigkeit, die von der Fachsparte Wehrmedizin des RFR gefördert wurde. Anfang 1936 war Weitz zum Direktor der II. Medizinischen Universitätsklinik Hamburg ernannt worden, wo er zum großen Teil mit DFG-Geldern eine eigene Abteilung für Zwillingsforschung gegründet hatte.[724] In dieser Abteilung wurde die erbliche Disposition einer Reihe von inneren Krankheiten zum Teil durch DFG-Stipendiaten erforscht. Erst 1937 konnte Weitz Gelder für die Untersuchungen zweier seiner Mitarbeiter besorgen, die bemüht waren, mit ergometrischen Methoden „einerseits die Eignung für körperliche Arbeiten überhaupt, andererseits aber auch für bestimmte Arbeiten [festzustellen]". Ihre Versuchsfelder waren die Hamburger Polizei und das olympische Dorf in Berlin.[725]

Lungensilikose; Dr. Emmy Rossius, Deutsche Forschungsanstalt für Tuberkulose, Wiesbaden, Silikose als Schrittmacher für die Tuberkulose; Prof. Dr. Siegmund, Münster, Pathologisches Institut der Universität, Verkieselungsvorgänge bei der Staublunge. Siehe R 26/III, 190. Bereits ab April 1936 hatte die DFG ein Projekt zur Erforschung der „Erbpathologie der Polycythämie", einer abnormen Vermehrung der roten Blutkörperchen als Reaktion des Organismus auf bestimmte Reize, wie zum Beispiel Sauerstoffmangel, gefördert. Siehe: Mertens, Würdige, S. 280.

721 Siehe: BAK, R 73/15342.
722 Tätigkeitsbericht vom 4.10.1944, ebd.
723 Siehe: BAB, R 26III/190.
724 Bussche, Fakultät, S. 1259–1384.
725 BAK, R 73/15598.

3.6. Der Reichsforschungsrat und die Umstellung der Forschungsförderung 177

In seinem Antrag an den RFR betonte Weitz, dass diese Forschungen für die Wehrmacht von besonderer Bedeutung seien[726], was der Bearbeiter des Antrages bezeichnenderweise rot unterstrich. Die Förderung des Forschungsvorhabens sollte im Rahmen der Fachsparte Wehrmedizin erfolgen.

Anders als Weitz gelang es dem Konstitutionsforscher Heinz Bober, mitten im Krieg seine Untersuchungen „über Arbeits- und Leistungseignung auf konstitutionstypologischer Grundlage" fördern zu lassen.[727] Als Anthropologe hatte sich Bober im Berliner Institut für Konstitutionsforschung von Walter Jaensch auf erbbiologischem Gebiet eingearbeitet. Von Anfang April 1938 bis Ende 1942 wurde ihm ein Forschungsstipendium zur konstitutions-anthropologischen Untersuchung über Parodontose immer wieder verlängert. Nachdem Bober im Mai 1940 zum aktiven Wehrdienst einberufen worden war, konnte er die DFG beziehungsweise den RFR dazu bewegen, ihm die monatlichen Raten seines Stipendiums weiterzubezahlen. Er hatte mit großem persönlichem Einsatz an der Frauen- und Kinderklinik des Berliner Krippenvereins ein Institut für Konstitutionsmedizin eingerichtet, das er mit allen Mitteln halten wollte.[728] Erst ab Anfang 1941, als er wegen einer „Dienstbeschädigung" aus dem Militärdienst entlassen wurde, konnte er sich seiner wissenschaftlichen Arbeit widmen. Bis April 1942 hatte er über 28 000 Personen aus verschiedenen Städten untersucht und stellte als Ergebnis fest, dass „bei allen Parodontopathien[729], die nicht auf rein lokale Ursachen zurückzuführen sind, Konstitutionsstörungen bestehen".[730] Ausgehend von diesen Ergebnissen stellte er ein neues Projekt in Aussicht, mit dem er beträchtliche Zuwendungen der DFG in Anspruch nehmen sollte: Im Juli 1942 stellte er einen Antrag zur „Untersuchung über Arbeits- und Leistungseignung auf konstitutionstypologischer Grundlage beim Rüstungsarbeiter".[731] Im April 1943 folgten zwei neue Anträge für die bisher laufenden Forschungen und für Untersuchungen zur „Arbeits- und Leistungskurve nach Pauli". Dafür forderte er die beträchtlichen Summen von 7000 und 10 000 RM.[732] Im März 1944 war Bober weiterhin darauf bedacht, mit DFG-Geldern seine Forschungen auszubauen. Dabei präsentierte er sie als einen direkten Beitrag zur neuen betriebsärztlichen Politik:

> „Im Verlauf der von uns durchgeführten Untersuchungen zur Frage der Leistungsbeurteilung und der Arbeitsbelastung ist von den Betriebsärzten der beteiligten Rüstungsbetriebe die Frage nach der Beurteilung und der Belastungsfähigkeit von Herzkreislaufgestörten immer als besonders vordringlich an uns herangetragen worden. Dabei ergab es sich, dass wir unsere Untersuchungen diesen Erfordernissen der Praxis angeglichen haben. Es wurden in verschiedenen Rüstungsbetrieben die Vorbereitungen getroffen, um das Problem ‚Leistungsbeurteilung und Arbeitsbelastung bei Herzkreislaufgestörten' sofort durch umfangreiche Untersu-

---

726 Weitz an die DFG, 11.10.1937, ebd.
727 Siehe: BAK, R 73/10352.
728 Bober an die DFG, 1.6.1940, ebd.
729 Paradontopathien sind bakteriell bedingte Entzündungen, die sich in einer weitgehend irreversiblen Zerstörung des Zahnhalteapparates (Parodontium) zeigen.
730 Zusammenfassung der Ergebnisse der Konstitutionsuntersuchungen zum Paradontose-Problem vom 1.4.1942, ebd.
731 Bober an Breuer, 1.7.1942, ebd.
732 Bober an den Präsidenten des RFR, 13.4.1943, ebd.

chungen in Angriff zu nehmen. Für die Durchführung dieser Untersuchungen ist für personelle und Sachausgaben der Betrag von etwa RM 10.000,-- für das kommende Etatjahr erforderlich."[733]

Bober unterstrich nicht nur, dass er unmittelbar auf die Bedürfnisse der Betriebsärzte einging, sondern beteuerte auch wenig später, dass er sich zur Aufgabe stellte „dem im Betrieb tätigen Arzt Methoden der Funktionsprüfung und der Leistungsbeurteilung an die Hand zu geben".[734] Mit seiner weitreichenden Anpassung an die forschungspolitischen Prioritäten des Regimes konnte er fast bis zum Ende des Krieges eine erhebliche Ausweitung seines Forschungsprogramms vorantreiben: Im August 1944 wurde ihm schließlich für „Untersuchungen zur Frage des Arbeitseinsatzes herz-kreislaufgestörter Rüstungsarbeiter" eine Sachbeihilfe von 9200 RM bewilligt.

Im Forschungsprogramm Bobers ergaben sich während des Krieges neue Gesichtspunkte und eine neue Fragestellung. Andere Erbforscher profitierten, wenn auch in beschränktem Maße, von der verstärkten Zuwendung hin zu Herz-Kreislauf-Krankheiten. Seit Kriegsbeginn gehörte die Physiologie des Herz-Kreislaufsystems zu einem vorrangig vom RFR beziehungsweise von der DFG geförderten Arbeitsgebiet.[735] Anfang 1939 wurde auf Anregung von Richard Siebeck eine groß angelegte „Untersuchung über die Pathogenese der Blutdrucksteigerung" in der erbpathologischen Abteilung von Curtius in Angriff genommen, bei der festgestellt werden sollte, „in welchem Ausmaß erblich-konstitutionelle und exogene Faktoren (Infektionen, Gifte usw.) an der Entstehung der Blutdrucksteigerung beteiligt sind".[736] Diese Arbeit, für die Siebeck einen bezahlten Volontär-Assistenten der Klinik bekam[737], wurde dann während des Krieges kontinuierlich gefördert. Am 4. Mai 1939 hatte sich Curtius einer Bewilligung von 6000 RM für „Arbeiten aus dem Gebiete der klinischen Erbpathologie und Ihrer Untersuchungen über die Pathogenese der Blutdrucksteigerung" erfreuen dürfen.[738] Am 26. März 1941 wurde die Bewilligung von 6000 RM erneuert. Curtius' Antrag vom 10. März 1943 auf die Förderung von 6000 RM für dieselbe Arbeit wurde am 25. Mai 1943 immerhin mit einer Bewilligung von 5000 RM entsprochen. Die Kürzung der beantragten Fördersumme um 1000 RM war angesichts der gesamten Entwicklung der Förderung im Bereich der Erb- und Rassenforschung relativ gering. Mit der Untersuchung zur Pathogenese der Blutdrucksteigerung legte Curtius neue Akzente in seine Forschungstätigkeit, die sich allerdings schon länger auf eng verwandte Themen konzentrierte. In den dreißiger Jahren hatte er über die erbliche Erkrankung des Venensystems gearbeitet und die Bezeichnung des „status varicosus" als

---

733 Bober an Breuer, 25.3.1944, ebd.
734 Bober an die Fachsparte Medizin im RFR, 24.7.1944, ebd.
735 Siehe: Neumann, Alexander: Physiologische Forschung im Übergang von der zivilen zur militärischen Forschung unter besonderer Berücksichtigung der luftfahrtmedizinischen Forschung (Manuskript).
736 Curtius an die DFG, 28.2.1939, BAK, R 73/10641.
737 Ebd.
738 RFR an Curtius, 4.5.1939, ebd.

Ausdruck für eine konstitutionelle Gebrechlichkeit des Venensystems eingeführt.[739] Von dieser Perspektive aus stellten die (erst Ende der dreißiger Jahre in Angriff genommenen) Arbeiten zur Blutdrucksteigerung eine gewisse Vertiefung eines bereits bestehenden Interesses an der menschlichen Blutbahn dar.

Die Arbeiten von Curtius' erbpathologischer Abteilung beschränkten sich nicht auf das Problem beziehungsweise Phänomen der Blutdrucksteigerung, sondern bezogen viele weitere Aspekte ein, die mit unterschiedlichen physiologischen Erscheinungen in Berührung standen. Anfang Dezember 1942 meldete Curtius der DFG, dass eine Untersuchung „über die ‚reaktive Initialzacke' der Körpertemperatur, die bei einem Teil der nicht fieberhaften Patienten nach der Krankenhausaufnahme auftritt und wichtige klinische, konstitutionspathologische und psychologische Rückschlüsse auf die Erscheinungen der Wärmeregulierung gestattet", abgeschlossen sei.[740] Ebenfalls wies er auf eine unter seiner Leitung durchgeführte Untersuchung über „persönliches Tempo und Basedow'sche Krankheit, Tonus und Körperbau" hin. Für diese Arbeit erhielt eine Mitarbeiterin von Curtius, Ida Frischeisen-Köhler (1887–1958), im Rechnungsjahr 1943/44 ein Forschungsstipendium der DFG über monatlich 300 RM und einmalig 3600 RM.[741] Die Förderung erscheint vor allem im Hinblick auf ihre anfänglichen Schwierigkeiten als Nachwuchswissenschaftlerin am KWI-A bedeutsam. Wenige Monate nach der nationalsozialistischen Machtübernahme musste sie nämlich als Assistentin von Hermann Muckermann (1877–1962) aus dem KWI-A ausscheiden, weil sie als politisch unzuverlässig eingestuft worden war. Der Krieg ließ möglicherweise die (aufgezwungene) Gleichschaltung des wissenschaftlichen Personals punktuell in den Hintergrund treten, allerdings kann dies nicht als ein allgemeiner Trend festgehalten werden. Curtius' Arbeitsberichte an die DFG lassen vermuten, dass die Arbeiten von Frischeisen-Köhler bis Ende des Krieges weit gediehen waren.[742] Anfang 1944 war ihre Arbeit über die Beziehung zwischen Körperbau und Tonus im Druck.[743]

Wenn auch Curtius ansatzweise bemüht war, den geänderten Rahmenbedingungen der Forschungsförderung entgegenzukommen, blieb sein Antrag auf die Selbstständigkeit seiner erbpathologischen Abteilung ohne Erfolg. „Die Frage, ob es ratsam erscheint, die erbpathologische Abteilung von der ersten medizinischen Klinik zu lösen und sie selbstständig zu machen", – so entschied das REM – „muss als nicht kriegswichtig bis nach Beendigung des Krieges zurückgestellt werden."[744] Immerhin, als die Schließung der erbpathologischen Abteilung drohte, wurde Curtius vom Reichsarbeitsministerium unterstützt. Curtius war in Kriegszeiten vom Reichsarbeitsministerium in Anspruch genommen worden, denn seine Gutachten über Nervenkrankheiten und insbesondere Tabes Dorsalis waren für die

---

739 Curtius/Pass, Untersuchungen.
740 Curtius an die DFG, 1.12.1942, ebd.
741 Siehe: Namenskartei, BAB, R 1501/3684; BAB, R 26/III, 382.
742 Siehe: Curtius an Sauerbruch, 29.7.1943, BAK, R 73/10641.
743 Die Arbeit erschien in der Zeitschrift für die gesamte experimentelle Medizin. Siehe: Curtius an Sauerbruch, 22.1.1944, ebd.
744 REM an den Verwaltungsdirektor der Charité, BAB, BDC/514.

Durchführung der Reichsversorgung und Reichsversicherung vermeintlich von großem Belang. Im März 1944 lobte ein Verwaltungsinspektor aus dem Reichsarbeitsministerium die Forschungstätigkeit von Curtius: „Ich muss gerade jetzt, wo die militärische Verwendung so zahlreicher Volksgenossen zunehmend schwierige gutachterliche Fragen auf seinem Forschungsgebiet aufkommen lässt, den allergrößten Wert darauf legen, dass Prof. Curtius seine wissenschaftliche Tätigkeit und seine Mitarbeit bei der Versorgung der kranken Kriegsteilnehmer weiterführen kann."[745]

Während des Kriegs erhielt mit Walter Jaensch ein anderer Konstitutionsforscher eine kräftige Unterstützung durch den RFR beziehungsweise die DFG. Anfang der dreißiger Jahre leitete der Privatdozent für innere Medizin ein Ambulatorium für Konstitutionsmedizin an der Charité, das in der Hauptsache durch private Mittel und Zuwendungen der Rockefeller Foundation aufrechterhalten wurde.[746] Nach der Machtübernahme verbesserte sich die Finanzlage des Laboratoriums, da Jaensch ab Juli 1934 einen besoldeten Lehrauftrag für Konstitutionsmedizin, aber auch verschiedene ministerielle Zuschüsse erhielt.[747] Darüber hinaus erfreute sich das Laboratorium der finanziellen Unterstützung durch die Stadt Berlin. 1934 stellte der Berliner Bürgermeister nicht nur 4000 RM zur Verfügung, sondern auch 5000 RM für 1935 in Aussicht.[748] Außerdem drängte er das REM darauf, dem Ambulatorium die Bezeichnung „Universitätsinstitut" zu verleihen. Dabei machte er auf die „im Sinne des nationalsozialistischen Staates" geleistete Arbeit des Laboratoriums aufmerksam, das sich mit „Maßnahmen zur Aufbesserung des erbgesunden Nachwuchses" befasste. 1935 genehmigte das REM der Forschungsstelle, sich als Institut für Konstitutionsforschung zu bezeichnen.[749] Auch wenn die Umwandlung des Laboratoriums in ein selbstständiges Institut mit planmäßigem Etat nicht geplant war, konnten im Rechnungsjahr 1934/35 die beiden Hilfskräfte des Ambulatoriums in den Etat der Charité einbezogen werden.

Bereits in der späten Weimarer Republik war Walter Jaensch durch die NG gefördert worden. Einerseits unterstützte diese die Einrichtung des Laboratoriums für Konstitutionsmedizin, andererseits ließ sie Jaensch sachbezogene Beihilfen

---

745 Ebd.
746 Ab 1931 bewilligte die Rockefeller Foundation dreimal einen Jahresetat von 3000 RM für Jaenschs Ambulatorium. Siehe: Chronik der Berliner Universität, BAB, R 4901/1463, S. 329. Bis 1933 blieben die ministeriellen Zuschüsse einmalig. So gewährte 1930 das preußische Ministerium für Wissenschaft 1500 RM und das Reichsarbeitsministerium 5000 RM. Siehe: Universitätsarchiv der Humboldt-Universität, UK/J18.
747 Das Ambulatorium wurde sowohl vom REM unterstützt, das aus Zentralfonds kleinere Zuschüsse zur Verfügung stellte, als auch vom preußischen Innenministerium und Arbeitsministerium. Am 13. September 1933 gewährte der preußische Minister für Wissenschaft, Erziehung und Volksbildung einen Zuschuss von 1000 RM. Siehe: Chronik der Berliner Universität, ebd.
748 Der Oberbürgermeister der Stadt Berlin an den Herrn Reichs- und preußischen Minister für Wissenschaft, Erziehung und Volksbildung, 18.3.1935, ebd.
749 Siehe: Der Reichs- und preußische Minister für Wissenschaft, Erziehung und Volksbildung an den Herrn Verwaltungsdirektor der Charité, 3.7.1935, BAB, R4901/1463.

zukommen. Allerdings blieben die Zuwendungen für Forschungsprojekte sehr beschränkt. Nach der Machtübernahme erfreute sich Jaensch weiterer Zuwendungen der DFG. Allerdings wurde er bis zur Einrichtung des RFR wenig gefördert. Im Oktober 1933 erhielt er 500 RM für „psychologische Untersuchungen mit dem Autotonograph", im März 1936 und im Juni 1936 je 600 RM für „kapillarstigmatisierte Schleimhautstörungen (Darmstörungen und ihre Rückwirkung auf die körperlich-seelische Konstitution)".[750] Dabei warf er die Frage nach verschiedenen Fettwuchsformen bei Konstitutionsstörungen von Kindern und Erwachsenen auf. Im Februar 1937 erhielt er schließlich für dieses Projekt 1200 RM. Es folgten nach der Einrichtung des RFR bedeutende Zuwendungen, die im Jahr 1942 ihren Höhepunkt erreichten. Im Juni 1937 bekam Jaensch 3400 RM für „klinisch-psychophysiologische Untersuchungen". Im Januar 1938 stellte der Apparateausschuss der DFG einen Autotonograph mit Zubehör. Im Mai 1938 bewilligte der RFR beziehungsweise die DFG 3000 RM für „konstitutionsbiologische Forschungen und psychologische Untersuchungen an konstitutionell geschwächten Kindern". Sowohl im Rechnungsjahr 1939/40 als auch 1941/42 wurde diese Beihilfe in derselben Höhe erneuert.[751] 1942 wurde schließlich Jaenschs Antrag auf die „für die Zeit von zwei Jahren Zurverfügungstellung eines Betrages von 100 000 RM" für „grundlegende Arbeiten auf dem Gebiet der klinischen Anthropologie und Erbbiologie sowie klinische Psychophysiologie" mit einer Dotation des Stifterverbandes der DFG entsprochen.[752] Mit seinen „konstitutionsbiologischen Forschungen" verfolgte Jaensch das Ziel, eine klinische Rassenhygiene einzuführen, die auf die „Vermehrung der Kinderzahl erbgesunder Eltern" gerichtet war. Gleichzeitig war er um eine Konstitutionstherapie für konstitutionell geschwächte Kinder bemüht. Dabei verstand er die Konstitution als „eine dynamische Eigenschaft des Einzelwesens innerhalb seiner rassisch angelegten Grenzen".[753] So war er von einem statischen Konstitutionsbegriff deterministischer Natur weit entfernt, der allein auf die Einteilung in verschiedene Typen gerichtet war. Vielmehr glaubte er, dass man durch die Veränderung des Phänotyps die angeborenen Eigenschaften des Organismus beeinflussen und dabei kindliche Entwicklungsstörungen aktiv bekämpfen könne. In einem Brief von Ende 1934 beschrieb er dem Führer der Deutschen Dozentenschaft seine Arbeit:

> „Immer wieder hören wir, dass schwächliche Kinder bei gesunden Eltern und Geschwistern von der Mutter zu einem ungünstigen Zeitpunkt ausgetragen worden sind, während vielleicht ein früher oder später geborenes Kind der gleichen Familie vollkommen gesund und robust ist. Es ist nicht nötig, hier immer gleich ungünstige Erbfaktoren als Ursache anzunehmen; denn es gibt auch im normalen Bereiche massenhaft Kinder, bei denen gewisse Schwächen der Konstitution im Sinne von Entwicklungshemmungen oder mangelnder Ausreifung auf ungünstigen peristatischen Einflüssen bei ihrer Entwicklung beruhen. Diese auszuschalten,

---

750 Siehe: BAK, R 73/14980.
751 Ebd. und BAK, R 73/14176.
752 Siehe: Bewilligung, 10.4.42, BAK, R 73/14980.
753 Siehe: Jaensch, Walter: Konstitutionsmedizin als praktische ärztliche Aufgabe (Aus „Die Ärztin" 18. Jahrg. H.10/1942), Universitätsarchiv der Humboldt-Universität, UK/J18. Vgl. Jaensch, Konstitutions- und Erbbiologie.

ist Aufgabe einer Anlagepflege und Entwicklungsförderung im Sinne der klinischen Rassenhygiene."[754]

Jaensch wollte dafür sorgen, dass möglichst viele deutsche Kinder gesund heranwuchsen. Während des Krieges fand er ähnliche Worte, um seine Forschungsrichtung zu beschreiben. Allerdings war er nun besonders darauf bedacht, den engen Zusammenhang seiner Forschungen mit der Leistungsmedizin zu betonen:

> „Möglichst vollreife Menschen, möglichst leistungsfähige Mitglieder der Volksgemeinschaft heranzuziehen, ist daher nicht allein praktische Aufgabe der Erb- und Rassenpflege im Sinne der rassenhygienischen Gesetzgebung, sondern ebenso sehr daher einer konstitutionsmedizinisch ausgerichteten Anlagepflege und Entwicklungsförderung der Erbgesunden. Das ist eine Staatsaufgabe, von der auch die Leibeserziehung einen wesentlichen Teil bildet, ohne sie jedoch auszuschöpfen. Auch die möglichste Brauchbarmachung und Herabminderung der konstitutionellen Schwächen bei Erbgeschädigten sowie die Verminderung ihrer Pflegebedürftigkeit gehört mit hierher. Die Konstitutionsmedizin ist daher die Wissenschaft vor allem der vorbeugenden, nachreifenden, verbessernden Konstitutionstherapie des Jugendalters und ein besonderes Anliegen der Jugendmedizin und Jugendgesundheitspflege, d. h. des Jugendarztes, also des Schularztes, des HJ.-Arztes, der BDM.-Ärztin, des SA.-Arztes, des SS.-Arztes, des Werkarztes, des Arztes im Amt für Volksgesundheit, des beamteten Arztes, wie der Wehrmedizin, soweit sie mit dem Nachwuchs zu tun haben".[755]

Jaensch wies den RFR auf die wehrmedizinische Bedeutung seines Forschungsansatzes hin.[756] Seine Forschungen hatten im Endeffekt wenig mit der Vererbungslehre zu tun. Entgegen der Planung hatte das Institut 1942 noch immer keine Abteilung für Anthropologie und Erbbiologie. Es bestand lediglich aus einer ärztlichen Abteilung als Poliklinik für Konstitutionsmedizin und einer Abteilung für klinische Psychophysiologie. Aus diesem Grund wehrte sich Lenz dagegen, das Wort „Rassenhygiene" zu benutzen, und sprach von einer „Endokrinologie mit dem Ziel einer Therapie der individuellen Konstitution".[757]

Neben der Förderung durch den RFR beziehungsweise die DFG erfreute sich die von Jaensch vertretene Forschungsrichtung zunehmender Anerkennung durch die staatlichen Instanzen. Diese schlug sich in einer Institutionalisierung nieder, was wiederum von Sauerbruch unterstützt wurde. Im Juli 1939 wurde Jaensch zum außerplanmäßigen Professor berufen. Im April 1940 wurde das mittlerweile in ein Institut umgewandelte Ambulatorium für Konstitutionsmedizin verstaatlicht. Ende 1940 bewilligte das REM einen Lehrauftrag in der Konstitutionslehre mit der Vergütung von 3600 RM. Als der NS-Dozentenbund 1942 die Leitung des Instituts mit einem einschlägigen planmäßigen Extraordinariat für Konstitutionsmedizin in Erwägung zog, setzte sich Sauerbruch dafür ein: „Der Reichsforschungsrat hat mehrfach die Arbeiten des Prof. Jaensch unterstützt, und er konnte sich davon überzeugen, dass Prof. Jaensch und seine Assistenten ernsthaft arbeiten."[758] Sauerbruch war allerdings der einzige, der die Einrichtung eines neuen

---

754 Siehe: Klinische Rassenhygiene, ebd.
755 Jaensch, Konstitutionsmedizin.
756 „Rote Berichte", 1942, NARA 319, Entry 82 a, Box 19.
757 Lenz an den Dekan der medizinischen Fakultät, 1.6.1942, Archiv der Humboldt-Universität (UHUB), UK/J18.
758 Sauerbruch an den Dekan Rostock, 17.6.1942, ebd., UK J 18.

3.6. Der Reichsforschungsrat und die Umstellung der Forschungsförderung   183

Extraordinariats befürwortete. Zwar war der Mentor und Lehrer von Jaensch, Gustav von Bergmann (1878–1955), für die Verleihung eines „persönlichen" Extraordinariats an Jaensch, aber er wandte sich gegen die Gründung eines planmäßigen Extraordinariats für Konstitutionsmedizin und übte Kritik an der von Jaensch vertretenen Forschungsrichtung, die er für viel zu eng gefasst hielt.[759] Erst im März 1943 wurde Jaensch zum außerordentlichen Professor ernannt.

3.6.5 Netzwerke: Förderung im institutionellen Kontext

Abgesehen davon, dass der Begriff der Kriegswichtigkeit nicht unbedingt die Lösung von kriegsentscheidenden Problemen implizieren musste[760], ließ die Oktroyierung von Kriegswichtigkeitsstufen rhetorische Bemühungen an Bedeutung verlieren. Denn die Rhetorik, die sich zur Legitimation des Begriffs der Kriegswichtigkeit bediente, sicherte noch keineswegs eine Bewilligung des Antrags. Karl Schmidt, dem Leiter der Augenklinik in Bonn, wurde zum Beispiel 1939 die beantragte Sachbeihilfe für ein Projekt über die Träger des erblichen grauen Stars abgelehnt. Vergeblich machte er in seinem Antrag an Sauerbruch auf seine Absicht aufmerksam, den sozialen Wert und die militärische Verwendbarkeit der an erblichem Grauen Star erkrankten Personen zu untersuchen.[761] Nachdem die Bearbeitung des Antrages wegen Vorbelastung des Etats der Fachsparte 1939 zurückgestellt worden war, wurde er im März 1940 abgewiesen.[762]

Bedeutender als die Versicherung des Antragstellers, ihr Projekt sei kriegswichtig, waren personelle beziehungsweise institutionelle Entscheidungen in der Forschungsförderung. Nachdem die KWG gezwungen worden war, 1940 einen Abstrich von 20 000 RM in dem Etat des als noch nicht kriegswichtig anerkannten KWI-A zu machen, gelang es dem Reichsgesundheitsführer Leonardo Conti, der kurz zuvor zum Vorsitzenden des Kuratoriums dieses Instituts ernannt worden war, im Januar 1941 größere Zuwendungen vom RFR beziehungsweise von der DFG zu erlangen. Durch diese Zuwendungen wurde die Forschungstätigkeit der neuen Abteilung für experimentelle Erbpathologie unter der Leitung von Hans Nachtsheim ermöglicht. Kurz nach der Sitzung des Kuratoriums des KWI-A vom 20. Januar 1941 war Nachtsheim zunächst bemüht gewesen, die KWG zu einer Erhöhung des Institutsetats von 33 800 RM zu bewegen, um die Forschungsarbeiten seiner neuen Abteilung finanzieren zu können.[763] Am folgenden Tag bat er die KWG, die Mittel bei der DFG zu erwirken. Dabei fasste er vor allem die

---

759 Von Bergmann an den Dekan der medizinischen Fakultät, 5.6.1942, ebd.
760 In einem Bericht vom Planungsamt des Reichsforschungsrats über die im Jahre 1943 durchgeführten Arbeiten heißt es: „Die in den Kurzberichten des Reichsforschungsrates skizzierten wissenschaftlichen Arbeiten können nur zu einem Teil als kriegswichtig angesprochen werden, wenn an diesen Begriff der Maßstab gelegt wird, der den Erfordernissen des totalen Krieges entspricht." In: BAB, R 26/III/276.
761 Karl Schmidt an die DFG, 13.4.1939, BAK, R 73/14352.
762 Vgl. Breuer an Schmidt, 11.3.40, ebd.
763 MPG-Archiv, Abt. I, Rep. IA, Nr. 2409.

Übertragung der einst von der NG geförderten Kaninchenställe auf dem Grundstück des Instituts für Vererbungs- und Züchtungsforschung ins Auge.[764] In einem Entwurf vom 23. Januar 1941 an den Präsident der DFG bat Conti die Förderinstitution um einen Betrag von 40 000 RM mit dem Argument, dass eine Erhöhung des Etats des KWI-A während des Krieges aussichtslos sei.[765]

Spätestens Anfang 1942 bewilligte der RFR beziehungsweise die DFG den hohen Zuschuss von 40 000 RM für die neu gegründete Abteilung für vergleichende Erbpathologie des Säugetiergenetikers Hans Nachtsheim.[766] Bis zum Ende des Krieges wurde dieser Zuschuss immer wieder erneuert[767], was im Hinblick auf die schlechten Rahmenbedingungen für experimentelle Arbeiten während des Krieges als eine bedeutende Leistung betrachtet werden muss. Darüber hinaus erhielten Nachtsheims Forschungen die kriegswichtige Dringlichkeitsstufe „S".[768] Aufgrund der sehr hohen Zuwendungen des RFR beziehungsweise der DFG an die Abteilung von Nachtsheim kam Ende 1943 dem KWI-A die Hälfte der gesamten Zuwendungen des RFR für die Erb- und Rassenforschung zu.[769] Den bis Ende des Krieges von der DFG gewährten Zuschüssen kam insofern eine sehr große Bedeutung zu, als das KWI seit dem Rechnungsjahr 1942/43 infolge seines Expansionsschubs und der Schaffung der Abteilung für vergleichende Erbpathologie mit einem kräftigen Defizit fertig werden musste.[770]

Im Gegensatz zum KWI-A verschlechterte sich im Krieg die finanzielle Situation der DFA. Die drastischen Mittelkürzungen der DFG-Zuwendungen ab 1938, verstärkt ab 1939, bewirkten hier in Verbindung mit dem Kriegsdienst mehrerer Mitarbeiter einen Rückgang der Forschung.[771] Theobald Lang konnte sich mit

---

764 Ebd., Nr. 2413.
765 Ebd., Nr. 2400.
766 Siehe: BAB, BDC-Akte: Eugen Fischer, Aktenvermerk vom 26.3.1942 über die Genehmigung von 40 000 RM für die Abteilung Nachtsheim. Vgl. Lösch, Rasse, S. 375.
767 Am 24.5.1943 und am 16.5.1944 wurde der Kredit von 40 000 RM erneuert. Siehe: BAK, R 73/15342 und Namenskartei, BAB, R 1501/3684.
768 Die Anerkennung von Forschungsvorhaben als kriegswichtig und ihre Eingruppierung in eine Dringlichkeitsstufe (S, SS oder DE) konnte durch die Wehrmacht, das Reichsamt für Wirtschaftsausbau oder den RFR erfolgen.
769 Das KWI-A beanspruchte 49 Prozent der Zuwendungen für die Erb- und Rassenforschung. Diese Prozentangabe ist aus einer statistischen Auswertung der Aufstellung der Forschungsaufträge des Reichsforschungsrates, die von der Fachsparte Medizin am 22. Dezember 1943 dem Generalkommissar des Führers für das Sanitäts- und Gesundheitswesen zugesandt wurde. Siehe: BAB, R 26/III/382.
770 Im Rechnungsjahr 1942/43 verminderten sich die Zuschüsse des Reiches und Preußens. Siehe: Schmuhl, Grenzüberschreitungen, S. 352.
771 Von ehemals zehn Wissenschaftlern waren nach dem Jahresbericht 1943 acht eingezogen. Auch wenn die Einbeziehung zur Wehrmacht nicht zwingend das Ende der Forschungsarbeit bedeutete – so konnte sich beispielsweise der eingezogene Hermann Ernst Grobig habilitieren – waren es immer weniger Mitarbeiter, die die Ergebnisse ihrer Forschungsarbeiten veröffentlichten. Die Zahl der Veröffentlichungen sank von 1939 bis 1943 von 39 Veröffentlichungen und 16 im Druck befindlichen Arbeiten auf lediglich vier Veröffentlichungen und zwei im Druck befindlichen Arbeiten. Siehe: MPIP-HA, GDA 11 und Tätigkeitsberichte der Kaiser-Wilhelm-Gesellschaft, in: Die Naturwissenschaften 21, S. 357–358 und 45/46, S. 545.

3.6. Der Reichsforschungsrat und die Umstellung der Forschungsförderung   185

seinen Arbeiten zu „endemischen Kropf, Kretinismus und Schwachsinn" bei der DFG nicht mehr durchsetzen. Während des Krieges konnte Rüdin nicht mehr auf die einst zahlreichen DFG-Stipendiaten zurückgreifen und sah sich mit der Einstellung der Förderung durch die DFG konfrontiert. Die Toleranz gegenüber seinen gestellten Ansprüchen auf Fördermittel sollte sich zu diesem Zeitpunkt erheblich verringern. Anfang September 1939 stand sogar Herbert Linden von der Gesundheitsabteilung des RMI den Forderungen Rüdins nach weiteren sehr hohen Fördermitteln zunehmend ablehnend gegenüber. Für diese Haltung war nicht nur die durch den Krieg hervorgerufene neue politische Lage, sondern auch eine gewisse Skepsis gegenüber der Tragweite bestimmter Forschungsarbeiten an der GDA verantwortlich. Am 7. September 1939 schrieb Linden an Rüdin:

> „In der Angelegenheit der Finanzierung Ihrer Forschungsarbeiten habe ich heute mit Herrn Min.-Rat Ehrich von der Reichskanzlei gesprochen. Wir sind zu der Auffassung gelangt, dass durch die allgemeine Lage Ihre Anträge z.Zt. wohl überholt sind, da an eine Fortsetzung der Forschungsarbeiten z.Zt. kaum zu denken ist. Ich wäre dankbar, wenn Sie mir bestätigten, ob diese unsere Auffassung zutrifft. Ministerialdirektor Dr. Gütt hat mir Ihr Schreiben vom 11. August d.J. betr. die Forschungsarbeit des Dr. Th. Lang über Homosexualität bei Frauen übersandt. Er hat mich gebeten, die Angelegenheit in förderndem Sinne zu behandeln. Aber auch hier glaube ich, dass die Angelegenheit durch die politische Entwicklung überholt ist. Wie Sie von Dr. Lang ja wissen, habe ich gegen die Deutung seiner Ergebnisse gewisse Bedenken."[772]

Theobald Langs Forschungen zielten nicht nur darauf ab, die Entstehung der Homosexualität zu klären, sondern auch die grundsätzliche Frage zu beantworten, ob „die Entstehung der beiden Geschlechter beim Menschen nur durch die Geschlechtschromosomen bedingt ist oder auch von der Wertigkeit der Autosomen[773] abhängt".[774] Bereits im Oktober 1938 hatte Rüdin die KWG um einen Kredit von 5280 RM für Langs Homosexuellenuntersuchung für das Rechnungsjahr 1939/40 gebeten, der laut Langs Forschungsbericht großes Interesse „von allen bevölkerungspolitisch und rassenhygienisch interessierten Seiten entgegengebracht wurde".[775] Von der DFG erhielt Rüdin für dieses Projekt sowie für weitere laufende Forschungsvorhaben an der GDA keine Mittel. Trotz ausbleibender Förderung durch den RFR beziehungsweise die DFG gelang es Rüdin, Zuwendungen des Reichsführers SS zu erlangen, mit denen Sachausgaben für die Forschungen und zum Teil die Gehälter von dreien seiner Assistenten bestritten wurden.[776] Im November 1939 begab sich Rüdin zum „SS-Ahnenerbe" in Berlin und versuchte Wolfram Sievers (1905–1948), den Geschäftsführer des „SS-Ahnenerbes", davon zu überzeugen, dass die GDA einer Unterstützung durch das SS-Ahnenerbe wert

---

772   Linden an Rüdin, 7.9.1939, MPIP-HA, GDA 126.
773   Die Autosomen sind alle Chromosomen, die keine Geschlechtschromosomen sind.
774   Rüdin an den Präsidenten der Kaiser-Wilhelm-Gesellschaft, 20.10.1938, ebd. Zu Langs Forschungen zur Homosexualität, siehe: Zur Nieden, Forschungen.
775   Ebd.
776   So wurden die Forschungen der Assistenten Käthe Hell, Heinz Riedel und Erwin Schröter durch einen vom Reichsführer SS zur Verfügung gestellten Fonds finanziert. Siehe: Zeitschrift für die gesamte Neurologie und Psychiatrie 193, 1941, S.783, 793 und 795.

sei.⁷⁷⁷ Wenig Zeit später suchte Rüdin Kontakt zum Kurator des „SS-Ahnenerbes" Walther Wüst und bot eine Zusammenarbeit der GDA mit dem SS-Ahnenerbe an, wobei er eine jährliche Zuwendung von 80 000 RM anstrebte.⁷⁷⁸ Als das Ahnenerbe Erkundungen über die Verhältnisse an der DFA einzog, stellte der DFG-Präsident Rudolf Mentzel Rüdin ein negatives Zeugnis aus:

> „Rüdin hat in seinem Institut einen ausgewachsenen Etat, mit dem er aber noch nie zufrieden gewesen ist. Er hat sich deshalb immer noch von anderen Stellen, besonders vom Innenministerium, Gelder zusammengeholt. Er hat dann auf diese Weise seinen ganzen Betrieb sehr groß und sehr großzügig aufgezogen und braucht nun immer noch mehr Gelder. Die bisherigen Geldgeber sind aber, auch mit Rücksicht auf die nicht ausgeglichenen Zustände im Institut von Rüdin, nicht bereit, Gelder in der bisherigen Höhe und noch darüber hinaus zu geben. Die Forschungen, so wichtig sie an sich sind, brauchen nicht unbedingt in sechs Jahren durchgeführt sein. Außer Rüdin arbeiten auch noch andere (Eugen Fischer/Verschuer) an gleichen Fragestellungen und Rüdin kommt ihnen bereits ins Gehege, weil er sich nicht auf seinen Raum beschränkt. Die bisher verbrauchten Gelder stehen in gar keinem Verhältnis zu den erzielten Ergebnissen."⁷⁷⁹

Auch wenn das SS-Ahnenerbe sich gegenüber Rüdins Bemühungen um eine Unterstützung zunächst abwartend verhielt, sprach sich Heinrich Himmler im September 1939 zugunsten einer Förderung von Rüdins Institut aus. Noch im November 1939 stellte Reinhard Heydrich 30 000 RM aus dem Etat des Reichskriminalpolizei-Hauptamtes für Rüdin bereit.⁷⁸⁰ Bis Ende 1942 stellte das SS-Ahnenerbe der GDA Personal- und Sachkosten von knapp 50 000 RM zu Verfügung, durch welche die Tätigkeit der drei Nachwuchswissenschaftler Erwin Schröter, Käthe Hell und Heinz Riedel finanziert wurde.⁷⁸¹

Während Rüdin aus seiner Beziehung zum Reichsführer SS finanziell Kapital zu schlagen wusste, konnte Verschuer anscheinend auf die gute Vernetzung seines Instituts mit dem RFR bauen. Nicht nur der Reichsgesundheitsführer, sondern auch der im Juli 1942 vom Führer ernannte Bevollmächtigte für das Sanitäts- und Gesundheitswesen, Karl Brandt (1904–1948) – beide gehörten dem Präsidialrat des RFR an⁷⁸² – unterstützen das KWI-A. Im Zuge der Reorganisation des RFR wurden Eugen Fischer und Verschuer sowohl von Conti als auch von Brandt als Betreuer für die Rassenforschung vorgeschlagen.⁷⁸³ Von solcher Unterstützung umgeben scheint für Verschuer das Erhalten einer kontinuierlichen Förderung des

---

777 Siehe: Weber, Rüdin, S. 259.
778 Ebd.
779 Aktenvermerk vom 20. September 1939, BAB, BDC, Akte Ernst Rüdin.
780 Ebd., S. 261.
781 Ebd., S. 262.
782 Im Oktober 1939 kam es im Zuge der angestrebten Kompetenzerweiterung des RFR zu einer „Neubildung" seines Präsidiums, in das nun neben Rudolf Mentzel, Erich Schumann, Carl Krauch, dem „Generalinspektor für das deutsche Straßenwesen" und Professor Dr. Fritz Todt der Reichsgesundheitsführer aufgenommen wurde. Die Ernennung von Karl Brandt in den Präsidialrat des RFR erfolgte mit Wirkung vom 24. Juli 1942. An diesem Tag brachte Göring ein Rundschreiben heraus, das die Aufgaben des „neuen" RFR umschrieb und die ersten 15 Mitglieder des Präsidialrates benannte. Der Reichsgesundheitsführer Leonardo Conti war bereits 1939 in den Präsidialrat des RFR aufgenommen worden. Siehe: BAK, R 73/29.
783 Karl Brandt an den Ministerialrat Goernnert, 14.8.1942, BAB, R 26/III/Nr. 29, fol. 3518–3519.

3.6. Der Reichsforschungsrat und die Umstellung der Forschungsförderung 187

KWI während des Krieges unproblematisch gewesen zu sein. Um weiter gefördert zu werden, musste Verschuer sein Forschungsprogramm nicht umgestalten. Trotz der schwindenden Förderung von Arbeiten, die im Zusammenhang mit der staatlich verordneten erbbiologischen Bestandsaufnahme der deutschen Bevölkerung durchgeführt wurden, erhielt er beispielsweise bis Ende des Krieges Zuwendungen von der DFG für die in Frankfurt vorgenommene sozialanthropologische Bestandsaufnahme in der Schwalm.[784] Auffällig ist außerdem die Tatsache, dass er es 1943 nicht mehr nötig hatte, auf die Rolle der Erbforschung im Krieg hinzuweisen – wie er dies bisher im „*Erbarzt*" gemacht hatte. In seinem Antrag vom April 1943 bezüglich der Erneuerung des Zuschusses für die Abteilung von Nachtsheim schrieb er nämlich im Stil eines wissenschaftlichen Gutachters:

> „Seine Forschungen sind mit Recht für kriegswichtig erklärt worden. In seinen Zuchten steckt die Arbeit von vielen Jahren, die Einstellung seiner Versuche würde ein schwerer Verlust für die deutsche Wissenschaft sein. Abgesehen von den äußerst wertvollen Zuchten ist im Besonderen zu bedenken, dass Nachtsheim der erste deutsche Forscher auf diesem Gebiet ist, und somit seine Arbeiten später nicht ersetzt werden könnten. Auch der im Bericht von Fischer bereits erwähnte Ausbau dieser Forschungen nach der phänogenetischen (entwicklungsgeschichtlichen) Seite soll in diesem Jahre zur Durchführung kommen."[785]

Mit phänogenetischem Ansatz meinte Verschuer die Fortentwicklung einer Fragestellung, die ihr Augenmerk auf die allmähliche Gestaltung von erblichen Anlagen zu somatischen Merkmalen richtete. Vor diesem Hintergrund wäre es nicht ganz zutreffend, von einer zunehmenden Förderung der Grundlagenforschung auf Kosten rassenhygienischer Ziele auszugehen. Die Phänogenetik sollte den Blick nicht nur auf die komplexe Interaktion zwischen Erbanlagen und Umwelt, sondern gleichzeitig auf unauffällige, aber genetisch „minderwertige" Anlageträger schärfen, die es anhand von somatischen Erscheinungen zu identifizieren galt. Außerdem wurden während des Krieges neben der phänogenetischen Forschung andere Forschungsprojekte gefördert, die eindeutig durch ein rassenhygienisches Anwendungspotential motiviert waren. Mitten im Krieg war Verschuer in ein solches Forschungsvorhaben eingebunden, das mit Unterstützung des RFR beziehungsweise der DFG und jenseits moralischer Grenzen betrieben wurde.

Im Hinblick auf die Förderung hatte das KWI für Hirnforschung im Vergleich zu dem KWI und der DFA eine mittlere Position. Zwar war das Institut von der Umstrukturierung der Forschungsförderung betroffen, aber es wurde nicht so rasch wie die DFA mit drastischen Kürzungen konfrontiert. Im Jahr 1942 betrug der Fortfall der Zuwendung 8000 RM.[786]

---

784 Mit DFG-Geldern konnte Verschuer ebenfalls seine Forschungen zur Tuberkulose weiterführen. Siehe: BAK, R 73/15342.
785 Verschuer an die DFG, 23.4.1943, ebd.
786 MPG-Archiv, Abt. I, Rep. IA, Nr. 1602, fol. 444.

3.6.6. Die Förderung der „Asozialenforschung"

Der RFR beziehungsweise die DFG waren ab circa 1937 maßgeblich an der Förderung der so genannten Asozialenforschung beteiligt. Gefördert wurden nicht nur die Forschungen Robert Ritters, des wohl einflussreichsten Zigeunerforschers des „Dritten Reiches"; in den Rechnungsjahren 1937/38 und 1938/39 trug der RFR beziehungsweise die DFG auch erheblich zur Finanzierung von Projekten zu den erbbiologischen Grundlagen von „Asozialität" bei.[787] Zum überwiegenden Teil verdankten diese Projekte ihre Entstehung einer Mischfinanzierung von RFR beziehungsweise DFG und Reichsministerium des Inneren (RMI). Seit Mitte der dreißiger Jahre spielten im Kontext der Sterilisierungspraxis Überlegungen eine Rolle, „Asozialen" unfruchtbar zu machen und ein „Gemeinschaftsfremdengesetzes" zu schaffen.[788] Ausgehend von einer zunehmenden Kritik am Intelligenztest, der bei der Indikation zum Sterilisationsgesetz zur Feststellung „angeborenen Schwachsinns" diente, arbeitete das RMI Anfang 1937 Anweisungen aus, die neue Kriterien in der Beurteilung von „Schwachsinn" aufnahmen.[789] Über die reine Intelligenzprüfung hinaus sollte jetzt auch die „Bewährung im Leben" – damit war die Fähigkeit zur Eingliederung in die „Volksgemeinschaft" gemeint – berücksichtigt werden. Infolgedessen kam der Feststellung „asozialen" oder „kriminellen Verhaltens" in den Sterilisationsdiagnosen eine ausschlaggebende Bedeutung zu.[790] In jenen Grenzfällen, bei denen „angeborener Schwachsinn" nicht einwandfrei festgestellt worden war, wurde die vermeintliche Asozialität herangezogen, um die Erblichkeit des Schwachsinns zu beweisen. Damit bot die Ausarbeitung einer neuen Diagnose für den Schwachsinn erweiterte Möglichkeiten, vermeintlich Asoziale sterilisieren zu lassen. Von einer Ausdehnung des Sterilisierungsgesetzes auf vorgeblich Asoziale wollte man zunächst jedoch absehen, um den Erbkranken eine Gleichsetzung mit dieser Personengruppe zu ersparen.

In einer Sitzung des Sachverständigenbeirats für Bevölkerungspolitik, der ab Juni 1933 beim RMI zur Beratung in Fragen der gesundheitspolitischen Gesetzgebung eingesetzt worden war, einigte man sich im Mai 1935 darauf, prospektiv ein zweites Gesetz zu schaffen. Dafür sollten aber zunächst die wissenschaftlichen Grundlagen erarbeitet werden. Erst 1939 legte das Reichsjustizministerium einen ersten Gesetzentwurf „über die Behandlung Gemeinschaftsfremder" vor, der neben der Sicherungsverwahrung auch die Unfruchtbarmachung von „Gemeinschaftsfremden" vorsah. Etwa zeitgleich ließ das RMI den Landesregierungen eine

---

787 Überblicke über die vom Reichsforschungsrat unterstützten wissenschaftlichen Arbeiten unter Beifügung der von der Deutschen Forschungsgemeinschaft auf den geisteswissenschaftlichen Gebieten geförderten Arbeiten im ersten Rechnungshalbjahr 1937/38, im zweiten Rechnungshalbjahr 1937/38, im ersten Rechnungshalbjahr 1938/39 und im zweiten Rechnungshalbjahr 1938/39 (als Manuskript gedruckt).
788 Zum „Gemeinschaftsfremdengesetz" siehe: Wagner, Gesetz.
789 Bock, Zwangssterilisation, S. 319–326.
790 Ein Mitarbeiter Verschuers am Frankfurter Institut für Rassenhygiene, Heinrich Schade, und die Assessorin Maria Küper wiesen bei der Beurteilung von Schwachsinn auf die „Bewährung im Leben" hin. Schade/Küper, Schwachsinn, S. 4; siehe auch: Dubitscher, Asozialität, und ders., Bewährung.

3.6. Der Reichsforschungsrat und die Umstellung der Forschungsförderung 189

Verfügung zukommen, gemäß der die Gesundheitsämter die erbbiologische Bestandsaufnahme der deutschen Bevölkerung durch die „Erfassung derjenigen Psychopathen, Asozialen und sonstigen Auffälligen, die, ohne anstaltspflegebedürftig zu sein, der öffentlichen und privaten Wohlfahrtspflege aufgrund ihrer Veranlagung oder ungünstiger Umwelteinflüsse zur Last fallen oder sie zu missbrauchen pflegen", zu vervollständigen hatten.[791] Die hohe Konjunktur für die Förderung der so genannten Asozialenforschung hatte insofern eine Rückwirkung auf die mit ihr stark verbundenen kriminalbiologischen Forschung, die von der DFG zunächst im Rahmen der GA für Rassenforschung am Ende der Weimarer Republik gefördert worden war, als deren Verflechtungen mit der „Asozialenforschung" immer unentwirrbarer wurden. Am DFA vollzog sich in der zweiten Hälfte der dreißiger Jahre sogar eine latente Verschiebung von der kriminalbiologischen Forschungsrichtung zur Untersuchung von „Psychopathen", „Landstreichern" und „Asozialen".[792]

Die DFG-Förderung der „Asozialenforschung" war vor dem konjunkturellen Aufschwung 1937 noch ziemlich unerheblich. Der Koblenzer DFG-Förderaktenbestand weist lediglich auf zwei Projekte im Bereich der so genannten Asozialen- und kriminalbiologischen Forschung in der Zeit von 1933 bis 1937 hin. Als Fachgutachter setzte sich Rüdin zwar bereits Mitte der dreißiger Jahre für die Förderung der „Asozialenforschung" ein. Die Projekte auf diesem Gebiet wurden aber nur punktuell gefördert. Für „Untersuchungen über die rassenhygienische Bedeutung der asozialen und antisozialen Psychopathen"[793] erhielt Hermann Hoffmann (1891–1944), der Ordinarius für Psychiatrie an der Universitäts-Nervenklinik in Gießen, lediglich im Rechnungsjahr 1935/36 einen Kredit von 800 RM. Unter dieser Projektbezeichnung intendierte er eine Untersuchung des von ihm und einem seiner Mitarbeiter gesammelten Materials über 700 Fürsorgezöglinge, die im Laufe der vergangenen 45 Jahre von der Gießener Stadtverwaltung betreut worden waren.[794] Diesen Plan unterstützte Rüdin.[795] Im selben Jahr erhielt der Rassenanthropologe und Leiter des Instituts für Rassen- und Völkerkunde der Universität Leipzig, Otto Reche, die Bewilligung einer Sachbeihilfe von 5000 RM für eine „Erhebung über die Sippen von Schwerkriminellen".[796] Reche beschäftigte sich seit 1934 mit Strafgefangenen, die Strafen über anderthalb Jahre in sächsischen Strafgefangenenanstalten verbüßten. Erst im Rechnungshalbjahr 1937/38 erhielt er für dasselbe Projekt wieder Zuwendungen der DFG. In der kurzen Schilderung seines Vorhabens für den RFR machte er darauf aufmerksam, dass „die wissenschaftliche Auswertung der Befunde […] zur Klärung der erb- und umweltbedingten Ursachen der Kriminalität beitragen" und „die Kartierung […] zugleich die praktische Durchführung der gesetzlichen Maßnahmen zur Erbgesundheits-

---

791 RMdI an die Landesregierungen, den Reichskommissar für das Saarland, die Regierungspräsidenten, den Polizeipräsidenten v. Berlin, 27.2.1939, BHStA, MInn 79477.
792 Cottebrune, Forschungsgemeinschaft.
793 BAK, R 73/13816. Siehe: Klee, Medizin, S. 113.
794 Hoffmann an die Notgemeinschaft, 22.5.1935, BAK, R 73/11758.
795 Rüdin an die DFG, 31.5.1935, ebd.
796 Siehe: BAK, R 73/13816.

und Rassenpflege (Sterilisierung, Heiratsgenehmigung, soziale Verwertung usw.) fördern" würde.[797]

Überblickt man die Förderung der „Asozialenforschung" in Deutschland während des Zweiten Weltkrieges, muss Robert Ritters Forschungsstelle als Ausnahmefall gelten. Allein dieses Institut wurde bis weit in die Kriegszeit hinein kontinuierlich alimentiert[798], wohingegen der Forschungszweig insgesamt in den Rechnungsjahren 1937/38 und 1938/39 seinen Zenit erreicht hatte und seit Kriegsbeginn im Rückgang begriffen war. Ritters Institut konzentrierte bei weitem den größten Anteil der Fördergelder auf sich, die auf diesem Gebiet verausgabt wurden. Ende 1943 verfügte Ritter über etwa 78 Prozent der gesamten DFG-Fördermittel für die „Asozialen- und kriminalbiologische Forschung".[799]

Seitdem Ritter die ersten Forschungsgelder im Juli des Jahres 1935 von der DFG erhalten hatte, war er in seinen Anträgen stets darauf bedacht, auf den praktischen beziehungsweise rassenhygienischen Bezug seiner Forschungen hinzuweisen. Mit seinen Forschungen wollte Ritter „brauchbare Ergebnisse" zeitigen[800] oder etwa „die deutsche Gesundheitsgesetzgebung" stützen und fördern.[801] Am 13. Mai 1938 konnte er dem Präsidenten des RFR – wohl indem er seine eigenen Forschungsergebnisse übertrieben positiv darstellte – triumphierend mitteilen: „Wir werden in Kürze in der Lage sein, praktische Vorschläge für eine gründliche Neuregelung der Zigeunerverhältnisse in Deutschland vorzulegen."[802] Immer wieder wurde Ritters Anträgen weitgehend entsprochen, so dass die DFG bald zu seinem Hauptgeldgeber wurde.

Zwar wurden mit Kriegsbeginn die Projekte seiner Forschungsstelle, wie viele andere Vorhaben auf dem Gebiet der Erb- und Rassenforschung, nicht als „staats- und kriegswichtig" anerkannt, doch eine Intervention Ritters beim Reichskriminalpolizeiamt verschaffte seiner Forschungsstelle die nötige Anerkennung und machte den Weg zur weiteren Förderung durch den RFR beziehungsweise die DFG frei. Mit dem Briefkopf des Chefs der Sicherheitspolizei und des Sicherheitsdienstes wurde Ritter im Januar 1940 bescheinigt, dass seine „Asozialenforschungen in ganz besonderem Maße staats- und kriegswichtig" seien. Der stellvertretende Leiter des RKPA Paul Werner unterstrich dort, wie bedeutend Ritters Forschungen für die politisch anstehenden rassenhygienischen Maßnahmen seien und bezog

---

797 Überblick über die vom Reichsforschungsrat im ersten Rechnungshalbjahr 1937/38 unterstützten wissenschaftlichen Arbeiten unter Beifügung der von der Deutschen Forschungsgemeinschaft auf den geisteswissenschaftlichen Gebieten geförderten Arbeiten, S. 92.
798 Siehe: BAK, R 73/14005. Die DFG unterstütze Ritters Forschungsstelle 1937 mit 8500 RM, 1938 mit 15 000 RM, 1939 und 1940 mit jeweils 10 000 RM, 1941 mit 18 000 RM, 1942 mit 18 400 RM, 1943 mit 15 000 RM und noch 1944 mit 14 100 RM für „Asozialenforschung", „Bastardbiologie" und „Kriminalbiologie" sowie leihweise mit mehreren Kameras, „anthropologischen Bestecken", Augen- und Haarfarbentafeln.
799 Die Prozentangabe ergab die Auswertung der Zusammenstellung der vom Reichsforschungsrat geförderten Arbeiten auf dem Gebiet der Medizin im Rechnungsjahr 1943/44, BAB, R 26/III, 382.
800 Ritter an den Präsidenten der DFG, 12.2.1935, BAK, R 73/14005.
801 Ritter an die DFG, 10.6.1937, ebd.
802 Ritter an den Präsidenten des RFR, 13.5.1938, ebd.

3.6. Der Reichsforschungsrat und die Umstellung der Forschungsförderung

sich dabei auf das geplante „Gemeinschaftsfremdengesetz".[803] Kontakte zwischen der Führung der deutschen Kriminalpolizei und Ritters Forschungsstelle bestanden spätestens seit 1937 und wurden 1939 noch einmal intensiviert. Sie basierten nicht zuletzt auf der Nachfrage des RKPA nach Unterlagen zur Erfassung und Taxierung von Zigeunern.[804]

Kurz nachdem Paul Werner seitens des RKPA Druck ausgeübt und dem RFR die „Staats- und Kriegswichtigkeit" der Forschungsstelle bescheinigt hatte, strich Ritter in einem Arbeitsbericht an die DFG ebenfalls die Relevanz seines Instituts heraus. Er betonte dort, Institutionen wie etwa das Reichssicherheitshauptamt, die Reichsstelle für Sippenforschung, die Wehrmeldeämter, das Rasse- und Siedlungshauptamt der SS, das Reichsfinanzministerium sowie die Standes- und Gesundheitsämter würden ihn „in immer steigendem Maße um gutachtliche Äußerungen insbesondere in Abstammungs- und Mischlingsfragen ersuchen".[805] In einem Antrag vom 25. Juni 1940 war Ritter weiterhin bemüht, seine enge Kooperation mit der Reichskriminalpolizei hervorzuheben. Trotz kriegsbedingter Kürzung seiner Forschungsmittel und Einberufung mehrerer seiner Mitarbeiter behauptete er, dass im Laufe des Winters 1939/40 unter „äußerste[r] Einsatzbereitschaft" der restlichen in der Forschungsstelle beschäftigten Wissenschaftler erstmalig „eine Übersicht über sämtliche in Deutschland lebenden Zigeuner" gewonnen worden sei. Sich auf diese Grundlage stützend konnte sich die Forschungsstelle umso leichter in den Dienst der Reichskriminalpolizei stellen, mit der „zur Vorbereitung der laufend durchgeführten staatlichen Maßnahmen [gegen Zigeuner] […] unentwegt in engster Fühlung weitergearbeitet" wurde.[806] Im Juli 1940 wurde den Bemühungen Ritters um die Existenzsicherung seiner Forschungsstelle, die auch bisher schon in erheblichem Maße von DFG-Mitteln gezehrt hatte, mit einer Bewilligung von 9000 RM entsprochen.[807]

Im Jahr 1941 verschoben sich die Akzente in Ritters Forschungsstelle insofern, als mit einem Erlass des Oberkommandos der Wehrmacht vom 11. Februar der Ausschluss von Zigeunern aus Heer, Marine und Luftwaffe geregelt werden sollte.[808] Zu diesem Zweck sollte das RKPA besondere Erfassungslisten, getrennt nach „vollblütigen Zigeunern" und „Zigeunermischlingen", mit Angabe des Geburtsorts sowie der Anschrift erstellen. Infolgedessen entwickelte die Forschungsstelle nun ein Formular mit dem Titel „Gutachtliche Äußerung" und Kürzeln wie „ZM" für „Zigeunermischling" und „NZ" für „Nichtzigeuner", um eine Standardisierung der Erfassung zu ermöglichen und die Bearbeitung der zahlreichen absehbaren Anfragen zu erleichtern. Dies alles wurde vom RKPA in einen Erlass gegossen, der als das grundlegende Dokument des „Dritten Reiches" zur „Zigeunerkategorisierung" anzusehen ist.[809]

---

803 Werner an die DFG, 6.1.1940, ebd.
804 Siehe: Luchterhandt, Weg, S. 137 und 174.
805 Arbeitsbericht, 20.1.1940, ebd. (Hervorhebung im Text).
806 Ritter an die DFG, 25.6.1940, ebd.
807 Siehe: Bewilligung, 10.7.40, ebd.
808 OKW-Erlass vom 11.2.1941, in: Allgemeine Heeresmitteilungen, 1941, S. 82–83.
809 BAB, Erlasse zur „Vorbeugenden Verbrechensbekämpfung", RdErl. des RFSuChdDtPol.

Die durch die Ausschlussregelung der Wehrmacht in Aussicht gestellte Massenbegutachtung von Zigeunern stellte für Ritters Forschungsstelle eine solche steigende Arbeitsbelastung dar, dass dies nur mit deutlich erhöhten Zuwendungen zu leisten war. Vor diesem Hintergrund bewilligte der RFR der Forschungsstelle im Mai 1941 eine Sachbeihilfe in Höhe von 18 000 RM, was gegenüber dem Vorjahr eine Verdoppelung der Summe bedeutete. Vollkommen lassen sich die Motive, die zur Erhöhung der Zuwendungen des RFR beziehungsweise der DFG für die Forschungsstelle und zu ihrer kontinuierlichen Förderung bis 1944 führten, nicht aufklären. Vermutlich waren Ritters „gutachtlichen Äußerungen" für das RKPA und gerade auch für das OKW von großer Bedeutung, wenn man bedenkt, dass der Bezug zur Wehrmacht in Kriegszeiten das schwerwiegende Förderungskriterium für den RFR bildete.

Dass das RKPA selbst zwar fünf RM für jede „gutachtliche Äußerung" Ritters und seiner Mitarbeiter über Zigeuner zahlte[810], ansonsten aber keine weiteren Kosten des am RGA angesiedelten Ritter-Instituts trug, dürfte darauf zurückzuführen sein, dass Ritter seit Ende 1941 neben seiner Forschungsstelle am RGA auch das „Kriminalbiologische Institut der Sicherheitspolizei" leitete. Diese Einrichtung war auf Betreiben des RKPA-Chefs Arthur Nebe (1894–1945) und seines Stellvertreters Paul Werner (1900–1970) gegründet worden; in ihr arbeiteten Kriminalpolizisten und Wissenschaftler zusammen. Dieses Polizeiinstitut sollte sich auch jenseits der „Zigeunerfrage" an der „Erbbestandsaufnahme des deutschen Volkes" beteiligen und ein Archiv „aller asozialen und kriminellen Sippschaften innerhalb des Reichsgebietes" einrichten, unter „kriminalbiologischen Gesichtspunkten alle jugendlichen Gemeinschaftsfremden" sichten sowie in Kooperation mit dem RGA eine „kriminalbiologische Beobachtungsstation" gründen, in der jugendliche „Versager" und „Störer" auf ihre „Gemeingefährlichkeit" untersucht werden sollten.[811] Ob und inwieweit die Gründung dieses Kriminalbiologischen Instituts der Sicherheitspolizei die Förderpraxis des RFR beziehungsweise der DFG Ritters Institut beeinflusste, muss hier offen bleiben. Ritters Forschungsstelle im RGA und das von ihm geleitete Kriminalbiologische Institut der Sicherheitspolizei stehen jedenfalls für eine enge Verknüpfung von wissenschaftlicher Forschung und nationalsozialistischer Rassenhygiene.[812] In einem Antrag vom 6. März 1944 auf „Bewilligung einer Sachbeihilfe für das Haushaltsjahr 1944/45 für Arbeiten auf dem Gebiet der Asozialenforschung und der Kriminalbiologie" an den Präsidenten des RFR wies Ritter einerseits darauf hin, dass „im Zuge der Neufassung des Jugendgerichtsgesetzes (Jugendstrafrechtsverordnung) [...] [im abgelaufenen

---

i.RMdI. v. 7.8.1941-S V A 2 Nr. 452/41.
810 BAB, Erlasse zur „Vorbeugenden Verbrechensbekämpfung", RdErl. des RFSSuChdDPol. i.RMdI., 8.12.1938, A.I.3.(2); BAB, RKPA 1451/28.39, Berlin 1.3.1939, Ausführungsanweisung des RKPA zum RdErl.d.RFSSuChdDtPol.i.RMdI. vom 8.12.1938, III; Aussagen Eva Justin und Adolf Würth, 1960, in: Hohmann, Ritter, S. 457 u. 505.
811 BAB, R 70-Elsass, Kriminalbiologisches Institut der Sicherheitspolizei, RdErl. d. RMdI. v. 21.12.1941-Pol S V A 1 Nr. 505/41 III, dort v.a. B. Besondere Aufgaben, a)-d); Ritter, Institut, S. 118.
812 Luchterhandt, Weg, S. 172–183 und 234, v. a. S. 180 und 234.

Jahr] die jugendärztlichen und erbcharakterologischen Untersuchungen über die Artung jugendlicher Rechtsbrecher und die entsprechenden Beratungen und Begutachtungen an erster Stelle standen".[813] Andererseits machte er deutlich, dass „ein größerer Teil der [von seiner Forschungsstelle] begutachteten asozialen Zigeunermischlinge" sterilisiert würde. Schließlich hob Ritter den rassenhygienischen Bezug der unter seiner Leitung durchgeführten Forschungen hervor: „Zusammenfassend kann gesagt werden, dass das Institut im Übrigen vorwiegend praktische Sichtungsarbeit geleistet hat, die sowohl der Erziehung der gefährdeten Jugend, dem Arbeitseinsatz und der Wehrmacht als auch der vorbeugenden Verbrechensbekämpfung sowie der Erb- und Volkspflege gedient hat". Im April 1944 wurde dem Antrag Ritters auf 14 096 RM für fünf Hilfskräfte vom RFR mit der Bewilligung einer Sachbeihilfe in Höhe von 14 100 RM entsprochen.[814] Die maßgebliche Bezuschussung von Ritters Forschungen macht so deutlich, dass mit DFG/RFR-Mitteln die Rassenpolitik des NS-Regimes unmittelbar unterstützt wurde.

3.7. ZUR ENTGRENZUNG DER WISSENSCHAFT IM KRIEG

Die aktive Teilnahme an medizinischen Verbrechen im Nationalsozialismus war keine zwingende Begleiterscheinung des Krieges. Gleichwohl erhöhte sich im Krieg die Versuchung, Humanexperimente durchzuführen, weil der Kreis der Opfer sich erweiterte und der Zugriff auf Versuchspersonen erleichtert wurde. Im Jahre 1943 erhielt Verschuer Gelder des RFR beziehungsweise der DFG für ein Projekt mit der Bezeichnung „Spezifische Eiweißkörper", das mit der kriegswichtigen Dringlichkeitsstufe „S" versehen wurde. Verschuer griff dabei auf die 1909 von dem Biochemiker Emil Abderhalden (1877–1950)[815] als bahnbrechende Entdeckung vorgeführte Abwehrferment-Reaktion[816] zurück, um höchstwahrscheinlich die Erbbedingtheit von Eiweißkörpern im Blut von Menschen „verschiedenster rassischer Zugehörigkeit" nachzuweisen – so die plausibelste Zielrichtung des Projektes, wie der Historiker und Biochemiker Achim Trunk nach eingehendem Erläutern der damaligen Grundlagen serologischer Forschung mit großer Sorgfalt ermittelte.[817] Für die im Rahmen des Projekts durchgeführten Experimente ver-

---

813 Ritter an den Präsidenten des RFR vom 6.4.44, BAK, R 73/14005.
814 Ebd.
815 Emil Abderhalden (1877–1950): 1915 Gründer des „Bundes zur Erhaltung und Mehrung der deutschen Volkskraft" und Herausgeber der Zeitschrift *Ethik. Forderung der Ausschaltung Minderwertiger*. Abderhalden glaubte an die Möglichkeit einer serologischen Rassendiagnose, da er der Meinung war, dass die Eiweißstoffe des Blutes rassenspezifische Merkmale enthielten. 1931–1945 Präsident der Leopoldina. 1934 NS-Lehrerbund. 1946 Ordinarius in Zürich. Siehe: Klee, Personenlexikon, S. 9.
816 Die theoretische Grundannahme dieser Reaktion lautete: Der Organismus kann eingedrungenes, fremdes Eiweiß – etwa dasjenige von Bakterien bei einer Infektion – erkennen und zerstören, indem er Enzyme herstellt, die dieses Fremdeiweiß gezielt abbauen. Unter einem „Enzym" (oder, wie man damals sagte, „Ferment") versteht man ein Protein, das als biologischer Katalysator wirkt.
817 Trunk, Blutproben.

fügte Verschuer über 200 Blutproben, die ihm sein ehemaliger Assistent, der SS- und KZ-Arzt Josef Mengele (1911–1985), aus Auschwitz nach Berlin zukommen ließ. Bereits einige Zeit, bevor Verschuer mit seinen Forschungen zu „Spezifische Eiweißkörper" begann, befasste sich ein Mitarbeiter des ehemaligen Assistenten Lothar Loeffler am KWI-A, Karl Horneck, mit einem ähnlichen Forschungsvorhaben am Rassenbiologischen Institut der Universität Königsberg. Im November 1942 hatte die DFG Loeffler eine Sachbeihilfe von 2600 RM bewilligt, damit Horneck seine „serologischen Arbeiten über Rassendifferenzierung beim Menschen" fortsetzte.[818] Der Fall Karl Hornecks[819] verdient deswegen besondere Beachtung, weil Horneck bei seinen Versuchen, die serologische Rassendifferenzierung beim Menschen nachzuweisen, nicht lediglich Blutproben verwendete, sondern auch Menschenversuche an Kriegsgefangenen aus Kolonialtruppen im besetzten Frankreich vornahm. Hornecks Menschenversuche gingen dabei keineswegs Tierversuche voraus. Mehr noch: Die Tierversuche bildeten lediglich eine Ergänzung zu Forschungen an Menschen.

Lange bevor Horneck Menschenversuche vornahm, hatten sich der Hygieniker und Bakteriologe Paul Uhlenhuth sowie der Serologe Werner Fischer (1895–1945) mit Immunisierungsversuchen befasst, die das Ziel verfolgten, rassenspezifische Proteine im Blutserum nachzuweisen. Diese Versuche bauten auf der Präzipitinreaktion auf, die sich nach dem Mischen zweier Blutseren unterschiedlicher Herkunft in der Bildung eines Niederschlags beobachten ließ. Beispielsweise wurde einem Kaninchen Blutserum eines Menschen injiziert und das Antiserum, das man anschließend aus dem Blut des immunisierten Kaninchens gewann, mit dem menschlichen Ausgangsserum gemischt. Den unterschiedlich starken Niederschlag bei dieser Reaktion erklärte man mit art- beziehungsweise rassenspezifischen Proteinen. Basierend auf dieser Theorie führte Fischer 1942 Immunisierungsversuche an KZ-Opfern im Konzentrationslager Sachsenhausen durch.[820] Fischer war es, der den von der DFG unterstützen Rassenhygieniker Karl Horneck in die Methodik der Immunisierungsversuche einführte.

In einem Artikel, der 1938 in der *Zeitschrift für Immunitätsforschung und experimentelle Therapie* erschien, hatte Fischer über einen Versuch referiert, wonach sich deutliche Differenzen in der Reaktionsfähigkeit von „Weißenserum" und „Negerserum" ergeben hätten. An diesen Versuch knüpfte Horneck unmittelbar an, der „in persönlichen Vorsprachen Prof. W. Fischer gebeten [hatte]", unter seiner Anleitung an den „bis zur verwertbaren Rassendiagnose" „unerlässlichen" und „aussichtsreichen Kontrollversuchen" mitarbeiten zu dürfen.[821] Auf die Anregung Fischers hin hatte er sogar begonnen, – so berichtete er 1942 in der damals auf dem Gebiet der menschlichen Erblehre führenden *Zeitschrift für menschliche Vererbungs- und Konstitutionslehre* – „die Immunisierung von Mensch zu Mensch bei

---

818 Siehe: Bewilligung, 24.11.1942, BAK, R 73/12756.
819 Laut Lothar Loeffler war Horneck „fast der einzige Rassenbiologe, der [...] serologisch arbeitet[e]". Siehe: Loeffler an Blome, 17.10.1942, ebd.
820 Siehe: Klee, Auschwitz, S. 166.
821 Horneck, Nachweis.

verschiedenen Rassen zu versuchen".[822] Aus dem Artikel Hornecks geht lediglich hervor, dass für die Versuche Seren von Kriegsgefangenen aus Kolonialtruppen aus dem besetzten Frankreich verwendet worden waren. Die angesprochenen Menschenversuche werden nicht angesprochen, dagegen Tierversuche, die womöglich den Zweck hatten, den Mangel an geeigneten Versuchspersonen auszugleichen. Wohlgemerkt blieb es für Horneck relativ schwierig, an Versuchspersonen heranzukommen, da er in die Wehrmacht eingezogen wurde. Nur während seiner Fronturlaube konnte er nach Frankreich zu den entsprechenden Kriegsgefangenenlagern fahren.

Um Horneck weitere Versuche zu ermöglichen, stellte Lothar Loeffler im Oktober 1942 einen Antrag an die DFG zur „Genehmigung eines Forschungsauftrags und auf Gewährung von Forschungsmitteln in Höhe von RM 2600 für serologische Arbeiten über Rassendifferenzierung beim Menschen"[823]. Im Betrag von 2600 RM waren 1000 RM Trennungsgeld für vier Monate sowie 500 RM für Reisen zu den Gefangenenlagern enthalten. Im November 1942 bewilligte die DFG eine Sachbeihilfe von genau 2600 RM. Das Bewilligungsschreiben trug das Zeichen des Präsidenten der DFG Rudolf Mentzel und des Leiters der Fachgliederung Bevölkerungspolitik Kurt Blome. Im Tätigkeitsbericht, der Anfang April 1943 bei der DFG eingereicht wurde, schrieb Horneck, dass er seit Januar 1943 neben Tierversuchen auch Menschenversuche wieder aufgenommen hatte:

> „Ich habe vor etwa 1 ½ Jahren Immunisierungsversuche begonnen, wobei ich mich selbst zur Verfügung stellte. Damals konnten keine verwertbaren Ergebnisse erzielt werden. Diesmal habe ich die Immunisierungsversuche an mehreren Negern der verschiedensten Blutgruppen begonnen. Es wurde vor der ersten Injektion den Negern je etwa 30–50 ccm Blut entnommen, um ein Artserum vor der Behandlung zu gewinnen. Dann erhielten die Neger in vier intravenösen Injektionen insgesamt 80–100 ccm Weißenserum. 24 Stunden nach der letzten Injektion und eine Woche nach der letzten Injektion wurden von den Negern abermals 50–60 ccm Blut entnommen. Die Seren der vorbehandelten wie nicht vorbehandelten Neger wurden bei der Optimumpräcipitation ausgewertet und hierbei interessante Differenzen festgestellt. Da auch diese Untersuchungen noch laufen, kann ich mich derzeit noch in keine Deutung einlassen. Ein Teil dieser Seren wurde in Venülen steril abgefüllt und mittels Kurier an Prof. W. Fischer, Reichsinstitut Robert Koch, Berlin geschickt, wo Kontrolluntersuchungen vorgenommen werden."[824]

Die zur Verfügung gestellten DFG-Gelder hatten es Horneck tatsächlich ermöglicht, seine Forschungen an Menschen auszubauen. Während er seine im Jahre 1942 vorgenommenen Menschenversuche hatte aufgeben und sich zunehmend mit Tierversuchen hatte begnügen müssen, konnte er nun seine Versuche mit umfangreicherem „Menschenmaterial" fortsetzen. So betonte er, dass er diesmal Versuche an „mehreren Negern der verschiedensten Blutgruppen" begonnen habe. Trotz unverwertbarer Ergebnisse verzichtete er nicht auf weitere Menschenversuche: Die induktive Methode war auf eine Theorie gestützt, die es um jeden Preis zu beweisen galt. An der Methode selbst wurde nicht gezweifelt. Unter dieser

---

822 Ebd.
823 Loeffler an Blome, 17.10.1942, BAK, R 73/12756.
824 Bericht über die von mir im Januar 1943 begonnenen Untersuchungen über serologische Verschiedenheiten der menschlichen Rassen, ebd.

Voraussetzung führte jedes Ergebnis, das der Grundannahme einer rassischen Spezifizität von Blutseren widersprach, zu weiteren Versuchen, während zufällige Beobachtungen, die im gewünschten Sinne interpretiert werden konnten, als Beweis vorgeführt wurden. Immerhin gab Horneck in seinem Tätigkeitsbericht zu, dass er zwar interessante – nicht näher erläuterte – Unterschiede festgestellt habe, sich jedoch vorläufig auf keine Deutung einlassen könne. Bei seinen Tierversuchen, die mit zwei „Marokkanerseren", einem „Senegalnegerserum", einem „Anamitenserum" und verschiedenen – zahlenmäßige nicht näher angegebenen – Europäerseren durchgeführt wurden, postulierte er, dass die unterschiedliche Reaktionsfähigkeit von Weißenserum auf einer rassischen Eigenschaft beruhe. Die Experimente Hornecks zeigen, dass Hornecks leitendes Motiv nicht primär darin bestand, mit der Wissenschaft dem NS-Regime und seiner rassenhygienischen Politik zu dienen. Die (rassenhygienische) Überzeugung und das theoretische Forschungsinteresse des Wissenschaftlers waren Grundlage genug, um sich über jede ethische Grenzen hinwegzusetzen. Über diese wurde gar nicht erst nachgedacht. Dabei fällt aber auf, dass bei den Experimenten möglicherweise gestorbene Versuchspersonen oder zumindest die von ihnen davon getragenen Schäden nicht erwähnt wurden.

Auch Rassenanthropologen, die weiterhin in der Tradition der Rassenkunde ihre Forschungen anlegten, nutzten im Krieg den privilegierten Zugang zu entrechteten NS-Opfern aus. Ihre Untersuchungen sind zwar nicht zwingend mit Forschungsformen gleichzusetzen, die eine große gesundheitliche Gefahr für die untersuchten Personen bedeuteten, sie stellen aber zweifellos eine Grenzüberschreitung dar, da Menschen untersucht wurden, deren Möglichkeiten, die an ihnen vorgenommenen Untersuchungen zu verweigern, sehr eingeschränkt beziehungsweise gar nicht vorhanden waren. Mit dem fortschreitenden Krieg wurden die Kriegsgefangenenlager zu beliebten Forschungslaboren für die rassenanthropologische Wissenschaft.

Während des Krieges führte der Leiter der Abteilung Anthropologie am KWI-A, Wolfgang Abel (geb. 1905), anthropologische Reihenuntersuchungen an französischen Kolonialsoldaten im besetzten Frankreich als auch an Slawen durch. Abel kam im Krieg zunächst in der Luftwaffe zum Einsatz. Nach einer Verletzung wurde er in die Abteilung für Heerespersonalprüfwesen des Oberkommandos des Heeres versetzt.[825] In dieser Funktion untersuchte er 1940 internierte Kriegsgefangene aus Kolonialtruppen in Südfrankreich. Eigenen Angaben aus den achtziger Jahren zufolge war Abel im Rahmen dieser Tätigkeit auf einer „Leprastation in Bordeaux"[826] – gemeint war wohl das kolonialmedizinische Sonderlazarett in St. Médard nahe Bordeaux –, um durch die Krankheit hervorgerufene Veränderungen der Fingerabdruckmuster zu untersuchen. Im Winter 1941/42 besuchte er zusammen mit zwei Heerespsychologen weitere Kriegsgefangenenlager, in denen Solda-

---

825 Schmuhl, Grenzüberschreitungen, S. 455. Zu Abels Forschungen an sowjetischen Kriegsgefangenen, siehe: Schmuhl, Generalplan.
826 In einem Interview mit Benno Müller-Hill gab Abel an, er sei „in einer Leprastation in Bordeaux bei Dr. Weddingen im tropenmedizinischen Lazarett" gewesen. Siehe: Müller-Hill, Wissenschaft, S. 146.

ten der Roten Armee interniert waren[827], und führte im Auftrag des Oberkommandos der Wehrmacht anthropologische Untersuchungen an den in diesen Lagern gefangengehaltenen Soldaten durch.[828] Dabei sollte Abel zu dem Ergebnis gelangen, dass „in den Russen viel stärkere nordische Rasseneinschläge vorhanden seien, als wie bisher vermutet". Die „Ostbaltischen Rassenzüge", die hauptsächlich in den westlichen Gegenden vorkamen, seien dagegen „in keiner Weise so stark, als wie bisher angenommen wurde". Im Hinblick auf seine Befunde zog Abel radikale Folgerungen. So sah er „entweder die Ausrottung des russischen Volkes oder aber die Eindeutschung des nordisch bestimmten Teils des russischen Volkes" vor:

> „Es handelt sich nicht allein um die Zerschlagung des Moskowitertums […]. Vielmehr handelt es sich um die Zerschlagung russischen Volkstums selbst, um seine Aufspaltung. Nur wenn die Probleme hier konsequent vom biologischen, insbesondere rassenbiologischen Standpunkt aus gesehen werden und wenn demgemäß die deutsche Politik im Ostraum eingerichtet wird, besteht die Möglichkeit, der uns vom russischen Volke her drohenden Gefahr zu begegnen."[829]

Abel konnte beinahe bis zum Ende des Krieges seine anthropologischen Forschungen fortsetzen, wobei er ab dem Jahr 1943 sowohl von der Unterstützung durch das „SS-Ahnenerbe" als auch durch den RFR profitierte. Am 23. Februar 1943 bat Abel den ihm bekannten Ornithologen und SS-Sturmbannführer Ernst Schäfer (1910–1992), Leiter des „Sven-Hedin-Instituts für Innerasien und Expeditionen" innerhalb des „SS-Ahnenerbes" darum, ihm den Anthropologen und SS-Hauptsturmführer Bruno Beger zuzuordnen.[830] Mit seinem Gesuch sollte Abel auf das Wohlwollen der Leitung des „SS-Ahnenerbes" stoßen, die besonderes Interesse an Abels Forschungen zeigte, so vor allem Wolfram Sievers. In einem Brief vom 3. Mai 1943 schrieb dieser an Rudolf Brandt, den persönlichen Referenten Himmlers, er halte „die Auswertung des Untersuchungsmaterials für sehr wichtig, um zuverlässige Unterlagen zu erhalten und danach die Durchführung der Maß-

---

827 Siehe: Ebd., S. 141; Schmuhl, Grenzüberschreitungen, S. 456. Auf Befehl Hitlers war ein Großteil der afrikanischen Kriegsgefangenen - etwa 80 000 Männer - nach Südfrankreich (Bordeaux) abgeschoben worden. Vgl. Klee, Auschwitz, S. 257.
828 Zu diesem Zeitpunkt verfügte Abel bereits über Forschungserfahrung in Kriegsgefangenenlagern. Als beratender Anthropologe zur „Inspektion des Personalprüfwesens des Heeres (Heerespsychologie)" in eine Reihe von Kriegsgefangenenlagern im besetzten Frankreich abkommandiert, hatte er bereits seit 1940 rassenanthropologische Untersuchungen an französischen Kolonialsoldaten vorgenommen. Zu den anthropologischen Reihenuntersuchungen an französischen Kolonialsoldaten, siehe: Schmuhl, Grenzüberschreitungen, S. 442–444.
829 Wetzel, Erhard: Stellungnahme und Gedanken zum Generalplan Ost des Reichsführers SS, 27.4.1942, abgedruckt in: Heiber, Generalplan, S. 313. Abels Befunde gingen unmittelbar in die Denkschrift des Rassenpolitischen Dezernenten im Ministerium für die besetzten Ostgebiete, Erhard Wetzel, zum Generalplan Ost vom 27. April 1942 ein.
830 Siehe: Kater, Ahnenerbe, S. 208. Ernst Schäfer hatte nach drei Tibet-Expeditionen im Jahre 1940 die „Abteilung für Innerasienforschung und Expeditionen" übernommen, die sich unter seiner Führung zu einem eigenen „Reichsinstitut" entwickelte. Das „Sven-Hedin-Institut für Innerasien und Expeditionen", das sich zur größten Abteilung innerhalb des „Ahnenerbes" entwickeln sollte, wurde am 16. Januar 1943 anlässlich der 470-Jahrfeier der Universität München und der Verleihung der Ehrendoktorwürde an Sven Hedin eröffnet.

nahmen zu bestimmen".[831] In einem weiteren Brief an Brandt vom 22. Mai 1943 stellte Sievers Abels Forschungsvorhaben in einen direkten Zusammenhang mit der Kriegsanstrengung:

> „Die Auswertung des Untersuchungsmaterials sei außerordentlich wichtig, sowohl aus Gründen des Arbeitseinsatzes wie aus bevölkerungspolitischen, wirtschaftlichen und kulturellen Gründen. [...] Dabei sollte allerdings Prof. Dr. Abel veranlasst werden, sich vor allem auf die Frage der Behandlung und arbeitsmäßigen Einsatzfähigkeit der einzelnen Gruppen im Kriege zu konzentrieren und seine Arbeit auf die Lösung dieser Fragen auszurichten."[832]

Nach der Niederlage von Stalingrad war die Arbeitsverwaltung unter Führung des „Generalbevollmächtigten für den Arbeitseinsatz", Fritz Sauckel (1894–1946), bemüht, unter der Parole „Europäische Arbeiter gegen den Bolschewismus" die Einsatzfähigkeit von ausländischen Zwangsarbeitskräften zu steigern. In diesem Zusammenhang sollten Abels Untersuchungen eine besondere Bedeutung erlangen.

Die in Aussicht gestellte anthropologische Begutachtung von sowjetischen Kriegsgefangenen sollte dazu dienen, unter den „Ostarbeitern" einzelne rassisch wertvollere Gruppen zu identifizieren, die durch eine Staffelung der Lebens- und Arbeitsbedingungen zu höherer Leistung zu bringen seien. Dieser Überlegung zufolge war Sievers nicht nur bereit, drei Anthropologen für die Auswertung von Abels Untersuchungen befristet einzustellen, sondern auch Abels Antrag auf eine Verlängerung seiner uk-Stellung zu unterstützen. Bereits im Mai 1943 ließ Sievers die Anthropologen Heinrich Rübel, Hans Endres (geb. 1911) und Hans Fleischhacker (1912–1971) freistellen, die im Rahmen des Kaukasus-Unternehmens – eine wissenschaftliche Expedition, die den Kaukasus unter botanischen, zoologischen, entomologischen, geophysikalischen und auch anthropologischen Gesichtspunkten durchforschen sollte – anthropologische Untersuchungen vornehmen sollten. Im September 1943 konnte Abel mit Hilfe von Sievers erreichen, dass seine uk-Stellung verlängert wurde. Dabei betonte er, dass die Untersuchungen an Kriegsgefangenen unbedingt zu Ende gebracht werden müssten, „da die rassisch-biologische Auslese und Beurteilung der Groß-Russen für einen späteren Einsatz unbedingt geklärt werden muss, denn bisher wussten wir so gut wie nichts darüber und ließen uns von ganz falschen Vorstellungen leiten".[833] Seit dem Frühjahr 1943 führte Abel seine Forschungen unter der Schirmherrschaft des RFR weiter, der ihn mit einem Forschungsauftrag mit der Dringlichkeitsstufe „S" versehen hatte.[834] In der Kurzfassung seines Arbeitsberichts an den RFR für den Zeitraum zwischen Juli und Dezember 1943 beschrieb Abel die Art der anthropologischen Begutachtung, die an den russischen Kriegsgefangenen vorgenommen worden war:

> „Die Mess- und Untersuchungsbogen von Kriegsgefangenen wurden mit ihren Nummern nach den Geburts- und Herkunftsorten in großen Karten eingetragen, um so eine Gruppen-

---

831 Sievers an Rudolf Brandt, 3.5.1943, zit. nach Lösch, Rasse, S. 402.
832 Sievers an Rudolf Brandt, 22.5.1943, zit. nach ebd., S. 403.
833 Aktenvermerk Sievers' über eine Besprechung mit Abel am 18.9.1943, 30.9.1943, BAB, R 26III/122. Zit. nach Schmuhl, Grenzüberschreitungen, S. 462–463.
834 Der Forschungsauftrag lautete „Rassenbiologische Untersuchungen an Ostvölkern, insbesondere der besetzten Gebiete". Siehe: BAB, R 26III/382.

3.7. Zur Entgrenzung der Wissenschaft im Krieg

auswertung nach geographischen Gesichtspunkten durchführen zu können. Außerdem wurde eine Kartothek aller Personen angelegt. Geordnet wurden in dieser Form: 1050 Großrussen, 430 Ukrainer, 200 Weißrussen, 500 Kaukasier. Das für die Frage der systematischen Einstufung wichtige Abdruckmaterial wurde sortiert. Darunter fallen von: Großrussen 4500, Ukrainern 2200 und Weißrussen 800 Abdruckbogen. Das Abdruckmaterial von 300 Großrussen ist fertig ausgewertet worden."[835]

Nachdem Abel bis Februar 1943 etwa 7000 sowjetische Kriegsgefangene untersucht hatte[836], befasste er sich Mitte des Jahres 1943 bereits mit der Bearbeitung der erhobenen Daten. Noch im September 1944 erhielt Abel vom RFR zwei bedeutende Sachbeihilfen in Höhe von 6300 RM und 3000 RM für seine „anthropologischen Untersuchungen am russischen Kriegsgefangenenmaterial des Heeresarchivs".[837]

Neben Abels Untersuchungen an russischen Kriegsgefangenen unterstützte der RFR beziehungsweise die DFG weitere Projekte, die in der rassenanthropologischen Erforschung von Kriegsgefangenen bestanden. Dr. Scheffeldt, einem Mitarbeiter von Hans F. K. Günther in Freiburg[838], wurde im Rechnungsjahr 1943/44 eine Sachbeihilfe in Höhe von 2000 RM für „Rassenkundliche Untersuchungen bei osteuropäischen Völkern" bewilligt.[839] Lothar Loeffler, der seit 1942 Direktor des Instituts für Rassenbiologie der Universität Wien war, führte zusammen mit dem Wiener Anatomen Eduard Pernkopf[840] „Untersuchungen an Kriegsgefangenen fremder Rassen" durch, für die er im Rechnungsjahr 1943/44 genauso wie Abel einen Forschungsauftrag des Reichsforschungsrates mit der Dringlichkeitsstufe „S" erhielt.[841] Dabei handelte es sich um „vergleichende anatomische

---

835 Kurz-Berichte über die auf Anregung und mit Unterstützung des RFR durchgeführten wissenschaftlichen Arbeiten (bekannt als „rote Berichte"), Stand 1.7.–31.12.1943, US National Archives and Records Administration, RG 319, Entry 82 a, Box 19. Ich danke Alexander Neumann für den Hinweis auf diese Berichte.
836 Kater, Ahnenerbe, S. 208; Vgl. Schmuhl, Grenzüberschreitungen, S. 458.
837 Am 1. September 1944 bewilligte der RFR bzw. die DFG eine Sachbeihilfe in Höhe von 6300 RM und am 27. September 1944 eine Sachbeihilfe in Höhe von 3000 RM. Siehe: Klassische Medizin, Bewilligungen, BAB, R26/III, 518.
838 Hans F. K. Günther war 1940 mit seiner Anstalt für Rassenkunde, Völkerbiologie und Ländliche Soziologie von der Universität Berlin an die Universität Freiburg im Breisgau übergesiedelt. Siehe: Anthropologischer Anzeiger XVI, 1939, Stuttgart 1940, S. 269.
839 Siehe: sog. Roter Bericht vom 1.7.–31.12.1943, US National Archives and Records Administration, RG 319, Entry 82a, Box 19.
840 Eduard Pernkopf war seit 1938 Dekan der medizinischen Fakultät und einer der wichtigsten Akteure an der Universität Wien im Nationalsozialismus. Besonderen Ruhm erlangte Pernkopf mit seinem Anatomieatlas, der bei Medizinern noch Jahrzehnte nach 1945 in vielen Auflagen sehr geschätzt und verbreitet war. In den vergangenen Jahren ist öffentlich geworden, dass die besonders gelobten Zeichnungen dieses Atlas ihre „Qualität" nicht zuletzt dem Umstand verdanken, dass sich Pernkopf im Nationalsozialismus die Leichen hingerichteter NS-Opfer ganz „frisch" direkt an sein Institut liefern ließ und dann besonders „naturgetreue" Zeichnungen anfertigen lassen konnte. Siehe: Hafner, Michaela: Anatomische Wissenschaft in Wien 1938–1945, in: die Universität (www.dieuniversitaet-online.at).
841 Siehe: BAB, R 26III/202.

und anthropologische Untersuchungen".[842] Auch im Jahr 1944 erhielt er hierfür ie finanzielle Unterstützung durch den RFR. Im Mai 1944 wurde für Loefflers Projekt eine Sachbeihilfe in Höhe von 3000 RM bewilligt.[843] Indem der RFR verschiedene Projekte zu rassenanthropologischen Untersuchungen an Kriegsgefangenen unterstützte, war er maßgeblich an Bemühungen beteiligt, die Erkenntnisse rassenanthropologischer Forschung für die Kriegsanstrengung nutzbar zu machen.

3.8. ZUR IDEOLOGISIERUNG RASSENANTHROPOLOGISCHER FORSCHUNG

Die Untersuchungen an Kriegsgefangenen stellen nur einen Bruchteil der gesamten vom RFR beziehungsweise der DFG geförderten rassenanthropologischen Forschung dar, die während des „Dritten Reiches" einem ideologischen Wandel unterlag. Die Fortsetzung der GA für Rassenforschung brachte nach der Machtübernahme durch die NSDAP einige Arbeiten hervor, die sich neben anthropogenetischen und erbpathologischen Studien vor allem auf rassenkundliche Aspekte konzentrierten. In Kiel wurden die seit 1927 unter der Leitung von Otto Aichel (1871–1935) eingeleiteten Studien zur rassenkundlichen Erhebung Schleswig-Holsteins fortgesetzt, wenn auch in stark reduziertem Umfang und nicht unmittelbar mit der finanziellen Unterstützung der DFG. Nachdem durch Beihilfen der DFG mehrere Gebiete wie Fehmarn oder die Probstei in der Weimarer Republik erfasst und entsprechend ausgewertet worden waren, widmete sich Wolf Bauermeister (1907–1975), Assistent am anthropologischen Institut der Universität Kiel, der Bearbeitung der von Lothar Loeffler bereits durchgeführten Erhebungen an der Westküste Schleswig-Holsteins.[844] Im September 1936 stellte er einen Antrag an die DFG, um die umfangreichen statistischen Arbeiten nicht beschränken zu müssen. Durch seine Verpflichtungen als Assistent hatte er auf die Behandlung von „vererbungskundlichen Fragen" verzichten müssen, die er nun mit der Unterstützung der DFG vorantreiben wollte. Bauermeister war um eine eingehende Bearbeitung des schon vorliegenden Materials bemüht. Keineswegs dachte er aber an eine Erweiterung der Erhebungen. Vielmehr plante er eine Monographie über die „Vererbung normaler menschlicher Merkmale", bei der die früheren Erhebungen in Schwansen über russlanddeutsche Flüchtlinge und Danziger Mennoniten herangezogen werden sollten. Hierfür sollte eine statistisch vorgebildete Hilfskraft eingestellt werden, die aus Mitteln der DFG finanziert werden würde. Im Oktober 1936 bewilligte die DFG zwar einen Kredit von 650 RM, der der Bezahlung einer Hilfskraft mit einem monatlichen Bruttogehalt von 125 RM für die Dauer von fünf Monaten entsprach. Damit konnte aber die in Aussicht gestellte „vererbungskundliche" Arbeit nicht zustande gebracht werden. In seinem

---

842 Siehe: Bericht über die im April 1944 ergangenen Bewilligungen und Forschungsaufträge im Referat Allgemeine (klassische) Medizin, BAB, R 26III/202.
843 Klassische Medizin, Bewilligungen, BAB, R 26/III, 518.
844 Wolf Bauermeister an die DFG, 10.9.1936, BAK, R 73/10181.

Arbeitsbericht vom 24. Februar 1937 an die DFG machte Bauermeister darauf aufmerksam, dass die Vorbereitung eines Manuskripts über die rassenkundlichen Erhebungen weit vorangeschritten sei. Die vererbungskundlichen Fragen könnten dagegen nicht mehr [in diese Arbeit] übernommen werden."[845]

Bei den letzten sechs Monographien, die nach der Machtübernahme in der Reihe „Deutsche Rassenkunde" veröffentlicht wurden, handelte es sich um Arbeiten über die Questenberger im Südharz[846], das heißt die Einwohner eines Dorfes im Kreis Sangerhausen in der Provinz Sachsen, über russlanddeutsche Bauern[847], über ein Dorf auf der Schwäbischen Alb[848], über zwei oberhessische Dörfer[849], über die deutschen Bauern des Burzenlandes[850] und über Dörfer in Thüringen.[851] Die beiden letzten Bände der „Deutschen Rassenkunde" wurden mit der finanziellen Unterstützung des RFR beziehungsweise der DFG im Rechnungsjahr 1937/38 beziehungsweise im Rechnungsjahr 1938/39 veröffentlicht. Die Art der Durchführung der erst im Nationalsozialismus veröffentlichten Arbeiten zur rassenkundlichen Bestandsaufnahme der deutschen Bevölkerung entsprach den in der Weimarer Republik für die GA für Rassenforschungen zugrunde gelegten Richtlinien. So setzten die nach der Machtübernahme in der „Deutschen Rassenkunde" erschienenen Monographien zwar die Tradition der physischen Anthropologie fort, die in der Hauptsache auf die statistische Auswertung von Körpermerkmalen ausgerichtet war. Dabei trugen sie aber auch neue Züge, die für die NS-Rassendoktrin charakteristisch waren. Bei der rassenanthropologischen Deutung ihrer Erhebungen hoben sowohl Brigitte Richter (geb. 1907) in ihrer Arbeit über die zwei oberhessischen Dörfer Burkhards und Kaulstoß als auch A. Hermann in seiner Monographie über die deutschen Bauern des Burzenlandes die Bedeutung der nordischen Rasse hervor. Alle drei Autoren gelangten zu dem Ergebnis, dass die von ihnen untersuchten Bevölkerungsgruppen ein Rassengemisch darstellten, gleichwohl waren sie bemüht, das angeblich vorherrschende Gewicht der nordischen Rasse zu betonen. Über ihren Hauptbefund einer unverkennbaren Häufung von nordischen Zügen bei den Einwohnern von Burkhard und Kaulstoß hinaus stellte Richter zwar den Einschlag von alpinen[852] und dinarischen Merkmalen[853] dar, allerdings rela-

---

845 Bauermeister an die DFG, 24.2.1937, BAK, R 73/10181.
846 Grau, Questenberger.
847 Keiter, Bauern.
848 Breig, Untersuchung.
849 Richter, Burkhards.
850 Hermann, Bauern.
851 Kurth, Rasse.
852 Als Hinweis auf einen „alpinen Rasseneinschlag" wertete Richter die bei den breiten Gesichtern häufig beobachtete relativ kleine Unterkieferwinkelbreite. Darüber hinaus wies sie darauf hin, dass die Köpfe sowie die Gesichter bei den Männern mäßig rund waren und bei den Frauen mittellang. Siehe: Richter, Burkhards, S.79.
853 Dies leitete Richter aus der Beobachtung her, dass fast ein Fünftel der männlichen Bevölkerung ein „steil abfallendes Hinterhaupt mit hoher Kopfform" hatte. Auch das Vorkommen von „große[n] und etwas gebogene[n], derbe[n] Nasen" wertete sie in diesem Sinne. Siehe: Ebd.

tivierte sie deren Bedeutung in ihren abschließenden Ausführungen zur „rassenmäßige[n] Zusammensetzung der Bevölkerung"[854]:

> „Bei der deutlichen Einkreuzung der beiden dunklen Rassen, der dinarischen und der alpinen, ist die Anzahl der hellen Individuen besonders bedeutsam, da die hellen Farben ja nach dem überdeckten Erbgang übertragen werden. Es steckt also viel mehr nordisch-fälisches Blut in der Bevölkerung drin, als die sichtbaren Farben verraten. Ein Überblick über mein gesamtes Bildmaterial zeigt dieses auch an den Gesichtern. An den genannten etwa 50 Prozent der Bevölkerung, wo eine so genannte Rassendiagnose der starken Durchmischung vielerlei Merkmale wegen nicht gestellt werden kann, ist doch fast überall einiges Nordisch-fälisches deutlich zu sehen."[855]

Auch wenn Hermann bei seiner Untersuchung der deutschen Bauern des Burzenlandes zu dem Ergebnis gelangte, dass „etwa drei Viertel der Burzenländer ‚braunes' und ‚braunschwarzes Haar' [bei einem Viertel Blonden] ha[tt]e" und die „Zahl der Blonden [...] also geringer als bei den deutschen Vergleichsgruppen [war]", betonte er gleichzeitig, die Untersuchung der Kinder lasse dagegen erkennen, dass „die Erbanlagen zur Blondheit viel stärker vertreten sind, als das gesamte Verhältnis vermuten lässt".[856] Aus seiner Analyse der physiognomischen Merkmale der deutschen Bauern folgerte Hermann im Übrigen, dass man den Anteil nordischen Blutes auf mehr als 50 Prozent einschätzen müsse. Somit kam er auf dasselbe Ergebnis wie Richter bei ihrer Untersuchung der beiden oberhessischen Dörfer Burkhards und Kaulstoß. Im Vergleich zu diesem Befund wies Hermann darauf hin, dass der Anteil alpinen Blutes bei der deutschen Bevölkerung im ganzen Burzenland ungefähr 30 Prozent, der des dinarischen etwa zehn Prozent ausmachen dürfe.[857] Bei seiner rassenkundlichen Erforschung von vier Dörfern in Thüringen musste Gottfried Kurth (geb. 1912) feststellen, dass die „nordische Rasse in keinem Dorfe 50 Prozent erreicht[e]".[858] Insgesamt hätten die Merkmale von sechs verschiedenen Rassen identifiziert werden können.[859] Während bei den Männern ein großer Anteil der nordischen Rasse festgestellt wurde, kam Kurth zum Ergebnis, dass die Frauen durch eine stärkere „ostische" Prägung gekennzeichnet seien. Dabei bezog er sich auf die Ausführungen des NS-Rassenforschers Hans F. K. Günther, wonach der beobachtete Geschlechtsunterschied keineswegs lokal bedingt zu sein scheine, sondern bereits in verschiedenen Ländern festgestellt worden sei.[860] Obwohl Kurth keineswegs die herausragende Bedeutung der nordischen Rasse bei der von ihm untersuchten Bevölkerung hatte zeigen können und sogar im Gegensatz dazu auf die Einwirkung eines „ostischen Typus" eingegangen war, war seine rassenanthropologische Untersuchung mit Werturteilen verbunden, die einen höheren Status der nordischen Rasse behaupteten. So endete seine Arbeit mit einer völkischen Apologie des deutschen Bauerntums, das als Träger nordischen Blutes stilisiert wurde:

854 Ebd., S. 78.
855 Ebd., S. 79.
856 Hermann, Bauern, S. 133.
857 Ebd., S. 134.
858 Kurth, Rasse, S. 60.
859 Ebd., S. 58.
860 Ebd., S. 60.

"Das Bauerntum ist immer noch der größte Träger nordischen Blutes in unserem Volke. Ihm muss es immer und immer wieder vor Augen gestellt werden, dass ‚Nordisch-Sein' Pflichten bedeutet, große Pflichten gegenüber Volk und Reich. Auf den Fähigkeiten und Kräften der nordischen Rasse beruhen die größten Leistungen unseres Volkes. Von der Sicherung einer breiten Grundlage nordischen Blutes, aus der das Führertum des Reiches erwachsen kann, hängt die Zukunft des Deutschtums ab."[861]

So drangen völkische Töne in die seit der späten Weimarer Republik in Gang gesetzten Gemeinschaftsarbeiten für Rassenforschungen ein. Die Ideologisierung der Rassenforschung, wie sie im Rahmen der GA begonnen hatte, ging im Nationalsozialismus mit einer verstärkten Förderung rassisch-ideologischer Arbeiten einher. Dies verdeutlichte eine nicht unbeträchtliche Zahl von DFG-Anträgen im Bereich der Rassenanthropologie. Mit Ludwig Ferdinand Clauß (1892–1974) förderte die DFG einen eifrigen Vertreter der NS-Rassendoktrin[862], der 1934 gemeinsam mit Hans F.K. Günther die Zeitschrift *Rasse* gegründet hatte. Im Oktober 1933 war er mit einem Referat über „die germanische Seele" als einer der Hauptredner auf dem 13. Kongress der Deutschen Gesellschaft für Psychologie hervorgetreten. Für die Zeit von Januar bis Dezember 1935 erhielt Clauß ein großzügiges Stipendium von 400 RM für zwei Arbeiten über „Beziehungen zwischen Rasse und Charakter" sowie „Fortführung der rassenseelenkundlichen Bearbeitung der deutschen Stämme".[863] Dies entsprach einer Verdreifachung der üblichen Raten für ein DFG-Stipendium. In einem Gutachten über Clauß hatte Günther dessen Antrag nachdrücklich befürwortet und auf seine völkische Einstellung hingewiesen.[864] Zusätzlich zu diesem Stipendium bekam Clauß im April 1935 noch einen Sach- und Reisekredit in Höhe von 2900 RM bewilligt.[865] In der Zeit zwischen dem 1. April und 30. September 1937 befasste sich Clauß mit der finanziellen Unterstützung des RFR beziehungsweise der DFG mit einem neuen Projekt über die „Psychologie des dinarischen Menschen". Ziel seines Projekts war vermutlich eine genaue Klärung der Verbreitung und „Festigkeit" der dinarischen Rasse. Zu Forschungszwecken hielt sich Clauß vorübergehend in Österreich auf, wo die dinarische Rasse mutmaßlich ihre Geburtsstätte haben soll. Somit war er mit einem Thema beschäftigt, das der RFR beziehungsweise die DFG besonders förderte.

Als sich der junge Ornithologe Hugo Rössner aus dem Wiener Zoologischen Museum an den RFR wandte, um ein Stipendium für eine Arbeit über die „dinarische Rasse in Österreich" zu beantragen, war man bei der DFG bemüht, eine Koordinierung der in Aussicht gestellten Forschungen mit denen von Clauß in die Wege zu leiten, um eine effizientere Bearbeitung des für wichtig gehaltenen

---

861 Ebd., S. 72.
862 Bereits 1932 hatte Clauß ein Buch mit dem Titel „Die nordische Seele. Eine Einführung in die Rassenseelenkunde" im völkischen Verlag J.F. Lehmann veröffentlicht.
863 Siehe: Mertens, Würdige S. 281. Im Koblenzer DFG-Förderaktenbestand lassen sich keine entsprechenden Förderakten zu den von Mertens aufgeführten Projekten ermitteln.
864 So Günther in einem undatierten Gutachten: „Dr. Clauß ist wissenschaftlich bestens befähigt. Er ist ein guter schriftlicher und mündlicher Darsteller seiner Gedankenwelt [sic], von jeher völkisch, wie seine Bücher seit etwa 1923 bezeugen". Zit. nach ebd., S. 282.
865 Hoover Institution Archives, Stanford (Kalifornien), Box 1, Fo 6371. Zit. nach ebd., S. 282.

Forschungsfeldes zu gewährleisten. Eine Assistentin von Sergius Breuer bei der DFG bat Rössner darum, mit Clauß Verhandlungen aufzunehmen und stellte als Bedingung für eine Förderung seines Vorhabens, dass er sich Clauß unterstelle.[866] Im November 1937 wurde Rössner, der den Aussagen vom Direktor der Staatlichen Museen für Tierkunde und Völkerkunde Dresden zufolge wegen seiner Teilnahme an einem SA-Appell in Wien politisch verfolgt würde und sich nach einer Arbeitstätigkeit im Deutschen Reich sehne[867], ein Stipendium bewilligt. Er legte der DFG über die Deutsch-Österreichische Wissenschaftshilfe knapp fünf Monate später einen Arbeitsbericht vor. Als Hauptergebnis seiner Studie betonte er, dass „von einer Dinarischen Rasse in Österreich in dem Sinne, als würde in bestimmten Gegenden des Bundesgebietes eine Bevölkerung rein oder annähernd rein dinarischer Rasse leben, nicht gesprochen werden kann".[868] Von diesem Standpunkt aus stellte sich für Rössner eine neue Aufgabe, die um das Problem der „blonden Dinarier" und das besondere Verhältnis der dinarischen zur nordischen Rasse kreiste. Zum einen wollte er prüfen, ob sich rassische Merkmale mit besonderen politischen Eigenschaften verknüpfen lassen und schoss damit weit über das ursprüngliche Ziel seines Vorhabens hinaus:

> „Dass [...] die Untersuchung eines etwaigen Zusammenhanges zwischen feststellbaren Rassekomponenten, vor allem der Dinarischen Rasse und dem politischen Einsatz nicht aus dem Auge gelassen werden, ist klar, zumal sich Untersuchungen in dieser Richtung durch die Änderung der politischen Verhältnisse mit wesentlich geringeren Schwierigkeiten durchführen lassen."[869]

Zum anderen stellte Rössner eine Untersuchung über die Wirkung der durch die Industrialisierung bedingten Zuwanderung auf die rassische Zusammensetzung in Aussicht.[870] Für seine Pläne einer Ergänzung der bisherigen Untersuchung erfreute sich Rössner weiterhin der Unterstützung der DFG beziehungsweise des RFR. Im Mai 1938 bewilligte die DFG die Verlängerung des Stipendiums bis zum 30. September 1938 und erhöhte es von 125 auf 150 RM, was die Angleichung des von der Österreichisch-Deutschen Wissenschaftshilfe gewährten Stipendiums an die Sätze der DFG bedeutete.

Mit dem Nationalsozialismus rückte also die Frage nach Stellung und Beschaffenheit der nordischen Rasse in den Vordergrund. In den dreißiger Jahren stellte jeder Beitrag zum Ausbau einer deutschen Rassenkunde aus Sicht der DFG eine förderungswürdige Angelegenheit dar. Nachdem rassenanthropologische Untersuchungen in exotisch-fremden Ländern bereits seit der späten Weimarer Republik nicht mehr im Zentrum rassenanthropologischer Forschungsaktivitäten gestanden hatten[871], sorgte der Nationalsozialismus für eine weitere Fokussierung der Forschung auf die eigene Bevölkerung. Peter Kramp (1911–1975), Assistent am an-

---

866 Aktennotiz, 1.11.1937 und Heim an Rössner, 4.11.1937, BAK, R 73/14043.
867 Kummerlöwe an die DFG, 7.12.1937, ebd.
868 Rössner an die DFG, 9.3.1938, ebd.
869 Ebd.
870 Ebd.
871 Während für die zwanziger Jahre vor allem Studien über fremde Bevölkerungsgruppen durchgeführt wurden, setzten die GA für Rassenforschung ab Mitte der zwanziger Jahre mit ihrer

thropologischen Institut in München, widmete sich vom 1. April 1938 bis etwa zum Beginn des Krieges mit einem DFG-Forschungsstipendium „Untersuchungen über die Rassenverschiebung im süddeutschen Raum innerhalb der letzten beiden Jahrtausende als Beitrag zur Rassengeschichte Deutschlands".[872] In seinem Antrag hatte er versprochen, „durch weitere anthropologische Untersuchungen Unterlagen für eine deutsche Rassengeschichte zu schaffen, die heute mehr denn je im Blickpunkte unserer wissenschaftlichen Interessen liegt und zugleich auch für die Grundlage unseres Volkstums von größtem Erkenntniswert sein dürfte".[873] Kramp, der 1936 ein Lehrbuch für die Oberstufe höherer Lehranstalten mit dem Titel *Rassenkunde und Rassenhygiene* veröffentlicht hatte, war unter der Leitung von Mollison um eine weiterführende Deutung der rassischen Unterschiede zwischen Nord- und Süddeutschland bemüht. Er wollte herausfinden, ob sich die Existenz einer anderen Kopfform in Süddeutschland, die seit der Völkerwanderungszeit nachgewiesen sei, bis in die frühgeschichtliche Zeit zurückverfolgen ließe und ob sie auf einer Rassenverschiebung beruhe. Kramp kam zu dem Ergebnis, dass die dinarische auf die nordische Rasse Einfluss gehabt hätte. Vor allem aber schloss er den Einfluss einer „Ostrasse" auf die rassische Zusammensetzung der Bevölkerung Süddeutschlands aus.

Im Nationalsozialismus kam die Förderung rassenanthropologischer Forschung dem Ausbau der Entstehung einer deutschen Rassenkunde zugute, die der Fundierung rassentheoretischer Diskurse (der NS-Eliten) diente. Diese sollte sich aber auch gleichzeitig für die NS-Bevölkerungspolitik als eine besondere Stütze erweisen, denn eine Reihe von rassenanthropologischen Projekten, die von der DFG gefördert wurden, trug mehr oder weniger mittelbar zur Legitimierung der NS-Bevölkerungspolitik bei, so etwa in deutschen Einwanderungsgebieten und in den eingegliederten Ostgebieten. Der Übergang von der Stilisierung der herausragenden Bedeutung deutscher Stämme zum Nachweis der Verwurzelung der deutschen Rasse im Ausland war geradezu fließend. Bei der Wahl ihrer Forschungsgegenstände richteten sich die Anthropologen an bevölkerungspolitischen Interessen aus und stellten ihre gewonnenen Erkenntnisse den NS-Akteuren der Bevölkerungspolitik in den eingegliederten Ostgebieten zur Verfügung. Erich Keyser vom staatlichen Landesmuseum für Danziger Geschichte stellte bereits im Juni 1936 einen Antrag auf „rassenkundliche Erhebungen im Bezirk Danzig" mit dem Ziel, eine „Typengliederung der Danziger Bevölkerung" herauszuarbeiten und dabei ihren „Zusammenhang mit dem deutschen Volkskörper" zu erforschen.[874] Im Juli 1936 bewilligte die DFG zwei Forschungsstipendien für die beiden von Keyser vorgesehenen Mitarbeiter für rassenkundliche Untersuchungen in den Dörfern Bodenwinkel und Vogelsang.[875] Auch nach der Einstellung der Förderung

---

Fokussierung auf die deutsche Bevölkerung einen ganz neuen Trend im Bereich rassenanthropologischer Forschung.

872 Siehe: BAK, R 73/12367.
873 Kramp an die DFG, Arbeitsplan, 16.12.1937, ebd.
874 Vorschläge für die Durchführung anthropologisch-rassenkundlicher Erhebungen im Gebiete der Freien Stadt Danzig, BAK, R 73/12566.
875 Diese waren der Danziger Staatsangehörige Günther Zimmermann und Fräulein Martin. Siehe: Keyser an die DFG, 17.6.1936, ebd.

durch die DFG im Laufe des Jahres 1938 wurde das Forschungsprojekt vom RPA im Gau Danzig in Verbindung mit dem Staatlichen Landesmuseum fortgesetzt.[876]

Die drei vom RFR beziehungsweise der DFG geförderten Forschungsprojekte des Psychiaters Karl Thums führten einerseits zu einer eingehenderen Untersuchung deutscher Stämme im Ausland, andererseits hatten sie einen direkten Bezug zur NS-Bevölkerungspolitik. Dabei vollzog sich eine bedeutende Wende in Thums' Forschungstätigkeit, die sich während seiner Zeit an der DFA noch vorwiegend auf klinische (Fall)studien konzentriert hatte. Von der Erforschung der Erblichkeit der Multiplen Sklerose, die im Hinblick auf eine Erweiterung des Sterilisierungsgesetzes in der zweiten Hälfte der dreißiger Jahre noch eine große rassenhygienische Bedeutung hatte, war Thums nun zur rassenanthropologischen Forschung übergegangen, die bevölkerungspolitische Ziele verfolgte. Nach der Einrichtung des „Reichsprotektorats Böhmen und Mähren" im März 1939 war Thums 1940 zum Leiter eines neu gegründeten Instituts für Erb- und Rassenhygiene an der deutschen Karls-Universität nach Prag berufen worden.[877] Im Dezember 1941 trat er an den RFR beziehungsweise die DFG mit einem (heute verschollenen) Antrag auf „Volks- und rassenbiologische Untersuchungen in gemischtvölkischen Ehen (Deutsche-Tschechen-Ehen in verschiedenen Bezirken Böhmens und Mährens)" heran.

Im Mittelpunkt von Thums' Forschungsinteresse stand die Frage, inwieweit deutsch-tschechische Ehen einen Beitrag zur Eindeutschung beziehungsweise Vertschechung der Familien leisteten. Thums' Arbeitsplan sah Erhebungen an 5000 Mischehen aus den Oberlandbezirken Prag, Kolin, Königgrätz, Pardubitz, Zlin, Brünn und Olmütz vor. Zuständig für die Bewilligung war die 1942 eingerichtete Fachsparte für Raumforschung des RFR unter der Leitung des Staatsrechtlers Paul Ritterbusch, der in der zweiten Hälfte des Jahres 1941 zum Beauftragten für den „Kriegseinsatz der deutschen Geisteswissenschaften" aufgestiegen war.[878] Erst im Januar 1943 wurden die ersten Gelder für das Projekt bewilligt.[879] Für die Verzögerung der Bewilligung, die ursprünglich im Juli 1942 hätte ausgesprochen

---

876 Keyser an die DFG, 22.8.1938, ebd.
877 Simunek, Fach. In der Naturwissenschaftlichen Fakultät der deutschen Karls-Universität in Prag wurde ein Lehrstuhl und ein Institut für Rassenbiologie errichtet. Mit der Leitung dieses Instituts wurde Prof. Bruno Kurt Schultz, Direktor des Biologischen Instituts der Reichsakademie für Leibesübungen in Berlin, beauftragt und zugleich zum ordentlichen Professor ernannt.
878 Paul Ritterbusch (1900–1945): Seit 1933 war Ritterbusch Professor für Verfassungs-, Verwaltungs- und Völkerrecht der NS-Stoßtruppfakultät Kiel. Von 1937 bis Mai 1941 war er Rektor der „Grenzlanduniversität des nordischen Raumes" Kiel. 1942 rückte er als ständiger Stellvertreter Rudolf Mentzels als Amtschef W ins Ministerium auf. Zugleich führte er sein Rektoramt in Kiel fort und richtete die Geisteswissenschaften propagandistisch aus. Ab 1940 Obmann des Reichswissenschaftsministeriums für den Kriegseinsatz der Geisteswissenschaften im Range eines Ministerialdirigenten, 1941 Lehrstuhl in Berlin. Siehe: Klee, Das Personenlexikon, S. 500.
879 Für das Rechnungsjahr 1942/43 erfreute sich Thums einer Sachbeihilfe in Höhe von 1910 RM. Siehe: Reichsarbeitsgemeinschaft für Raumforschung, 25.5.1944, R 73/15195.

werden sollen[880], war vermutlich die kriegsbedingte Finanzlage des RFR beziehungsweise der DFG verantwortlich. Statt dem gefordertem Betrag von 4260 RM wurden lediglich 2000 RM bewilligt.[881] Dies stellte aber während des Krieges immerhin eine bedeutende Förderungssumme dar. Neben diesem Forschungsprojekt leitete Thums zwei weitere Projekte, die ebenfalls mit der finanziellen Unterstützung des RFR beziehungsweise der DFG gefördert wurden. Im Rechnungsjahr 1942/43 wurde Thums eine Sachbeihilfe von 1910 RM für „Rassenkundliche und bevölkerungsbiologische Untersuchungen an den 14 Chodendörfern bei Taus im Böhmerwald" bewilligt.[882] Die Choden, eine tschechische Bevölkerungsgruppe, galten als die westlichste Slawengruppe. Thums' Vorhaben war politisch hoch motiviert: Es ging ihm nicht lediglich darum, anhand der Auswertung von Kirchenbüchern die besondere Gruppe, die über die Jahrhunderte ihre volkskundliche Eigenart bewahrt hatte, rassenanthropologisch zu erforschen, sondern vor allem darum nachzuweisen, wie eng diese Gruppe mit deutschen Stämmen verwandt sei.

Spätestens im Rechnungsjahr 1944/45 erhielt Thums für ein weiteres rassenanthropologisches Projekt Gelder der DFG. Er hatte Erhebungen anhand der Volkszählungen von 1900, 1910, 1921 und 1930 angestellt, um erste Informationen über künische Freibauern, eine Bevölkerungsgruppe des mittleren Böhmerwaldes, zu sammeln. Zielgruppe war die Bevölkerung der ehemaligen sieben Künischen Freibauerngerichte St. Katharina, Hammern, Eisenstrass, Kochet, Haidl, Stachau, Stadeln und des Künischen Obergerichtes. Dabei wollte Thums erkunden, wie sich deutsche Stämme im Ausland hatten aufrechterhalten können:

> „Von diesen acht Gerichten sind sieben rein deutsch geblieben" – so heißt es in der Kurzfassung über das Projekt –, „obwohl es sich um eine Bauernbevölkerung unmittelbar an der deutsch-tschechischen Sprachgrenze handelt und in dieser Böhmerwaldgegend der deutsche Volksboden in den letzten 100 bis 200 Jahren erheblich zurückgegangen ist. Es soll durch die Untersuchung Klarheit über die biologische Beschaffenheit dieser Bevölkerung geschaffen und ein Vergleich mit angrenzenden deutschen und tschechischen Bevölkerungsgruppen ermöglicht werden."[883]

Während Thums zu diesem Projekt bis Anfang 1944 lediglich Vorarbeiten hatte leisten können, plante er bereits im Laufe des Jahres 1944, die schon fortgeschrittenen Untersuchungen über deutsch-tschechische Ehen auszudehnen. Die bereits gewonnenen Ergebnisse sollten nämlich weiter differenziert und drei verschiedene Gruppen von Ehen in den Blickfeld genommen werden, nämlich die Mischehen vor 1918 zur Zeit der österreichisch-ungarischen Monarchie, ferner die zwischen 1919 und 1938 zur Zeit der Tschechoslowakischen Republik und schließlich die nach 1939 geschlossenen. Im November 1944 wurden 2000 RM für die Erweite-

---

880 Das ursprüngliche Datum auf dem Bewilligungsschreiben war der 27. Juli 1942. Es wurde durchgestrichen und durch den 19. Januar 1943 ersetzt.
881 Bewilligung, 19.1.1943, ebd.
882 Reichsarbeitsgemeinschaft für Raumforschung, 25.5.1944, BAK, R 73/15195.
883 Ebd.

rung der Untersuchung bewilligt, an der drei Mediziner beteiligt werden sollten.[884] Das Projekt über die Choden wurde in der selben Höhe gefördert, während die ohnehin in einem reduzierten Umfang angelegten Forschungen über künische Freibauern mit 500 RM unterstützt wurden.

Ähnlich wie Thums war der Lehrstuhlinhaber des anthropologischen Instituts der Universität Breslau, der Rassenanthropologe Egon Freiherr von Eickstedt (1892–1965), darum bemüht, im deutschen Einwanderungsgebiet Schlesien den wichtigen Einfluss „deutschen nordischen Blutes" auf die rassische Zusammensetzung der schlesischen Bevölkerung nachzuweisen. Bei der von Eickstedt ab Herbst 1934 betriebenen Schlesienuntersuchung wurde die Bevölkerung in die sechs Rassen der Rassentypologie eingeteilt, die Hans F.K. Günther in seiner Rassenkunde des deutschen Volkes popularisiert hatte (nordisch, fälisch, ostbaltisch, alpin, dinarisch, mediterran). Als Hauptergebnis der Untersuchung hielt Eickstedt fest, dass „in Gesamtschlesien und in fast allen Einzelkreisen die nordische – nicht, wie man bisher annahm, die alpine (ostische) – Rasse an erster Stelle steht. Damit ist die Zugehörigkeit Schlesiens zu dem nordisch bestimmten deutschen Volkskörper klar bewiesen."[885]

Für die Durchführung seiner großangelegten Untersuchung[886] erhielt Eickstedt von 1934 bis mindestens 1936 DFG-Gelder.[887] Eugen Fischer, der für den wissenschaftlichen Legitimationsbedarf des NS-Regimes hinsichtlich dessen Bevölkerungspolitik in den osteuropäischen Gebieten ein Gespür hatte, betonte in einem Gutachten vom 18. Februar 1935 über die Schlesienrassenuntersuchung, dass Erhebungen im Osten „besonders wichtig" seien.[888] Im Februar 1936 bat die DFG nicht mehr Eugen Fischer, sondern Hans F. K. Günther um eine „gutachterliche Äußerung" über Eickstedts Untersuchung. Eickstedt war am 30. Januar 1936 mit einem Antrag auf die Gewährung von weiteren Mitteln in Höhe von 5000 RM an die DFG herangetreten.[889] Günther war dem Forschungsvorhaben im Ganzen zugetan, allerdings sah er den großen Aufwand, mit welchem die Untersuchung bisher betrieben worden war, als unberechtigt an. Spätestens seit diesem Zeitpunkt war Eickstedt mit der Einstellung der Förderung durch die DFG konfrontiert, denn der Bedarf an einer wissenschaftlichen Legitimation der NS-Bevölkerungspolitik kollidierte nun mit dem Bedeutungsverlust der Anthropologie als einer mit der

---

884 Diese waren Ingeborg Ubl, Erich Pauly und Karl Heinrich. Siehe: Ebd.
885 Eickstedt an die DFG, 12.9.1937, BAK, R 73/10863.
886 Bis Ende 1934 waren im Rahmen von Eickstedts Rassenuntersuchung in Schlesien 180 Dörfer mit rund 15 000 Personen untersucht worden. Anfang 1936 waren die Forschungen so weit fortgeschritten, dass 32 500 Individuen aus 355 Dörfern und Kreisen hatten untersucht und die Aufarbeitung und Berechnung des Materials bereits hatten vorgenommen werden können. Siehe: Eickstedt an die Notgemeinschaft, 22.11.1934 und Eickstedt an die DFG, 30.1.1936, BAK, R 73/10863.
887 Nach dem Jahr 1934 erfreute sich Eickstedt im Juni 1935 und im Februar 1936 Bewilligungen in Höhe von jeweils 5000 RM. Aus der Förderakte von Eickstedt lässt sich ermitteln, dass Eickstedt über diese Zeit hinaus weiterhin von der Leihgabe verschiedener Instrumente profitierte. Weitere Sachbeihilfen erhielt er aber nicht mehr.
888 Fischer an die DFG, 18.2.1935, ebd.
889 DFG an Hans F.K. Günther, 6.2.1936, BAK, R 73/10863.

medizinisch ausgerichteten menschlichen Erblehre konkurrierenden Wissenschaft. Obwohl es im Nationalsozialismus eine weitere Förderung rassenanthropologischer Forschung gab, war eine Verschiebung der Förderungsverhältnisse, die sich für die Rassenkunde als besonders ungünstig auswirken sollte, nicht mehr aufzuhalten.

3.9. ZUR MARGINALISIERUNG DER TRADITIONELLEN RASSENANTHROPOLOGIE

Mit ihrer dynamischen Entwicklung zu einem medizinisch ausgerichteten Forschungsfeld erlebte die Rassenforschung eine neue Aktualität – dies machen etwa die Bemühungen um eine serologische Rassendifferenzierung deutlich. Gleichzeitig wurde die rassenkundlich orientierte Anthropologie spätestens seit Mitte der dreißiger Jahre marginalisiert. Trotz günstiger Ausgangsbedingungen, die in der Herausbildung der NS-Rassenideologie zu einer Staatsdoktrin begründet lagen, war sie zunehmend der Konkurrenz des stark expandierenden Nachbarfachs der Rassenhygiene ausgesetzt. Die mangelnde Trennung der akademischen Vertretung der beiden Disziplinen, die zum großen Teil in inhaltlichen Überschneidungen begründet lag, war für die an naturwissenschaftlichen Fakultäten vertretene Rassenanthropologie ungünstig: Während die menschliche Erblehre durch die Weiterentwicklung der Methoden eine Reihe von neueren Erkenntnissen hervorbrachte und sich dabei als vielversprechend präsentierte, war die Rassenanthropologie ein Forschungszweig, der immer weniger attraktiv erschien. Vor allem war eine schwindende Bedeutung des Faches in der Zukunft absehbar, denn die Zahl sowohl der Studenten, die Anthropologie als Hauptfach studierten, als auch der anthropologischen Doktoranden war im Vergleich zu den medizinisch ausgebildeten Nachwuchswissenschaftlern auf dem Gebiet der menschlichen Erblehre sehr gering. Dies war eine Entwicklung, die der Einschätzung Rüdins nach nicht nur kleinere, sondern auch die größeren anthropologischen Institute betraf.[890] Die medizinisch ausgebildeten Nachwuchswissenschaftler dagegen waren – so die Beurteilung der Situation durch die Gesundheitsabteilung des RMI – zwar nicht sehr zahlreich, sie profitierten aber in bemerkenswertem Maße von der Einrichtung und Förderung neuerer Studien- und Lehrgänge.

Der Trend einer schwindenden Bedeutung rassenanthropologischer Wissenschaft zugunsten einer verstärkten Vertretung medizinischer Rassenhygiene im akademischen Bereich spiegelt sich auch in den Förderakten der DFG beziehungsweise des RFR. Nachdem anfänglich die Förderung rassenanthropologischer Arbeiten im Vergleich zu der Situation in der späten Weimarer Republik aufrechterhalten, wenn nicht sogar verstärkt wurde, lässt sich insgesamt in der Zeit nach 1933 ein starker Rückgang der Förderung auf diesem Gebiet beobachten. Auch wenn das vom NS-Regime propagierte Ideal nordischer Rassenreinheit der typologischen Rassenkunde zu einem Wiederaufleben verhalf, geht im Laufe der dreißiger Jahre

---

890 Rüdin an die Notgemeinschaft, 13.12.1934, BAK, R73/10863.

die Zahl sowohl der eigenständig forschenden Wissenschaftler als auch der Stipendiaten stark zurück, während sich medizinisch ausgebildete Fachvertreter weiterhin einer nicht unbeträchtlichen Förderung durch die DFG erfreuten. Insgesamt weist der Koblenzer DFG-Förderaktenbestand in der Zeit von 1933 bis 1945 insgesamt 43 Forschungsprojekte im Bereich der Rassenanthropologie auf. Dabei lassen sich 33 Projekte identifizieren, die sich überhaupt oder ausschließlich um rassenkundliche Untersuchungen bemühten.

Der Abbau der Förderung rassenanthropologischer Forschung in der zweiten Hälfte der dreißiger Jahre drückt sich weniger in der Anzahl der geförderten Projekte als in den schwindenden Fördersummen aus, mit denen diese Projekte bedacht wurden. Das Hugo Rössner für seine Untersuchung über die dinarische Rasse in Österreich gewährte Stipendium wurde im März 1939 aufgehoben.[891] Die Arbeit von Peter Kramp zur „Rassenverschiebung im süddeutschen Raum" wurde als nicht staatswichtig eingestuft und das hierfür bewilligte Stipendium am 10. Oktober 1939 ebenfalls eingestellt.[892] Eickstedt, der Anfang der dreißiger Jahre noch zu den am stärksten von der DFG geförderten Rassenanthropologen zählte, musste bereits 1935 eine Kürzung seiner Fördermittel hinnehmen.[893]

Nachdem Eickstedt sich in den dreißiger Jahren mehrmals um die Förderung seiner rassenanthropologischen Forschung ohne großen Erfolg bemüht hatte, zeigte er sich während des Krieges schließlich um die Zukunft seines Faches sehr besorgt. Im März 1941 teilte er der DFG mit, dass er eine Spaltung des Wissenschaftsgebiets Anthropologie befürchte, von dem er eine ganzheitliche Auffassung habe:

> „Ich bemühe mich seit langem und besonders mit meinem Lehrbuch der Forschung am Menschen, das ich in diesem Jahr auch noch – nachdem es bereits vier Jahre im Erscheinen begriffen ist – zum Abschluss bringen muss, um den Nachweis, dass die vergleichende Biologie des Menschen, die Anthropologie mit ihren beiden Sparten Rassenkunde und Bevölkerungsbiologie, ein tragfähiges und selbständiges wissenschaftliches Fach darstellt, das völlig in der Lage ist, an die Seite der älteren Biologien der Pflanzen und der Tiere zu treten, und dass es als solches eine entscheidende geistesgeschichtliche und weltanschauliche Bedeutung besitzt. Demgegenüber bemühen sich andere Kreise, das Fach umgekehrt gerade zu verengen, auf die schmale Basis der Erbbiologie zu verringern und mit dieser in den Nachbarkreis der medizinischen Wissenschaft zu überführen. Das bedeutet natürlich die Auflösung des Faches samt Rassenkunde und Rassengedanke. Dort nur Erbbiologie und Beschränkung auf die Mediziner, hier ein selbständiges Wissensgebiet unter Einschluss der Erbbiologie, das sowohl dem Naturwissenschaftler wie dem Mediziner zu helfen bereit und in der Lage ist."[894]

Weiter setzte er sich für eine „selbständige Biologie des Menschen" ein: Nach Abschluss seines *Lehrbuchs der Forschung am Menschen* beabsichtigte Eickstedt, sich stärker am Unterricht und Aufbau eines Faches zu beteiligen, für das er eben im

---

891 DFG an Rössner, 15.3.1939, BAK, R 73/14043.
892 Breuer an Kramp, 10.10.1939, BAK, R 73/12367.
893 Linden an die DFG, 22.4.1937, BAK, R 73/10863. Ähnlich ein halbes Jahr später Eickstedt an die DFG, 12.9.1937 und Breuer an Eickstedt, 12.10.1937, ebd; Breuer an Eickstedt, 12.10.1937, BAK, R 73/10863. Eickstedt an die DFG, 12.2.1938, ebd.; Sauerbruch an Eickstedt, 25.7.1938, BAK, R 73/10863.
894 Eickstedt an die DFG, 23.3.1941, BAK, R 73/10352.

Begriff war, die Grundlage zu legen. In der aktiven Unterstützung seiner Auffassung der Anthropologie durch die Wissenschaftler, die sich bei ihm habilitierten, sah er die Bedingung für den eigenen Erfolg:

> „die Personen, die sich dann bei mir habilitieren, können bei der ganzen Sachlage nur solche sein, die aus meinem Kreise kommen und völlig bereit sind mitzuarbeiten. Denn eine Aufspaltung der Geschlossenheit des Faches von innen heraus, aus meinem eigenen Institut, wie es sich zu meinem größten Bedauern vor einiger Zeit bei einem jetzt ausgeschiedenen Assistenten anbahnte, ist natürlich ein unmöglicher Zustand, sowohl wissenschaftlich wie persönlich. Er müsste zu Situationen führen, die keineswegs im Interesse der Allgemeinheit liegen. Und meine ganzen Anstrengungen geschehen letzten Endes, weil ich fest davon überzeugt bin, dass die Allgemeinheit einen wirklichen und nachhaltigen Gewinn von einer selbständigen Biologie des Menschen und einer gesicherten und zuverlässigen Rassenkunde und Bevölkerungsbiologie haben wird."[895]

Mit seiner ganzheitlichen Auffassung der Anthropologie berührte Eickstedt indirekt eine Frage, die sich im Nationalsozialismus mit zunehmender Aktualität stellen sollte. Durch den Bedarf an einer Vererbungswissenschaft, die vor allem auf pathologische Merkmale gerichtet war, fand im Nationalsozialismus eine starke interne Differenzierung zwischen einer zunehmend medizinisch orientierten menschlichen Erblehre einerseits und einer naturwissenschaftlich ausgerichteten Anthropologie andererseits statt. Gleichwohl war die Abgrenzung der medizinischen Rassenhygiene von der Anthropologie nicht klar vollzogen. Vielmehr bestanden weiterhin viele Verbindungslinien zwischen den beiden großen Wissenschaftsfeldern, die zuweilen in denselben Instituten beziehungsweise an denselben Lehrstühlen vertreten wurden. Dies sorgte für eine gewisse Unklarheit und ein großes Durcheinander an Bezeichnungen, die von den auf diesem Gebiet gegründeten Instituten geführt wurden. So existierten zum Beispiel ein Extraordinariat für Erbgesundheits- und Rassenpflege in Düsseldorf, ein Institut für Erb- und Rassenpflege in Gießen, ein Institut für Menschliche Erbforschung und Rassenpolitik in Jena, ein Erb- und Rassenbiologisches Institut in Innsbruck und ein Extraordinariat für Vererbung und Rassenkunde in Posen.[896] In diesem Kontext ging Anfang des Jahres 1941 durch den Reichsdozentenführer, Walter Schultze (1894–1979), eine Einladung zu einem Wissenschaftslager der Rassenbiologen an verschiedene Fachvertreter sowohl der Anthropologie als auch der Rassenhygiene. Dessen Ziel war unter anderem eine Beratung über die Abgrenzung der von ihnen vertretenen Fächer.[897] Darüber hinaus sollte auch die Ausbildung des jeweiligen Nachwuchses erörtert werden. Referate waren sowohl auf dem Gebiet der Erbbiologie und Rassenhygiene als auch der Rassenkunde vorgesehen.[898] Mit der Veranstaltung wollte man eine Tradition fortsetzen, denn bereits im Jahre 1937 hatten sich Anthropologen und Erbpathologen des Deutschen Reichs getroffen. Nach

---

895 Ebd.
896 So war es geplant – nach dem Wortlaut einer späteren Einladung zum Wissenschaftslager – „grundsätzliche Fragen des Gesamtfaches Rassenbiologie bzw. der Teilgebiete Rassenkunde und Rassenhygiene zu klären." Siehe: Weingart/Kroll/Bayertz, Rasse, S. 438.
897 Reichsdozentenführer an Rüdin, 3.3.1942, MPIP-HA, GDA 8.
898 Schultze an Rüdin, 20.1.1941, ebd.

einer Terminverlegung fand die Konferenz mit fast einem Jahr Verspätung vom 30. März bis 1. April 1942 in Bad Nauheim statt.

Auch in Bad Nauheim wurde über die akademische Verankerung der Anthropologie und der Rassenhygiene diskutiert. Rüdin legte ein Konzept vor, das die Selbstständigkeit der beiden Disziplinen in Forschung, Institutsbetrieb und Lehre vorsah. So befürwortete er eine Trennung der beiden Disziplinen an der Universität.[899] In dieser Hinsicht war er eins mit dem Lehrstuhlinhaber für Anthropologie in München, Theodor Mollison. Er gestand lediglich zu, die Vereinigung der beiden Disziplinen in einer Hand als vorläufige Lösung für kleinere Universitäten zu dulden.[900] Von einem solchen Standpunkt aus kritisierte Rüdin die Vorstellungen von Walter Groß, ebenfalls Teilnehmer des Nauheimer Treffens, der nach einem zusammenfassenden Oberbegriff für Rassenhygiene und Anthropologie, etwa „Rassenbiologie" suchte:

> „Es soll [...], was ich ausdrücklich hier noch einmal betonen möchte, durchaus vermieden werden, dass im Zusammenhang mit diesem Oberbegriff Lehrstühle und Institute für Rassenbiologie errichtet werden, in der Meinung, und mit dem Effekt, dass dann doch in der Hand der Inhaber solcher Lehrstühle und Institute sowohl Anthropologie als auch Rassenhygiene vereinigt würden."[901]

Die Eingrenzung der Anthropologie (als akademisches Fach) auf die Rassenkunde machte nicht nur Eickstedt zu schaffen. Auch Eugen Fischer, einer der ältesten Vertreter der Anthropologie, war sich der schwierigen Lage seines Faches bewusst und sah die Zukunft der Anthropologie gefährdet. Allerdings stimmten seine Ansichten nicht mit denen Eickstedts überein. Anfang 1942 wandte sich Fischer an den Rektor der Universität Berlin, Max de Crinis (1889–1945), um ihn auf die Lage der „rein naturwissenschaftlichen Seite der Anthropologie" aufmerksam zu machen.[902] Der Münchener Lehrstuhlinhaber für Anthropologie, Mollison, war an ihn mit der Bitte um Hilfestellung herangetreten, da die medizinische Fakultät den naturwissenschaftlichen Lehrstuhl mit dem eigenen zu verschmelzen beabsichtigte. In seinem Brief an de Crinis bat Fischer ausdrücklich um den Erhalt von anthropologischen Lehrstühlen an naturwissenschaftlichen Fakultäten.[903]

Sowohl Eickstedt als auch Fischer waren über eine Vereinnahmung der Anthropologie durch die medizinische Rassenhygiene besorgt. Während Fischer von einer (inhaltsbezogenen) Aufteilung der Disziplin zwischen der naturwissenschaftlichen und der medizinischen Fakultät ausging, hielt Eickstedt an seiner Auffassung einer ganzheitlichen Anthropologie fest. Somit war seine Position mit der Wilhelm Gieselers (1900–1976), der Leiter des anthropologischen Instituts der Universität in Tübingen und Vorsitzender der Gesellschaft für deutsche Rassenkunde, unvereinbar, der sich eine Vertretung der „reinnaturwissenschaftlichen Seiten der Anthropologie" an rassenhygienischen Lehrstühlen in der medizi-

---

899 Meine Stellungnahme am Dozentenlager der Rassenbiologen in Bad Nauheim vom 30. März bis 1. April 1942, München, 27.4.1942, ebd.
900 Ebd.
901 Rüdin, Stellungnahme, 27.4.1942, ebd.
902 Fischer an de Crinis, 19.1.1942, BDC, A482 (Eugen Fischer).
903 Mollison an Fischer, ebd.

nischen Fakultät vorstellte. Eickstedts ganzheitliche Auffassung der Anthropologie implizierte dagegen überdies noch die Abschaffung rassenhygienischer Lehrstühle. Auch wenn anthropologische Fachvertreter zum Teil dieselben Sorgen zur Lage ihrer Disziplin teilten, unterschieden sich ihre Meinungen über die akademische Verankerung der Anthropologie. So lassen sich verschiedene Positionen beobachten, die sich unter dem Eindruck des politischen Umbruchs von 1945 und den damit verbundenen Schwierigkeiten für die Entwicklung beziehungsweise Förderung belasteter Disziplinen vertiefen sollten. Infolge der dynamischen Entwicklung und insbesondere der Förderung der Rassenhygiene war im Nationalsozialismus eine Debatte über die besondere Lage der Anthropologie eröffnet worden, die in der Nachkriegszeit weitere Kreise ziehen sollte.

4. DIE FÖRDERUNG DER HUMANGENETIK IN DER NACHKRIEGSZEIT: EINE BELASTETE DISZIPLIN AUF DEM WEG ZUM INTERNATIONALEN ANSCHLUSS

„There can be no doubt that in Germany, formerly a center of genetical research, the effect of its association with race hygiene was to delay for a generation the development of a science of human genetics". L. C. Dunn: Cross Currents in the History of Human Genetics, in: The American Journal of Human Genetics, Vol. 14, Nr. 3, 1962.

Nach langen Auseinandersetzungen wurde die Forschungsgemeinschaft 1949 in Bonn als Selbstverwaltungsorganisation wieder gegründet.[904] Diese setzte sich letztlich gegen die regionalen und zonalen Forschungsräte, die Ostberliner Notgemeinschaft und den Deutschen Forschungsrat durch.[905] Bei dieser Westgründung war die Ausgangslage für die menschliche Erblehre, die bald in der Fachwelt als Humangenetik bezeichnet werden sollte, im Vergleich zur Anthropologie ausgesprochen schwierig. Der politische Umbruch von 1945 hatte vor allem die menschliche Vererbungswissenschaft in Misskredit gebracht. Während sowohl rassenanthropologische als auch humangenetische Projekte in der Zeit vor 1945 durch die Referate Medizin und Biologie und nach der Einrichtung des RFR durch die Fachsparten „Allgemeine Medizin" und „Allgemeine Biologie und Landbauwissenschaft" und vorübergehend auch durch die Fachsparte „Bevölkerungspolitik, Erb- und Rassenpflege" betreut und gefördert worden waren, war nun ein gewählter Fachausschuss Anthropologie zuständig für die Förderung der beiden Forschungsrichtungen, die im Nationalsozialismus einen Prozess der Ausdifferenzierung durchgemacht hatten. Im Gegensatz zur naturwissenschaftlich ausgerichteten Anthropologie hatte sich die menschliche Erblehre im Laufe der dreißiger und vierziger Jahre zunehmend zu einer medizinischen Disziplin entwickelt.

Bereits Mitte 1949 fanden Wahlen zur Zusammensetzung der Fachausschüsse statt. Als Gutachter für Anthropologie im 12. Fachausschuss Biologie wurden der Anthropologe Egon Freiherr von Eickstedt, der 1946 in Mainz einen Lehrstuhl für Anthropologie erhalten hatte, und der Erbforscher Günther Just, der seit 1948 das anthropologische Institut in Tübingen leitete, gewählt. Nach dem Tod von Just im Jahr 1950 fungierte Fritz Lenz, der als erster Fachvertreter nach dem Krieg einen Lehrstuhl für menschliche Erblehre 1946 in Göttingen erhalten hatte, ab 1951 als Fachgutachter neben Eickstedt.[906] Im Sommer 1955, als Neuwahlen für die Fachausschüsse stattfanden[907], wurden Eickstedt und Lenz durch Wilhelm

---

904 Zierold, Forschungsförderung, S. 282.
905 Ebd., S. 284–306. Orth, Strategien.
906 Siehe: Bericht der Notgemeinschaft der Deutschen Wissenschaft über ihre Tätigkeit vom 1. April 1950 bis zum 31. März 1951, S. 21.
907 Die vierjährige Wahlperiode der Fachausschüsse, die 1951 gewählt worden waren, war im Sommer 1955 abgelaufen. In der Zeit vom 11. bis 21. Juli wurden die Neuwahlen durchgeführt.

Gieseler, der bis 1945 die Anthropologie in Tübingen vertreten hatte und seit 1955 wieder Leiter des dortigen anthropologischen Instituts war, und Otmar Freiherr von Verschuer ersetzt. Beide waren von der Deutschen Gesellschaft für Anthropologie vorgeschlagen worden. Durch die Wahl von Gutachtern, die jeweils die naturwissenschaftliche und die medizinische Forschungsrichtung vertraten, schien unter dem Dach des anthropologischen Fachausschusses eine gewisse Parität vorhanden zu sein.

An den deutschen Universitäten war (in der unmittelbaren Nachkriegszeit) die institutionelle Vertretung der menschlichen Erblehre beziehungsweise Humangenetik einerseits und der Anthropologie als einer naturwissenschaftlichen Disziplin andererseits ungleich. Im Vergleich zum Stand vor 1945 hatte die menschliche Erblehre nach dem Krieg insgesamt zehn Lehrstühle verloren, wobei es sich bei der Mehrzahl der Lehrstühle um NS-Gründungen handelte.[908] Mitte der fünfziger Jahre gab es in der Bundesrepublik lediglich ein planmäßiges Ordinariat für Humangenetik in Münster und ein planmäßiges Extraordinariat für menschliche Erblehre in Göttingen. Dagegen verfügte die Anthropologie über drei planmäßige Ordinariate und drei planmäßige Extraordinariate.[909] Außerdem übernahm in Frankfurt am Main der Anthropologe Peter Kramp, Schüler von Fritz Lenz und ab 1945 Leiter des dortigen seit Ende der zwanziger Jahre bestehenden anthropologischen Instituts[910], nach Kriegsende die kommissarische Leitung des früheren Instituts für Rassenhygiene und Erbbiologie. Auch nachdem das anthropologische Institut zu Beginn der fünfziger Jahre aus dem Institut für Vererbungswissenschaft ausgegliedert, unter der Bezeichnung „Franz-Weidenreich-Institut für Anthropologie" wiedereingerichtet und mit einem Sach- und Personaletat ausgestattet worden war[911], blieb Kramp kommissarischer Leiter des Instituts für Vererbungswissenschaft. So hatte das medizinische Fach der menschlichen Erblehre nicht nur Institute verloren, sondern war auch – im Frankfurter Fall – noch über ein Jahrzehnt hinaus an die Anthropologie „vergeben". Erst 1961 wurde ein Schüler von Nachtsheim und Verschuer, Karl-Heinz Degenhardt (geb. 1920), nach Frankfurt als Direktor eines Instituts für Humangenetik und vergleichende Erbpathologie berufen. In München und in Tübingen musste die Humangenetik an zwei anthropologischen Instituten Unterschlupf finden. Mit einer Verfügung des (zuständigen) Kultusministeriums vom 17. Dezember 1957 wurde in München das von Karl Saller (1902–1969) geleitete Institut für Anthropologie in das Institut für Anthropologie und Humangenetik umbenannt.[912] 1962 wurde das anthropologische Institut in Tübingen unter der Leitung von Wilhelm Gieseler in Institut für An-

---

908 Siehe: Kröner, Kaiser-Wilhelm-Institut, S. 656.
909 Dabei handelte es sich um die Ordinariate in Hamburg, Mainz und München und die Extraordinariate in Frankfurt am Main, Kiel und Tübingen.
910 Die Einrichtung eines „Institutes für physikalische Anthropologie" wurde in Frankfurt am Main in Verbindung mit dem seit dem Wintersemester 1928/29 an den Anthropologen Franz Weidenreich erteilten Lehrauftrag gegründet. Siehe: Archiv der Johann-Wolfgang-Goethe-Universität, Frankfurt am Main (UAF) 3/16–16 alt.
911 UAF, 3/16–16 alt.
912 Universitätsarchiv München, Nr. V 98523.

thropologie und Humangenetik geändert. Geleitet wurden diese beiden Institute von Anthropologen, die eine umfassende Definition ihres Fachgebietes pflegten und einen Anspruch darauf hegten, auch die Humangenetik zu vertreten.

Der politische Umbruch brachte nicht nur den Verlust von Instituten im Bereich der menschlichen Erblehre, sondern auch semantische Wandlungen mit sich. Der in Verruf geratene Begriff der Rassenhygiene wurde verdrängt. Als Peter Kramp 1945 die kommissarische Leitung des Frankfurter Instituts für Rassenhygiene und Erbbiologie übernahm, befürwortete er die Bezeichnung „Universitäts-Institut für Vererbungswissenschaft (Genetik)", die anstatt der alten Bezeichnung im Juli 1945 mit Zustimmung des Kurators und des Rektors der Universität gewählt wurde.[913] Kramp, der die Wahl der neuen Bezeichnung auf die Missverständnisse, zu denen der Begriff Rassenhygiene Anlass gab, zurückführte, war gleichwohl darum bemüht, auf die Gleichwertigkeit dieses Begriffes mit dem der Eugenik hinzuweisen:

> „Um vielfach bestehenden falschen Auffassungen vorzubeugen, sei in diesem Zusammenhang darauf hingewiesen, dass man das Wort ‚Rassenhygiene' als deutsche Übersetzung des Wortes ‚Eugenik' anwendet, welche Bezeichnung von dem Begründer der modernen Rassenhygiene, dem Engländer Francis Galton (1883), stammt und als ‚Eugenics' in den englisch sprachigen Ländern heute allgemein gebraucht wird. Bezüglich der Identität der Begriffe ‚Rassenhygiene' und ‚Eugenik' verweisen wir auf die verbreitetste rassenhygienische Zeitschrift der USA, die *Eugenical News*, die den Untertitel trägt ‚Current Record of Race Hygiene'."[914]

Als 1946 erstmalig nach Ende des Krieges ein neues Institut auf dem Gebiet der menschlichen Erblehre in Göttingen gegründet wurde, erhielt es den Namen „Institut für menschliche Erblehre". Eine 1948 in Kiel neu eingerichtete Professur, die von Anfang an einen Kw-Vermerk[915] trug, wurde mit dem Namen „Erbbiologie des Menschen" versehen. Der Lehrbeauftragte Wolfgang Lehmann (1905–1980), Schüler von Verschuer und ehemaliges Mitglied des Kaiser-Wilhelm-Instituts für Anthropologie (KWI-A), wurde dort ab dem Wintersemester 1956/57 planmäßiger außerordentlicher Professor für die Erbbiologie des Menschen. Die Änderung des Lehrstuhlnamens zu einem Institut für Humangenetik vollzog sich erst im Sommersemester 1964.

Nachdem die Bezeichnung für das Fach unscharf geblieben und von Universität zu Universität gewechselt hatte, wurde ab den sechziger Jahren bei der Gründung von neuen Instituten vorwiegend die Bezeichnung „Humangenetik" benutzt. In den fünfziger Jahren war allein Verschuer ab 1951 Direktor eines Instituts für Humangenetik. In der ersten Hälfte der sechziger Jahre waren es vier neu gegründete Institute, die in ihren Namen die Bezeichnung Humangenetik trugen. In Frankfurt am Main wurde Karl-Heinz Degenhardt ab Ende 1961 Direktor eines Instituts für Humangenetik und vergleichende Erbpathologie.[916] Zur selben Zeit wurde Helmut Baitsch (geb. 1921) als Direktor eines Instituts für Humangenetik

---

[913] Kramp an das Stadtgesundheitsamt, 6.8.1945, Dekanatsarchiv des Fachbereichs Medizin der Johann-Wolfgang Goethe Universität (DAF), Box 31.
[914] Ebd.
[915] Künftig wegfallend.
[916] Degenhardt wurde Ende November 1961 zum Direktor eines Instituts für Humangenetik und

und Anthropologie nach Freiburg im Breisgau berufen.[917] In Hamburg leitete der Sohn von Fritz Lenz, Widukind Lenz (1919–1995), ab 1962 ein Institut für Humangenetik, nachdem er mehrere Jahre Oberarzt an der Münsteraner Universitätskinderklinik gewesen war. 1963 wurde schließlich Gerhard Wendt (geb. 1921) als Direktor eines Instituts für Humangenetik nach Marburg berufen. Bis etwa Mitte der sechziger Jahre war die Humangenetik an den meisten deutschen Universitäten durch einen Ordinarius oder einen Extraordinarius vertreten.

Nur wenige Erbforscher beziehungsweise Humangenetiker erhielten in den frühen fünfziger Jahren Zuwendungen der DFG (für Forschungsprojekte, die zum Teil in den Jahren vor 1945 in Angriff genommen worden waren). Dennoch waren sie zahlreicher als die geförderten Fachvertreter, die sich allein mit anthropologisch ausgerichteten Projekten befassten. Während insgesamt 21 Fachvertreter im Lauf der fünfziger Jahre Projekte humangenetischer Forschungsrichtung mit der finanziellen Unterstützung der DFG durchführten, waren es nur neun Wissenschaftler, die in derselben Periode Zuwendungen der DFG für Projekte im Bereich der Sozial- und vergleichenden, morphologischen Anthropologie erhielten.[918] Die jeweils zur Verfügung gestellten Fördersummen veranschaulichen einen bemerkenswerten Abstand in den Förderungsverhältnissen beider Forschungsrichtungen: Während Projekte humangenetischer Prägung mit einer Gesamtsumme von 445 229 DM gefördert wurden, kamen anthropologische Projekte im engeren Sinne in den fünfziger Jahren lediglich auf eine Fördersumme von 97 093 DM.[919] In den sechziger Jahren sollte sich der Abstand noch deutlicher vergrößern. Zwar wurden Projekte im Bereich der klassischen Anthropologie, für die insgesamt 412 122 DM

---

vergleichende Erbpathologie ernannt. Siehe: Degenhardt an die DFG, 15.11.1961, BAK, B227/981.

917 In Freiburg sollte ursprünglich ein Lehrstuhl für Anthropologie wieder eingerichtet werden, nachdem das im Jahre 1944 gegründete Institut für Anthropologie durch einen Bombenangriff völlig zerstört worden war. Bei der Besetzung des Lehrstuhls sollte sich aber die Fakultät vor allem nach den in Betracht kommenden Persönlichkeiten und sich zunächst gar nicht zwischen reiner Anthropologie und Humangenetik entscheiden. Siehe: Universitätsarchiv Freiburg, B 53/107, insbesondere Brief von Franz Büchner an Peter Emil Becker (1908–2000), 11.6.1958. 1964 teilte Baitsch dem Dekan der medizinischen Fakultät mit, dass er für sein Extraordinariat die Bezeichnung „Humangenetik" vorzöge. Siehe: Baitsch an den Dekan der medizinischen Fakultät, 9.11.1964, ebd., B 124/7.

918 Dabei handelte es sich nicht nur um Fachanthropologen. Fachvertreter im Bereich der Ur- und Frühgeschichte aber auch der Archäologie und der Soziologie befassten sich in den fünfziger und sechziger Jahren mit anthropologischen Projekten, nämlich Gisela Asmus aus dem Institut für Ur- und Frühgeschichte der Kölner Universität, Egon Freiherr von Eickstedt aus dem anthropologischen Institut der Universität Mainz, Kurt Gerhardt aus Freiburg im Breisgau, Gerhard Heberer aus dem zoologischen Institut der Universität Göttingen, Hans Wilhelm Jürgens aus der Universität Kiel, Ludwig Kohl-Larsen aus der Universität Tübingen, Karl-Valentin Müller aus dem Institut für Soziologie und für Sozioanthropologie der Universität Nürnberg, Johannes Schaeuble (1904–1968) aus dem anthropologischen Institut der Universität Kiel, Wilhart Schlegel aus dem Hamburger Institut für Konstitutionsbiologie und menschliche Verhaltensforschung und Gerfried Ziegelmayer aus dem anthropologischen Institut der Universität München.

919 Siehe im Anhang: Förderung der Projekte im Bereich der vergleichenden, morphologischen Anthropologie.

zur Verfügung gestellt waren, stärker gefördert als zuvor. Diese Förderung war aber im Vergleich zu den Mitteln in Höhe von insgesamt 7 907 334 DM, die Projekten humangenetischer Forschungsrichtung zugute kamen, sehr gering. Einige Fachvertreter, die anthropologisch ausgebildet waren, wandten sich ab Ende der fünfziger Jahre den neueren Methoden der biochemischen und zytogenetischen Humangenetik zu. In den fünfziger und sechziger Jahren waren zumindest fünf Fachanthropologen, die von der DFG gefördert wurden, mit Projekten humangenetischer Forschungsrichtung beschäftigt.[920]

Auch wenn die Humangenetik in der unmittelbaren Nachkriegszeit und auch später nicht als eigenständige Disziplin vertreten war, wurde sie in dem gesamten untersuchten Zeitraum der Nachkriegszeit stärker gefördert als die klassische Anthropologie, deren Förderung zwar nicht abnahm, aber angesichts der wachsenden Fördersummen im Bereich der Humangenetik marginalisiert wurde. Von dieser Perspektive aus lässt sich die Annahme relativieren, wonach die menschliche Erblehre beziehungsweise die Humangenetik in der Anthropologie aufgehen musste. Auch wenn sie zunächst Unterschlupf in anthropologischen Instituten fand, setzte der politische Umbruch von 1945 den Trend einer verstärkten Förderung der medizinisch ausgerichteten Erblehre fort.

4.1. KONTINUITÄT UND DISKONTINUITÄT HUMANGENETISCHER FORSCHUNG

Günther Just, Fritz Lenz, Hans Nachtsheim, Berthold Ostertag, Otmar Freiherr von Verschuer und sein langjähriger Mitarbeiter Heinrich Schade gehörten zu den Wissenschaftlern, die im Nationalsozialismus gefördert worden waren und sich in der Nachkriegszeit erneut Zuwendungen der DFG im Rahmen des Normalverfahrens erfreuten. Dabei führten sie zum Teil Projekte weiter, die sie in der Zeit vor 1945 begonnen hatten. So erhielt Verschuer in der ersten Hälfte der fünfziger Jahre in regelmäßigen Abständen DFG-Gelder für Nachuntersuchungen an einer Berliner Zwillingsserie, die er während seiner Zeit als Direktor des KWI-A angelegt hatte.[921] Diese Nachuntersuchungen stellten das erste große Forschungsprojekt am seit 1951 neu von Verschuer geleiteten Institut für Humangenetik in Münster dar und führten zu einer Monographie Mitte der fünfziger Jahre.[922] Nach dem Krieg führte Ostertag seine neuropathologische Forschung weiter. Zum einen erhielt er DFG-Gelder für „hirnpathologische Untersuchungen nach Schocktherapie"[923], zum anderen knüpfte er unmittelbar an das Forschungsfeld an, dem er

---

920 Es waren Helmut Baitsch, Volkmar Lange, Karl Saller, Friedrich Schwarzfischer und Hubert Walter.
921 Ausgangsmaterial der Nachuntersuchung bildete das Zwillingsarchiv des ehemaligen KWI für Anthropologie, menschliche Erblehre und Eugenik, das sich aus Daten von 1707 Zwillingspaaren zusammensetzte. Siehe: Koch, Ergebnisse, S. 48.
922 Auf diese Nachuntersuchungen wird im Abschnitt „Der Späte Einstieg deutscher Humangenetik in das molekularbiologische Paradigma" eingegangen.
923 Für jene Untersuchungen wurde Ostertag im Juni 1953 eine Sachbeihilfe in Höhe von 8820 DM bewilligt. Siehe: Karteikarte Ostertag, DFG-Archiv.

sich im Laufe der dreißiger Jahre vor seiner Verwendung als Militärarzt auf dem Kriegsfeld mit großem Einsatz zugewandt hatte. Ab 1936 war Ostertag zusammen mit dem Orthopäden Lothar Kreuz für ein Forschungsprojekt zur „erbbiologischen Bewertung angeborener Miss- und Fehlbildungen" gefördert worden.[924] Damals unterstrich er die Bedeutung seiner Forschungen, die nach sicheren Anhaltspunkten für die Unterscheidung zwischen endogenen und exogenen Entwicklungsstörungen mit ähnlichem klinischem Erscheinungsbild suchten, mit Hinblick auf das Sterilisierungsgesetzt. Auch in der Nachkriegszeit befasste sich Ostertag weiterhin mit diesem Problem. Zwar waren Sterilisierungen kein Thema mehr, das Forschungsziel blieb aber unverändert, wenn auch seine Formulierung einen semantischen Wandel durchlief. Nach wie vor ging es Ostertag um eine Unterscheidung zwischen ererbten und früherwobenen Störungen, die er nun als „ein ungeheuer wichtiges anthropologisches und soziologisches Problem" definierte, „das die Zusammenarbeit der verschiedenen Forschungszweige erfordert" und „auch nur durch entsprechende familiäre und individuelle Längsschnittbeobachtungen und morphologische Verifizierung gelöst werden kann".[925] Dabei sprach er nicht mehr von der „erbbiologischen Beurteilung angeborener Miss- und Fehlbildungen" (als Ziel seiner Forschungen), sondern von der „pränatalen Ablenkung der Konstitutionsentwicklung".[926] Zu diesem Thema publizierte Ostertag bereits im Jahr 1949 wieder.[927]

Im Bereich der Anthropologie bestanden nach dem Krieg sowohl Projekte alten Stils als auch neue Formen der Forschungsarbeit. Mit seinen „sozialanthropologischen Untersuchungen über den Erbwert und sozialen Wert unehelicher Mütter, ihrer Partner und ihrer Kinder" setzte Just zwar einen neuen thematischen Akzent in seiner Forschung, die sich bisher vor allem auf die Schulauslese und die erbbiologischen Grundlagen der Leistung konzentriert hatte, knüpfte aber an ein Arbeitsfeld an, das im Nationalsozialismus besondere Beachtung gefunden hatte. Das Interesse an der anthropologisch-humangenetischen Betrachtung der sozialen Devianz verschwand nach dem Krieg keineswegs sofort. Noch 1959 trat Hans Wilhelm Jürgens aus Kiel an die DFG mit einem Antrag auf „anthropologische und sozialanthropologische Untersuchungen an asozialen Familien" heran. Vor allem war Heinrich Schade mit der finanziellen Unterstützung der DFG in der Nachkriegszeit mit sozialanthropologischen Untersuchungen beschäftigt, die auf seine auf Veranlassung Verschuers in den Jahren 1935 bis 1938 durchgeführte erbbiologische Bestandsaufnahme der altansässigen Bauernbevölkerung in der Schwalm (Hessen) aufbauten. Mit dieser Bestandsaufnahme, die in den Rechnungsjahren 1937/38 und 1938/39 vom RFR beziehungsweise der DFG gefördert worden waren[928], hatte sich Schade 1939 habilitieren können. Danach hatte er

---

924 Im April 1944 war Ostertag von der Heeressanitätsinspektion mit der fachpathologischen Betreuung einer neurochirurgischen Sonderabteilung betraut worden, wo er sich mit der Behandlung der Hirn- und Rückenverletzten befassen sollte.
925 Ostertag, Ererbt, S. 507.
926 Siehe: Ebd., S. 490–508.
927 Ostertag, Konstitution.
928 Siehe: BAK, R 73/15342 und Überblicke des Reichsforschungsrates.

nach eigenen Angaben wegen kriegsbedingten Mangel an Zeit und Mitteln auf die gründliche Auswertung seiner Erhebungen verzichten müssen. Nach Kriegsende wandte sich Schade dieser Auswertung nun zu und erhielt 1957 und 1958 hierfür mehrere Zuwendungen der DFG. In einer Arbeit von 1950 entwickelte er zunächst verschiedene Parameter wie Bevölkerungszahl, Geburten-, Sterbe-, Heirats- und Unehelichkeitsziffern oder Geburtenüberschuss und mittleres Heiratsalter, indem er sich mit traditionellen Methoden auseinander setzte.[929] In einer weiteren Arbeit von 1959 mit dem Titel „Untersuchung zur Auflösung eines kleinen sozialen, großbäuerlichen Isolates" war er an Isolationsvorgängen interessiert.[930] Bei seinen früheren Erhebungen hatte er feststellen können, dass „Einwohner benachbarter Orte in der Schwalm im Gesamtbild sich körperlich, geistig sowie im sozialen Verhalten deutlich unterscheiden, Unterschiede, die sich bis auf die durchschnittliche Höhe der Begabung, die Verbreitung geistiger hervorstechender Eigenschaften und auch Abwegigkeiten wie Kriminalität und Alkoholismus erstrecken, und dass diese Unterschiede auf der Ausbreitung einiger weniger Familien im Ort beruhen können".[931] Unter dem Eindruck der neuen Aufmerksamkeit für die Mutationsfrage ab Ende der fünfziger Jahre konzentrierte sich Schade insbesondere darauf, welchen Einfluss der Rückgang der Sterblichkeit und der Geburten auf die Ausbreitung von rezessiven Merkmalen habe. So war es ihm wichtig, die Bedeutung der Inzucht für mutierte Gene herauszuarbeiten. Indem Schade nach dem Krieg neue statistische Ergebnisse aus derselben früheren Bevölkerungserhebung in der Schwalm präsentierte, folgte er neuen Erkenntnisinteressen. Methodisch blieben aber diese Forschungen in der Zeit vor 1945 verankert.

Gleichwohl wies die im Rahmen des Normalverfahrens geförderte Forschung im Bereich der Anthropologie bereits in den fünfziger Jahren einiges an neueren Ansätzen auf. Vor allem sah sich die Populationsgenetik mitten in einer dynamischen Entwicklung begriffen, die auf ein Amalgam von humangenetischen Methoden mit anthropologischer Herangehensweise hinauslaufen sollte. Traditionelle Untersuchungsgegenstände der Anthropologie wurden zunehmend mit neueren Methoden aus der biochemischen und zytologischen Humangenetik erforscht. Populationen sollten vermehrt unter einem serologischen Aspekt untersucht werden. Vor allem Stoffwechselkrankheiten, denen in der angelsächsischen Humangenetik große Aufmerksamkeit zu Teil wurde, sollten einer näheren Betrachtung unterzogen werden. 1958 stellte Karl Saller einen Antrag auf „Untersuchungen über die Elektrophorese menschlichen Serums" an die DFG. Bei Sallers Forschungsvorhaben ging es unter anderem darum, die genetische Verursachung von Krankheiten, die auf einer Stoffwechselstörung beruhten, durch eine che-

---

[929] Schade führte aus, dass er sich bei der Bearbeitung der Kirchenbuchauszüge von acht Orten der Schwalm auf die Methode vom Anthropologen Walter Scheidt gestützt habe, der sowohl genealogische als auch anthropologische Untersuchungen verband und sich dabei auf den Einfluss verschiedener Faktoren wie der „differenzielle[n] Fortpflanzung" und der „Paarungssiebung" konzentrierte. Siehe: Schade, Ergebnisse, S. 421 und 490.
[930] Schade, Untersuchung.
[931] Ebd., S. 420.

mische beziehungsweise physikalische Spezialanalyse aufzuklären.[932] Obwohl die DFG-Gutachter Sallers Antrag als vielversprechend bewerteten[933], wurde sein Projekt nicht angenommen, weil der auf Veranlassung der beiden Fachgutachter herangezogene Sondergutachter die Qualifikation des Antragstellers für unzureichend erklärte.[934] Schließlich war das Münchener Institut der Interaktion verschiedener Wissensfelder Ende der fünfziger Jahre noch nicht gewachsen. Allein Schwarzfischer erhielt im Münchener Institut 1959 DFG-Gelder für ein serologisches Forschungsvorhaben über die „Feststellung seltener Blutkörpereigenschaften zur Ermittlung der Merkmalshäufigkeit und der Genfrequenzen bei der Bayerischen Bevölkerung".[935] Im Laufe der sechziger Jahre setzte sich der Trend durch, serologische und biochemische Methoden in der Populationsgenetik einzusetzen. Der Aufbau einer biochemischen Abteilung im Freiburger Institut für Anthropologie und Humangenetik, unter der Leitung des Biochemikers Heinz Werner Goedde, kam hierbei eine maßgebliche Bedeutung zu.

Die Mittel der DFG wurden in den fünfziger und sechziger Jahren sehr ungleich auf die institutionelle Forschungslandschaft verteilt. Während einige in den sechziger Jahren neu gegründete Institute für Humangenetik maßgeblich von der Förderung durch die DFG profitierten und sich zu modernen Forschungsstätten entwickeln konnten, blieb die Förderung an einigen anderen humangenetischen Instituten beschränkt: Mit einer Gesamtsumme von 800 000 bis eine Million DM standen die Institute in Frankfurt am Main, Freiburg im Breisgau[936], Hamburg und Heidelberg an der Spitze der Förderung; die Institute in Göttingen, Kiel, Marburg und Münster mussten sich mit einer viel geringeren Zuteilung begnügen. Allerdings standen die humangenetischen Institute in dieser Hinsicht zum Teil weit über den anthropologischen Instituten, die wenig oder gar nicht bedacht wurden. Nur das anthropologische Institut in Mainz, das von der Anthropologin Ilse Schwidetzky (1907–1997) nach der Emeritierung 1960 von Egon Freiherr von Eickstedt geleitet wurde, war in den sechziger Jahren mit der Gesamtfördersumme von 504 434 DM in der Lage, mit anderen humangenetischen Instituten zu konkurrieren.

Mit dieser Förderung einiger neu gegründeter humangenetischer Institute in den sechziger Jahren änderten sich die Förderverhältnisse radikal. Noch in den

---

932 Siehe: Verschuers Gutachten, 12.5.1958, DFG-Archiv, Sa 2 (Akte Karl Saller).
933 Gieseler begrüßte die Fragestellung und Verschuer die Verbindung zwischen Biochemie und Genetik, die „der Humangenetik neue Forschungsmöglichkeiten eröffnet" habe. Siehe: Gieselers Gutachten vom 8. Mai 1958 und Verschuers Gutachten vom 12. Mai 1958, ebd.
934 Beim Sondergutachter handelte es sich um den Biochemiker Feodor Lynen, den Direktor des Max-Planck-Instituts für Zellchemie in München. In der Zusammenfassung des Begutachtungsvorgangs heißt es, dass Lynen den Eindruck gewonnen habe, „dass der Antragsteller die Leistungsfähigkeit der Methode überschätze und ganz übersehe, dass zur Bedienung der recht teuren Apparatur eingearbeitete Fachleute mit chemischen Kenntnissen erforderlich seien". Siehe: Sa 2 (Akte Karl Saller), ebd.
935 Siehe: DFG-Archiv, Schw 67 (Akte Friedrich Schwarzfischer)
936 Das Freiburger Institut wird hier zu den humangenetischen Instituten gezählt, da seine Mitarbeiter sich in der Hauptsache mit Projekten humangenetischer Forschungsrichtung befassten.

fünfziger Jahren hatten sich die Institute von Nachtsheim in Berlin und von Verschuer in Münster die Mittel für die humangenetische Forschung fast allein geteilt. Mit dem Ausscheiden von Verschuer Anfang der sechziger Jahre verlor das Münsteraner Institut seine privilegierte Position in der Forschungsförderung, die weitgehend an seine Person gebunden war. Von dieser Perspektive aus war die Rolle der DFG bei der Umgestaltung der Forschungslandschaft in den sechziger Jahren umso bedeutender, als ihre Förderung die planmäßigen Etats der Institute wesentlich erhöhte und ihnen sehr viele Möglichkeiten der Vergrößerung und Modernisierung bot. Bei seinen Berufungsverhandlungen 1961 mit dem Hochschulbeauftragten des Kultusministeriums hatte Baitsch 20 000 DM als notwendiges Aversum gefordert, um die Aufgaben in Lehre und Forschung zu erfüllen. Bis 1964 wurde sein Aversum, das lediglich 11 600 DM betrug, nicht erhöht.[937] Im Rechnungsjahr 1969/70 betrugen die DFG-Zuwendungen 60 900 DM.

Hinsichtlich der inhaltlichen Ausrichtung bestand bei der Förderung anthropologisch-humangenetischer Forschung in den fünfziger Jahren somit Kontinuität. Gleichwohl weisen die geförderten Projekte methodische Neuerungen auf, die im Laufe der sechziger Jahren mit großem Aufwand weiter verfolgt wurden. Empirisch-statistische Verfahren wichen biochemischen und zytogenetischen Untersuchungsmethoden, die zunächst in der Populationsgenetik angewandt wurden. Gleichzeitig verlor die anthropologisch ausgerichtete Forschung allmählich an Bedeutung zugunsten einer zunehmend von medizinisch ausgebildeten Fachvertretern betriebenen humangenetischen Forschung. In diesem Prozess spielte die DFG eine beachtliche Rolle: Auch wenn die für die anthropologisch-humangenetische Forschung bestimmten Gesamtmittel zunächst sehr beschränkt blieben, vermochte sie es, regionale Forschungsschwerpunkte an den zum Teil neu gegründeten Hochschulinstituten entstehen zu lassen, da diese nur über spärliche Etats verfügten. In diesem Sinne prägte die DFG mit ihren Zuwendungen unverkennbar die humangenetische Forschungslandschaft der Bundesrepublik.

---

937 Baitsch an die medizinische Fakultät, 26.11.1962, Universitätsarchiv Freiburg, B 124/7.

Tabelle: Die Förderung anthropologisch-humangenetischer Forschungsinstitute durch die DFG

Ort	Institute	DFG-Förderung in den fünfziger Jahren	DFG-Förderung in den sechziger Jahren
Berlin	MPI für vergleichende Erbbiologie und Erbpathologie	144 358 DM	10 867 DM
Frankfurt/Main	Institut für Anthropologie	11 710 DM	10 100 DM
	Institut für Humangenetik und vergleichende Erbpathologie	0 DM	826 445 DM
Freiburg im Breisgau	Institut für Anthropologie und Humangenetik	0 DM	995 685 DM
Göttingen	Institut für menschliche Erblehre/Institut für Humangenetik	22 200 DM	76 615 DM
Hamburg	Institut für Humangenetik	0 DM	800 741 DM
Heidelberg	Institut für Anthropologie und Humangenetik	0 DM	851 067 DM
Kiel	Institut für Anthropologie	5300 DM	52 350 DM
	Institut für Humangenetik	3020 DM	290 549 DM
Mainz	Institut für Anthropologie	30 600 DM	504 434 DM
Marburg	Institut für Humangenetik	17 180 DM	255 300 DM
Tübingen	Institut für Anthropologie	7360 DM	0 DM
München	Institut für Anthropologie und Humangenetik	11 310 DM	55 644 DM
Münster	Institut für Humangenetik	88 470 DM	186 785 DM

4.2. DAS SCHWERPUNKTPROGRAMM „MISSBILDUNGSENTSTEHUNG UND MISSBILDUNGSHÄUFIGKEIT": VON KONSTRUIERTEN KONTINUITÄTEN IM INTERNATIONALEN KONTEXT

Im Frühjahr 1959 hatte Karl Saller bei der DFG einen Antrag auf „statistische Untersuchungen über die Häufigkeit von Missbildungen in Bayern" gestellt, in dem er berichtete, dass eine Anweisung an die Gesundheitsämter und deren Hebammen geschickt worden sei, um die Meldungen über Missbildungen zu normieren und somit vergleichbar zu machen. Saller wollte nun diese Aufzeichnungen statistisch auswerten.[938] Die wissenschaftlichen Reaktionen auf seinen Antrag waren bei den DFG-Gutachtern nicht durchgängig positiv, dennoch legte man

---

938 Siehe: Sa 2 (Akte Karl Saller), Protokoll über das Begutachtungsverfahren, fol. 108, DFG-Archiv der Geschäftsstelle der DFG in Bad Godesberg.

viel Wert auf sein Forschungsthema, und man war sich mehr oder weniger darüber einig, dass Forschungen über Missbildungen dringend in Angriff genommen werden sollten. Obwohl Sallers Antrag schließlich nach mündlicher Verhandlung abgelehnt wurde, brachte er eine Diskussion in Gang, die letztlich ein auf Missbildungsforschung zentriertes Schwerpunktprogramm (SP) entstehen ließ.

In seinem Gutachten hatte der Freiburger Pathologe Franz Büchner die Bildung eines interdisziplinären Arbeitskreises vorgeschlagen, der für die gesamte Bundesrepublik das Problem der Entstehung von Missbildungen nach einheitlichen Gesichtspunkten und systematischen Methoden in Angriff nehmen sollte.[939] Büchner, der im Lauf der fünfziger Jahre begonnen hatte, peristatische Faktoren bei der Entstehung von Missbildungen zu erforschen[940], setzte sich für eine Zusammenarbeit der in Deutschland auf dem Gebiet der Missbildungsforschung tätigen Wissenschaftler ein. Als anlässlich der Beratung von Sallers Antrag im Hauptausschuss das Zusammentreten einer Besprechungsgruppe in Erwägung gezogen wurde, bat die Geschäftsstelle Büchner darum, seinen Vorschlag zu präzisieren und ihr mitzuteilen, wie er sich die Zusammensetzung einer solchen Besprechungsgruppe vorstelle.[941] In seinem Konzept, das Ende 1959 dem Hauptausschuss vorgelegt wurde[942], nannte Büchner Fachvertreter aus der Gynäkologie, der Kinderheilkunde, der Humangenetik, der Pathologie und der inneren Medizin. Als Humangenetiker schlug er statt Verschuer dessen jüngeren Mitarbeiter, Karl-Heinz Degenhardt, vor, da dieser sowohl mit der genetischen als auch mit der peristatischen Forschung vertraut war. Degenhardt hatte 1947 mit einer Arbeit über die „ontogenetischen Grundlagen der Extremitätenmissbildungen" promoviert und befasste sich in den fünfziger Jahren mit Forschungen auf dem Gebiet chemischer und physikalischer Teratogenese.[943] Büchner schlug eine Fragebogenaktion bei Entbindungsanstalten, Kinderkliniken und Prosekturen vor.[944]

Das Interesse der DFG an einem Arbeitskreis im Bereich Missbildungsforschung war allerdings nicht erst infolge Sallers Antrag entstanden, sondern war vor allem von Überlegungen geleitet, die in der zweiten Hälfte der fünfziger Jahre durch eine Debatte auf Bundesebene über die Zunahme von Missgeburten hervorgegangen waren. Die Bemühungen der DFG folgten den Auseinandersetzungen der für Gesundheitsfragen zuständigen Behörden, die mit Statistiken über die Häufigkeit der angeborenen Missbildungen konfrontiert wurden. Seit Anfang der fünfziger Jahre hatte die Frage nach der Häufigkeit und der Ursachen von Missgeburten eine neue Aktualität gewonnen, nachdem behauptet worden war,

---

939 Siehe: Ebd., fol. 108 und Büchner an Hess, 15.6.1959, BAK, B 227/981.
940 Büchner, Bedeutung.
941 Meyl an Gentz, 5.10.1959, B 227/981.
942 Ebd.
943 Degenhardt untersuchte in der Hauptsache die Entstehung von Wirbelsäulenmissbildungen durch Sauerstoffmangel und führte Experimente an Kaninchen durch. Siehe z. B.: Degenhardt, O2-Mangel. Zu diesem Thema veröffentlichte Degenhardt bis Anfang der sechziger Jahre.
944 Ebd. Siehe auch: Büchner an Latsch, 2.10.1959, BAK, B 227/981. Im März 1959 machte Kühne der DFG anderweitige Vorschläge für die Bildung einer Arbeitsgruppe, denen jedoch keine Beachtung geschenkt wurde.

4.2. Das Schwerpunktprogramm „Missbildungsentstehung und Missbildungshäufigkeit" 225

dass durch die radioaktive Strahlung eine Vermehrung der Missbildungen erfolge. Vom Bundesinnenminister wurden infolgedessen die für das Gesundheitswesen zuständigen obersten Landesbehörden, das statistische Bundesamt, die Bundesärztekammer sowie die deutsche Gesellschaft für Geburtshilfe und Gynäkologie gebeten, sich zu dieser Frage zu äußern. In einem Gutachten, das im März 1959 erschien[945], beschied das Bundesministerium, dass genetischen Faktoren eine größere Bedeutung bei der Missbildungsentstehung zukomme als peristatischen. Gleichzeitig machte es aber nachdrücklich auf den Mangel an fundierten Kenntnissen im Bereich der Missbildungsforschung aufmerksam und verneinte die Frage nach einer statistisch belegten Zunahme von Missbildungen durch radioaktive Strahlung in der BRD.[946]

Franz Büchner sah in der Unzulänglichkeit der vorliegenden Statistiken einen Grund, die Missbildungsforschung voranzutreiben.[947] Darüber hinaus ermutigte die internationale Entwicklung zu besonderen Schritten, die Büchner in einem Brief an den Präsident der DFG, Gerhard Hess vom Juni 1959 forderte: „Die Dringlichkeit einer solchen systematischen Arbeit geht ohne weiteres aus der Tatsache hervor, dass das Problem der Missbildungsursachen heute in den wissenschaftlich führenden Ländern lebhaft bearbeitet wird und stark im Vordergrund steht."[948]

Seit Mitte der fünfziger Jahre wurde vor allem in den USA die Missbildungsforschung erheblich gefördert. Dort setzte man durch breitangelegte und systematische Untersuchungen darauf, bedeutende Erkenntnisse zu gewinnen. 1956 wurde vom National Institute of Neurological Disease and Blindness (NINDB) in Bethesda (Maryland) ein Forschungsprogramm gestartet, das auf nationaler Basis prospektive Untersuchungen zur Ergründung der Ursachen, Verhütung, Frühdiagnose und Behandlung ausgeprägter angeborener Entwicklungsstörungen des Zentralnervensystems vorsah. Bereits 1957 verbanden sich 15 über Nordamerika verstreute medizinische Zentren mit dem NINDB für die Ausarbeitung eines gemeinsamen Projektes, in das letztlich mehr als 40 000 Frauen und deren Kinder einbezogen werden sollten.[949] Auch in Großbritannien und Schweden wurden Forschungen im diesem Bereich Ende der fünfziger Jahre gestartet. Zwischen 1954 und 1958 führte eine schwedische Forschergruppe in der Abteilung für Geburtshilfe, Statistiken und Pädiatrie der Universität Gothenburg Untersuchungen an schwangeren Frauen durch. Die Frauen erhielten Notizbücher, um erlittene Krankheiten und weitere Ereignisse zu verzeichnen. In den frühen sechziger Jahren untersuchte Alison Macdonald von der pädiatrischen Forschungsstelle an der Londoner Guy's Hospital School Frauen bei ihrer ersten Schwangerschaft. Dabei wurde besonders auf Krankheiten, Aborte und Todesfälle geachtet, um einen

---

945 Anfrage des Deutschen Bundestages zur Frage der Zunahme von Missgeburten. Drucksache 954 des Deutschen Bundestages vom 18.03.1959/Bezug: Beschluss des Deutschen Bundestages vom 12. Juni 1958, Drucksache 386; Drucksache 954, BAK, B 227/981.
946 Siehe: Büchner an Latsch, 2.10.1959, ebd.
947 Ebd.
948 Büchner an Hess, 15.6.59, ebd.
949 Forschungsprogramm USA, 20.1.1964, BAK, B 227/983.

möglichen Zusammenhang zu der Entstehung von angeborenen Missbildungen herstellen zu können. Bemühungen im Bereich der Missbildungsforschung erfolgten nicht nur vereinzelt und national begrenzt. Seit der ersten internationalen Konferenz über angeborene Missbildungen (First International Conference on Congenital Malformations), die im Juli 1960 in London stattfand und an der Hans Nachtsheim teilnahm, wurde eine internationale Kooperation auf diesem Gebiet angestrebt.

Anfang der sechziger Jahre war auch die DFG um solche internationale Kooperationen bemüht. Ende 1963 korrespondierte Gerhard Hess als Präsident der DFG mit dem Direktor des National Institute of Child Health and Human Development in Bethesda, das im Januar 1963 gegründet worden war, und warb für gemeinsame Forschungen auf dem Gebiet der Teratologie.[950] Zudem setzte die DFG die Gespräche zur Einrichtung eines SP im Bereich der Missbildungsforschung fort. Im Herbst 1963 wurde zu diesem Zweck bei einem ersten Zusammentreffen von Wissenschaftlern die Übernahme der im Rahmen des amerikanischen Forschungsprogramms zur Debatte stehenden Erhebungsbögen diskutiert.[951]

In Deutschland waren einige Erbforscher, die sich bereits im Nationalsozialismus mit Forschungen über die erbbiologischen Grundlagen von angeborenen Missbildungen hervorgetan hatten, von vornherein an den Diskussionen über die Einrichtung eines Forschungsprogramms zu Fragen der Häufigkeit und Entstehung von Missbildungen beteiligt. Zu den ersten Rundgesprächen, die die DFG organisierte, wurde Verschuer eingeladen, obwohl der Fachreferent der DFG für Biologie, Meyl, Vorbehalte gegen dessen Beteiligung hatte.[952] Dieser favorisierte Nachtsheim, der daraufhin ebenfalls eingeladen wurde, aber durch seine Teilnahme an der Londoner Konferenz über angeborene Missbildungen verhindert war.[953] Außer Verschuer wurden unter den Fachvertretern, die bereits im Nationalsozialismus in der Forschung tätig waren, Peter Emil Becker (1908–2000) und Wolfgang Lehmann zu den Gesprächen eingeladen. Becker und Lehmann waren beide ehemalige Mitglieder des KWI-A. Becker, der 1951 als außerplanmäßiger Professor für Neurologie und Psychiatrie nach Göttingen gegangen war, lehrte während des Zweiten Weltkrieges als Privatdozent in Freiburg. Nach seiner Zeit im Berliner KWI leitete Lehmann von 1943 bis 1945 das Institut für Rassenbiologie an der Reichsuniversität Straßburg, das ins deutsche Hochschulsystem eingegliedert worden war. Neben älteren Fachvertretern wurden auch jüngere Humangenetiker in die Gespräche einbezogen.[954] Das erste Treffen, um ein Schwer-

---

950 Robert A. Aldrich an Hess, 9.11.1963, BAK, B 227/983.
951 Degenhardt: Bericht über die Sitzung des Gremiums für die Ausarbeitung von Ergänzungsbögen aus dem Schwerpunkt „Missbildungsentstehung und Missbildungshäufigkeit" am 16. Dezember 1963 in Frankfurt am Main, Institut für Humangenetik, ebd.
952 Siehe: Latsch an de Rudder, 20.8.1959, B 227/981.
953 Latsch an de Rudder, 20.8.1959, BAK, B 227/981.
954 Unter anderem nahm Friedrich Vogel, der nach seinem Studium der Medizin in Berlin Mitarbeiter von Hans Nachtsheim an dem dortigen MPI für vergleichende Erbbiologie und Erbpathologie war, als Vertreter von Nachtsheim an den ersten Gesprächen bei der DFG teil. Nachtsheim an den Präsidenten der DFG Hess, 1.7.1960, ebd. Da die von der DFG veranlassten Gespräche in der selben Zeit wie die erste internationale Konferenz über angeborene

punktprogramm für Missbildungsforschung zu initiieren fand dann vom 8. bis 9. Juli 1960 in Bad Godesberg statt. Es war nicht nur durch personelle Kontinuität, sondern auch durch bereits vertraute Fragestellungen gekennzeichnet.

4.2.1. Zur Kontinuität der Missbildungsforschung unter erbbiologischen Gesichtspunkten

Die Beteiligung Verschuers an den Gesprächen der DFG zur Einrichtung eines SP im Bereich der Missbildungsforschung hing sehr stark mit seinen Forschungsinteressen zusammen. Seit seiner Berufung zum Leiter des Instituts für Humangenetik in Münster im Jahr 1951 bildete die Missbildungsforschung einen nicht unbeträchtlichen Teil des Forschungsprogramms des von ihm geleiteten Instituts. Vor allem Karl-Heinz Degenhardt, der unter der Leitung von Nachtsheim promoviert hatte, und Gerhard Koch (1913-1999) befassten sich mit Missbildungsforschung. Seit Anfang der fünfziger Jahre erforschte Degenhardt die peristatische Verursachung von Missbildungen, die durch Sauerstoffmangel oder ionisierende Strahlen an Kaninchen ausgelöst wurden. Ende des Jahrzehnts führte Koch Untersuchungen über die erbbiologischen Grundlagen der Mikrocephalie beim Menschen durch.[955] Auch Friedrich Vogel (geb. 1925) war insofern in die Missbildungsforschung involviert, als er an Untersuchungen über peristatische und genetische Faktoren bei angeborenen Herzfehlern teil hatte, die von der Kinderklinik der Freien Universität Berlin in Zusammenarbeit mit Nachtsheims Institut durchgeführt wurden.[956]

Besonderes Interesse für das SP entwickelten nicht nur Erbforscher der älteren und jüngeren Generation, sondern auch Wissenschaftler, die sich zwar nicht unmittelbar mit Erbforschung befasst hatten, aber durch ihre Forschungen zur nationalsozialistischen Politik der Erb- und Rassenpflege oder der Bevölkerungspolitik in diese Thematik eingebunden waren. Als Mitglied der für das SP eingesetzten Prüfungsgruppe wurde neben Degenhardt und Vogel Siegfried Koller (1908-1998) berufen, der sich trotz NS-Belastung nach dem Zweiten Weltkrieg weiterhin als Statistiker bewähren durfte. Nachdem der junge Hochschuldozent in den dreißiger und Anfang der vierziger Jahre seine Karriere erfolgreich vorangetrieben und sich öffentlich für die Unfruchtbarmachung der Erbkranken und vermeintlich „Asozialen" eingesetzt hatte[957], konnte er nach seiner Entlassung 1952 aus dem Zucht-

---

Missbildungen in London stattfanden, musste Vogel Nachtsheim vertreten, der an der Londoner Konferenz teilnahm.

955 Siehe: Koch, Genetics; ders.: Genetik.
956 Gutachten Nachtsheims, ohne Datum, DFG-Archiv, Sa 2 (Akte Karl Saller).
957 1931 gehörte Koller dem Vorstand der statistischen Abteilung am Kerckhoff-Institut für Herz- und Kreislaufforschung in Bad Nauheim an. 1939 wurde er Dozent für Biostatistik in Gießen, 1942 Leiter des Biostatistischen Instituts der medizinischen Fakultät Berlin und 1944 schließlich außerplanmäßiger Professor im wissenschaftlichen Beirat Karl Brandts, des Bevollmächtigten für das Gesundheitswesen. Siehe: Klee, Personenlexikon, S. 329; Roth, restlose Erfassung, S. 111-131.

haus Brandenburg sehr schnell eine bedeutende Position erlangen: Von 1953 bis 1962 war er im Statistischen Bundesamt Chef der Abteilung für Bevölkerungs- und Kulturstatistik. 1956 wurde er zudem Direktor des Instituts für medizinische Statistik und Dokumentation der Universität Mainz.[958] Auch der Pathologe Ostertag, der sich in den dreißiger Jahren Untersuchungen an Föten mit Fehlbildungen zugewandt hatte und für ein Forschungsvorhaben zur „erbbiologischen Auswertung von angeborenen Miss- und Fehlbildungen" von der DFG gefördert worden war, strebte danach, am in Planung stehenden SP teilzuhaben. 1963 bat er die DFG darum, ihn am SP zu beteiligen, und stellte sich als ein Gegner der Zwangssterilisation dar:

> „Den Zeitungsmitteilungen entnehme ich, dass sich die Forschungsgemeinschaft für die Frage der Missbildungen interessiert. Wie sie aus meinem letzten Antrag wissen, gehört gerade deren Entstehung und Beurteilung zu meinem allereigentsten Arbeitsgebiet [...]. Ich wäre deshalb doppelt dankbar, mit den Herren, die sich dafür interessieren, in einen engen Kontakt zu kommen, und darf darauf verweisen, dass ich der erste gewesen bin, der die exogene Entstehung des Syringomyeliekomplexes erwiesen hat, dass ich 1935 schon mit diesen Dingen gegen die ungerechtfertigten Sterilisationen aufgetreten bin."[959]

Diese Darstellung verzerrte die Realität: Indem Ostertag eine ätiologische Abgrenzung der Erb- und Umweltfaktoren anstrebte, war er in Wirklichkeit um die Untermauerung der rassenhygienischen Sterilisation bemüht gewesen. Degenhardt war als Vorsitzender der eingesetzten Prüfungsgruppe Ostertags Forschungsvorhaben gegenüber zwar positiv eingestellt, äußerte aber Bedenken zu seiner Aufnahme in das SP, da Ostertag sich nicht explizit auf prospektive Untersuchungen einlassen wollte.[960] Jene Untersuchungen wurden aber spätestens seit der Bildung einer Kommission für teratologische Fragen im Jahre 1964 zu einer Priorität des SP erklärt. Das auf der 1964 gebildeten Kommission inaugurierte Forschungsprogramm sollte sich tatsächlich in erster Linie auf prospektive Untersuchungen konzentrieren. Vor diesem Hintergrund hatte Ostertag keine Aussicht auf eine Förderung durch Schwerpunktmittel, profitierte aber von im Rahmen des Normalverfahrens zur Verfügung gestellten Mitteln für seine „Untersuchungen an Hirntumoren und Tumorfolgen".[961]

Bei dem ersten Rundgespräch, das von der DFG zum Zweck der Einrichtung eines SP im Juli 1960 in Bad Godesberg organisiert wurde, diskutierte man sowohl über die Art der durchzuführenden Anamnese bei missgebildeten Neugeborenen, als auch über die erbbiologische Bearbeitung des Abortmaterials.[962] In dieser Hinsicht hatten die anwesenden Erbforscher beziehungsweise Humangenetiker

---

958 Siehe: Ebd.
959 Ostertag an die DFG (Latsch), 11.7.1963, BAK, B 227/983.
960 Degenhardt an die DFG (Köhler), 29.8.1963, ebd.
961 Siehe: Karteikarte Berthold Ostertag, DFG-Archiv der Geschäftsstelle der DFG in Bad Godesberg.
962 Als Grundlage der Diskussion diente der Entwurf des von Büchner vorgelegten Fragebogens „Sonderanamnese bei mißbildeten Neugeborenen". Siehe: Niederschrift über die Sitzung am 8. und 9. Juli 1960 über das Problem der Missbildungshäufigkeit und der Missbildungsentstehung beim Menschen, BAK, B 227/981. Eine erbbiologische Bearbeitung war unter Punkt 2 der Sonderanamnese bei missgebildeten Neugeborenen vorgesehen.

einen großen Einfluss auf die Gespräche. Ihre Beteiligung an der Einrichtung des SP lag in erster Linie an ihrem regen Interesse für die ätiologische Abgrenzung der Erb- und Umweltfaktoren, die sich im Nationalsozialismus wie ein roter Faden durch ihre Forschungen gezogen hatte. Gemäß dieser Zielsetzung begrüßte Wolfgang Lehmann die sich abzeichnende Zusammenarbeit der Humangenetik mit der Pathologie mit den Worten: „Eine Zusammenarbeit des Erbbiologen mit dem Pathologen darf als besonders glücklich bezeichnet werden. Es ist hierdurch möglich, ein einheitliches Untersuchungsgut mit den Methoden beider Disziplinen auszuwerten."[963]

Die Begründung einer interdisziplinären Herangehensweise lag in einer komplexen Sicht der Erb-Umwelt-Frage begründet, die nun nicht mehr systematisch zugunsten der genetischen Faktoren beantwortet wurde. Vor allem Widukind Lenz, der sich zunächst im Münsteraner Institut für Humangenetik mit erbbiologischer Forschung befasste und sich auf Verschuers Bitte hin zum erbbiologischen Aspekt des Sonderanamnese-Programms äußerte, trat in der Missbildungsfrage und Anamnese bei Neugeborenen dem althergebrachten Glauben an die Übermacht der Erbanlagen entgegen. Er vertrat nicht nur die Meinung, dass erbliche Missbildungen selten seien, sondern distanzierte sich zudem von der lückenlosen Familienforschung.

> „Eine ausführliche Familienanamnese halte ich nicht für angebracht. Missbildungen bei den Eltern und Geschwistern sollten erfragt werden. [...] Hierbei ist auch zu bedenken, dass die erblichen Missbildungen insgesamt selten sind, dass bei den Missbildungen mit unklarer Ätiologie und Beteiligung von Erbfaktoren die Häufigkeit gleichartiger Fälle in der Familie gering ist (etwa Spina bifida oder Anencephalie), sodass man selbst in einem Gesamtkollektiv von 100 000 Geburten nicht genügend Fälle für eine erbbiologische Bearbeitung gewinnen könnte."[964]

Lenz setzte sich vielmehr für die besondere Untersuchung der Anomalien des Mutterkuchens ein, die er in der zukünftig vorzunehmenden Missbildungsforschung „bei weitem [als] de[n] wichtigste[n] Punkt" auffasste. Nur bei seiner Befürwortung der Zwillingsforschung war sich Lenz mit früheren Forschungsprioritäten einig. Dabei machte er aber gleichzeitig auf die neuen Möglichkeiten der von der Biochemie gelieferten Methoden zur sicheren Bestimmung der ein- und zweieiigen Zwillinge aufmerksam: „Durch systematische Bestimmung der Blutgruppen und -faktoren sowie genaue Untersuchung des Eihautbefundes bei Zwillingen mit diskordanten oder konkordanten Missbildungen könnte der schwierigen Erb-Umweltfrage auf diesem Gebiet eine festere Grundlage gegeben werden."[965] Lenz selbst war an Untersuchungen über Chromosomenanomalien besonders interessiert und kündigte seinen Wunsch an, sich auf diesem Gebiet in Zusammenarbeit mit dem Genetischen Institut in Lund (Schweden) zu betätigen.[966]

---

963 Goerttler an Büchner, 15.7.1960, BAK, B 227/981.
964 Widukind Lenz an Büchner, 22.7.1960, ebd.
965 Ebd.
966 Ebd.

Mit der Aussicht auf eine schwerpunktmäßige Förderung der Missbildungsforschung konnten Wissenschaftler, die bereits im Nationalsozialismus gefördert wurden, weitgehend an frühere Forschungsinteressen anknüpfen. Gleichwohl forderte das geänderte Umfeld humangenetischer Forschung im Zuge der Entwicklung der klinischen Genetik eine neue Herangehensweise bei der erbbiologischen Bewertung von angeborenen Missbildungen. Die Nachkriegsdebatte über die Entstehung und Häufigkeit von Missbildungen war durch eine komplexere Sicht der Erb-Umweltfrage beherrscht und ging mit einer Erweiterung des Missbildungsbegriffes einher, der nicht mehr nur einseitig in ätiologischer Richtung interpretiert wurde. Während der Missbildungsbegriff bisher vor allem auf Entwicklungsstörungen mit schweren formalen Defekten reduziert worden war, sollte nun von einer solchen Deutung Abstand genommen werden, um ein feineres Gespür für die biologische Variabilität zu gewinnen. So sollte nicht mehr nur auf Missbildungen mit fassbarem negativen Auslesewert fokussiert, sondern vielmehr auf jegliche Variation beziehungsweise abweichende Erscheinungen geachtet werden. Von dieser Perspektive aus wollte sich der an den Diskussionen beteiligte Klaus Goerttler, Privatdozent am pathologischen Institut der Universität Kiel, der im Rahmen des geplanten SP einen Teil der Untersuchungen vornehmen sollte, nicht auf eine festgelegte Definition der angeborenen Missbildung beschränken.[967]

In den sechziger Jahren entwickelte sich die Betrachtung der Erb- und Umweltfrage unter dem Eindruck der Fortschritte der medizinischen Genetik nicht nur fort, die Missbildungsforschung erhielt auch eine neue Dimension insofern, als sie nun vollkommen interdisziplinär angelegt wurde: Das SP sollte nicht nur die enge Zusammenarbeit von Disziplinen wie Pathologie, Genetik, Entwicklungsphysiologie und nicht zuletzt Humangenetik ermöglichen, sondern auch unmittelbar die Einbeziehung von neueren Methoden aus der Biochemie und Zytogenetik in die deutsche Humangenetik fördern. Von der DFG sollten im Laufe der sechziger Jahre beachtliche Mittel für die Gründung von Chromosomenlaboratorien und für ihren laufenden Betrieb zur Verfügung gestellt werden. Anfang der sechziger Jahre konnte am Institut für Humangenetik in Münster ein besonderes Chromosomenlaboratorium eingerichtet werden, das in Zusammenarbeit mit dem Chromosomenlaboratorium der Kinderklinik der Universität mit Untersuchungen über Chromosomenaberrationen beim Menschen begann. Das Laboratorium stand unter der Leitung des langjährigen Mitarbeiters Verschuers, Heinrich Schade, der sich in die Chromosomentechnik einarbeiten musste. Als Leiter des Instituts für Humangenetik in Kiel beabsichtigte Lehmann, über Chromosomen zu forschen, und bat Anfang der sechziger Jahre die DFG um ihre finanzielle Hilfe für die Einrichtung eines entsprechenden Laboratoriums.[968] Anfang 1962 bemühte sich P.E. Becker als Nachfolger von Fritz Lenz und an der Spitze des Instituts für Humangenetik der Universität Göttingen stehend, ein kleines Chromosomen-Labor einzurichten. Ein Mitarbeiter, der sich im holländischen Nijmegen hatte

---

967 Siehe: SP „Missbildungen", S. 3, ebd.
968 Lehmann an Latsch, 3.11.1960, ebd.

4.2. Das Schwerpunktprogramm „Missbildungsentstehung und Missbildungshäufigkeit" 231

ausbilden lassen, unterstützte ihn dabei.[969] Mit der finanziellen Unterstützung der DFG konnte zudem im Pathologischen Institut der Universität Heidelberg 1961 ein Laboratorium eingerichtet werden.[970] Im Rahmen eines Forschungsauftrages der DFG wurden Chromosomenuntersuchungen bei Insassen einer Heil- und Pflegeanstalt vorgenommen, und man kam dabei zu dem Ergebnis, dass „Chromosomenaberrationen bei Schwachsinnigen häufiger als bei Gesunden [vorkamen] und eine Reihe zum Teil seltener Anomalien gefunden" werden konnten.[971]

Durch die besondere Zuwendung der DFG zur Chromosomenforschung sahen sich Humangenetiker und Anthropologen dazu ermuntert, Forschungen auf diesem Gebiet einzuleiten. Im ersten Jahr der schwerpunktmäßigen Förderung der Missbildungsforschung durch die DFG stellte Karl Saller erneut einen Antrag, dieses Mal auf „Chromosomenuntersuchung von Neugeborenen mit multiplen Missbildungen".[972] Auch wenn die Gutachter Saller personelle und technische Mängel vorwarfen, wurde ihm 1964 im Rahmen des SP eine Sachbeihilfe von 9200 DM bewilligt. Als Gutachter befürwortete Herwig Hamperl den Antrag, weil er der Meinung war, dass „Chromosomenanalysen beim Menschen [...] immer wichtiger" würden und man aus diesem Grund „jedes ernstliche Bemühen in dieser Richtung unterstützen sollte".[973] Die Prüfungsgruppe war allerdings der Auffassung, dass Sallers Antrag zunächst im Normalverfahren bearbeitet werden sollte. Als Saller 1966 seinen Antrag erneut bei der DFG einreichte, lehnte Degenhardt schließlich eine Förderung durch Schwerpunktmittel ab.

4.2.2. Die Kommission für teratologische Fragen und die Förderung der Missbildungsforschung

Trotz seit Ende der fünfziger Jahre laufenden Bemühungen um die Einrichtung eines SP im Bereich Missbildungsforschung, konnte ein solches nicht vor 1964 eingerichtet werden, weil führende Mitglieder der Besprechungsgruppe sich über den Fragebogen, der die Grundlage der Arbeit bilden sollte, nicht hinreichend hatten einigen können.[974] Erst die Bildung einer Kommission für teratologische Fragen im Jahre 1964 gab den Ausschlag für die Einrichtung des SP, das im Rechnungsjahr 1964/65 zum ersten Mal gefördert wurde. Am 6. Mai 1963 hatte eine Tagung über Missbildungsentstehung und Missbildungshäufigkeit" in der Geschäftsstelle der DFG in Bad Godesberg stattgefunden, bei der die Teilnehmer, unter ihnen Baitsch, Degenhardt, Koller, Saller, Verschuer und Vogel, die Bildung einer Kommission für teratologische Fragen angeregt hatten. In dieser Kommission

---

969 Siehe: Becker an Nachtsheim, 5.4.1962, MPG-Archiv, Nachlass Nachtsheim, III 20 A, Nr. 8.
970 Randerath an Gerhard Hess, 25.2.1963, BAK, B 227/986.
971 Randerath an Gerhard Hess, 25.2.1963, BAK, B 227/986.
972 Karteikarte Karl Saller, DFG-Archiv der Geschäftsstelle der DFG in Bad Godesberg.
973 Gutachten Hamperls, 21.10.1964, ebd, Sa 2 (Akte Karl Saller).
974 Auszug aus dem Protokoll über die 44. Sitzung des Senats der DFG am 4. März 1963 in Bad Godesberg, BAK, B 227/986.

sollten Experten aus verschiedenen Disziplinen der Frauenheilkunde, Kinderheilkunde, Orthopädie, Genetik und Pathologie vertreten sein. Darüber hinaus sollte sie eine Besprechungsgruppe bestimmen, die den Kreis der möglichen Antragsteller erörtern und über die Konzipierung von Erhebungsbögen und die Einrichtung von Untersuchungsstellen in Frauenkliniken und Kinderkliniken beraten sollte. Bei den Diskussionen über die Bildung der Kommission wurde auch die Entscheidung getroffen, dass den prospektiven Untersuchungen gegenüber den retrospektiven der Vorzug zu geben sei.[975] In der Kommission, die sich aus einem Vorsitzenden, einem Stellvertretenden Vorsitzenden und elf Mitgliedern zusammensetzte, waren sehr wenige Humangenetiker vertreten.[976] Gleichwohl übernahmen Degenhardt, als Vorsitzender der Kommission, und Vogel als sein Stellvertreter einflussreiche Positionen. In seinem Referat über „Sinn und Ziel prospektiver Erhebungen" definierte Degenhardt als „Endziel" der Bemühungen auf dem Gebiet der Missbildungsforschung „die Prophylaxe angeborener Entwicklungsstörungen"[977]. Dabei galt es zunächst, die noch sehr hohe Zahl von Todesfällen zu reduzieren. Für dieses Ziel bezeichnete Degenhardt die „intensive Zusammenarbeit der verschiedenen Kliniken und theoretischen Disziplinen der Medizin" als unabdingbar.

Im Zuge der Einrichtung der Kommission wurde der Aufbau des SP mit großem Elan vorangetrieben. Im Herbst 1963 hatten sich erneut Genetiker und Mediziner in Bad Godesberg getroffen, um das SP ins Leben zu rufen. Die zwei Ausschüsse von Fachleuten, die eingesetzt worden waren, um eine klassifizierende Liste über Missbildungen und einen Erhebungsbogen sowohl für retrospektive als auch prospektive Untersuchungen vorzubereiten, waren im Frühjahr mit ihren Arbeiten fertig. Als Vorlage für die Erhebungsbögen dienten die im Rahmen des nordamerikanischen Forschungsprogramms am NINDB zur Debatte stehenden Erhebungsbögen. Die Fachleute diskutierten zudem, wie viele schwangere Frauen im Rahmen prospektiver Untersuchungen sinnvollerweise zu erfassen seien. Auf deutscher Seite wollte man sich zunächst mit der Erfassung von 10 000 Frauen begnügen, während von französischer Seite 25 000 als Mindestzahl vorgeschlagen worden war.[978]

Im Gegensatz zum amerikanischen Programm setzte man sich in Deutschland dafür ein, alle grundsätzlichen morphologischen und funktionellen Abweichungen zu registrieren. Man war darauf bedacht, alles zu erfassen, was über die physiologische Variabilität der Form und Funktion hinausging. Insbesondere schien die Konzentration auf die kritische frühe Phase der Schwangerschaft geboten. So wurde die Überwachung des Schwangerschaftsverlaufs bei 20 000 Frauen ab dem ersten Trimenon[979] mit folgenden monatlichen Untersuchungen geplant. Der

---

975 Siehe: BAK, B 227/983.
976 Kommission für teratologische Fragen, BAK, B 227/986.
977 Sinn und Ziel prospektiver Erhebungen, Prof. Degenhardt, Anlage 1, BAK, B 227/982.
978 Degenhardt: Bericht über die Sitzung des Gremiums für die Ausarbeitung von Ergänzungsbögen aus dem Schwerpunkt „Missbildungsentstehung und Missbildungshäufigkeit" am 16. Dezember 1963 in Frankfurt am Main, Institut für Humangenetik, BAK, B 227/983.
979 Das Trimenon bezeichnet ein Zeitraum von drei Monaten.

4.2. Das Schwerpunktprogramm „Missbildungsentstehung und Missbildungshäufigkeit"

Schwangerschaftsverlauf sollte in eigens dafür ausgearbeiteten Untersuchungsbögen und Tagebuchblättern dokumentiert werden.[980]

Die prospektiven Erhebungsbögen, für deren Ausarbeitung der Oberarzt der Universitätsfrauenklinik in Tübingen, Karl Knörr (geb. 1915), hauptsächlich zuständig war, konnten im Sommer 1964 in Druck gegeben werden.[981] Erhebungen waren zunächst an den Universitätskliniken in Berlin, Düsseldorf, Erlangen, Frankfurt am Main, Gießen und Hamburg vorgesehen.[982] In dieser Zeit fiel die erste Entscheidung der Prüfungskommission über die zu fördernden Anträge. Ende 1964 sollten sich die Vorbereitungen für die systematische Entwicklung des Projektes intensivieren. Im Oktober 1964 schlug Degenhardt der DFG vor, Rundgespräche abzuhalten. Dabei sollten einerseits die „Standardisierung der Versuchsmethoden" und andererseits „zytogenetische Forschung bei Missbildungen" erörtert werden.[983] Anlässlich der zweiten Sitzung der Kommission im November 1964 wurde ein Gutachtergremium mit den Vorbereitungen für eine sorgfältige Dokumentation der in der Untersuchungsreihe zu erwartenden Aborte beauftragt. Ein zweites Gremium sollte sich mit der Dokumentation des Geburtenverlaufs, der ersten Beurteilung des Neugeborenen durch den Geburtshelfer und der makroskopischen Beurteilung der Plazenta befassen.[984] Darüber hinaus beriet man über die notwendigen Speziallaboratorien und deren Untersuchungstechniken. Zytologische Laboratorien sollten die systematische Kerngeschlechtsbestimmung aller Neugeborenen mit angeborenen Entwicklungsstörungen vornehmen. In speziellen Fällen, insbesondere bei Kindern mit multiplen Missbildungen und bei steril entnommenem Abortmaterial waren Chromosomenanalysen vorgesehen.[985]

Der Einsatz beziehungsweise die Mitarbeit von zytogenetischen Laboratorien und Spezialinstituten, wie zum Beispiel Laboratorien zur Untersuchung auf Toxoplasmose und Listeriose[986], wurde bei einem Rundgespräch über „Cytogenetik" im Frühjahr 1965 und bei einem weiteren über „Orthologie und Pathologie der pränatalen Periode des Menschen" im Sommer 1965 angeregt.[987] In einem dritten Rundgespräch einigte man sich auf vergleichbare Testmethoden bei Untersuchungen auf Toxoplasmose. Im Laufe des Jahres 1965 und 1966 wurden weitere

---

980 Protokoll, 20.1.1966, BAK, B 227/985.
981 Bericht 1964, S. 35.
982 Bis 1965 beteiligten sich 17 Frauenkliniken und Hebammenlehranstalten.
983 Degenhardt an Latsch, 8.10.1964, BAK, B 227/985.
984 Bericht 1964, S. 35.
985 Bericht 1964, S. 35.
986 Bei der Toxoplasmose handelt es sich um eine durch den intrazellulären Gewebeparasiten Toxoplasma gondii ausgelöste Erkrankung, die von der Katze auf den Menschen übergeht. Diese Erkrankung ist eigentlich harmlos, außer wenn sie beim Feten während einer Schwangerschaft oder bei Immunsupprimierten erfolgt. Die Listeriose wird durch die fäkal- orale Übertragung der häufig vorkommenden gleichnamigen Bakterien (Listerie monocytogenes o. ivanovii) bei sehr großen Keimmengen ausgelöst. Beim Gesunden entwickeln sich grippeähnliche Symptome, erst die Infektion während der Schwangerschaft gefährdet den Feten und kann Frühgeburten, Aborte oder abhängig vom Zeitpunkt der Infektion eine Listeriose bedingen, die granulomatöse Herde in Lunge, Zentralnervensystem und Haut mit sich bringt.
987 Bericht 1965, S. 38.

Fragebögen erstellt, die die Zeit bis zur Geburt und Entlassung des Kindes und der Mutter erfassten.[988] Anfang 1966 konzipierte man die Erhebungsbögen neu und war dabei darauf bedacht, die systematische Erfassung von auf Erbfaktoren beruhenden Missbildungen zu ermöglichen. Dazu sollten eventuell Familienmitglieder in die Klinik gebeten oder von einem Arzt besucht werden.[989]

Seit Anfang der Planung eines SP im Bereich Missbildungsforschung Ende der fünfziger Jahre hatte sich die fachliche Diskussion über Missbildungsfragen fortentwickelt und bedeutend verändert. Vor allem musste sich die Missbildungsforschung den Herausforderungen der Zytogenetik stellen, sich dementsprechend neu orientieren und sich unter anderem semantisch anpassen. 1966 wurde der ursprüngliche Titel des SP „Missbildungsentstehung und Missbildungshäufigkeit" in „Schwangerschaftsverlauf und Kindesentwicklung" umbenannt.[990] Im Laufe dieses Umorientierungsprozesses sollten humangenetische und anthropologische Fachvertreter letztlich eine immer geringere Rolle spielen. Am Ende des untersuchten Zeitraumes war die Missbildungsforschung längst nicht mehr vorwiegend durch Humangenetiker und Anthropologen, sondern vielmehr durch eine vielseitige Fachgemeinschaft beherrscht. Die Interdisziplinparität der Herangehensweise bei Missbildungsfragen war weitgehend in die Tat umgesetzt worden.

Das SP „Missbildungsforschung" nahm im Rahmen der Förderungspolitik der DFG einen bedeutenden Stellenwert ein. Die beachtliche Förderung war nicht zuletzt auf den besonderen Einsatz vom Leiter des medizinischen Referats der DFG, Günter Latsch, als Initiator und Förderer des Projektes[991], und auf die Unterstützung des Präsidenten der DFG Julius Speer zurückzuführen. Das SP wurde zum ersten Mal im Rechnungsjahr 1964/65 gefördert, nachdem der Senat der DFG hierfür einen Betrag von 500 000 RM zugestanden hatte.[992] Von der Prüfungsgruppe wurde die Bewilligung beziehungsweise Teilbewilligung von 19 Anträgen mit einer Gesamtsumme von 420 635 DM vorgeschlagen, zwei Anträge in das Normalverfahren verwiesen und drei Anträge zur weiteren Klärung zurückgestellt.[993] Bis Ende der sechziger Jahre stieg die Förderung des SP bis weit über eine Million DM, wobei sie 1966 sogar fast zwei Millionen DM betrug.[994]

---

988 Dabei handelte es sich unter anderem um Erhebungsbögen zur Untersuchung der Plazentas, der Postpartum-Untersuchung des Neugeborenen, zur ersten und zweiten pädiatrischen Neugeborenen-Untersuchung, zum Verlauf des Klinikaufenthalts während der Neugeborenenzeit und die pädiatrische Nachuntersuchung im ersten Lebensjahr. Siehe: Bericht 1966, S. 44–45.
989 In einem Protokoll vom 20. Januar 1966 hieß es: „Um den Anteil erblicher Faktoren an den ursächlichen Zusammenhängen angeborener Entwicklungsstörungen zu erfassen, erscheint es notwendig, Familienmitglieder zur Klinik einzuberufen oder dem Arzt die Möglichkeit zu geben, die Familie zu Hause zu erfassen." In: BAK, B 227/985.
990 Die offizielle Umbenennung des SP erfolgte wahrscheinlich 1966. Siehe: Bericht 1966, S. 44. Bereits im Jahresbericht der DFG vom 1. Januar bis zum 31. Dezember 1965 wurde die neue Benennung verwendet. Siehe: Bericht 1965, S. 38.
991 Über den Einsatz von Latsch, siehe: Protokoll, 20.1.1966, fol. 5, BAK, B 227/985.
992 Vorbemerkung, BAK, B227/982.
993 Ebd.
994 1964 wurden 595 164, 1965 1 634 889, 1966 1 929 864, 1967 1 445 250 und 1968 1 467 275

Die lang verzögerte Entstehung des SP war das Ergebnis von Anschlussbemühungen an internationale Forschungstrends, sie war aber zugleich auch die Fortsetzung einer älteren Auseinandersetzung mit der Ätiologie von Missbildungen. Einige der bereits während des „Dritten Reiches" mit dieser Frage beschäftigten Erbforscher wurden an den Vorbereitungen des SP beteiligt. Allerdings stand die Vererbungsfrage nicht im Mittelpunkt des SP, das vor allem auf eine Untersuchung des bedeutenden Einflusses von peristatischen Faktoren ausgerichtet war. Durch seine Interdisziplinarität sprengte das SP auch den Rahmen älterer Forschungsvorhaben zur Entstehung von Missbildungen.

4.3. ZUR AKTIVEN ANPASSUNG AN DEN INTERNATIONALEN FORSCHUNGSSTAND

4.3.1. Das Schwerpunktprogramm „Biochemische Grundlage der Populationsgenetik" und die aktive Förderung biochemischer und zytogenetischer Humangenetik

Parallel zu den Bemühungen um ein SP auf dem Gebiet der Populationsgenetik ab Mitte der sechziger Jahre befasste sich die DFG mit der Förderung von Forschungsprojekten im Bereich Humangenetik. Das SP war als deutscher Beitrag zum Internationalen Biologischen Programm (IBP) konzipiert.[995] Auf einer Sitzung in Göttingen am 18. Februar 1966 hatte der deutsche Landesausschuss für das Internationale Biologische Programm angeregt, die Teilnahme der Bundesrepublik an dem „Human adaptibility" (Menschliche Anpassungsfähigkeit) genannten Unterprogramm des IBP, das auf westdeutscher Seite von der DFG finanziert wurde, zu diskutieren und der DFG ein Rahmenthema zu nennen, das als SP gefördert werden könnte.[996] Zum Abschluss der Sitzung am 19. Februar 1966 entschied man sich, eine größere Besprechungsgruppe unter der Leitung von Johannes Schaeuble, der als Mitglied des deutschen Landesausschusses für die Humangenetik im IBP zuständig war, in Frankfurt am Main am 10. Juni 1966 zusammentreten zu lassen.

Für die vorgesehene Tagung erstellte Schaeuble eine Liste der infrage kommenden Teilnehmer. Unter den 18 von ihm genannten Fachvertretern war eine hohe Anzahl Wissenschaftler bereits während des Nationalsozialismus tätig: Peter Emil Becker, Wilhelm Gieseler, Gerhard Koch, Peter Kramp, Wolfgang Lehmann, Karl Saller, Heinrich Schade, Johannes Schaeuble und Ilse Schwidetzky.[997] Kurz nachdem Schaeuble seine Teilnehmerliste vorgelegt hatte, sollte Meyl Helmut Baitsch darum bitten, ihm jüngere Anthropologen und Humangenetiker zu nennen, die für eine Teilnahme an dem geplanten Symposium in Betracht kämen.[998]

DM zur Verfügung gestellt.
995 Entwurf, 23.5.1966, BAK, B 227 /138689.
996 Ebd.
997 Siehe: Aktennotiz vom 2.5.1966 und Einladungsliste, BAK, B 227/138689.
998 Vermerk, 10.5.1966, ebd.

Baitsch nannte verschiedene Nachwuchswissenschaftler, darunter zwei Zytogenetiker, deren Beteiligung er als sehr wichtig betrachtete. Vor allem befürwortete er mit großem Nachdruck, jüngere Wissenschaftler einzuladen, die mit neueren Methoden vertraut waren.[999]

Am Kolloquium vom 10. Juni 1966 im Anthropologischen Institut der Universität Frankfurt nahmen insgesamt 25 Wissenschaftler teil.[1000] Darunter gab es 24 anthropologisch-humangenetische Fachvertreter der älteren und jüngeren Generation, die die Frage ausführlich behandelten, wie ein zukünftiger SP ausgerichtet sein sollte. Sowohl Helmut Baitsch, der die Populationsgenetik für den „wichtigste[n] und umfassendste[n] Rahmenschwerpunkt" hielt, als auch Peter Emil Becker sprachen sich für die Förderung populationsgenetischer Projekte aus. Letzterer wollte die Paläoanthropologie und die Primatenforschung hierbei ausklammern[1001] und wurde dabei von Meyl unterstützt, der sich den Einwänden der Anthropologen Gieseler und Karl Saller entgegenstellte. Meyl war darüber hinaus der Meinung, dass auch das Thema Populationsgenetik zu weit gefasst sei, und forderte dementsprechend „ein möglichst eng umschriebenes, klar abgegrenztes Schwerpunktthema".[1002] Vor diesem Hintergrund einigten sich die anwesenden Fachvertreter, die Variabilität erblicher Merkmale vor allem durch biochemische, zytologische und serologische Methoden aufzuklären. Angesichts des Rückstandes der deutschen Humangenetik in der Proteingenetik sollte der Senat der DFG die vorgenommene Prioritätensetzung begrüßen.[1003] Im Frühsommer 1968 konnte eine Besprechungsgruppe zusammengerufen werden, die für die Einführung von neueren Methoden aus der Biochemie und Zytogenetik in die anthropologisch-humangenetische Forschung sorgen und darüber entscheiden sollte, wen die DFG zur Teilnahme am Programm auffordern solle.

In diese Besprechungsgruppe wurden die neu gewählten DFG-Gutachter für Anthropologie, Schade und Vogel einerseits und die Ersatzgutachter Baitsch und Schaeuble andererseits, einberufen. Neben ihnen gehörten die Anthropologin Ilse Schwidetzky, der Anthropologe Friedrich Schwarzfischer (geb. 1921) und der Humangenetiker Gerhard Wendt zur Besprechungsgruppe. Den Vorsitz erhielt Baitsch. Sie trafen zum ersten Mal am 2. Juli 1968 in Bad Godesberg zusammen, um das Thema abzugrenzen und das eigentliche Programm des SP zu definieren. Während Schwidetzky, die vorwiegend auf dem Gebiet der morphologischen Anthropologie tätig war, ihre Befürchtungen über einen Ausschluss der Anthropologie Ausdruck verlieh, betonte Vogel die Dringlichkeit des Einstiegs deutscher anthropologisch-humangenetischer Forschung in das molekularbiologische Paradigma.[1004] Die Fachvertreter schlossen sich dem an und folgerten für das SP: „In

---

999 Ebd.
1000 Teilnehmerliste, ebd.
1001 Protokoll der Sitzung vom 10. Juni 1966 in Frankfurt am Main, ebd.
1002 Ebd.
1003 Meyl an Schaeuble, 14.12.1967, BAK, B 227/138960.
1004 Zusammenfassende Niederschrift über die Sitzung der Besprechungsgruppe zum SP „Biochemische Grundlagen der Populationsgenetik des Menschen" am 2. Juli 1968 in Bad Godesberg, BAK, B 227/138689.

diesem Programm sollen Vorhaben gefördert werden, die die Entwicklung und Anwendung neuer biochemischer, molekularbiologischer Methoden auf Grundlagenprobleme der Populationsgenetik des Menschen zum Inhalt haben."[1005] Beim Zusammentreffen der Besprechungsgruppe wurde darüber hinaus eine erste Wahl über die Forscher getroffen, die zur Teilnahme am SP aufgefordert werden sollten. Bei den Wissenschaftlern, die für eine Beteiligung an dem SP in Erwägung gezogen wurden, handelte es sich vorwiegend um jüngere Fachvertreter, die an neu gegründeten Instituten für Humangenetik tätig waren.[1006]

Das SP, das den Titel „biochemische Grundlagen der Humangenetik" erhielt[1007], wurde zum ersten Mal im Jahre 1968 gefördert. In diesem Jahr wurden neun Anträge mit einer Gesamtsumme von 788 300 DM eingereicht, für die die Prüfungsgruppe einen Betrag von 627 735 DM bewilligte.[1008] Insgesamt wurden 1968 786 565 DM zur Verfügung gestellt. Bei der Begutachtung der Anträge wurde wie geplant das Gewicht auf die Anwendung neuerer Methoden, auf die Interdisziplinarität sowie auf den internationalen Anschluss des Forschungsvorhabens gelegt. Bis Ende der sechziger Jahre war man damit äußerst bemüht, das ursprünglich gesetzte Ziel der Einbeziehung neuerer Methoden in die Humangenetik zu fördern.

In dieser Zeit kamen die im Rahmen des SP zur Verfügung gestellten Mittel hauptsächlich den humangenetischen Instituten in Freiburg, Hamburg und Heidelberg zugute, die bald drei wichtige regionale Standorte in der humangenetischen Forschung bildeten. Durch ihre Förderung durch das SP konnten sich diese Institute zu Arbeitsstätten entwickeln, die den Herausforderungen des neuen molekularbiologischen Paradigmas gewachsen waren. Vor allem trug das SP wesentlich zu ihrer Ausstattung bei, die bisher an humangenetischen Instituten nicht benötigt wurde und deswegen meist nicht vorhanden war. Eine gute Ausstattung wurde als eine „Voraussetzung für einen, dem internationalen Stand angemessenen Einsatz der Methoden" betrachtet.[1009] In den Anträgen wurden in der Regel relativ hohe Beträge für Apparate gefordert. Bewilligt wurden jedoch nur Apparate, die nicht zur Grundausstattung gehörten.

1005 Ebd.
1006 Die Besprechungsgruppe erstellte folgende Liste von am SP zu beteiligenden Wissenschaftlern: Helmut Baitsch, Heinz Werner Goedde (Hamburg), Winfried Krone (Freiburg), Horst Ritter (Freiburg), Gunter Röhrborn (Heidelberg), Traute M. Schröder (Heidelberg), Friedrich Schwarzfischer, Schweickart (Düsseldorf), Christian Vogel (Kiel), Friedrich Vogel, Hubert Walter (Mainz), Gerhard Wendt, Ulrich Wolf (Freiburg). Darüber hinaus wurde die Beteiligung von Karl Heinz Degenhardt, Widukind Lenz und Gerhard Koch besprochen. Siehe: BAK, B 227/138691.
1007 Im Nachhinein hieß es in einem Protokoll über die Senatssitzung am 5. Juni 1973 in München, dass Prof. Autrum ausdrücklich auf die Bezeichnung „Biochemische Grundlagen der Populationsgenetik des Menschen" bestanden habe, um Untersuchungen der rein messenden Anthropologie, mit denen man gegenüber der Entwicklung im Ausland deutlich zurückgeblieben wäre, weitgehend auszuschalten. Siehe: Auszug aus dem Protokoll über die Senatssitzung am 5. Juni 1973 in München, BAK, B 227/138697.
1008 Siehe: Vorbemerkung, B 227/138691.
1009 Übersicht über Antrag, Werner Goedde, BAK, B 227/ 138692.

Im Rechnungsjahr 1968/69 erhielt Baitsch für Untersuchungen zur „Phylogenese und Ontogenese von Proteinpolymorphismen" die Bewilligung einer beträchtlichen Sachbeihilfe im Werte von 65 755 DM. Die Prüfungsgruppe war der Meinung, dass die „Anwendung der vorgesehenen biochemisch-genetischen und cytogenetischen Verfahren [...] neue Ergebnisse über bisher nur deskriptiv erfasste Mechanismen erwarten" ließe. Ein entscheidendes Kriterium für die Bewilligung der Anträge war die Einarbeitung der jeweiligen Antragsteller in die neuen biochemischen und zytogenetischen Methoden. Im Freiburger Institut erhielten in diesem Rechnungsjahr auch Winfried Krone und Heinz Werner Goedde (geb. 1927) DFG-Schwerpunktmittel in bedeutendem Umfang.[1010] Letzterer führte allerdings nicht mehr im Freiburger Institut seine beantragten Forschungsvorhaben durch. 1967 war der frühere Leiter der biochemischen Abteilung des Freiburger Instituts als Direktor des Instituts für Humangenetik nach Hamburg berufen worden. Wie bei Baitschs Forschungsvorhaben spielte bei der Zuteilung von Schwerpunktmitteln an Goedde der methodische Ansatz des Projekts eine große Rolle: Für dessen Untersuchungen über „Thyminkatabolismus[1011], Polymorphismus der Pseudocholinesterasen[1012], Polymorphismus der Acetylierung von Isonicotinsäurehydrazid und Ahornsirupkrankheit[1013]" schlug die Prüfungsgruppe vor, die sehr hohe Sachbeihilfe von 138 420 DM zu bewilligen.[1014] Auch wenn Goeddes Projekt nicht in der geforderten Höhe unterstützt wurde, erhielt Goedde 1969 nicht weniger als 84 279 DM für seine „Untersuchungen zum Polymorphismus der N-Acetyltransferase".[1015] Außerdem erfreute sich Goedde einer regelmäßigen Förderung durch die DFG. Bis in die siebziger Jahre hinein wurde er für verschiedene Projekte im Bereich biochemische Humangenetik durch Schwerpunktmittel großzügig protegiert.[1016]

Im Heidelberger Institut für Anthropologie und Humangenetik wurde im Rahmen des SP die dortige Mutationsforschung maßgeblich gefördert. Im Rech-

---

1010 BAK, B 227/138691.
1011 Thymin ist einer der vier Grundbausteine, aus denen die DNA zusammengesetzt ist und zählt zu den Pyrimidinbasen (ringförmige Struktur). Durch den Katabolismus, d.h. den Abbau von Thymin entsteht über mehrere biochemische Reaktionen Essigsäure (Acetat), Stickstoff (NH_3) und Kohlendioxid (CO_2). Der Stickstoff wird in Form von Harnstoff über den Urin ausgeschieden, CO_2 abgeatmet.
1012 Eine Cholinesterase ist ein Enzym, das an den Nervenkontakten im synaptischen Spalt das ausgeschüttete Cholin inaktiviert. Cholin ist ein Strukturelement des Neurotransmitters Acetylcholin. Bei der Pseudocholinesterase handelt es sich um einen von 11 möglichen Enzymisoformen, die diese Aufgabe wahrnehmen können. Es wird in der Leber gebildet und ist weniger spezifisch als andere Isoformen.
1013 Bei der Ahornsirupkrankheit handelt es sich um eine autosomal-rezessiv vererbte Krankheit, die Störungen im Aminosäurestoffwechsel hervorruft. Die Krankheit tritt nur selten auf, allerdings gibt es Häufungen in Georgien und bei den Mennoniten, einer Religionsgemeinschaft in Pennsylvania.
1014 Ebd.
1015 Karteikarte Heinz Werner Goedde, DFG-Archiv in der Geschäftsstelle der DFG in Bad Godesberg.
1016 Goedde erhielt bis 1973 DFG-Zuwendungen, die zwischen circa 10 000 und 100 000 DM lagen. Siehe: Ebd.

nungsjahr 1968/69 erhielt Gunter Röhrborn (geb. 1931) für „genetische Untersuchungen am Säuger" eine Sachbeihilfe in Höhe von 116 370 DM. Vor der Einrichtung des SP hatte dieses Projekt bereits mehrere Jahre im Normalverfahren Geld erhalten.[1017] Bei diesem Projekt, das in Zusammenarbeit mit dem Zentralinstitut für Mutagenitätsforschung in Freiburg durchgeführt wurde[1018], ging es darum, die mit der Nahrung oder als Arznei und Genussmittel usw. inkorporierten chemischen Substanzen auf ihre Einwirkung auf das menschliche Erbgut zu untersuchen und dazu geeignete Testmethoden zu finden. Zusätzlich zu der Förderung durch die DFG erhielt das Gesamtprojekt von der Stiftung Volkswagen einen Betrag von 250 000 DM. 1968 stellte die Prüfungsgruppe für die „zytogenetischen Untersuchungen in vivo und vitro" von Traute M. Schröder und Engelhardt Schleiermacher im Heidelberger Institut die Fördersumme von 68 500 DM in Aussicht.[1019] In demselben Jahr erhielt Friedrich Vogel eine Sachbeihilfe von 75 830 DM für Untersuchungen über den „Einfluss von Mutagenen auf das molekularbiologische Verhalten der Nukleinsäure in vitro und in vivo".[1020]

Außer den Arbeitsgruppen in Freiburg, Hamburg und Heidelberg erhielt der Lehrstuhlinhaber für Humangenetik in Marburg, Gerhard Wendt, bedeutende Schwerpunktmittel für „Biochemische Untersuchungen zur Populationsgenetik, insbesondere über den Lp-Faktor (Lipoproteine aus dem menschlichen Serum)". Zwar wurde die von ihm geforderte Summe von 121 400 auf 83 870 DM reduziert, damit ragte die von ihm erhaltene Förderung aber immer noch weit über die einer Vielzahl weiterer Fachvertreter hinaus.[1021]

Im Jahr 1972 stellte man nach Ablauf der ersten fünf Jahre, in denen das SP bereitgestellt worden war, eine erste Bilanz auf. Seit Förderungsbeginn im Jahre 1968 waren die Schwerpunktmittel von Jahr zu Jahr erheblich gewachsen. Nachdem bereits 1968 neun Anträge eingereicht worden waren, wurden es im darauf folgenden Jahr 17 Anträge mit einer Gesamtsumme von 1 559 605,40 DM. Senat und Hauptausschuss hatten in diesem Jahr Mitteln in Höhe von 800 000 DM zugestimmt.[1022] Im Rechnungsjahr 1970/71 wurden 21 Anträge mit einer Gesamtsumme von 1 441 899 DM eingereicht.[1023] Unter den geförderten Wissenschaftlern gab es eine Vielzahl von neuen jüngeren Humangenetikern, die sich mit vielfältigen Forschungsprojekten im Bereich der zytologischen und biochemischen Humangenetik befassten.[1024]

1017 Die Gesamtsumme von 473 520 DM kam bisher diesem Projekt zu gute.
1018 Das Zentralinstitut für Mutagenitätsforschung nahm seinen Betrieb Anfang 1969 auf, nachdem die Errichtung eines solchen Instituts bereits seit Mitte der sechziger Jahre erörtert wurde. Siehe: Jahresbericht 1968, S. 42.
1019 BAK, B 227/138691.
1020 Karteikarte Friedrich Vogel, DFG-Archiv in der Geschäftsstelle der DFG in Bad Godesberg.
1021 BAK, B 227/138691 und Karteikarte Gerhard Wendt, ebd.
1022 BAK, B 227/ 138692.
1023 Siehe: Vorbemerkung, BAK, B 227/138693.
1024 Dies waren unter anderem Klaus Bender, Ulrich Wolf und Winfried Krone aus dem Freiburger Institut für Anthropologie und Humangenetik, Herbert Fischer aus dem Max-Planck-Institut für Immunbiologie, Klaus Altland und Ludwig Hirth aus dem Hamburger Institut

Das SP hatte damit einen sehr guten Start gehabt. Anlässlich eines Kolloquiums am 20. und 21. November 1972 auf dem Schloss Reisensburg stellten die Mitglieder des SP fest, dass das ursprünglich gesetzte Ziel mit großem Erfolg erreicht worden war, und sie einigten sich darauf, die Fokussierung auf populationsgenetische Fragestellungen aufzugeben. Im Lauf der Jahre hatte sich das Schwergewicht der Untersuchungen zunehmend auf das Gesamtgebiet der biochemisch-humangenetischen Forschung verlagert. Unter diesen neuen Bedingungen äußerten sie den Wunsch, dass auf dem Gebiet der Humangenetik Forschungen mit biochemischen und immunologischen Methoden vorrangig zu unterstützen seien. Demgemäß setzte sich die Gutachtergruppe des SP dafür ein, dass das SP mit dem geänderten Thema „biochemische Genetik des Menschen" weitergeführt werde.[1025] Im Juni 1973 stimmte der Senat der Weiterförderung des SP unter dem Titel „Biochemie der Humangenetik" zu.[1026] Das SP wurde bis 1975 mit erheblichen Zuwendungen bedacht, so dass Mitte der siebziger Jahre die Notwendigkeit einer gezielten Unterstützung der Humangenetik kein Thema mehr sein sollte. Die DFG sah sich mit einer fortgeschrittenen Spezialisierung humangenetischer Forschung konfrontiert, die eine umfassende Förderung der Disziplin immer problematischer werden ließ.

4.3.2. Zur Förderung des wissenschaftlichen Nachwuchses

Während der unmittelbaren Nachkriegszeit war die deutsche Humangenetik in ihrer Umorientierung auf neuere Methoden aus der Zytogenetik und Biochemie weitgehend auf Kenntnisse aus dem Ausland angewiesen. Vor diesem Hintergrund stellten sowohl das SP „Missbildungsentstehung und Missbildungshäufigkeit" als auch das SP „biochemische Grundlage der Humangenetik" eine Herausforderung für die Disziplin dar. Wie Baitsch Mitte der sechziger Jahre unterstrich, erforderte das SP qualifiziertes Personal, das in Deutschland noch sehr selten war.[1027] Nicht selten wurden die Nachwuchswissenschaftler, die an diesen beiden SP beteiligt wurden und bei ihren Forschungen neuere Methoden anwandten, im Ausland ausgebildet. Ebenso musste beim Aufbau von Chromosomenlaboratorien in Deutschland auf ausländische Erfahrung zurückgegriffen werden.

Wolfgang Laskowski (geb. 1927), ein Mitarbeiter Nachtsheims am Max-Planck-Institut für vergleichende Erbbiologie und Erbpathologie, erhielt einen Teil seiner Ausbildung sowohl in Frankreich bei dem Experimentalgenetiker Boris Ephrussi (1901–1979) als auch in den USA in Form eines Fulbright Fellowship.[1028] Ein anderer, naher Mitarbeiter von Nachtsheim am MPI für vergleichende Erbbiolo-

---

für Humangenetik sowie Detlev Hosenfeld aus dem Kieler Institut für Humangenetik. Siehe: BAK, B 227/138692.
1025 Walter Fuhrmann an die DFG, 18.12.1972, BAK, B 227/138697.
1026 Auszug aus dem Protokoll über die Senatssitzung am 5. Juni 1973 in München, ebd.
1027 Baitschs Gutachten, 9.9.1964, DFG-Archiv in der Geschäftsstelle der DFG in Bad Godesberg, Sa 2 (Akte Karl Saller), fol. 13146.
1028 Na 15 (Akte Hans Nachtsheim), ebd.

gie und Erbpathologie, Friedrich Vogel, konnte sich im Anschluss an seine Teilnahme am Kongress für Genetik in Montreal 1958 mit Hilfe eines DFG-Stipendiums am Zentrum humangenetischer und biochemisch-genetischer Forschung an der Universität Ann Arbor in der Nähe von Detroit fortbilden. Nachdem er Anfang 1957 bei der DFG einen Antrag auf die Gewährung eines Stipendiums für die Fortbildung im Ausland von September bis November 1958 gestellt hatte, war ihm im September 1958 ein ausländisches Stipendium in Höhe von 4620 DM für Forschungen zum Thema „Probleme auf dem Gebiet der Mutationsforschung des Menschen und andere humangenetische Fragen" bewilligt worden.[1029]

Der Habilitand von Helmut Baitsch, Winfried Krone, der im Rahmen des SP „Populationsgenetik" Zuwendungen für ein biochemisch-genetisches Forschungsprojekt bekam[1030], erhielt einen Teil seiner Ausbildung in den USA am Institut von Professor Bresch in Dallas.[1031] Anfang der siebziger Jahre beantragte er außerdem DFG-Gelder für eine spezielle Reise nach Oxford „zum Erlernen der Zell-Hybridisierungsmethode bei Prof. Harris an der Sir William Dunn School of Pathology in Oxford".[1032] In den sechziger Jahren wurde Krone schließlich in den USA angestellt: Ab 1967 war er als Assistent Professor am Department of Biology des Southwest Center for Advanced Studies in Dallas (Texas) tätig.[1033]

Insbesondere auf dem Gebiet der Chromosomenforschung profitierten Nachwuchswissenschaftler von Aufenthalten in nordamerikanischen Forschungsstätten. Traute M. Schröder aus dem Heidelberger Institut für Anthropologie und Humangenetik, die am SP „Populationsgenetik" mit „zytogenetischen Untersuchungen in vivo und vitro" beteiligt war, wurde in Madison (Wisconsin) mit neuesten Arbeitsmethoden im Bereich der Chromosomenforschung vertraut.[1034] Das Chromosomenlaboratorium an der Kinderklinik der Universität Münster, das im Rahmen des SP „Missbildungsentstehung und Missbildungshäufigkeit" einen großen Teil der Untersuchungen an Aborten durchführte, verdankte seine Einrichtung zum größten Teil der ausländischen Erfahrung seiner Mitarbeiter. Der Oberarzt der Münsteraner Kinderklinik, Dr. Hansen, und ein Mitarbeiter aus der Frauenklinik waren 1959 mit dem Anliegen an Kosenow herangetreten, ein Team für Chromosomenforschung zu gründen. Im darauf folgenden Jahr besuchte Hansen britische Forscher in Harwell und Edinburgh, um die Methodik der Gewebezüchtung für die Chromosomendiagnostik zu erlernen. Zur Optimierung der Betriebsführung des Chromosomenlaboratoriums, betonte Kosenow in einem Antrag vom November 1960 an die DFG, dass außer der Ausbildung eines Arztes

---

1029 Vo 35 (Akte Friedrich Vogel) und Karteikarte, ebd.
1030 Am Freiburger Institut für Anthropologie und Humangenetik war Winfrid Krone zunächst gemeinsam mit Ulrich Wolf in ein Forschungsvorhaben über „Phylogenese und Ontogenese von Proteinpolymorphismen" einbezogen. Siehe: BAK, B 227/138692.
1031 Übersicht über Antrag und Stellungnahme der Prüfungsgruppe, BAK, B 227 /138691.
1032 Übersicht über den Antrag, BAK, B 227/138693.
1033 Wolf an die DFG, 29.5.1967, BAK, Mikrofilm FC 7496N.
1034 Übersicht über Antrag und Stellungnahme der Prüfungsgruppe, BAK, B 227 /138691.

vor allem mindestens eine medizinisch-technische Assistentin in England eigens ausgebildet werden müsse.[1035]

Die DFG war insofern an der Ausbildung von jüngeren Humangenetikern beteiligt, als sie ab Ende der fünfziger Jahre in Zusammenarbeit mit dem Auswärtigen Amt Vortrags- und Auslandsreisen in relativ großem Umfang finanzierte. Somit wurden deutsche Nachwuchswissenschaftler in die internationale Forschungsgemeinschaft integriert. Seit Ende der fünfziger Jahre ließ das Auswärtige Amt die Teilnahme von Wissenschaftlern an Vortrags- und Auslandsreisen von der DFG prüfen, die letztlich Beihilfen bewilligte. Durch dieses Förderprogramm konnten sich jüngere deutsche Humangenetiker in die internationale Forschungsgemeinschaft weitgehend integrieren. Eine erste Förderung von Humangenetikern lässt sich im Zusammenhang mit dem X. internationalen Kongress für Genetik beobachten, der vom 20. bis 27. August 1958 in Montreal stattfand. Allerdings blieb sie noch minimal. Gerhard Koch, der seit 1952 die humangenetisch-psychoneurologische Forschungsstelle am Institut für Humangenetik in Münster leitete, erhielt eine Beihilfe in Höhe von 2500 DM für seine Teilnahme[1036], ebenso Karl-Heinz Degenhardt. Eine weiter gehende Beteiligung der DFG an der Finanzierung von ausländischen Tagungsreisen von anthropologisch-humangenetischen Fachvertretern erfolgte erst 1966 anlässlich des III. internationalen Kongresses für Humangenetik in Chicago.

Diese Zusammenkunft bildete im Hinblick auf den Anschluss von deutschen Humangenetikern an den internationalen Forschungsstand einen Meilenstein. Zum ersten Mal war eine bedeutende Zahl jüngerer deutscher Fachvertreter als Vortragende vertreten, die sich mit neuen Forschungsfeldern befassten und auf den Gebieten der biochemischen und zytologischen Humangenetik weitgehend spezialisiert waren. Noch im August 1956 auf dem ersten Kongress für Humangenetik in Kopenhagen hatten deutsche Teilnehmer, die vor allem in den Sektionen „experimentelle Erbpathologie und Humangenetik", „Zwillingsforschung" und „Vererbung neurologisch-psychiatrischer Leiden" vertreten waren[1037], vorwiegend über ältere Forschungsprojekte berichtet. Auch in Rom, beim II. internationalen Kongress für Humangenetik im Dezember 1961, hatten deutsche Wissenschaftler meist Ergebnisse aus Untersuchungen vorgetragen, die vom neuen molekulargenetischen Forschungshorizont noch weit entfernt waren.[1038] Vor diesem Hintergrund dokumentiert der Kongress in Chicago nicht nur einen bedeutenden Generationswechsel innerhalb des Faches, sondern auch einen qualitativen Wandel

---

1035 Lehmann an Latsch, 3.11.1960, BAK, B 227/981.
1036 Siehe: Karteikarte Gerhard Koch, DFG-Archiv in der Geschäftsstelle der DFG in Bad Godesberg.
1037 In der Sektion „experimentelle Erbpathologie und Humangenetik" berichteten Nachtsheim, Degenhardt und Ehling aus Berlin; in der Sektion „Zwillingsforschung" präsentierten Verschuer und Koch die vorläufigen Ergebnisse ihrer Nachuntersuchungen der Berliner Zwillinge; über neurologische und psychiatrische Leiden trugen Friedrich Vogel und Peter Emil Becker vor. Siehe: Proceedings of the First International Congress of Human Genetics, Karger AG 1957.
1038 Nur Baitsch berichtete über seine Forschungen im Bereich biochemische Humangenetik. Siehe: Proceedings of the Second International Congress of Human Genetics, Rom 1963.

4.3. Zur aktiven Anpassung an den internationalen Forschungsstand

der Forschungsinteressen. Die Reise traten in der Regel jüngere Fachvertreter an, die die USA als den maßgeblichen Standort innovativer Forschung wahrnahmen.

Dieser Kongress vom 5. bis 10. September 1966 unterschied sich von früheren internationalen Kongressen bereits durch seine Dimension. Zum ersten Mal mussten Symposien und Kurzvorträge in Parallelsitzungen abgehalten werden. Insgesamt wurden 365 Vorträge aus allen Gebieten der Humangenetik gehalten. Eine Vielzahl von zytogenetischen Vorträgen hatte mit der Aufklärung von den Chromosomenanomalien zugrunde liegenden Mechanismen zu tun. In der Populationsgenetik standen serologische Untersuchungen im Vordergrund, bei denen man sich vor allem um eine Klärung selektiver Mechanismen, insbesondere um die Zusammenhänge mit seuchenhaften Infektionskrankheiten, bemühte.[1039] Die Vorträge betrafen nicht nur die Grundlagenforschung, sondern berührten auch technische Aspekte wie die Frage der automatischen Analyse der Chromosomen mittels Computerdiagnostik.[1040] Für ihre Teilnahme am Kongress erhielten nicht weniger als 14 jüngere deutsche anthropologisch-humangenetische Fachvertreter eine Förderung durch die DFG.[1041] Bei den geförderten Wissenschaftlern handelte es sich nicht nur um Mitarbeiter von humangenetischen und anthropologischen Instituten, sondern auch um Kliniker, die bei der Einbeziehung von zytogenetischen Methoden eine wesentliche Rolle spielten.[1042] Am meisten wurde die Mutationsforscherin Traute Schröder aus dem Institut für Anthropologie und Humangenetik der Universität Heidelberg für ihre Teilnahme am Kongress protegiert. Die Wissenschaftler mussten ihre Aufenthalte zwar zum Teil privat finanzieren, die DFG trug aber den Hauptteil der entstandenen Kosten und sorgte dafür, dass die Gelder nicht nur für die reine Teilnahme am Kongress, sondern auch für den Besuch von einschlägigen Forschungsstätten und für Kontakte mit ausländischen Kollegen gewährt wurden. Demgemäß nutzten geförderte Wissenschaftler ihren Aufenthalt, um sich über Laboratoriumsarbeiten und Einrichtungen an verschiedensten Universitäten zu informieren, um neue Methoden zu erlernen, sich hinsichtlich laufender Arbeitsvorhaben und Problemstellungen des Faches zu orientieren, Kooperationen mit ausländischen Wissenschaftlern zu planen, aber auch um Informationen über die Organisation des Unterrichts in der Humangenetik zu sammeln. Bei dem Besuch von Forschungsstätten beschränkten sie sich nicht auf Einrichtungen, deren Tätigkeitsfeld eng mit der Humangenetik zusammenhing, sondern suchten auch weitere Institutionen im breiten medizinischen Umfeld auf. Somit konnten sie eine Reihe von Zielen zugleich verfolgen und die finanzielle Unterstützung durch die DFG in jeder Hinsicht nutzen, so dass die

---

1039 Siehe: Reisebericht von Peter Emil Becker, ohne Datum, BAK, Mikrofilm FC 7496N.
1040 Reisebericht von Horst Naujoks an die DFG, 10.10.1966, ebd.
1041 Die Beihilfe der DFG umfasste Summen zwischen 1340 und 5800 DM. Siehe: BAK, Mikrofilm FC 7496N.
1042 Der wissenschaftliche Assistent an der medizinischen Poliklinik der Universität Tübingen, Horst E. Siebner, und Horst Naujoks von der Frauenklinik der Universität Frankfurt erhielten unter anderem Zuwendungen der DFG für ihre Teilnahme am internationalen Kongress für Humangenetik in Chicago. Siehe: Ebd.

Förderung von Vortrags- und Auslandsreisen teilweise die Züge eines Ausbildungsprogramms annahm.

Der Aufenthalt in den USA brachte wichtige Erkenntnisse. Zum einen waren sich die deutschen Fachvertreter nun der Tatsache bewusst, dass sie an einem weiten Wissenschaftsfeld teilhatten, in dem der Humangenetik nur noch eine schwindende Bedeutung zukam.[1043] Zum anderen nahmen sie die Herausforderungen des neuen Kommunikationsraumes wahr, in dem sie sich nun zu bewegen hatten. Der zum ersten Mal fast ausschließlich in englischer Sprache gehaltene Kongress führte zu der Erkenntnis, dass die wachsende Internationalität der wissenschaftlichen Zusammenarbeit eine Vorherrschaft der englischen Sprache als Kommunikationsmedium bedingen würde. In diesem Zusammenhang betonte der Zytogenetiker Johannes Köbberling aus dem Institut für Humangenetik in Göttingen die Notwendigkeit einer sprachlichen Anpassung, die bisher noch nicht als selbstverständlich empfunden worden war. In seinem Tagungsbericht an die DFG schrieb er:

> „Eine persönliche Erfahrung des Kongresses war, dass die internationale Wissenschaft sich fast ausschließlich der englischen Sprache bedient und dass nicht-englische Arbeiten außerhalb des jeweiligen Sprachgebietes kaum Beachtung finden. Unabhängig, wie man hierüber denkt, wird man an dieser Tatsache nicht vorbeikommen und die eigenen Publikationen in englischer Sprache vorbereiten müssen."[1044]

Nach ihren Aufenthalten in den USA mussten die Wissenschaftler für die DFG Reiseberichte verfassen, die vielfältige Einblicke in ihre gelungene Integration innerhalb der internationalen Forschungsgemeinschaft liefern.[1045] Am längsten blieb Heinz Werner Goedde aus der biochemischen Abteilung des Freiburger Instituts für Humangenetik und Anthropologie in den USA. Seine so genannte Orientierungsreise dauerte vom 14. Juli bis 4. Oktober 1966.[1046] Goedde reiste bereits knapp zwei Monate vor Beginn des Kongresses für Humangenetik in den USA an, weil er sich in neue „Methoden auf den Gebieten der biochemischen Genetik und Pharmakogenetik im Institute of Genetics von Prof. A. G. Motulsky an der School of Medicine in Seattle einarbeiten" lassen wollte[1047], etwa in Me-

---

1043 In seinem Tagungsbericht schreibt zum Beispiel der Privat-Dozent Paul Eberle aus dem Institut für Humangenetik der Universität Göttingen: „Mir fiel in Chicago besonders auf, dass dieser Humangenetiker-Kongress sich deutlich vom Allgemeinen Genetiker-Kongress in Den Haag 1963 unterschied. Es war nicht zu verleugnen, dass eben Humangenetik nur einen Sektor der allgemeinen Genetik repräsentiert. Insbesondere wurde dies deutlich bei den *contributed papers*, wo häufig versucht wurde, eine sehr magere Kasuistik durch spekulative Anhängsel, zum Beispiel allgemeine Erörterungen aus dem Problemkreis des Heterochromatins und Euchromatins, aufzuwerten." In: Ebd.
1044 Reisebericht von Johannes Köbberling an die DFG, 19.9.1966, BAK, Mikrofilm FC 7496N.
1045 Die Reise- und Tagungsberichte deutscher Fachvertreter ließen sich durch alte Kongresskarteikarten bei der Geschäftsstelle der DFG in Bad Godesberg ermitteln. Diese ermöglichten die Suche nach entsprechenden Mikrofilmen im Bundesarchiv Koblenz. Alle im folgenden zitierten Tagungs- und Reiseberichte sind auf dem folgenden Mikrofilm verzeichnet, Siehe: BAK, Mikrofilm FC 7496 N.
1046 Siehe: Goedde an die DFG, 14.11.1966, BAK, B 227/138690.
1047 Ebd.

thoden der Aminosäure- und Peptidanalyse[1048] mit automatischen Aminosäureanalysatoren, im chromatographischen Verfahren zur Auftrennung spezieller Enzymvarianten sowie in elektrophoretische Testverfahren für bestimmte genetisch bedingte Proteine, in Sequenzanalysen von bestimmten Ketten von Hämoglobinen und in verschiedene andere Methoden zum Nachweis von primären Genprodukten.[1049] Nach seiner Zeit in Seattle nutzte Goedde die Gelegenheit, nicht weniger als acht verschiedene Forschungsstätten, sowohl humangenetische als auch biochemische Einrichtungen, zu besuchen. Er hielt sich nicht nur in einem der bedeutendsten Forschungseinrichtungen seiner Fachrichtung am Zentrum humangenetischer und biochemisch-genetischer Forschung an der Universität Ann Arbor in der Nähe von Detroit auf, er besichtigte beispielsweise auch die Abteilung für genetische Pharmakologie des Pharmakologischen Instituts der Universität New-York. Während eines Aufenthaltes am Biochemischen Institut der Columbia-Universität, wo wesentliche Arbeiten über genetisch bedingte Enzymvarianten durchgeführt wurden, tauschte Goedde neue Methoden zur Aufklärung erblicher Proteinvarianten aus. In Los Angeles nahm er mit dem Entdecker der Ahornsirup-Krankheit Kontakt auf, weil diese Stoffwechselkrankheit ein Hauptforschungsgebiet der Abteilung für Biochemische Genetik in Freiburg war. In New York hielt er sich an der von Professor James German geleiteten Abteilung für Humangenetik im Children's Hospital der Cornell-Universität auf, weil die dort durchgeführten zytogenetischen Arbeiten von äußerstem Interesse für die Arbeiten der biochemisch-genetischen Abteilung des Freiburger Instituts waren. Außerdem konnte er dort vereinbaren, dass ein Mitarbeiter von German, Eberhard Passarge, der in Deutschland Medizin studiert und seinen Facharzt für Kinderheilkunde in den USA erhalten hatte, nach Freiburg kam, um mit ihm gemeinsame Arbeiten in Angriff zu nehmen. Goeddes Besuch des Southwest Center for Advanced Studies in Dallas diente ebenfalls der wissenschaftlichen Zusammenarbeit und dem Austausch von qualifiziertem Personal. In diesem Zentrum, das unter der Leitung des Kölner Genetikers Professor Bresch stand, arbeiteten Baitschs Mitarbeiter Brunschede und Krone sowie einige technische Mitarbeiter im Rahmen eines Austausches. Bemerkenswert ist, dass Goedde bei seinem längeren Aufenthalt in den USA der Organisation wissenschaftlicher Arbeit besondere Aufmerksamkeit schenkte. Ein Teil seines Reiseberichts an die DFG war der Beschreibung der Struktur des Southwest Center for Advanced Studies gewidmet, das sich sowohl aus einer Abteilung für medizinische Genetik als auch einer Abteilung für allgemeine Genetik und einer Abteilung für Biochemie zusammensetzte. Der Besuch des National Institute of Health in Bethesda sollte bei Goedde insofern einen tiefen Eindruck hinterlassen, als er von der nordamerikanischen Wissenschaftsförderung begeistert war. In seinem Reisebericht schrieb er über das Genetische Institut an der medizinischen Schule in Seattle: "Es stellt ein Paradebeispiel dar, wie ein Staat mit großer

---

1048 Eiweiße werden von Aminosäuren als kleinsten Bausteinen gebildet. Wenige miteinander verknüpfte Aminosäuren nennt man Peptid, ab etwa 100 Aminosäuren spricht man vom Eiweiß (Protein). Mittels chemischer bzw. biochemischer Methoden ist es möglich herauszufinden, wie ein Eiweiß zusammengesetzt ist.
1049 Siehe: Ebd.

Zielstrebigkeit junge Wissenschaftler unter hervorragendsten Bedingungen heranbildet und fördert, die dann ein ‚Nachwuchsreservoir' für die Spitzenstellungen der außerordentlich gut besetzten Universitäten der USA bilden."[1050]

Während für die Mitarbeiter des Freiburger Instituts für Humangenetik der Aufenthalt in den USA vor allem Austausch von Erfahrungen auf dem Gebiet der biochemischen Genetik bedeutete[1051], richteten die Mitarbeiter des Heidelberger Instituts unter der Leitung von Friedrich Vogel ihr Interesse vor allem auf die neuesten Entwicklungen in der Mutationsforschung, die einen Forschungsschwerpunkt an ihrem Institut darstellte. Anlässlich seiner Förderung durch die DFG hielt sich Gunter Röhrborn, der zusammen mit Friedrich Vogel und Traute Schröder nach Chicago geflogen war, im Atomforschungszentrum der USA in Oak Ridge (Tennessee) auf, um zwei Mutationsnachweismethoden beim Säuger zu erlernen. Darüber hinaus informierte er sich in Oak Ridge ausführlich über Probleme, die mit einer großen Versuchsanlage und mit der Haltung keimfreier Mäuse zusammenhängen. Einzelne Vertreter weiterer genetischer Institute erhielten ebenfalls DFG-Gelder für ihre Teilnahme am Kongress, so etwa der wissenschaftliche Rat Horst Behnke (geb. 1925) vom Institut für Humangenetik der Universität Kiel[1052] oder der Direktor des neu gegründeten Instituts für Humangenetik in Marburg, Gerhardt Wendt.[1053]

Die Besuche deutscher Humangenetiker galten in der Regel den wichtigsten Zentren humangenetischer Forschung. Zu diesen gehörten das Zentrum humangenetischer und biochemisch-genetischer Forschung an der Universität Ann Arbor, das genetische Institut in Seattle, die Abteilung von A.G. Bearn im Rockefeller Institut oder die biologische Abteilung des Southwest Center for Advanced Studies in Dallas. Der Kliniker und Frauenarzt Horst Naujoks (geb. 1928) von der Universität Frankfurt nahm in den USA vor allem die Gelegenheit wahr, zytogenetische Laboratorien an Universitätskrankenhäusern zu besuchen. In Chicago sah er sich die zytologische Abteilung der Universität unter der Leitung von Professor Wied an, dem Präsident der *American Society of Cytology*, in der die Automation der Befunderfassung von circa 30 000 jährlichen Abstrichuntersuchungen durchgeführt wurde; in New York besichtigte er sowohl das zytogenetische als auch zytologische Labor der Abteilung für Geburtshilfe und Gynäkologie der Columbia-Universität und erkundigte sich über die Zentralisierung der Laboratorien und die Organisation der Routinearbeit der Chromosomenanalyse; schließlich besuchte er das zytogenetische Laboratorium der Abteilung für innere Medizin der Cornell-Universität. In Baltimore hielt er sich in der endokrinologischen Abteilung für Geburtshilfe und Gynäkologie der Johns-Hopkins-Universität auf, die unter anderem auf dem Gebiet der zytogenetischen Erforschung weiblicher Inter-

---

1050 Ebd.
1051 Auch Ulrich Wolf war während seines Aufenthaltes bestrebt, Erfahrungen zu sammeln, und knüpfte Kontakt zu amerikanischen Fachvertretern.
1052 Siehe: Behnke an die DFG, 24.11.1966, ebd.
1053 Wendt an die DFG, undatiert, BAK, Mikrofilm FC 7496N. Das Chromosomenlabor und die Gewebekultur am Rockefeller Institut sah sich Wendt speziell unter dem Gesichtspunkt der baulichen und apparativen Einrichtung an.

sexualität tätig war. Am zytogenetischen Laboratorium des National Institute of Health in Bethesda gewann er wichtige Erkenntnisse zur praktischen Durchführung seiner wissenschaftlichen Arbeit über die Gewebezüchtung von Abortmaterial zur Durchführung der Chromosomenanalyse.[1054] Nach seinem Aufenthalt in den USA war Naujoks vor allem vom fortgeschrittenen Stand der Automation bei der Erfassung zytologischer und zytogenetischer Befunde beeindruckt.[1055] Infolgedessen regte er an, eine zentrale Stelle zu schaffen, die die automatisierte Chromosomenanalyse für die zytogenetischen Laboratorien der Bundesrepublik durchführen könne. Im Bereich der Lehre interessierte er sich ebenfalls für die Automatisierung und berichtete ausgiebig über die Demonstration einer „teaching machine" in der Abteilung für Anatomie der Cornell-Universität.

Nicht nur der Stand der Automatisierung, sondern auch die grundsätzlich andere Organisation der wissenschaftlichen Arbeit sowie der Kommunikationsraum waren Mitte der sechziger Jahre eine Erfahrung, die deutsche Wissenschaftler besonders nachhaltig beeindruckte. Klaus Dieter Zang aus dem Max-Planck-Intitut für Psychiatrie in München hob etwa in seinem Reisebericht an die DFG die Qualität der Zusammenarbeit zwischen nordamerikanischen Wissenschaftlern hervor:

> „Sowohl auf dem Kongress als auch bei meiner anschließenden Reise konnte ich feststellen, dass in den Vereinigten Staaten im Vergleich zu unseren deutschen Verhältnissen die Kommunikation zwischen den einzelnen Wissenschaftlern wesentlich rascher, intensiver und auch unkonventioneller verläuft. Die Bearbeiter bestimmter Fragen finden sich regelmäßig zu kleineren regionalen oder überregionalen Arbeitssitzungen zusammen. Konkurrenzkämpfe werden hierdurch weitgehend entschärft und manche Probleme wesentlich schneller und kostensparender gelöst, wenn sie in von den Interessenten gleichzeitig bearbeitbare Teilprobleme zerlegt werden können."[1056]

Wenn auch die Teilnahme am internationalen Kongress für Humangenetik in Chicago bei vielen jüngeren deutschen Fachvertretern mit der Erkenntnis verbunden war, dass noch ein beträchtlicher Abstand zwischen deutschen und nordamerikanischen Verhältnissen bestehe, fühlten sie teilweise zugleich auch, dass sie mit ihren Beiträgen mit dem internationalen Stand der Forschung durchaus Schritt halten konnten. Zwei der vier geförderten Mitarbeiter aus dem Göttinger Institut für Humangenetik, der Privat-Dozent Gerhard Jörgensen (geb. 1924) und Peter Emil Becker, zogen eine sehr positive Bilanz aus der Beteiligung deutscher Wissenschaftler an der Tagung. In ihren Berichten betonten sie, dass die Vorträge deutscher Humangenetiker nun internationales Niveau erhalten hätten, wenn sie nicht sogar über dem Durchschnitt lägen.[1057] Die als ein Erfolg präsentierte deutsche Teilnahme am Kongress macht deutlich, dass Teile der deutschen humangenetischen Forschungsgemeinschaft, die noch in den fünfziger Jahren vom Diskurs der fachlichen Rückständigkeit beherrscht wurden, nun Mitte der sechziger Jahre Selbstvertrauen geschöpft hatten.

1054 Naujoks an die DFG, 10.10.1966, BAK, Mikrofilm FC 7496N.
1055 Ebd.
1056 Klaus Dieter Zang an die DFG, 12.1.1967, ebd.
1057 Jörgensen an die DFG, undatiert, ebd.

5. ZUSAMMENFASSENDE ÜBERLEGUNGEN

Der Durchbruch der menschlichen Erblehre in ihrer mendelistischen Ausrichtung vollzog sich langsam und über einen Zeitraum von mehr als zehn Jahren. Die ersten Arbeiten über die Vererbungsfrage standen im Zusammenhang mit anderen Forschungsrichtungen. Seit den frühen zwanziger Jahren stiegen Vererbungsstudien zum Randgebiet der modernen Bakteriologie und Ernährungsphysiologie auf, die durch die Kriegserfahrung an Bedeutung gewonnen hatten und im Kontext der Nachkriegszeit zum Schwerpunkt der frühen Förderungspolitik der Notgemeinschaft wurden. Gleichzeitig förderte die NG Untersuchungen über die Rolle der Disposition bei Infektionskrankheiten, die weniger darauf gerichtet waren, eine genetische Veranlagung nachzuweisen, als die Wirkung unterschiedlichster Umweltfaktoren auf den menschlichen Organismus und ihre Rolle bei der Entstehung pathologischer Erscheinungen zu klären. Eine verstärkte Hinwendung zur Vererbungsfrage resultierte zudem aus der sich verschärfenden Krise der mechanistisch-monokausalen Betrachtung von Volks- und Zivilisationskrankheiten, die dann über den Umweg der Völker- und Rassenpathologie am Ende der zwanziger Jahre zum Einstieg in die Förderung erbbiologisch-erbpathologischer Forschung führte.

„Rassenforschung" war allerdings eine äußerst flexible Bezugsgröße. Schon der Begriff war nicht klar und wurde von den Wissenschaftlern unterschiedlich gehandhabt. Zudem standen alle Forschungen über Rasse und Volk im Gravitationsfeld der politischen Debatten und Kämpfe der Zeit und wurden dadurch selbst zu einem politischen Faktor. Zur Mitte der zwanziger Jahre förderte die NG vielfältige Projekte, bei denen die Kategorie der Rasse nur als eine von zahlreichen Einflussgrößen herangezogen wurde. Bei den geförderten Forschungsvorhaben im Bereich „vergleichende Völker- und Rassenpathologie" – eine Forschungsrichtung, die vom Freiburger Pathologen Ludwig Aschoff initiiert wurde – sollten die beteiligten Forscher nicht selten die Abhängigkeit pathologischer Prozesse von Rassenfaktoren infrage stellen. Vielmehr richteten sie ihr Augenmerk auf die Umweltfrage und die Bedeutung der Ernährung.

Erst im Rahmen der Gemeinschaftsarbeiten für Rassenforschung, die ab 1928 unterstützt wurden, vollzog sich ein Übergang zu erbbiologischen Paradigmen. Diese Arbeiten waren unter der Leitung von Eugen Fischer ursprünglich initiiert worden, um eine anthropologische Bestandsaufnahme der deutschen Bevölkerung durchzuführen. Die dabei angestrengten Versuche einer Objektivierung des Rassenbildungsprozesses verwiesen die beteiligten Anthropologen als bald auf die Aporien dieses Ansatzes und lenkten das Interesse verstärkt auf anthropogenetische Fragestellungen. Im Mittelpunkt standen nun die Bestrebungen, die überlieferte physische Anthropologie auf eine erbliche Grundlage zu stellen. Allerdings verabschiedeten sie sich nicht völlig von der Rassenkunde, sondern griffen bei ihren Untersuchungen auf ein Standard-Repertoire an Methoden zurück, die von der physischen Anthropologie überliefert worden waren. Will man einen Zeitpunkt benennen, an dem humangenetische und erbpathologische Forschungen in den Vordergrund der wissenschaftlichen Aufmerksamkeit in der Förderung durch die NG gerieten, so könnte man die Einbeziehung des Psychiaters Ernst Rüdin in die Gemeinschaftsarbeiten im Jahre 1930 nennen. Rüdin fungierte neben Eugen Fischer als zusätzlicher Mentor für das eingeleitete Langzeitprojekt der NG. Von nun an erhielten die Untersuchungen von erbpathologischen Merkmalen Vorrang gegenüber der anthropologischen Erforschung der Bevölkerung. Neben der genealogischen Forschung, die im Rüdinschen Forschungsprogramm einen Schwerpunkt darstellte, setzte nun auch die Förderung der Zwillingsforschung ein, deren Grundlagen bereits Mitte der zwanziger Jahre unter der Mitwirkung von Otmar Freiherr von Verschuer und dem holländischen Dermatologen Hermann Werner Siemens gelegt worden waren. Darüber hinaus wurde nun auch die Untersuchung der Vererbbarkeit sozial abweichenden Verhaltens gefördert, für die sich mit der Kriminalbiologie eine eigene Disziplin etabliert hatte, die von der NG seit 1929 im Rahmen einer Arbeitsgemeinschaft besondere Unterstützung erhielt. Gerade diese mittelintensive „lückenlose" Familien- und Zwillingsforschung, die auf die ätiologische Abgrenzung erblicher Faktoren von Umweltfaktoren abzielte, geriet zunehmend ins Zentrum der Aufmerksamkeit weil sich hier wissenschaftliche Fragestellungen und politische Interessen an einer brisanten Stelle überschnitten.

Vor diesem Hintergrund schuf die Machtübernahme der Nationalsozialisten nicht nur die Voraussetzungen für eine starke Förderung der menschlichen Erblehre, sondern sorgte auch für eine Fortsetzung der schon in der späten Weimarer Republik gesetzten Akzentverschiebung auf rassenhygienisch-erbpathologische Fragestellungen. Obwohl die Selbstverwaltungsstrukturen der DFG im Nationalsozialismus weitgehend gleichgeschaltet wurden, änderten sich die Begutachtungs- und Bewilligungspraktiken auf dem Gebiet der Erb- und Rassenforschung insofern kaum, als Eugen Fischer und Ernst Rüdin, die am Ende der Weimarer Republik zu privilegierten Fachgutachtern emporgestiegen waren, weiterhin am häufigsten bei der Begutachtung von Anträgen auf dem Gebiet der Erb- und Rassenforschung herangezogen wurden und so die Erbforschungsförderung nachhaltig prägten. Neben ihnen wurde Otmar Freiherr von Verschuer häufiger Gutachter der Anträge dieser Fachrichtung. Seit 1933 war mit der Gesundheitsabteilung des Reichsinnenministeriums unter Arthur Gütt ein weiterer Akteur im Bereich der Erb- und Rassenforschung aufgetreten. Diese war für die Förderung aller Forschungsvorhaben zuständig, die die NS-Erbgesetzgebung zu bestätigen versprachen, und war dementsprechend bemüht, Einfluss auf die DFG-Förderung zu gewinnen. Vor allem strebte sie eine Koordinierung der Erbforschung auf Reichsebene an, um diese umso effizienter in den Dienst der NS-Rassenhygiene zu stellen.

Eher als im Jahr 1933, das eine Radikalisierung und Verengung bisheriger Orientierungen bedeutete, erfolgte mit Kriegsbeginn ein tiefer Einschnitt in die Förderung der Erb- und Rassenforschung. Die Ausrichtung des Wissenschaftsbetriebs auf den „Endsieg" ließ sie nicht unberührt. Mit der Einrichtung des Reichsforschungsrates, der die Forschungsförderung auf die Ziele des Vierjahresplanes ausrichten sollte, war nicht nur ein neuer institutioneller und personeller Rahmen geschaffen, sondern auch eine Umverteilung der Forschungsbudgets vorgenommen worden, die einen sich im Laufe des Krieges verstärkenden Abbau der Erb- und Rassenforschung zur Folge hatte. Dies bedeutete für viele Wissenschaftler eine thematische Modifikation oder sogar den Abbruch ihrer Forschungsarbeit. Sogar Ernst Rüdin blieb nicht von den Kürzungen verschont. Nachdem die Umsetzung seiner ehrgeizigen Forschungspläne zunächst mit erheblichen DFG-Fördermitteln hatte vorangetrieben werden können, sah er sich spätestens seit Kriegsbeginn mit der Einstellung seiner Förderung durch die DFG konfrontiert und musste auf andere Geldquellen zurückgreifen. Allein das KWI für Anthropologie, menschliche Erblehre und Eugenik konnte als führende Forschungseinrichtung während des Krieges auf eine kontinuierliche wenn nicht sogar steigende Förderung durch die DFG beziehungsweise den RFR bauen.

Durch die enge Verbindung der menschlichen Vererbungswissenschaft zu den Verbrechen des NS-Regimes war nach Kriegsende der gesamte Forschungszweig in Misskredit geraten. Bis in die fünfziger Jahre hinein wurde die in Humangenetik umbenannte Disziplin nur wenig gefördert, zumal das Fach auch durch persönliche Differenzen zwischen mehr und weniger belasteten Wissenschaftlern auch intern weitgehend lahm gelegt war. Darüber hinaus sorgte die Neuorientierung des Faches im Zuge der dynamischen Weiterentwicklung der sogenannten „klinischen Genetik" für Uneinigkeit über die Aufgaben und akademische Verankerung des Faches. Diese Uneinigkeit mündete in einer wissenschaftlichen Kontroverse, die sich für lange Zeit durch die gesamte Fachwelt ziehen und tiefe Spuren hinterlassen sollte, und an der sich die späteren Initiativen einer besonderen Förderung der anthropologisch-humangenetischen Forschung immer wieder stoßen sollten. Außerdem hatte die deutsche Humangenetik aufgrund ihrer herkömmlichen Verzahnung mit der Anthropologie Schwierigkeiten, sich in der Nachkriegszeit als eigenständiges Fachgebiet zu konstituieren. Bis in die neunziger Jahre blieb die Humangenetik mit der Anthropologie Teil einer einzigen Fachgliederung im Fachausschuss für Biologie der DFG. Erst 1991 wurde sie in die Abteilung Medizin unter „Theoretische Medizin" eingeordnet, ein Schritt der von den amerikanischen Fachvertretern bereits im Kontext der unmittelbaren Nachkriegszeit mit der Gründung einer eigenständigen Gesellschaft für Humangenetik vollzogen worden war.

Die schwierige Loslösung der Humangenetik aus dem breiten Umfeld der Anthropologie war für die Förderung nicht günstig, sie kann aber nicht unmittelbar für den verspäteten Einstieg Deutschlands in das molekularbiologische Paradigma verantwortlich gemacht werden. Die DFG-Förderakten aus den fünfziger Jahren dokumentieren vielmehr, dass die unflexiblen Strukturen deutscher Universitäten, das autoritätsbesetzte Lehrer-Schüler Verhältnis, aber auch die Rückorientierung an einer wissenschaftlichen Tradition im Kontext der Kriegsniederlage den internationalen Anschluss verzögerten. Einerseits waren die Strukturen deutscher Universitäten der zunehmenden Spezialisierung des Forschungsfeldes nicht gewachsen, während in Amerika die „Überspezialisierung" sehr früh durch eine Integration von verschiedenen Disziplinen in größere Strukturen ausgeglichen wurde. Andererseits pflegten deutsche Fachvertreter eine „ganzheitliche" Auffassung von Wissenschaft, die der zunehmenden Fokussierung angelsächsischer Forschung auf das zytogenetische Substrat entgegengesetzt war. Einige bedeutende deutsche Fachvertreter, die in den fünfziger Jahren von der DFG gefördert wurden, verfolgten wie in der Zeit vor 1945 einen entwicklungsphysiologischen Ansatz und griffen dabei, wie im besonderen Fall von Otmar Freiherr von Verschuer, der sich in den fünfziger Jahren in der Hauptsache mit Zwillingsforschung befasste, auf traditionelle Methoden zurück. Der Nachwirkung einer eigenen wissenschaftlichen Tradition muss letztlich mehr Gewicht zugewiesen werden als der internationalen Isolation von deutschen Humangenetikern, waren diese doch auf internationalen Fachkongressen der Nachkriegszeit relativ gut vertreten und erhielten die Möglichkeit, sich mit ausländischen Forschungstrends auseinander zu setzen. Deutsche humangenetische Fachvertreter, die schon in der Zeit vor 1945 Karriere gemacht hatten, kapselten sich vielmehr selbst von neueren Entwicklungen aus der biochemischen und zytologischen Humangenetik ab, indem sie auf einem eigenen Forschungsstil beharrten. Dabei konnten sie sich umso mehr durchsetzen, als sie auf das Wohlwollen einiger weniger jüngerer Fachvertreter bauen konnten, die in den fünfziger Jahren in der Minderheit waren und noch keinen wirklichen Einfluss auf die Orientierung der Disziplin ausübten. Erst im Laufe der sechziger Jahre vollzog sich mit dem Heranwachsen einer neuen Generation von Humangenetikern der Bruch mit inhaltlichen und methodischen Kontinuitäten aus der Zeit vor 1945. Bei der Zuwendung dieser Generation zu neueren Methoden aus der biochemischen und zytogenetischen Humangenetik spielte die DFG insofern eine maßgebliche Rolle, als sie in großem Umfang Stipendien für die Ausbildung im Ausland und Schwerpunktmittel zur Verfügung stellte.

6. DANKSAGUNG

Dieses Buch ist das Teilergebnis einer von Wolfgang U. Eckart geleitete Arbeitsgruppe dar, die sich im Rahmen des Forschungsprogramms zur Geschichte der Deutschen Forschungsgemeinschaft schwerpunktmäßig medizinhistorischen Themen widmete. Insofern verdanke ich dieses Buch vielen Gesprächen und Anregungen mit meinen Kollegen aus der Heidelberger Arbeitsgruppe. Sie haben mich mit den in der Wissenschaftsgeschichte wichtigen Fragestellungen vertraut gemacht und auf immer neue Gedanken gebracht. So war es möglich, dass was ursprünglich als Auftragsarbeit begonnen wurde, mir ein echtes Anliegen wurde.

Als erstem möchte ich Wolfgang U. Eckart danken, der mir ermöglichte, in Deutschland beruflich Fuß zu fassen, nachdem ich 2001 in Paris meine Koffer gepackt hatte. Er war auch derjenige, der mich in allen entscheidenden Phasen des Arbeitsprozesses beriet. Marion Hulverscheidt, Gabriele Moser und Alexander Neumann, die ebenfalls mit Monographien zur medizinischen Forschungsförderung betraut wurden, haben stets für rege Diskussionen und direkter Unterstützung bei der Auswertung des Archivmaterials gesorgt. Diese, aber auch alle anderen Kollegen aus dem Forschungsprogramm, haben dazu beigetragen, dass ich einen eingehenden Einblick in die facettenreiche Förderstrategien der DFG gewann. Sören Flachowsky war unermüdlich darin, meine Fragen zur Organisation und Förderstrukturen der DFG sorgfältig zu beantworten. Volker Roelcke ließ mich von seinem kritischen Blick eines mit dem Verhältnis der Wissenschaft zur Politik vertrauten Medizin- und Wissenschaftshistorikers profitieren. Hans-Peter Kröner half mir durch ein sehr konstruktives Gutachten, das unmittelbarer Anlass für die letzte inhaltliche Überarbeitung war. Walter Pietrusziak hat sich immer dafür eingesetzt, mir alle möglichen Quellen aus dem DFG-Bestand zur Verfügung zu stellen. Felix Sommer hat nicht nur meine Forschungen in allen ihren praktischen Konsequenzen begleitet, er war derjenige, der mein teilweise zu französisch klingendes Deutsch mit großem Talent verbesserte.

Ich danke Ulrich Herbert und Rüdiger vom Bruch, die das Forschungsprogramm zur Geschichte der DFG leiteten, sowie Karin Orth, der Koordinatorin des Programms, für vielerlei Anregungen und Hilfe. Und ich danke Jörg Später, Patrick Wagner und Steffen Doerre, die das Manuskript redigiert und druckfertig gemacht haben, für ihre Bemühungen, die für eine frischgebackene Mutter geradezu unentbehrlich waren. Der Deutschen Forschungsgemeinschaft danke ich nicht zuletzt für die finanzielle Unterstützung meines Forschungsvorhabens.

Kai Ullrich weiß mittlerweile, was es heißt, in den Geisteswissenschaften tätig zu sein. Jahrelang hat er nicht aufgehört, mich zu ermutigen. Ich danke ihm ganz besonders. Meiner kleinen Aliénor auch, denn sie hat zauberhaft den produktivsten Arbeitsdruck geschaffen.

7. ABKÜRZUNGEN

A-KAVH	Archiv des Kaiserin-Auguste-Victoria-Hauses, Berlin-Charlottenburg
AUG	Archiv der Ernst-Moritz-Arndt-Universität Greifswald
BAB	Bundesarchiv Berlin
BAK	Bundesarchiv Koblenz
BHStA	Bayerisches Hauptstaatsarchiv München
DAF	Dekanatsarchiv des Fachbereichs Medizin der Johann-Wolfgang-Goethe-Universität Frankfurt am Main
DFA	Deutsche Forschungsanstalt für Psychiatrie
DFG	Deutsche Forschungsgemeinschaft
DFG-Archiv	DFG-Archiv in der Geschäftsstelle der DFG in Bad Godesberg
DNVP	Deutschnationale Volkspartei
GA	Gemeinschaftsarbeiten
GDA	Genealogisch-Demographische Abteilung der Deutschen Forschungsanstalt für Psychiatrie
GLA	Generallandesarchiv Karlsruhe
GstA	Geheimes Staatsarchiv preußischer Kulturbesitz
IBP	Internationales Biologisches Programm
KAVH	Kaiserin-Auguste-Victoria-Haus
KWG	Kaiser-Wilhelm-Gesellschaft
KWI	Kaiser-Wilhelm-Institut
KWI-A	Kaiser-Wilhelm-Institut für Anthropologie, menschliche Erblehre und Eugenik
MPG-Archiv	Archiv zur Geschichte der Max-Planck-Gesellschaft
MPIP-HA	Max-Planck-Institut für Psychiatrie, Historisches Archiv
NARA	National Archives and Records Administration, Washington
NG	Notgemeinschaft der Deutschen Wissenschaft
NINDB	National Institute of Neurological Disease and Blindness
NS-Archiv	NS-Archiv Dahlewitz-Hoppegarten
NSDAP	Nationalsozialistische Deutsche Arbeiterpartei
MPI	Max-Planck-Institut
OKW	Oberkommando der Wehrmacht
PAA	Politisches Archiv des Auswärtigen Amtes
RAC	Rockefeller Archive Center
REM	Reichsministerium für Wissenschaft, Erziehung und Volksbildung
RFR	Reichsforschungsrat
RGA	Reichsgesundheitsamt
RKPA	Reichskriminalpolizeiamt
RM	Reichsmark
RMI	Reichsinnenministerium

RPA	Rassenpolitisches Amt der NSDAP
SP	Schwerpunktprogramm
SS	Schutzstaffel
StA HH	Staatsarchiv der Freien und Hansestadt Hamburg
UAF	Archiv der Johann-Wolfgang-Goethe-Universität Frankfurt am Main
UHUB	Archiv der Humboldt-Universität zu Berlin

8. QUELLEN- UND LITERATURVERZEICHNIS

8.1. UNGEDRUCKTE QUELLEN

8.1.1. Archiv der Albert-Ludwigs-Universität, Freiburg

Nachlass Ludwig Aschoff, E 10
Berufungsakten Anthropologie, B 53/107
Institut für Humangenetik und Anthropologie, B 124

8.1.2. Politisches Archiv des Auswärtigen Amtes (PAA)

Deutsche Medizinschule Shanghai, 1925–1929, R 63147
Deutsch-Chinesische Hochschule Shanghai, 1927–1935 R 63972–81
Notgemeinschaft der Deutschen Wissenschaft, 1927–1935, R 65817–22

8.1.3. Archiv der Humboldt-Universität, Berlin (UHUB)

Personalakte Walter Jaensch: UK J 18
Personalakte Curtius: UK/C70

8.1.4. Archiv des Kaiserin-Auguste-Victoria-Hauses, Berlin-Charlottenburg (A-KAVH)

Mappe 1600
Mappe 1629
Tätigkeitsbericht der Poliklinik für Erb- und Rassenpflege im KAVH vom 6.3.1935

8.1.5. Archiv der Ernst-Moritz-Arndt-Universität Greifswald (AUG)

Institut für Vererbungswissenschaft, K 702 und 703
Institut für Entwicklungsmechanik, K 696
Philosophische Fakultät, K 5979
Institut für Rassenhygiene, MF 133
Institut für menschliche Erblehre und Eugenik, R 197
Medizinische Fakultät, R 161
Personalakte Günther Lutz 104
Personalakte Günter Just 229
Personalakte Heinrich Hertweck 1196
Personalakte Georg Wetzel 2470
Personalakte Waltraud Kramaschke 2661
Personalakte Bruno Reck 2707

8.1.6. Archiv der Johann-Wolfgang-Goethe-Universität Frankfurt am Main (UAF)

Institut für Erbbiologie und Rassenhygiene H32

8.1.7. Archiv der Ruprecht-Karls-Universität, Heidelberg

Begründung einer Notgemeinschaft der Deutschen Wissenschaft, B 711/1–2
Notgemeinschaft, 1949/50, B 711/8
Notgemeinschaft, 1951, B 711/9–10

Stiftungen, Deutsche Forschungsgemeinschaft, 1952–1954, 1955–1956 und 1957, B 711/11–12–13
Institut für Anthropologie und Humangenetik, B II/69e
Deutsche Forschungsgemeinschaft 1942–1955, H III/26
Personalakte Friedrich Curtius, PA 867 und 3500

8.1.8. Archiv zur Geschichte der Max-Planck-Gesellschaft, Berlin (MPG-Archiv)

Generalverwaltung der Kaiser-Wilhelm-Gesellschaft, Abt. I, Rep. 1A
Institutsakten des Kaiser-Wilhelm-Instituts für Anthropologie, menschliche Erblehre und Eugenik, Abt. I, Rep. 3
Nachlass Hans Nachtsheim, Abt. I, Rep. 20 A
Teilnachlass Otmar Freiherr von Verschuer, Abt. III, Rep. 86 A
Briefwechsel Fritz Lenz – Otmar Freiherr von Verschuer
Briefwechsel Eugen Fischer – Otmar Freiherr von Verschuer

8.1.9. Bayerisches Hauptstaatsarchiv München (BHStA), München

Reichsinnenministerium (Minn)
Reichsjustizministerium (Mju)
Reichsministerium für Unterricht, Kultus, Wissenschaft und Kunst (MK)

8.1.10. Bundesarchiv Berlin (BAB)

Berlin Document Center (BDC), Akte Eugen Fischer; Akte Ernst Rüdin
Deutsche Forschungsgemeinschaft, Reichsforschungsrat, R 26/III
Rechnungshof des Deutschen Reiches, R 2301
Reichsministerium für Wissenschaft, Erziehung und Volksbildung, R 4901
Reichsinnenministerium R 1501

8.1.11. Bundesarchiv Koblenz (BAK)

Deutsche Forschungsgemeinschaft, R 73
Deutsche Forschungsgemeinschaft, B 227

8.1.12. Dekanatsarchiv des Fachbereichs Medizin der Johann-Wolfgang-Goethe-Universität Frankfurt am Main (DAF)

Humangenetik, Institut für Vererbungswissenschaft, Box 31

8.1.13. DFG-Archiv in der Geschäftsstelle der DFG in Bad Godesberg (DFG-Archiv)

Karteikarten
Mikrofiches

8.1.14. Geheimes Staatsarchiv preußischer Kulturbesitz (GstA)

Nachlass Friedrich Schmidt-Ott

8.1.15. Generallandesarchiv Karlsruhe (GLA Karlsruhe)

Notgemeinschaft der deutschen Wissenschaft, Abt. 235 und 7340

8.1.16. Max-Planck-Institut für Psychiatrie, Historisches Archiv, München, (MPIP-HA)

Akten der Genealogisch-Demographischen Abteilung, GDA

8.1.17. NS-Archiv Dahlewitz-Hoppegarten (NS-Archiv)

Berthold Ostertag: R 178, EVZ, I, 16 und ZW, 436, Akte 4
Günther Just: ZAV, 63 und ZBII, 1924
Heinrich Bouterwerk, ZAV, 98
Lothar Kreuz, ZAV, 162 und ZBII, 1916, Akte 8
Karl Friedrich August Ernst Braun, ZBII, 3098, Akte 5

8.1.18. Politisches Archiv des Auswärtigen Amtes (PAA)

R63972 Akten der Tung-Chi Universität in Shanghai
R63974
R63975

8.1.19. Rockefeller Archive Center (RAC)

Bestand RF 1.1, 717 s, box 20, folder 187

8.1.20. Staatsarchiv der Freien und Hansestadt Hamburg (StA HH)

Hochschulwesen, Dozenten- und Personalakten (DPA)
Universität I, 364–5 I
Hochschulwesen II, 361–5 II
Personalakte Eberhard Postel, 361-6 IV 799
Personalakte Kathe Thiessen, 361-6 IV 1029 und 1707
Personalakte Hubert Habs, 361-6 IV 1212
Personalakte Johannes Marius Hermannsen, 361-6 IV 1214
Personalakte Wilhelm Weitz, 361-6 IV 1217

8.2. GEDRUCKTE QUELLEN

12 Berichte der Notgemeinschaft der Deutschen Wissenschaft (Deutsche Forschungsgemeinschaft) umfassend ihre Tätigkeit von Oktober 1920 bis 31. März 1933 (im Selbstverlag, ab 1932 für den Buchhandel durch Karl Siegismund Verlag, Berlin).
27 Hefte „Deutsche Forschung, aus der Arbeit der Notgemeinschaft der Deutschen Wissenschaft" (im Selbstverlag; für den Buchhandel durch Karl Siegismund Verlag, Berlin).
3 Berichte „Deutsche Forschung, Schriften der Deutschen Forschungsgemeinschaft".
Überblicke über die vom Reichsforschungsrat unterstützten wissenschaftlichen Arbeiten unter Beifügung der von der Deutschen Forschungsgemeinschaft auf den geisteswissenschaftlichen Gebieten geförderten Arbeiten im ersten Rechnungshalbjahr 1938/39, im Rechnungsjahr 1940/41 (als Manuskript gedruckt).
19 Berichte der Deutschen Forschungsgemeinschaft, umfassend die Jahre 1949–1967.
Denkschrift zur Lage der deutschen Wissenschaft: Biologie von Dr. Arwed H. Meyl, Wiesbaden 1958.
Empfehlungen des Wissenschaftsrates zum Ausbau der wissenschaftlichen Einrichtungen Teil 1–3. 1. Wissenschaftliche Hochschulen. 2. Wissenschaftliche Bibliotheken. 3. Forschungseinrichtungen, 3 Bde., Tübingen 1960, 1964, 1965.

8.3. ZEITSCHRIFTEN

The American Journal of Human Genetics
Archiv für Rassen- und Gesellschaftsbiologie

Der Erbarzt. Beilage zum „Deutschen Ärzteblatt"
Homo. Internationale Zeitschrift für die vergleichende Biologie der Menschen
Humangenetik. Human Genetics. Génétique humaine
Zeitschrift für die gesamte Neurologie und Psychiatrie
Zeitschrift für induktive Abstammungs- und Vererbungslehre
Zeitschrift für menschliche Vererbungs- und Konstitutionslehre
Zeitschrift für Morphologie und Anthropologie

8.4. LITERATUR

Albrecht, Helmuth, Armin Hermann: Die Kaiser Wilhelm-Gesellschaft im Dritten Reich (1933–1945), in: Rudolf Vierhaus u. Bernhard vom Brocke (Hg.): Forschung in Spannungsfeld von Politik und Gesellschaft. Geschichte und Struktur der Kaiser-Wilhelm-/Max-Planck-Gesellschaft. Aus Anlass ihres 75jährigen Bestehens, Stuttgart 1990, S. 356–406.

Aly, Götz, Susanne Heim: Vordenker der Vernichtung. Auschwitz und die deutschen Pläne für eine neue europäische Ordnung, Hamburg 1991.

Arndt, Hans-Joachim: Der Kropf in Russland. Eine morphologische Studie, Jena 1931.

Aschoff, Ludwig: Krankheit und Krieg. Eine akademische Rede, Freiburg im Breisgau 1915.

Ders.: Über den Kropf. Vortrag auf der Württembergisch-badischen Ärztetagung in Pforzheim am 5.11.1922, in: Ärztliche Mitteilungen aus und für Baden 7, 1923, S. 47–51.

Ders.: Lectures on Pathology, New York 1924.

Ders.: Vorträge über Pathologie, gehalten an den Universitäten und Akademien Japans im Jahre 1924, Jena 1925.

Ders.: Ein Wort zur vergleichenden Völkerphysiologie und – pathologie, in: Tung-Chi Medizinische Monatsschrift 8, 1927, S. 271–275.

Ders.: Aus dem Forschungsgebiet der Volkskrankheiten, in: Deutsche Forschung 11 (Bericht über die Mitgliederversammlung vom 15. bis 17. November 1929 in Hamburg), Berlin 1930, S. 42–51.

Ders.: Ostland- und Russlandreise, in: Gross Solomon/Richter (Hg.): Aschoff, S. 51–125.

Ash, Mitchell G.: Die erbpsychologische Abteilung am Kaiser-Wilhelm-Institut für Anthropologie, menschliche Erblehre und Eugenik (1935–1945), in: Lothar Sprung u. Wolfgang Schönpflug (Hg.): Zur Geschichte der Psychologie in Berlin, Frankfurt/M 1992, S. 205–222.

Ders.: Kurt Gottschaldt (1902–1991) und die psychologische Forschung vom Nationalsozialismus zur DDR – konstruierte Kontinuitäten, in: Dieter Hoffmann u. Kristie Macrakis (Hg.): Naturwissenschaften und Technik in der DDR, Berlin 1997, S. 337–359.

Ders.: Denazifying Scientists – and Science, in: Matthias Judt u. Cisla Burghard (Hg.): Technology Transfer out of Germany after 1945, Amsterdam 1996, S. 61–80.

Ders.: Verordnete Umbrüche – Konstruierte Kontinuitäten. Zur Entnazifizierung von Wissenschaftlern und Wissenschaften nach 1945, in: Zeitschrift für Geschichtswissenschaft 43, 1995, S. 903–923.

Ders.: Wissenschaft und Politik als Ressourcen für einander, in: Rüdiger vom Bruch u. Brigitte Kaderas (Hg.): Wissenschaft und Wissenschaftspolitik. Bestandsaufnahmen zu Formationen, Brüchen und Kontinuitäten im Deutschland des 20. Jahrhunderts, Stuttgart 2002, S. 586–600.

Baader, Gerhard: Die Medizin im Nationalsozialismus. Ihre Wurzeln und die erste Periode ihrer Realisierung 1933–1938, in: Christian Pross u. Rolf Winau (Hg.): „Nicht misshandeln" – Das Krankenhaus Moabit. 1920–1933. Ein Zentrum jüdischer Ärzte in Berlin. 1933–1945 Verfolgung, Widerstand, Zerstörung, Berlin 1984, S. 61–107.

Ders.: Das Humanexperiment in den Konzentrationslagern – Konzeption und Durchführung, in: Rainer Osnowski (Hg.): Menschenversuche, Köln 1988, S. 48–69.

Ders.: Heilen und Vernichten. Die Mentalität der NS-Ärzte, in: Angelika Ebbinghaus u. Klaus

Dörner (Hg.): Vernichten und Heilen. Der Nürnberger Ärzteprozeß und seine Folgen, Berlin 2001, S. 275–294.

Baitsch, Helmut: Die Anthropologie der Humangenetik gestern und heute, in: Klaus Dörner (Hg.): Im wohlverstandenen eigenen Interesse, Gütersloh 1989, S. 158–171.

Ders.: Das eugenische Konzept einst und jetzt, in: Gerhard Wendt (Hg.): Genetik und Gesellschaft, Stuttgart 1970, S. 59–71.

Ders.: Welche eugenische Maßnahmen haben heute noch Sinn?, in: Die Heilkunst 6, 1958, S. 213–222.

Baumann, Bärbel, Hans-Jürgen Bömelburg, Detlev Franz, u. Thomas Scheffczyk (Hg.): Elemente einer anderen Universitätsgeschichte. Arbeitskreis Universitätsgeschichte 1945–1965, Mainz 1991, S. 97–98.

Baur, Erwin: Die volkswirtschaftliche Auswirkung der Pflanzenzüchtung unter besonderer Berücksichtigung der Verhältnisse Ostpreußens, in: Deutsche Forschung 20, Berlin 1933, S. 41–54.

Becker, Peter Emil (Hg.): Humangenetik – ein kurzes Handbuch, Stuttgart 1964–1970, 5 Bde. in 9 Teilen.

Bergmann, Anna, Gabriele Czarnowski, u. Annegret Ehmann: Menschen als Objekte humangenetischer Forschung und Politik im 20. Jahrhundert. Zur Geschichte des Kaiser-Wilhelm-Instituts für Anthropologie, menschliche Erblehre und Eugenik in Berlin-Dahlem (1927–1945), in: Ärztekammer (Hg.): Der Wert des Menschen. Medizin in Deutschland 1918–1945, Berlin 1989, S. 121–142.

Beyrau, Dietrich (Hg.): Im Dschungel der Macht. Intellektuelle Professionen unter Hitler und Stalin, Göttingen 2000.

Bier, August: Die Bedeutung der Leibesübungen und die Verhütung der Tuberkulose, in: Medizinische Wissenschaft und werktätiges Volk. Medizinische Vorträge, auf Veranlassung der Notgemeinschaft der Deutschen Wissenschaft auf der Essener Medizinischen Woche (24. bis 31. Oktober 1925) gehalten von den Professoren Aschoff, Freiburg; Bier, Berlin; v. Krehl, Heidelberg; v. Müller, München; Rubner, Berlin; Sauerbruch, München; Thomas, Leipzig, Berlin 1925.

Bleker, Johanna, u. Norbert Jachertz (Hg.): Medizin im Dritten Reich, Köln 1993.

Dies., u. Sabine Schleiermacher: Ärztinnen aus dem Kaiserreich. Lebensläufe einer Generation, Weinheim 2000.

Bluhm, Agnes: Die Stillungsnot, ihre Ursachen und die Vorschläge zu ihrer Bekämpfung, in: Zeitschrift für soziale Medizin 3, 1908 (gesondert: Leipzig 1909).

Dies.: Familiärer Alkoholismus und Stillfähigkeit, in: Archiv für Rassen- und Gesellschaftsbiologie 5, 1908, S. 635–659.

Dies: Zum Problem Alkohol und Nachkommenschaft, München 1930.

Bock, Gisela: Zwangssterilisation im Nationalsozialismus. Studien zur Rassenpolitik und Frauenpolitik, Opladen 1986.

Bower, Tom: Verschwörung Paperclip. NS-Wissenschaftler im Dienste der Siegermächte, München 1997.

Braun, Ernst: Zur Frage der erbbiologischen Bestandsaufnahme der deutschen Bevölkerung. Versuch einer Bevölkerungskartei von Schleswig-Holstein, in: Der Erbarzt 2, 1935, S. 17–22.

Breig, Alfons: Eine anthropologische Untersuchung auf der Schwäbischen Alb (Dorf Genkingen) (Deutsche Rassekunde 13), Jena 1935.

Bruch, Rüdiger vom, u. Brigitte Kaderas (Hg.): Wissenschaft und Wissenschaftspolitik. Bestandsaufnahmen zu Formationen, Brüchen und Kontinuitäten im Deutschland des 20. Jahrhunderts, Stuttgart 2002.

Ders.: Weltpolitik als Kulturmission. Auswärtige Kulturpolitik und Bildungsbürgertum in Deutschland am Vorabend des Ersten Weltkrieges (Quellen und Forschungen aus dem Gebiet der Geschichte NF 4), Paderborn, München, Wien, Zürich 1982.

Brugger, Carl: Psychiatrische Ergebnisse einer medizinischen, anthropologischen und soziologischen Bevölkerungsuntersuchung, in: Zeitschrift für die gesamte Neurologie und Psychiatrie 146, 1933, S. 489–524.

Ders.: Versuch einer Geisteskrankenzählung in Thüringen, in: Zeitschrift für die gesamte Neurologie und Psychiatrie 133, 1931, S. 352-390.

Ders.: Psychiatrisch-genealogische Untersuchungen an einer Allgäuer Landbevölkerung im Gebiete eines psychiatrischen Zensus, in: Zeitschrift für die gesamte Neurologie und Psychiatrie 145, 1933, S. 516-540.

Buchner, Hans: Über die Disposition verschiedener Menschenrassen gegenüber den Infektionskrankheiten und über Acclimatisation. Vortrag gehalten in der Münchener Anthropologischen Gesellschaft am 29. Oktober 1886, Hamburg 1887.

Büchner, Franz: Die Bedeutung peristatischer Faktoren für die Entstehung der Missbildungen und Missbildungskrankheiten, in: Verhandlungen der Deutschen Gesellschaft für Innere Medizin, 64. Kongreß 1958, S.13-33.

Burgmair, Wolfgang, Nikolaus Wachsmann, u. Matthias M. Weber: „Die soziale Prognose wird damit sehr trübe…". Theodor Viernstein und die kriminalbiologische Sammelstelle in Bayern, in: Michael Farin (Hg.): Polizeireport München 1799-1999, München 1999, S. 250-287.

Bussche, Hendrik van den, Friedemann Pfäffin, u. Christoph Mai (Hg.): Die medizinische Fakultät und das Universitätskrankenhaus Eppendorf, in: Eckart Krause, Ludwig Hubert u. Holger Fischer (Hg.): Hochschulalltag im „Dritten Reich", Teil III, Berlin, Hamburg 1991.

Ders.: (Hg.): Medizinische Wissenschaft im „Dritten Reich". Kontinuität, Anpassung und Opposition an der Hamburger Medizinischen Fakultät, Berlin, Hamburg 1989.

Ders.: Akademische Karrieren im „Dritten Reich", in: Ders. (Hg.): Wissenschaft, S. 381-398.

Ders.: Die Lehre, in: Ders. (Hg.): Wissenschaft, S. 381-398.

Ders.: Personalpolitik und akademische Karrieren an der Hamburger Medizinischen Fakultät im „Dritten Reich", in: Günter Grau u. Peter Schneck (Hg.): Akademische Karrieren im „Dritten Reich". Beiträge zur Personal- und Berufspolitik an Medizinischen Fakultäten, Berlin 1993, S. 19-38.

Ders.: Ärztliche Ausbildung und medizinische Studienreform im Nationalsozialismus, In: Bleker/ Jachertz (Hg.), Medizin, S. 117-128.

Bunge, Gustav von: Die Alkoholfrage. Ein Vortrag nebst einem Anhang: Ein Wort an die Arbeiter, Basel 1900.

Ders.: Die zunehmende Unfähigkeit der Frauen, ihre Kinder zu stillen, München 1907.

Burleigh, Michael: Death and Deliverance. „Euthanasia" in Germany 1900-1945, Cambridge, New York 1994.

Caspari, Ernst: Über die Wirkung eines pleiotropen Gens bei der Mehlmotte Ephestia kühniella Zeller, in: Wilhelm Roux' Archiv für Entwicklungsmechanik der Organismen 130, 1933, S. 353-381.

Chi, Chen: Die Beziehungen zwischen Deutschland und China bis 1933 (Mitteilungen des Instituts für Asienkunde), Hamburg 1973.

Cottebrune, Anne: Die Deutsche Forschungsgemeinschaft, der NS-Staat und die Förderung rassenhygienischer Forschung. „Steuerbare" Forschung durch Gleichschaltung einer Selbstverwaltungsorganisation?, in: Zimmermann (Hg.), Erziehung, S. 354-378.

Dies.: Erbforscher im Kriegsdienst? Die Deutsche Forschungsgemeinschaft, der Reichsforschungsrat und die Umstellung der Erbforschungsförderung, in: Medizinhistorisches Journal 40, 2005, S. 141-168.

Dies.: The Deutsche Forschungsgemeinschaft (German Research Foundation) and the "Backwardness" of German Human Genetics after World War II. Scientific Controversy over a Proposal for Sponsoring the Discipline, in: Wolfgang U. Eckart (Hg.) : Man, Medicine and the State. The Human Body as an Object of Government Sponsored Research, 1920-1970, Stuttgart 2005, S. 89-105.

Dies.: Vom Ideal der serologischen Rassendifferenzierung zum Humanexperiment im Zweiten Weltkrieg, in: Eckart, Wolfgang U. u. Alexander Neumann (Hg.) : Medizin im Zweiten Weltkrieg. Militärmedizinische Praxis und medizinische Wissenschaft im „Totalen Krieg", Paderborn 2006, S. 43-67.

8. Quellen- und Literaturverzeichnis

Curtius, Friedrich: Organminderwertigkeit und Erbanlage, in: Klinische Wochenschrift 5, 1932, S. 177–180.
Ders.: Multiple Sklerose und Erbanlage, Leipzig 1933.
Ders.: Erbbiologische Strukturanalyse im Dienste der Krankheitsforschung, in: Zeitschrift für Morphologie und Anthropologie 34, 1934, S. 63–75.
Ders., u. K. E. Pass: Untersuchungen über das menschliche Venensystem. „Neue klinische Beiträge zum Status varicosus", in: Zeitschrift für menschliche Vererbungs- und Konstitutionslehre 19, 1936, S. 175–196.
Danckwortt, Barbara: Wissenschaft oder Pseudowissenschaft? Die „rassenhygienische Forschungsstelle" am Reichsgesundheitsamt, in: Judith Hahn, Silvija Kavcic u. Christoph Kopke (Hg.): Medizin im Nationalsozialismus und das System der Konzentrationslager. Beiträge eines interdisziplinären Symposiums, Frankfurt am Main 2005, S. 140–164.
Degenhardt, Karl Heinz: Durch O_2-Mangel induzierte Fehlbildungen der Axialgradienten bei Kaninchen. I. Mitteilung, in: Zeitschrift für Naturforschung 9b (8), 1954, S. 530–536.
Deichmann, Ute: Biologen unter Hitler. Porträt einer Wissenschaft im NS-Staat, Frankfurt am Main 1995.
Dies.: Flüchten, Mitmachen, Vergessen. Chemiker und Biochemiker in der NS-Zeit, Weinheim 2001.
Dies.: Emigration and the slow start of molecular biology in Germany, in: Studies in History and Philosophy of Science, Part C: Studies in History and Philosophy of Biological and Biomedical Sciences 33, 2002, S. 449–471.
Dorner, Christoph u. a.: Die braune Machtergreifung. Universität Frankfurt 1930–1945, Frankfurt am Main 1989.
Dubitscher, Fred: Die Bewährung Schwachsinniger im täglichen Leben, in: Der Erbarzt 2, 1935, S. 57–60.
Ders., Fred: Asozialität und Unfruchtbachmachung, in: Mitteilungen der Kriminalbiologischen Gesellschaft 5, 1938, S. 99–110.
Dunn, Leslie C.: Cross Currents in the History of Human Genetics, in: The American Journal of Human Genetics 14, 1962, S. 1–13.
Eckart, Wolfgang U.: Deutsche Ärzte in China 1897–1914. Medizin als Kulturmission im Zweiten Deutschen Kaiserreich, Stuttgart u.a. 1989.
Ders.: Medizin und Kolonialimperialismus. Deutschland 1884–1945, Paderborn u.a. 1997.
Ders.: Medizin und auswärtige Kulturpolitik der Republik von Weimar – Deutschland und die Sowjetunion 1920–1932, in: Medizin in Geschichte und Gesellschaft 11, 1993, S. 105–142.
Ders. (Hg.): Man, Medicine, and the State. The Human Body as an Object of Government Sponsored Medical Research in the 20th Century, Beiträge zur Geschichte der Deutschen Forschungsgemeinschaft, Stuttgart 2006.
Eckhardt, Hellmut: Erbliche und körperliche Missbildungen und das Gesetz zur Verhütung erbkranken Nachwuchses, in: Klinische Wochenschrift 12, 1933, S. 1575–1577.
Eickstedt, Egon Freiherr von, u. Ilse Schwidetzky: Die Rassenuntersuchung Schlesiens. Eine Einführung in ihre Aufgaben und Methoden: Verfahren der Forschung am schlesischen Menschen; Nachprüfung und Auswertung von Rassendiagnosen (Rasse, Volk, Erbgut in Schlesien 1), Breslau 1940.
Epple, Moritz: Rechnen, Messen, Führen. Kriegsforschung am Kaiser-Wilhelm-Institut für Strömungsforschung (1937–1945), Ergebnisse 6. Vorabdrucke aus dem Forschungsprogramm "Geschichte der Kaiser-Wilhelm-Gesellschaft im Nationalsozialismus", Berlin 2002.
Ders., u. Volker Remmert: „Eine ungeahnte Synthese zwischen reiner und angewandter Mathematik". Kriegsrelevante mathematische Forschung in Deutschland während des II. Weltkrieges, in: Kaufmann (Hg.), Kaiser-Wilhelm-Gesellschaft, S. 258–295.
Fahlbush, Michael: Wissenschaft im Dienst der nationalsozialistischen Politik? Die "Volksdeutschen Forschungsgemeinschaften" von 1931–1945, Baden-Baden 1999.
Felbor, Ute: Rassenbiologie und Vererbungswissenschaft in der medizinischen Fakultät der Universität Würzburg 1937–1945, Würzburg 1995.

Fischer, Eugen: Was „nützt" uns die Erblichkeitsforschung?, in: Forschung tut Not 2, 1930, S. 28–29.
Fischer, Eugen: Die Fortschritte der menschlichen Erblehre als Grundlage eugenischer Bevölkerungspolitik, in: Deutsche Forschung 20, Berlin 1933, S. 55–71.
Flachowsky, Sören: Von der Notgemeinschaft zum Reichsforschungsrat. Wissenschaftspolitik im Kontext von Autarkie, Aufrüstung und Krieg (Manuskript).
Fortun, Michael, u. Everett Mendelsohn (Hg.): The Practices of Human Genetics, Dorbrecht, Kluwer 1999.
Fritz Bauer Institut (Hg.): „Beseitigung des jüdischen Einflusses...". Antisemitische Forschung, Eliten und Karrieren im Nationalsozialismus, Frankfurt am Main, New York 1999.
Früh, Dorothee: Der Einfluss der Mendelgenetik auf die Humangenetik in Deutschland zwischen 1900 und 1914 im Spiegel ausgewählter populärwissenschaftlicher Zeitschriften, Tübingen 1997.
Gaudillière, Jean-Paul: Circulating Mice and Viruses. The Jackson Memorial Laboratory, the National Cancer Institute, and the Genetics of Breast Cancer, 1930–1945, in: Fortun/Mendelsohn (Hg.), Practices, S. 89–124.
Ders., u. Ilana Löwy (Hg.): Heredity and Infection. The History of Disease Transmission, London 2001.
Ders.: Making Heredity in Mice and Men. The Production and Uses of Animal Models in Postwar Human Genetics, in: Gaudillière/Löwy (Hg.), Heredity, S. 181–202.
Ders.: Making Mice and Other Devices. The Dynamics of Instrumentation in American Biomedical Research (1930–1960), in: Bernward Joerges u. Terry Shinn (Hg.): Instrumentation. Between Science, State and Industry, Kluwer 2001, S. 175–196.
Gausemeier, Bernd: Mit Netzwerken und doppeltem Boden. Die botanische Forschung am Kaiser-Wilhelm-Institut für Biologie und die nationalsozialistische Wissenschaftspolitik, in: Heim (Hg.), Autarkie, S. 180–205.
Ders.: Natürliche Ordnungen und politische Allianzen. Biologische und biochemische Forschung an Kaiser-Wilhelm-Instituten 1933–1945, Göttingen 2005.
Gerhardt, Paul: Die Entwicklung der Tong-Ji Universität und der Wuhan Medizinischen Hochschule in China, in: Heidelberger Jahrbücher 25, 1981, S. 57–71.
Goodman, Alan H., Deborah Heath, u. M. Susan Lindee (Hg): Genetic Nature/Culture. Anthropology and Science beyond the Two-Culture Divide, Berkeley, Los Angeles 2003.
Goschler, Constantin: Rudolf Virchow. Mediziner, Anthropologe, Politiker, Köln, Weimar, Wien 2002.
Grau, Rudolf: Die Questenberger. Ein Beitrag zur Anthropologie des Südharzes, Bd. 11, Jena 1934.
Gross Solomon, Susan, u. Jochen Richter (Hg.): Ludwig Aschoff. Vergleichende Völkerpathologie oder Rassenpathologie. Tagebuch einer Reise durch Russland und Transkaukasien, Pfaffenweiler 1998.
Dies.: Vergleichende Völkerpathologie auf unerforschtem Gebiet. Ludwig Aschoffs Reise nach Russland und in den Kaukasus im Jahre 1930, in: Gross Solomon/Richter (Hg.), Aschoff, S. 1–48.
Grüttner, Michael (Hg.): Machtergreifung als Generationskonflikt. Die Krise der Hochschulen und der Aufstieg des Nationalsozialismus, in: Bruch/Kaderas (Hg.), Wissenschaften, S. 339–353.
Ders.: Das Scheitern der Vordenker. Deutsche Hochschullehrer und der Nationalsozialismus, in: Michael Grüttner, Rüdiger Hachtmann, u. Heinz-Gerhard Haupt (Hg.): Geschichte und Emanzipation. Festschrift für Reinhard Rürup, Frankfurt am Main 1999, S. 458–481.
Ders.: Studenten im Dritten Reich, Paderborn 1995.
Günther, Maria: Die Institutionalisierung der Rassenhygiene an den deutschen Hochschulen vor 1933, Diss. Med., Mainz 1982.
Gütt, Arthur, Ernst Rüdin, u. Falk Ruttke: Gesetz zur Verhütung erbkranken Nachwuchses vom 14. Juli 1933, München 1934.
Dies.: Gesetz zur Verhütung des erbkranken Nachwuchses vom 14. Juli 1933 mit Auszug aus dem

Gesetz gegen gefährliche Gewohnheitsverbrecher und über Maßnahmen der Sicherung und Besserung vom 24. November 1933, München 1936.

Haas, Jakob, u. Johannes Lange: Neue Versuche zur vergleichenden Messung der Alkoholwirkung, in: Emil Kraeplin (Hg.): Psychologische Arbeiten, Berlin 1927.

Hagemann, Rudolf: Erwin Baur (1875–1933). Pionier der Genetik und Züchtungsforschung. Seine wissenschaftlichen Leistungen und ihre Ausstrahlung auf Genetik, Biologie und Züchtungsforschung von heute, Eichenau 2000.

Hagner, Michael: Im Pantheon der Gehirne. Die Elite- und Rassengehirnforschung von Oskar und Cécile Vogt, in: Schmuhl, Rassenforschung, S. 99–144.

Hammerstein, Notker: Die Deutsche Forschungsgemeinschaft in der Weimarer Republik und im Dritten Reich. Wissenschaftspolitik in Republik und Diktatur. 1920–1945, München 1999.

Hamperl, Herwig: Beiträge zur geographischen Pathologie unter besonderer Berücksichtigung der Verhältnisse in Sowjet-Russland und des runden Magengeschwürs, in: Ergebnisse der allgemeinen Pathologie und pathologischen Anatomie des Menschen und der Tiere 26, München 1932, S. 354–422.

Harwood, Jonathan: The Reception of Morgan's Chromosome Theory in Germany. Inter-war Debate over Cytoplasmatic Inheritance, in: Medizinhistorisches Journal 19, 1984, S. 3–32.

Ders.: Styles of Scientific Thought. The German Genetics Community 1900–1933, Chicago 1993.

Ders.: Eine vergleichende Analyse zweier genetischer Forschungsinstitute. Die Kaiser-Wilhelm-Institute für Biologie und für Züchtungsforschung, in: Bernhard vom Brocke u. Hubert Laitko (Hg.): Die Kaiser-Wilhelm-, Max-Planck-Gesellschaft und ihre Institute. Studien zu ihrer Geschichte: Das Harnack-Prinzip, Berlin 1996, S. 331–348.

Ders.: The Reception of Genetic Theory among Academic Plant-Breeders in Germany, 1900–1930, in: Sveriges Utsädesförenings Tidskrift (Journal of the Swedish Seed Association) 107, 1997, S. 187–195.

Ders.: The Rediscovery of Mendelism in Agricultural Context. Erich von Tschermak as plant-breeder, in: Comptes rendus de l' Academie des Sciences, Serie 3: Sciences de la vie (Life sciences) 323, 2000, S. 1061–1067.

Ders.: The Rise of the Party-Political Professor? Changing Self-Understandings among German Academics 1890–1933, in: Doris Kaufmann (Hg.): Geschichte der Kaiser-Wilhelm-Gesellschaft im Nationalsozialismus. Bestandsaufnahme und Perspektiven der Forschung, Berlin 2000, S. 21–45.

Ders.: Politische Ökonomie der Pflanzenzucht in Deutschland, ca. 1870–1933, in: Heim (Hg.), Autarkie, S. 14–33.

Heiber, Helmut: Generalplan Ost, in: Vierteljahrshefte für Zeitgeschichte 6, 1958, S. 281–325.

Heim, Susanne: Research for Autarky. The Contribution of Scientists to Nazi Rule in Germany, Ergebnisse 4. Vorabdrucke aus dem Forschungsprogramm „Geschichte der Kaiser-Wilhelm-Gesellschaft im Nationalsozialismus", Berlin 2001.

Dies. (Hg.): Autarkie und Ostexpansion. Pflanzenzucht und Agrarforschung im Nationalsozialismus, Göttingen 2002.

Dies.: Forschung für die Autarkie. Agrarwissenschaft an Kaiser-Wilhelm-Instituten im Nationalsozialismus, in: Dies. (Hg.), Autarkie, S. 145–177.

Dies.: Kalorien, Kautschuk, Karrieren. Pflanzenzüchtung und landwirtschaftliche Forschung in Kaiser-Wilhelm-Instituten 1933–1945, Göttingen 2003.

Hermann, A.: Die Deutschen Bauern des Burzenlandes, Bd. 15/16, Jena 1937.

Hertwig, Paula: Partielle Keimesschädigungen durch Radium- und Röntgenstrahlen, Berlin 1927.

Dies.: Der heutige Stand unserer Kenntnisse von der Vererbung der Rot-Grün-Blindheit beim Menschen, in: Volksaufartung, Erbkunde, Eheberatung 5, 1930, S. 145–148.

Dies.: Über die Vererbung einiger anormaler und pathologischer Merkmale beim Hausgeflügel, in: Der Erbarzt 1, 1934, S. 41.

Hirszfeld, Ludwig: Konstitutionsserologie und Blutgruppenforschung, Berlin 1928.

Hoffmann, E.: Ringen um Vollendung. Lebenserinnerungen aus einer Wendezeit der Heilkunde 1933 bis 1946, Hannover 1949.
Hohmann, Joachim S.: Robert Ritter und die Erben der Kriminalbiologie. „Zigeunerforschung" im Nationalsozialismus und in Westdeutschland im Zeichen des Rassismus, Frankfurt am Main 1991.
Ders: Zigeuner und Zigeunerwissenschaft. Ein Beitrag zur Grundlagenforschung u. Dokumentation des Völkermords im „Dritten Reich", Marburg, Lahn 1980.
Horneck, Karl G.: Über den Nachweis serologischer Verschiedenheiten der menschlichen Rassen, in: Zeitschrift für menschliche Vererbungs- und Konstitutionslehre 26, 1942, S. 309–319.
Hueppe, Ferdinand: Die Formen der Bakterien und ihre Beziehungen zu den Gattungen und Arten, Wiesbaden 1886.
Ders: Über die Ursachen der Gärungen und Infektionskrankheiten und deren Beziehung zum Causalproblem und zur Energetik, in: Berliner klinische Wochenschrift 30, 1893, S. 909–911.
Ders.: Handbuch der Hygiene, Berlin, 1899.
Ders.: Ist Alkohol nur ein Gift?, Berlin 1903.
Humangenetik in Heidelberg. Das Institut für Humangenetik und Anthropologie von 1962 bis 1990 im Lichte der Habilitationen. Vorträge der in diesem Zeitraum für Humangenetik Habilitierten bei einem Symposium am 10.3.1990 zum 65. Geburtstag von Professor Dr. Dr. h.c. Friedrich Vogel, Heidelberg 1991.
Institut für Anthropologie und Humangenetik Universität München (Hg.): Anthropologie und Humangenetik, Stuttgart 1968.
Jaensch, Walter: Konstitutions- und Erbbiologie in der Praxis der Medizin, Leipzig 1934.
Ders.: Konstitutionsmedizin als praktische ärztliche Aufgabe, in: Die Ärztin 10, 1942.
Just, Günther: Untersuchungen über Faktorenaustausch I. Untersuchungen zur Frage der Konstanz der Crossing-over-Werte, in: Zeitschrift für induktive Abstammungs- und Vererbungslehre 36, 1924, S. 95–159.
Ders.: Untersuchungen über Faktorenaustausch II. Weitere Untersuchungen über die Variabilität der Crossing-over-Werte, in: Ebd. 44, 1927, S. 149–186.
Kallmann, Franz Josef: New Goals and Perspectives in Human Genetics, in: Proceedings of the 2nd International Congress of Human genetics, Berlin 1978.
Kater, Michael H.: Das „Ahnenerbe" der SS 1935–1945. Ein Beitrag zur Kulturpolitik des Dritten Reiches, Stuttgart 1974.
Ders.: Doctors under Hitler, London 1989.
Ders.: Ärzte als Hitlers Helfer, Hamburg 2000.
Kaufmann, Doris (Hg.): Geschichte der Kaiser-Wilhelm-Gesellschaft im Nationalsozialismus. Bestandsaufnahme und Perspektive der Forschung, 2 Bde, Göttingen 2000.
Keating, Peter, Camille Limoges, u. Alberto Cambrosio: The Automated Laboratory: The Generation and Replication of Work in Molecular Genetics, in: Michael Fortun u. Everett Mendelsohn (Hg.): The Practices of Human Genetics, Dorbrecht, Kluwer 1999, S. 125–142.
Keiter, Friedrich: Schwansen und die Schlei. Schleswigsche Bauern und Fischer (Deutsche Rassenkunde 8), Jena 1931.
Ders.: Russlanddeutsche Bauern und ihre Stammesgenossen in Deutschland, Bd. 12, Jena 1934.
Kirchhoff, Jochen: Die forschungspolitischen Schwerpunktlegungen der Notgemeinschaft der Deutschen Wissenschaft 1925–1929 im transatlantischen Kontext. Überlegungen zur vergleichenden Geschichte der Wissenschaftsorganisation, in: Rüdiger vom Bruch u. Eckart Henning (Hg.): Wissenschaftsfördernde Institutionen in Deutschland des 20. Jahrhunderts. Beiträge der gemeinsamen Tagung des Lehrstuhls für Wissenschaftsgeschichte an der Humboldt-Universität zu Berlin und des Archivs zur Geschichte der Max-Planck-Gesellschaft, 18–20. Februar 1999, Berlin 1999, S. 70–86.
Kirsh, Nurit: Population Genetics in Israel in the 1950's. The Unconscious Internalization of Ideology, in: Isis 94, December 2003, S. 631–655.

Kißkalt, Karl: Die Disposition als Funktion der Schädigungsdosis, in: Münchener Medizinische Wochenschrift 20, 20. Mai 1927.

Klee, Ernst: Auschwitz, die NS-Medizin und ihre Opfer, Frankfurt am Main 2001.

Ders.: Was sie taten – was sie wurden. Ärzte, Juristen und andere Beteiligte am Kranken- oder Judenmord, Frankfurt am Main 1998.

Ders.: Deutsche Medizin im Dritten Reich. Karrieren vor und nach 1945, Frankfurt am Main 2001.

Ders.: Das Personenlexikon zum Dritten Reich. Wer war was vor und nach 1945, Frankfurt am Main 2003.

Klenck W., u. Walter Scheidt: Niedersächsische Bauern I. Geestbauern im Elb- Weser- Mündungsgebiet, Jena 1929.

Klenke, W: Rassenkunde der oberschlesischen Kreise Gross-Strehlitz und Cosel (Rasse, Volk, Erbgut in Schlesien 3), Breslau 1939.

Knussmann, Rainer: Anthropologisches Institut der Universität Hamburg. 10 Jahre seit der Wiedergründung, Sonderdruck, Hamburg 1983.

Knussmann, Renate: Wiederbelebung der Anthropologie in Hamburg, in: Anthropologischer Anzeiger 35, 1975, S. 95.

Kober, Ernst: Die Frage der erblichen Disposition zum Krebs. Ergebnis einer Forschung durch 20 Jahre an einer auslesefreien Zwillingsserie, Wiesbaden 1956.

Koch, Gerhard: Ergebnisse aus der Nachuntersuchung der Berliner Zwillingsserie nach 20–25 Jahren (vorläufige Ergebnisse), in: Acta Genetica et Statistica Medica 7, 1957, S. 47–112.

Ders.: Genetics of Microcephaly in Man. (Vortrag auf dem X. Internationalen Kongress für Genetik, Montreal, 21. August 1958), in: Acta Genetica et Statistica Medica 8, 1959, S. 73–86.

Ders.: Zur Genetik der Mikrocephalie. In Kongressbericht Homo, 1959 (Vortrag: 6. Tagung der Deutschen Gesellschaft für Anthropologie, Kiel, 30.7.–2.8.1958), in: Homo. Internationale Zeitschrift für die vergleichende Biologie der Menschen, 1959, S. 263–266.

Ders.: Die Gesellschaft für Konstitutionsforschung. Anfang und Ende 1942–1965, Erlangen 1985.

Ders.: Humangenetik und Neuro-Psychiatrie in meiner Zeit (1932–1978). Jahre der Entscheidung, Erlangen 1993.

Kölch, Michael: „Förderungsfähig" – „förderungswürdig"? Die Beurteilung von Kindern mittels Kapillarmikroskopie im Ambulatorium für Konstitutionsmedizin an der Charité, in: Thomas Beddies (Hg.): Kinder in der NS-Psychiatrie, Berlin 2004, S. 71–86.

Kostlán, Antonin (Hg.): Wissenschaft in den böhmischen Ländern 1939–1945, Prag 2004.

Kranz, Heinrich: Zur Frage der Konkordanz bei kriminellen Zwillingspaaren, in: Forschungen und Fortschritte 34, Bd. 9, 1933, S. 494–495.

Ders.: Das Kriminalitätsbiogramm von Zwillingen, in: Zeitschrift für Morphologie und Anthropologie 34, 1934, S. 187–190.

Ders.: Die Kriminalität bei Zwillingen, in: Zeitschrift für die induktive Abstammungs- und Vererbungslehre 67, 1934, S. 308–313.

Kretschmer, Ernst: Körperbau und Charakter. Untersuchungen zum Konstitutionsproblem und zur Lehre von den Temperamenten, Berlin 1924.

Kröner, Hans-Peter, Richard Toellner, u. Karin Weisemann (Hg.): Erwin Baur. Naturwissenschaft und Politik, Köln 1994.

Ders.: Förderung der Genetik und Humangenetik in der Bundesrepublik durch das Ministerium für Atomfragen in den fünfziger Jahren, in: Weisemann/Kröner/Toellner (Hg.), Wissenschaft, S. 69–82.

Ders.: Von der Rassenhygiene zur Humangenetik. Das Kaiser-Wilhelm-Institut für Anthropologie, menschliche Erblehre und Eugenik nach dem Kriege, Stuttgart u.a. 1998.

Ders.: Das Kaiser-Wilhelm-Institut für Anthropologie, menschliche Erblehre und Eugenik und die Humangenetik in der Bundesrepublik Deutschland, in: Kaufmann (Hg.), Kaiser-Wilhelm-Gesellschaft, S. 653–666.

Ders.: Der Einfluss der deutschen Atomkommission ab 1955 auf die Biowissenschaften, in: Bruch/ Kaderas (Hg.), Wissenschaft, S. 464–470.
Kudlien, Fridolf: Ärzte im Nationalsozialismus, Köln 1985.
Ders., u. Christian Andree: Sauerbruch und der Nationalsozialismus, in: Medizinhistorisches Journal 15, 1980, S. 201–222.
Kurth, Gottfried: Rasse und Stand in vier Thüringer Dörfern, Bd. 17, Jena 1938.
Lang, Theo: Beitrag zur Bodentheorie des endemischen Kropfes, Kretinismus und Schwachsinns, in: Zeitschrift für die gesamte Neurologie und Psychiatrie 135, 1931, S. 515–527.
Lange, Johannes: Heilbehandlung von Alkoholikern. Das klinische Bild des Alkoholismus, die Alkoholpsychosen und die Behandlungsmaßnahmen im Krankenhaus, Berlin 1929.
Lehmann, Wolfgang: Zwölf Jahre Lehrstuhl und Institut für Humangenetik der Universität Kiel, 1956–1968, Sonderdruck Kiel o.J.
Lewy, Günter: „Rückkehr nicht erwünscht". Die Verfolgung der Zigeuner im Dritten Reich, München, Berlin 2001.
Ley, Astrid: Zwangssterilisation und Ärzteschaft. Hintergründe und Ziele ärztlichen Handelns, Frankfurt am Main 2003.
Liszkowski, Uwe: Osteuropaforschung und Politik. Ein Beitrag zum historisch-politischen Denken und Wirken von Otto Hoetzsch, Berlin 1988.
Lösch, Niels C.: Rasse als Konstrukt. Leben und Werk Eugen Fischers, Frankfurt am Main 1997.
Looking to the future. A discussion of the Conference on Problems and Methods in Human Genetics, Bethesda, October 8 and 9, 1953, in: The American Journal of Human Genetics 6, 1954, S. 185–188.
Luchterhandt, Martin: Der Weg nach Birkenau. Entstehung und Verlauf der Verfolgung der „Zigeuner", Lübeck 2000.
Lutzhöft, Hans-Jürgen: Der nordische Gedanke in Deutschland 1920–1940, Stuttgart 1971.
Mai, Christoph: Humangenetik im Dienste der „Rassenhygiene". Zwillingsforschung in Deutschland bis 1945, Hamburg 1988.
Maier, Helmut: „Wehrhaftmachung" und „Kriegswichtigkeit". Zur rüstungstechnologischen Relevanz des Kaiser-Wilhelm-Instituts für Metallforschung in Stuttgart vor und nach 1945, Ergebnisse 5. Vorabdrucke aus dem Forschungsprogramm "Geschichte der Kaiser-Wilhelm-Gesellschaft im Nationalsozialismus", Berlin 2002.
Ders. (Hg.): Rüstungsforschung im Nationalsozialismus. Organisation, Mobilisierung und Entgrenzung der Technikwissenschaften, Göttingen 2002.
Ders.: „Unideologische Normalwissenschaft" oder Rüstungsforschung? Wandlungen naturwissenschaftlich-technologischer Forschung und Entwicklung im „Dritten Reich", in: Bruch/Kaderas (Hg.), Wissenschaft, S. 253–262.
Massin, Benoît: Anthropologie raciale et national-socialisme: heurs et malheurs de la „race", in: Josiane Olff-Nathan (Hg.): La science sous le Troisième Reich. Victime ou alliée du nazisme?, Paris 1993, S. 197–262.
Ders.: Anthropologie und Humangenetik im Nationalsozialismus oder: Wie schreiben deutsche Wissenschaftler ihre eigene Wissenschaftsgeschichte?, in: Heidrun Kaupen-Haas u. Christian Saller (Hg.): Wissenschaftlicher Rassismus. Analysen einer Kontinuität in den Human- und Naturwissenschaften, Frankfurt am Main 1999, S. 18–64.
Mayer, Martin, u. Ernst Georg Nauck: Von einer medizinischen Studienreise nach Transkaukasien, in: Deutsche Medizinische Wochenschrift 58, 1932, S. 631.
Medizinische Wissenschaft und werktätiges Volk. Medizinische Vorträge, medizinische Vorträge auf Veranlassung der Notgemeinschaft der Deutschen Wissenschaft auf der Essener Medizinischen Woche (24. bis 31. Oktober 1925) gehalten von den Professoren Aschoff, Freiburg; Bier, Berlin; v. Krehl, Heidelberg; v. Müller, München; Rubner, Berlin; Sauerbruch, München; Thomas, Leipzig, Berlin 1925.
Mendelsohn, J. Andrew: Medicine and the Making of Bodily Inequality in Twentieth-Century Europe, in: Gaudillière/Löwy (Hg.), Heredity, S. 21–80.

Mendelsohn, Everett, u. Helga Nowotny (Hg.): Nineteen eighty-four. Science between Utopia and Dystopia, Dorbrecht 1984.

Mertens, Lothar: „Nur politisch Würdige". Die DFG-Forschungsförderung im Dritten Reich 1933–1937, Berlin 2004.

Moser, Gabriele: From Deputy to „Reichsbevollmächtigter" and Defendant at the Nuremberg Medical Trials. Dr. Kurt Blome and Cancer Research in National Socialist Germany, in: Eckart (Hg.), Man, S. 199–222.

Dies., „Musterbeispiel forscherischer Gemeinschaftsarbeit"? Krebsforschung und die Förderungsstrategien von DFG und Reichsforschungsrat im NS-Staat, in: Medizinhistorisches Journal 40, 2005, S. 113–140.

Motulsky, Arno G.: Brave New World?, in: Science 185, 1974, S. 653–662.

Mühlens, Peter: Die russische Hunger- und Seuchenkatastrophe, in: Münchener Medizinische Wochenschrift 1923, S. 1444.

Ders., Die Tätigkeit des Deutschen Roten Kreuzes in Russland, in: Sonderheft der Blätter des Deutschen Roten Kreuzes, Juni 1922, S. 2–7.

Muller, Hermann J.: Progress and Prospects in Human Genetics, in: The American Journal of Human Genetics 1, 1945, S. 1–18.

Ders.: Human and Medical Genetics. A Scientific Discipline and an Expanding Horizon, in: The American Journal of Human Genetics 23, 1971, S. 123–131.

Müller-Hill, Benno: Tödliche Wissenschaft. Die Aussonderung von Juden, Zigeunern und Geisteskranken 1933–1945, Reinbek 1984.

Ders.: Das Blut von Auschwitz und das Schweigen der Gelehrten, in: Kaufmann (Hg.), Kaiser-Wilhelm-Gesellschaft, S. 189–227.

Nachtsheim, Hans: Die Bedeutung des Cardiazolkrampfes für die Diagnose der erblichen Epilepsie, in: Deutsche Medizinische Wochenschrift 5, 1939, S. 168–171.

Ders.: Krampfbereitschaft und Genotypus. II. Weitere Untersuchungen zur Epilepsie der Weißen Wiener-Kaninchen, in: Zeitschrift für menschliche Vererbungs- und Konstitutionslehre 25, 1941, S. 229–244.

Ders.: Krampfbereitschaft und Genotypus. III. Das Verhalten epileptischer und nichtepileptischer Kaninchen im Cardiazolkrampf, in: Zeitschrift für menschliche Vererbungs- und Konstitutionslehre 26, 1942, S. 22–74.

Nauck, Ernst Georg: Von der Tätigkeit in Kasan, in: Sonderheft der Blätter des Deutschen Roten Kreuzes, Juni 1922, S. 14–15.

Nemitz, Kurt: Antisemitismus in der Wissenschaftspolitik der Weimarer Republik, in: Jahrbuch des Instituts für Deutsche Geschichte 12, 1983, S. 377–407.

Neumann, Alexander: Physiologische Forschung im Übergang von der zivilen zur militärischen Forschung unter besonderer Berücksichtigung der luftfahrtmedizinischen Forschung (Manuskript).

Nipperdey, Thomas, u. Ludwig Schmugge (Hg.): 50 Jahre Forschungsförderung in Deutschland. Ein Abriss der Geschichte der Deutschen Forschungsgemeinschaft 1920–1970, Berlin 1970.

Nachtsheim, Hans: Sind die Empfehlungen des Wissenschaftsrates realisierbar?, in: Deutsche Universitätszeitung 16, 1961, S. 3–7.

Ders.: Zur Frage Anthropologie und Humangenetik, in: Deutsche Universitätszeitung 16, 1961, S. 17–20.

Nyiszli, Miklos: Auschwitz. A Doctor's Eywitness Account, New York 1960, S. 63.

Olby, Robert C.: The History of Molecular Biology, in: History and Philosophy of the Life Sciences 2, 1980, S. 299–310.

Orth, Karin: Strategien der Forschungsförderung. Die Deutsche Forschungsgemeinschaft zwischen „Freiheit der Wissenschaft" und „Planungseuphorie" (1949–1968) (Manuskript).

Osten, Philipp: Die Modellanstalt. Über den Aufbau einer „modernen Krüppelfürsorge" 1905–1933, Frankfurt am Main 2004.

Ostertag, Berthold: Die Syringomyelie als erbbiologisches Problem, in: Georg Schmorl (Hg.):

Verhandlungen der Deutschen Pathologischen Gesellschaft, 25. Tagung gehalten in Berlin am 3.-5. April 1930, Jena 1930, S. 166-174.
Ders.: Die erbbiologische Beurteilung angeborener Miß- und Fehlbildungen und die Frage gegenseitiger Abhängigkeit, in: Verhandlungen der Deutschen Orthopädischen Gesellschaft, 31. Kongreß, Berlin 1936, S. 30-60.
Ders.: Über ererbte und erworbene Konstitution vom Standpunkt des Pathologen, in: Zeitschrift für menschliche Vererbungs- und Konstitutionslehre 29, 1949, S. 157-173.
Ders.: Ererbt oder früherworben? Pränatale Ablenkung der Konstitutionsentwicklung, in: Zeitschrift für menschliche Vererbungs- und Konstitutionslehre 34, 1957, S. 490-508.
Paul, Diane B.: PKU Screening. Competing Agendas, Converging Stories, in: Fortun/Mendelsohn (Hg.), Practices, S. 185-196.
Peiffer, Jürgen: Hirnforschung im Zwielicht. Beispiele verführbarer Wissenschaft aus der Zeit des Nationalsozialismus. Julius Hallervorden – H.-J. Scherer – Berthold Ostertag, Husum 1997.
Ders.: Neuropathologische Forschung an „Euthanasie"-Opfern in zwei Kaiser-Wilhelm-Instituten, in: Kaufmann (Hg.), Kaiser-Wilhelm-Gesellschaft, S. 151-173.
Ders.: Assessing Neuropathological Research carried out on Victims of the „Euthanasia" Programme, in: Medizinhistorisches Journal 34, 1999, S. 339-356.
Peter, Karl, Georg Wetzel, u. Friedrich Heiderich: Handbuch der Anatomie des Kindes, 1. Bd., München, 1938.
Planck, Max (Hg.): 25 Jahre Kaiser Wilhelm-Gesellschaft zur Förderung der Wissenschaften. Bd. 1: Handbuch, Bd. 2: Die Naturwissenschaften, Bd. 3: Die Geisteswissenschaften, Berlin 1936.
Plarre, Werner: Zur Geschichte der Vererbungsforschung in Berlin, in: Claus Schnarrenberger und Hildemar Scholz (Hg.): Geschichte der Botanik in Berlin, Berlin 1990.
Proceedings of the Second International Congress of Human Genetics (Rome, September 6-12, 1961), Rom 1963.
Propping, Peter, u. Bernd Heuer: Vergleich des „Archivs für Rassen- und Gesellschaftsbiologie" (1904-1933) und des „Journal of Heredity" (1910-1939). Eine Untersuchung zu Hans Nachtsheims These von der Schwäche der Genetik in Deutschland, in: Medizinhistorisches Journal 26, 1991, S. 78-93.
Prüll, Cay-Rüdiger: Pathologie und Politik – Ludwig Aschoff (1866-1942) und Deutschlands Weg ins Dritte Reich, in: History and Philosophy of the Life Sciences 19, 1997, S. 331-368.
Rensch, Bernhard: Historical Development of the Present Synthetic Neo-Darwinism in Germany, in: Ernst Mayr (Hg.): The Evolutionary Synthesis, Cambridge 1980, S. 284-303.
Rheinberger, Hans-Jörg: Die Zusammenarbeit zwischen Adolf Butenandt und Alfred Kühn, in: Wolfgang Schieder u. Achim Trunk (Hg.): Adolf Butenandt und die Kaiser-Wilhelm-Gesellschaft. Wissenschaft, Industrie und Politik im "Dritten Reich", Göttingen 2004, S. 169-197.
Richter, Jochen: Rasse – Elite – Pathos. Eugenische Zukunftsvisionen der von Oskar Vogt begründeten Moskauer Schule der architektonischen Hirnforschung, in: Mitteilungen der von Oskar Vogt begründeten Moskauer Schule der architektonischen Hirnforschung 20/21, 1995, S. 150-308.
Ders.: Rasse, Elite, Pathos. Eine Chronik zur medizinischen Biographie Lenins und zur Geschichte der Elitegehirnforschung in Dokumenten, Herbolzheim 2000.
Richter, Brigitte: Burkhards und Kaulstoß. Zwei oberhessische Dörfer. Eine rassenkundliche Untersuchung, Bd. 14, Jena 1936.
Ried, H. A.: Miesbacher Landbevölkerung (Deutsche Rassenkunde Bd. 3), Jena 1930.
Roelcke, Volker: Psychiatrische Wissenschaft im Kontext nationalsozialistischer Politik und „Euthanasie". Zur Rolle von Ernst Rüdin und der Deutschen Forschungsanstalt/Kaiser-Wilhelm-Institut für Psychiatrie, in: Kaufmann (Hg.), Kaiser-Wilhelm-Gesellschaft, S. 112-150.
Ders.: Programm und Praxis der psychiatrischen Genetik an der Deutschen Forschungsanstalt für Psychiatrie unter Ernst Rüdin. Zum Verhältnis von Wissenschaft, Politik und Rasse-Begriff vor und nach 1933, in: Medizinhistorisches Journal 37, 2002, S. 21-55.

Ders.: Funding the Scientific Foundations of Race Policies. The Case of Psychiatric Genetics and the Impact of Career Resources, in: Eckart (Hg.), Man, S. 73–88.
Roll-Hansen, Nils: Eugenics before World War II. The case of Norway, in: History and Philosophy of the Life Sciences 2, 1980, S. 269–298.
Roth, Karl-Heinz (Hg.): Erfassung zur Vernichtung. Von der Sozialhygiene zum „Gesetz über Sterbehilfe", Berlin 1984.
Ders.: „Erbbiologische Bestandsaufnahme" – ein Aspekt „ausmerzender" Erfassung vor der Entfesselung des Zweiten Weltkrieges, in: Ders. (Hg.), Erfassung, S. 57–100.
Ders.: Schöner neuer Mensch. Der Paradigmenwechsel der klassischen Genetik und seine Auswirkungen auf die Bevölkerungsbiologie des „Dritten Reichs", in: Heidrun Kaupen-Haas (Hg.): Der Griff nach der Bevölkerung, Hamburg 1986, S. 11–63.
Ders.: Die restlose Erfassung. Volkszählen, Identifizieren, Aussondern im Nationalsozialismus, Frankfurt am Main 2000.
Rüdin, Ernst (Hg.): Erblehre und Rassenhygiene im völkischen Staat, München 1934.
Sachse, Carola: „Persilscheinkultur". Zum Umgang mit der NS-Vergangenheit in der Kaiser-Wilhelm/Max-Planck-Gesellschaft, in: Bernd Weisbrod (Hg.): Akademische Vergangenheitspolitik. Beiträge zur Wissenschaftskultur der Nachkriegszeit, Göttingen 2002, S. 223–252.
Dies., u. Benoît Massin: Biowissenschaftliche Forschung an Kaiser-Wilhelm-Instituten und die Verbrechen des NS-Regimes. Informationen über den gegenwärtigen Wissensstand. Ergebnisse 3, Vorabdruck aus dem Forschungsprogramm „Geschichte der Kaiser-Wilhelm-Gesellschaft im Nationalsozialismus", Berlin 2000.
Saller, Karl: Die Fehmaraner (Deutsche Rassenkunde 4), Jena 1930.
Sandner, Peter: Das Frankfurter "Universitätsinstitut für Erbbiologie und Rassenhygiene". Zur Positionierung einer „rassenhygienischen" Einrichtung innerhalb der „rassenanthropologischen" Forschung und Praxis während der NS-Zeit, in: Fritz Bauer Institut (Hg.), Beseitigung, S. 73–100.
Satzinger, Helga: Die Geschichte der genetisch orientierten Hirnforschung von Cécile und Oskar Vogt (1875–1962, 1870–1959) in der Zeit von 1895 bis ca. 1927, Stuttgart 1998.
Dies.: Krankheiten als Rassen. Politische und wissenschaftliche Dimension eines internationalen Forschungsprogramms am Kaiser-Wilhelm-Institut für Hirnforschung (1919–1939), in: Schmuhl, Rassenforschung, S. 145–189.
Schade, Heinrich, u. Maria Küper: Der angeborene Schwachsinn in der Rechtsprechung der Erbgesundheitspolitik", in: Der Erbarzt 4, 1938.
Ders.: Ergebnisse einer Bevölkerungsuntersuchung in der Schwalm, Abhandlungen der Akademie der Wissenschaften und der Literatur Mainz, Mathematisch-naturwissenschaftliche Klasse 16, Wiesbaden 1950.
Ders.: Untersuchung zur Auflösung eines kleinen sozialen, großbäuerlichen Isolates, in: Abhandlungen der Akademie der Wissenschaften und der Literatur Mainz, Mathematisch-naturwissenschaftliche Klasse 11, 1959, S. 843–869.
Scheidt, Walter: Dreißig Jahre Anthropologisches Institut der Universität Hamburg 1924–1954, Anthropologisches Institut, Hamburg 1954.
Schieder, Wolfgang, u. Achim Trunk (Hg.): Adolf Butenandt und die Kaiser-Wilhelm-Gesellschaft. Wissenschaft, Industrie und Politik im „Dritten Reich", Göttingen 2004.
Schmidt-Ott, Friedrich: Denkschriften über die Gemeinschaftsarbeiten der Notgemeinschaft der Deutschen Wissenschaft im Bereich der Nationalen Wirtschaft, der Volksgesundheit und des Volkswohls, Berlin 1928.
Ders.: Plan für die Gemeinschaftsarbeiten auf dem Gebiet der Nationalen Wirtschaft, der Volksgesundheit und des Volkswohls (Ende 1926), in: Deutsche Forschung – Aus der Arbeit der Deutschen Wissenschaft 2 , 1928, S. 5–13.
Ders.: Erlebtes und Erstrebtes 1860–1950, Wiesbaden, 1952.
Schmuhl, Hans-Walter: Hirnforschung und Krankenmord. Das Kaiser-Wilhelm-Institut für Hirnforschung 1937–1945, Ergebnisse 1, Vorabdruck aus dem Forschungsprogramm „Geschichte der Kaiser-Wilhelm-Gesellschaft im Nationalsozialismus", Berlin 2000.

Ders. (Hg.): Rassenforschung an Kaiser-Wilhelm-Instituten vor und nach 1933, Göttingen 2003.
Ders.: Grenzüberschreitungen. Das Kaiser-Wilhelm-Institut für Anthropologie, menschliche Erblehre und Eugenik 1927–1945, Geschichte der Kaiser-Wilhelm-Gesellschaft im Nationalsozialismus, Bd. 9, Göttingen 2005.
Ders.: Der „Generalplan Ost" und Wolfgang Abels Forschungen an sowjetischen Kriegsgefangenen, in: Schmuhl, Grenzüberschreitungen, S. 453–464.
Schneck, Peter: Die Rassenhygiene in der ärztlichen Ausbildung im faschistischen Deutschland (1933 bis 1945), in: Zeitschrift für ärztliche Fortbildung 83, 1989, S. 355–357.
Schreiber, Georg: Deutsche Medizin und Notgemeinschaft der Deutschen Wissenschaft, Leipzig 1926.
Ders.: Deutsches Reich und deutsche Medizin. Studien zur Medizinalpolitik des Reiches in der Nachkriegszeit (1918–1926), Leipzig 1926.
Schwerin, Alexander von: Experimentalisierung des Menschen. Der Genetiker Hans Nachtsheim und die vergleichende Erbpathologie 1920–1945, Göttingen 2004.
Schwidetzky, Ilse: Rassenkunde des nordöstlichen Oberschlesien. Kreise Kreuzburg, Rosenberg, Guttentag, (Rasse, Volk, Erbgut in Schlesien: Heft 2), Breslau 1939.
Simunek, Michal: Ein neues Fach. Die Erb- und Rassenhygiene an der Medizinischen Fakultät der Deutschen Karls-Universität Prag 1939–1945, in: Kostlán, Wissenschaft, S. 190–316.
Spiegel-Rösing, Ina: Aspekte der Selbstlegitimation von Wissenschaft: Ein empirischer Vergleich von Anthropologie und Humangenetik, in: Homo. Zeitschrift für die vergleichende Forschung am Menschen 277, 1976, S. 14–31.
Dies.: Maus und Schlange, München 1982.
Steininger, Hans: Hans Stübel in memoriam, in: Oscar Benl, Wolfgang Franke, u. Walter Fuchs (Hg.): Oriens extremus. Zeitschrift für Sprache, Kunst und Kultur der Länder des Fernen Ostens, Hamburg 1963, S. 129.
Steinwachs, Johannes: Die Förderung der medizinischen Forschung in Deutschland durch den Reichsforschungsrat während der Jahre 1937 bis 1945 unter besonderer Berücksichtigung der Krebsforschung. Diss. med., Leipzig 1999.
Stiasny, Hans: Erbkrankheit und Fertilität. Mikropathologie der Spermien erbkranker Männer, Stuttgart 1937.
Ders.: Unfruchtbarkeit beim Manne. Diagnostik und Therapie mit Verwendung des Spermiogramms, Stuttgart 1944.
Stürzbecher, Manfred: Aus der Geschichte der Poliklinik für Erb- und Rassenpflege beim Kaiserin Auguste Victoria Haus, in: Leonore Ballowitz (Hg.): Schriftenreihe zur Geschichte der Kinderheilkunde aus dem Archiv des Kaiserin Auguste Victoria Hauses (KAVH), Berlin 1993, S. 67–75.
Süß, Winfried: Der Volkskörper im Krieg. Gesundheitspolitik, Gesundheitsverhältnisse und Krankenmord im nationalsozialistischen Deutschland 1939–1945, München 2003.
Szöllösi-Janze, Margit: Fritz Haber 1868–1934. Eine Biographie, München 1998.
Dies.: Der Wissenschaftler als Experte. Kooperationsverhältnisse zwischen Staat, Militär, Wirtschaft und Wissenschaft, 1914–1933, in: Kaufmann (Hg.), Kaiser-Wilhelm-Gesellschaft, S. 47–64.
Trunk, Achim: Zweihundert Blutproben aus Auschwitz. Ein Forschungsvorhaben zwischen Anthropologie und Biochemie (1943–1945), Ergebnisse 12, Vorabdruck aus dem Forschungsprogramm „Geschichte der Kaiser-Wilhelm-Gesellschaft im Nationalsozialismus", Berlin 2003.
Unger, Michael: Ferdinand Wagenseil (1887–1967). Integrer Rassenforscher und Bewahrer der Medizinischen Fakultät Giessen, Giessen, 1998.
Vincke, Johannes: Freiburger Professoren des 19. und 20. Jahrhunderts, Freiburg i. Br. 1957.
Virchow, Rudolf: Berichterstattung über die statistischen Erhebungen bezüglich der Farbe der Augen, der Haare und der Haut, in: Correspondenz-Blatt der deutschen Gesellschaft für Anthropologie, Ethnologie und Urgeschichte 10, 1876, S. 91–102.
Ders.: Über den Abschluss der Schulerhebungen in Betreff der Farbe der Augen, der Haare und der Haut in Preussen, in: Verhandlungen der Berliner Gesellschaft für Anthropologie, Ethnologie und Urgeschichte, 1876.

Vogel, Friedrich: Lehrbuch der allgemeinen Humangenetik, Berlin 1961.
Wagenseil, Ferdinand: Beiträge zur Kenntnis der Kastrationsfolgen und des Eunuchoidismus beim Mann, in: Zeitschrift für Morphologie und Anthropologie 26, 1926, S. 264–266.
Ders.: Muskelbefunde bei Chinesen, in: Verhandlungen der Gesellschaft für Physische Anthropologie 2, 1927, S. 42–50.
Ders.: Über die erbbiologische Bedeutung der Mehrlinge, in: Tung-Chi Medizinische Monatsschrift 12, 1930, S. 419–427.
Ders.: Chinesische Eunuchen (Zugleich ein Beitrag zur Kenntnis der Kastrationsfolgen und der rassialen und körperbaulichen Bedeutung der anthropologischen Merkmale), in: Zeitschrift für Morphologie und Anthropologie 1933.
Ders.: Bemerkungen über den innersekretorischen Apparat der Chinesen, in: Zeitschrift für Morphologie und Anthropologie 34, 1934, S. 437–458.
Wagner, Patrick: Das Gesetz über die Behandlung Gemeinschaftsfremder. Die Kriminalpolizei und die „Vernichtung des Verbrechertums", in: Wolfgang Ayaß u.a. (Hg.): Feinderklärung und Prävention. Kriminalbiologie, Zigeunerforschung und Asozialenpolitik, Berlin 1988, S. 75–100.
Ders.: Volksgemeinschaft ohne Verbrecher. Konzeptionen und Praxis der Kriminalpolizei in der Zeit der Weimarer Republik und des Nationalsozialismus, Hamburg 1996.
Weber, Matthias M.: Ernst Rüdin. Eine kritische Biographie, Berlin 1993.
Weindling, Paul: Weimar Eugenics. The Kaiser Wilhelm Institute for Anthropology, Human Heredity and Eugenics in Social Context, in: Annals of Science 42, 1985, S. 303–318.
Ders.: German-Soviet Co-Operation in Science. The Case of the Laboratory for Racial Research, 1931–1938, in: Nuncius 2, 1987, S. 103–109.
Ders.: The Rockefeller Foundation and German Biomedical Sciences, 1920–40. From educational Philanthropy to international science policy, in: Giulana Gemelli, Jean-François Picard u. William H. Schneider (Hg.): Managing Medical Research in Europe. The Role of the Rockefeller Foundation (1920s–1950s), Bologna 2006, S. 117–134.
Ders.: German-Soviet Co-Operation in Science and the Institute for Racial Research, 1927 – c. 1935, in: German History 10, 1992, Nr. 2, S. 177–206.
Ders.: Epidemics and Genocide in Eastern Europe, 1890–1945, Oxford 2000.
Weinert, Hans: Das anthropologische Institut der Universität Kiel, in: Zeitschrift für Rassenkunde und ihre Nachbargebiete 9, 1939, S. 282–284.
Weingart, Peter, Jürgen Kroll, u. Kurt Bayertz (Hg.): Rasse, Blut und Gene. Geschichte der Eugenik und Rassenhygiene in Deutschland, Frankfurt am Main 1992.
Weisbrod, Bernd (Hg.): Akademische Vergangenheitspolitik. Beiträge zur Wissenschaftskultur der Nachkriegszeit, Göttingen 2002.
Weisemann, Karin, Hans-Peter Kröner, u. Richard Toellner (Hg.): Wissenschaft und Politik – Genetik und Humangenetik in der DDR (1949–1989). Dokumentation zum Arbeitssymposium in Münster, 15.–18.03.1995, Münster 1997.
Weiss, Sheila Faith: Humangenetik und Politik als wechselseitige Ressourcen. Das Kaiser-Wilhelm-Institut für Anthropologie, menschliche Erblehre und Eugenik im „Dritten Reich", Ergebnisse 17, Vorabdrucke aus dem Forschungsprogramm „Geschichte der Kaiser-Wilhelm-Gesellschaft im Nationalsozialismus", Berlin 2004.
Wendt, Gerhard (Hg.): Genetik und Gesellschaft. Marburger Forum Philippinum, Stuttgart 1970.
Wetzell, Richard F.: Kriminalbiologische Forschung an der Deutschen Forschungsanstalt für Psychiatrie in der Weimarer Republik und im Nationalsozialismus, in: Schmuhl (Hg.), Rassenforschung, S. 75–82.
Willems, Wim: In search of the True Gypsy. From Enlightenment to Final Solution, London, Portland, Oregon 1997.
Zallen, Doris T.: From Butterflies to Blood. Human Genetics in the United Kingdom, in: Michael Fortun u. Everett Mendelsohn (Hg.): The Practices of Human Genetics, Dorbrecht, Kluwer 1999, S. 197–216.

Zierold, Kurt: Forschungsförderung in 3 Epochen. Deutsche Forschungsgemeinschaft. Geschichte – Arbeitsweise – Kommentar, Wiesbaden 1968.
Zimmermann, Michael (Hg.): Zwischen Erziehung und Vernichtung. Zigeunerpolitik und Zigeunerforschung im Europa des 20. Jahrhunderts, Stuttgart 2006 (im Druck).
Ders.: Rassenutopie und Genozid. Die nationalsozialistische „Lösung der Zigeunerfrage", Hamburg 1996.
Zur Nieden, Susanne: Erbbiologische Forschungen zur Homosexualität an der Deutschen Forschungsanstalt für Psychiatrie während der Jahre des Nationalsozialismus. Zur Geschichte von Theo Lang, Berlin 2005.

ANHANG

Die Notgemeinschaft und die Vererbungsfrage in der Weimarer Republik

Aufstellung der eingereichten Forschungsanträge und geförderten Forschungsvorhaben, die entweder im Bereich Vererbungswissenschaft angesiedelt waren oder einen näheren Bezug zur Vererbungsfrage hatten.

Rechnungsjahre	Forschungsanträge und geförderte Forschungsvorhaben
1921/22	−Prof. Georg Wetzel, Halle: Versuche über Einfluss der Nahrung auf den Körperbau und Vererbbarkeit −Prof. Erwin Baur, Münchenberg/Mark: Untersuchung über das Wesen, die Entstehungsweise und die Vererbung von Rassenunterschieden bei Antirhinum majus
1924/25	−Prof. Emil Abderhalden, Halle: Versuche über die Beeinflussung der Festigkeit und der Eigenschaften von Haaren durch die Art der Ernährung und über Vererbungsstudien −Dr. Agnes Bluhm, Berlin-Dahlem: Experimentelle Studien über die Einwirkung des elterlichen Alkoholismus auf die Nachkommenschaft −Rudolf Neunzig, Berlin: Untersuchungen über Kreuzung und Vererbung bei Vogelmischlingen −Prof. Fritz von Wettstein, Berlin-Dahlem: Vererbungsversuche mit multiplen Moosrassen −Dr. A. Willer, Königsberg in Preußen: Versuche über die Rassenbildung und Vererbung bei Teichfischen −Prof. Friedrich Lenz, München: Erblichkeitswissenschaftliche Untersuchung der Nachkommenschaft der Bastarde zweier phänotypisch stark verschiedener Schmetterlingsarten (Fledermaus- und Wolfsmilchschwärmer) −Prof. Valentin Stang, Berlin: Wissenschaftliche Untersuchungen zur Verbesserung von Wollprüfungsmethoden und Studien zur Vererbung von Haar und Wolle −Dr. Karl Otto Henckel, München: Körperbauuntersuchungen an Geisteskranken zur Klärung der Frage, ob und wieweit der konstitutionelle Körperbau durch die Rassenzugehörigkeit bedingt wird −Prof. Otto Koehler, München: Untersuchungen über geschlechtsbegrenzte Vererbung bei Abraxas grossulariata

1925/26	—Prof. Otto Koehler, München: Untersuchungen über Geschlechtsbegrenzte Vererbung bei Abraxas grossulariata —Prof. Fritz von Wettstein, Göttingen: Untersuchungen über den Formwechsel der Moose auf vererbungstheoretischer Grundlage; Untersuchungen über erbliche Konstitution der Organismen —Prof. Otto Aichel, Kiel: Nachprüfung der Angaben über Geschlechtsunterschiede am Skelett; Untersuchungen zur Klarlegung der Beziehungen zwischen Skelett und Beruf, zwischen Skelett und Konstitution, zwischen Skelett und Krankheit —Prof. Friedrich Oehlkers, Tübingen: Untersuchungen über Vererbungsversuche in der Gattung Oenothera —Prof. Carl Correns, Berlin-Dahlem: Fortsetzung von Versuchen über Geschlechtsbestimmung und Vererbung bei höheren Pflanzen —Prof. Burgeff, Würzburg: Vererbungsstudien an Pilzen und Moosen und Wachstumsuntersuchungen —PD Günther Just, Greifswald: Untersuchungen über Faktorenaustausch bei Drosophila —Prof. Ludwig Aschoff: Forschungen auf dem Gebiet der vergleichenden Völkerpathologie in der Deutschen Medizinschule in Shanghai (Bearbeiter: Prof. Stübel, Dr. Oppenheim, Dr. Wagenseil)
1926/27	—Prof. Burgeff, Würzburg: Vererbungsstudien an Pilzen und Moosen und Wachstumsuntersuchungen. —Prof. Carl Correns, Berlin-Dahlem: Geschlechtsbestimmung und Vererbung bei höheren Pflanzen —Dr. Agnes Bluhm, Berlin: Einwirkung des elterlichen Alkoholismus auf die Nachkommenschaft —Prof. Bernhard Dürken, Breslau: Untersuchungen über Vererbung und Entwicklungsmechanik der Säugetiere —Prof. Karl Kißkalt, München: Disposition zu Infektionskrankheiten —Prof. Felix Lommel, Jena: Untersuchungen auf dem Gebiet der Konstitutionsforschung —Prof. Otto Aichel, Kiel: Anthropologische Aufnahmen der Ureinwohner zur Erforschung ihrer anthropologischen Stellung; Familienuntersuchungen in Ehen mit Rückkreuzung, also von Indianermischlingen mit Europäern zwecks Klarstellung der Merkmalsvererbung; Versuch der Auffindung älterer Bestattungen, deren Skelette am Schädel nicht die in den Ländern früher als allgemein geübte Deformation aufweisen, zur Klarstellung der wirklichen Formverhältnisse. —Dr. Baron von Eickstedt, München: Anthropologisch-ethnographische Expedition nach Britisch-Indien. —PD Dr. Walter Scheidt, Hamburg: Rassenbiologische Untersuchungen in Niedersachsen. —Prof. Karl Kisskalt, München: Untersuchungen über die Disposition zu Infektionskrankheiten

	—Prof. Alfred Kühn, Göttingen: Fortsetzung von Vererbungsversuchen mit Meerschweinchen, Kaninchen und Katzen. —Prof. Ernst Lehmann, Tübingen: Untersuchungen über Vererbungsfragen in der Gattung Epilobium —Prof. Fritz von Wettstein, Göttingen: Versuche an Moosen zur Klärung von genetischen und entwicklungsphysiologischen Fragen —Prof. Erwin Baur, Münchenberg/Mark: Genetische und chemische Untersuchungen an den Farbenrassen der Neger insbesondere mikroskopische Untersuchungen der pigmentbildenden Gewebeschichten und der Haare. —Prof. Ludwig Aschoff: Untersuchungen über die Entstehung des chronischen Magengeschwürs —Dr. Otto Koehler, Königsberg: Beendigung der Untersuchungen über geschlechtsbegrenzte Vererbung bei Abraxas grossulariata —Prof. Felix Lommel, Jena: Untersuchungen auf dem Gebiet der Konstitutionsforschung —Dr. Kurt Kolle, Kiel: Untersuchung zum Paranoia-Problem
1927/28	—Dr. Friedrich Curtius, Bonn: Untersuchungen auf dem Gebiet der Konstitution und Vererbungsforschung —Prof. Karl Kißkalt, München: Disposition zu Infektionskrankheiten —Prof. Hans Stübel, Woosung bei Shanghai: Rassenbiologische Untersuchungen auf Java. Vergleichende Völkerphysiologie —Prof. Oskar Vogt, Berlin: Manifestierung verschiedener genotypischer Körpergrößen, Drosophila —Prof. Ferdinand Wagenseil, Woosung bei Shanghai: Untersuchung auf dem Gebiet der Anthropologie und Konstitutionslehre in China —Prof. Ludwig Aschoff, Freiburg: Reise nach Spanien zu völkerpathologischen Forschungen —Prof. Felix Bernstein, Göttingen: Reise nach Amerika zur Untersuchung bestimmter Fragestellungen (insbesondere Fragen der Theorien des Crossing-over) mit den Mitteln der mathematischen Statistik in den Laboratorien von H-J Muller-Austin University of Texas, von Zeleny-Urbana (Illinois), von Morgan Bridges, und Sturtewant in Colombia University New-York
1928/29	—Prof. Otto Aichel, Kiel: Anthropologische Untersuchungen in Schleswig-Holstein; Nachprüfung der Angaben über Geschlechtsunterschiede am Skelett zur Klarlegung der Beziehungen zwischen Skelett und Beruf, zwischen Skelett und Konstitution, zwischen Skelett und Krankheit; Bearbeitung des auf der Forschungsreise nach Chile-Bolivien gesammelten anthropologischen Materials —Prof. Ascher und Dr. Simonson, Frankfurt: Untersuchung der körperlichen Arbeitsfähigkeit bei verschiedener konstitutioneller Veranlagung

- Prof. Herbert Baldauf, Bregenz: Anthropologische Untersuchung an der Bevölkerung des kleinen Wasertales
- Prof. Eugen Fischer, Berlin: Anthropologische Erhebung in Nagold und Herford; anthropologische Erhebungen im evangelischen Markgräferland und im katholischen Schwarzwald
- Prof. Eugen Fischer und Dr. Otmar Freiherr von Verschuer: Anthropologische Untersuchung der Siebenbürger Sachsen, Anthropologische Erhebung insbesondere in Westfalen und Lippe-Detmold
- Dr. Konrad Kühne, Berlin: Untersuchung über Vererbung von Knochenvarietäten
- Prof. O. Löwenstein, Bonn: Erbbiologische Untersuchung
- Prof. Theodor Mollison, München: Anthropologische Untersuchung einzelner Landesteile von Bayern
- PD Dr. Karl Saller, Kiel: Rassenkundliche Untersuchung in Bayern; rassenkundliche Erhebungen in der Provinz Niedersachsen und den angrenzenden Ländern; Fortsetzung der Untersuchung über die Anthropologie in der Holsteiner Probstei, in Dithmarschen, auf den Friesischen Inseln, im Kreis Tondern, im bayerischen Wald und im schwäbischen Unterland
- Prof. Hermann Werner Siemens, München: Studium der Erbgesetze beim Menschen, Untersuchungen über die Beziehungen chronischer Hautkrankheiten zu anderen Erscheinungen
- Prof. Walter Scheidt, Hamburg: Rassenkundliche Erhebungen
- Dr. Fritz Schiff, Berlin: Experimentelle erbbiologische Untersuchungen im Zusammenhang mit Blutgruppenstudien
- Prof. Wilhelm Trendelenburg, Berlin: Erblichkeitsverhältnisse Farbensinn
- Prof. Franz Weidenreich, Heidelberg: Anthropologische Untersuchung der jüdischen Bevölkerung Frankfurts und der umliegenden Städte und Orte mit alten jüdischen Gemeinden
- Prof. Karl Kißkalt, München: Fortsetzung der Untersuchungen über Disposition zu Infektionskrankheiten
- Dr. W. Adalbert Collier, Berlin: Untersuchung über die Vererblichkeit erworbener Eigenschaften an Vogelmalariaparasiten
- Dr. Roth, Kaiserslautern: Auswertung der Befunderhebungen zur Anthropologie der Rheinpfalz
- Prof. Otto Reche, Leipzig für Dr. Baron von Eickstedt: Fortsetzung seiner anthropologisch-ethnographischen Expedition nach Britisch-Indien
- Dr. Heinrich Münter, Heidelberg: Anthropologische Untersuchung in der Gemeinde Dilsberg
- Dr. Michael Hesch, Stuhm/Westpreußen: Anthropologische und erbbiologisch-genealogische Aufnahme von 1 000 Personen des Kreises Stuhm
- Prof. Ernst Rüdin, München: Untersuchung der Genialen und deren Sippen; Psychiatrisch-erbbiologische Zwillingsforschung

1929/30	— Prof. Otto Aichel und Dr. Lothar Loeffler, Kiel: Untersuchungen über die Möglichkeit einer Erzeugnis von Erbänderung am Säugetier
	— Prof. Dr. Otto Aichel, Kiel: Fortsetzung der anthropologischen Erhebungen in Schleswig-Holstein
	— Dr. Friedrich Curtius, Bonn: Vererbung der Disposition zu organischen Nervenkrankheiten
	— Prof. Jacobi, Stadtroda-Thüringen: Erbbiologische Untersuchung und genealogische Bearbeitung einer thüringischen Durchschnittsbevölkerung
	— Prof. Karl Kißkalt, Bonn: Untersuchung über die Disposition zu Infektionskrankheiten
	— Dr. Landau, Magdeburg: Untersuchung über die Konstitution und Lungentuberkulose
	— Dr. Lothar Löffler: Experimentelle Untersuchung zur Frage der künstlichen Erzeugung von Erbänderungen
	— Prof. Robert Neufeld, Berlin: Untersuchung über die Rolle der Disposition bei Infektionskrankheiten
	— Prof. Wilhelm Trendelenburg, Erblichkeitsverhältnisse bei den verschiedenen Formen von abweichendem Farbensinn
	— Prof. Otto Reche für Dr. Fr. Trost, Leipzig: Anthropologische Erhebungen in Mecklenburg
	— Prof. Otto Reche, Ethnologisch-anthropologisches Institut, Leipzig: Anthropologische Erhebungen in rein wendischen und rein deutschen Dörfern in der Umgebung von Bautzen und Grossenhahn/Sachsen
	— Prof. Theodor Viernstein, München-Straubing, Prof. Johannes Lange, München und Prof. Oskar Vogt, KWI für Hirnforschung: Kriminal-biologische Arbeitsgemeinschaft: Arbeiten zum Zwecke der Anbahnung einer Individualprognose und Individualbehandlung des einzelnen Verbrechers auf Grund einer Klassifikation der Verbrecher unter Anlehnung an die in der Psychiatrie bewährten Methoden.
	— PD Dr. Karl Saller, Göttingen: Verarbeitung der Schleswigholsteinischen anthropologischen Erhebungen; Fortsetzung und Verarbeitung der anthropologischen Messungen in Nordbayern; Fortsetzung der anthropologischen Erhebungen in Niedersachsen und den angrenzenden Ländern
	— Prof. Heinrich Münter, Heidelberg: Beendigung der anthropologischen Untersuchungen an der Dilsberger Bevölkerung
	— Prof. Walter Scheidt, Hamburg: Fortsetzung der rassenkundlichen Erhebungen in Deutschland
	— Stefanie Martin-Oppenheim, Krumbad bei Krumbach: Anthropologische Erhebungen bei den Juden in der Umgebung von Augsburg
	— Dr. H. A. Ried, München: Anthropologische Erhebungen in Oberbayern

	−Dr. Karl H. Roth-Lutra, Berlin-Dahlem: Abschluss der anthropologischen Erhebungen in der Pfalz
−Prof. Günther Just, Greifswald: Fortsetzung der Untersuchungen über die Spezifizität der Erbanlagen und die Entstehung neuer Erbanlagen bei den Säugetieren, sowie über Faktorenaustausch bei Drosophila.
−Frau Dr. G. Haase-Bessel, Dresden: Fortsetzung der zytologisch-genetischen Untersuchungen
−Dr. Egon Frhr. von Eickstedt, Breslau: Anthropologische Erhebungen in Schlesien
−Dr. Egon Frhr. von Eickstedt, Breslau: Bearbeitung des anthropologischen und ethnographischen Materials der Indien-Expedition
−PD Dr. Gustav Korkhaus, Bonn: Fortsetzung der Untersuchungen auf dem Gebiet der Genese der Kieferdeformitäten
−Dr. H. A. Ried, München: Anthropologische Erhebungen in Oberbayern
1930/31	−Prof. Hermann Werner Siemens: Systematische Untersuchung über die Vererbung auf dem Gebiet der Hautkrankheiten
−Dr. Friedrich von Rhoden: Zwillingsuntersuchungen an Kriminellen
−Prof. Dr. Otto Aichel, Kiel: Experimentelle Untersuchung der künstlichen Erzeugung von Erbänderungen; Ausarbeitung des genealogischen Teiles der anthropologischen Erhebungen in Schleswig-Holstein; (Gemeinsam mit Dr. Loeffler): Beendigung der Kontrollversuche über die Frage der künstlichen Erzeugung einer erblichen Augenanomalie
−Dr. Eduard Isigkeit, Vollmarstein: Untersuchungen über die Erblichkeit des angeborenen Schiefhalses
−Prof. Dr. Otto Reche, Leipzig: Durcharbeitung des von Dr. Hesch gesammelten anthropologischen Materials in Westpreussen; Durcharbeitung des von Herrn Sickel gesammelten anthropologischen Materials in Bärwalde; anthropologische Erhebungen in rein wendischen Dörfern
−Prof. Karl Kisskalt, München: Fortsetzung der Untersuchungen über die Disposition zu Infektionskrankheiten
−Stefanie Martin-Oppenheim, Krumbad bei Krumbach (Bayer. Schwaben): Fortsetzung der anthropologischen Erhebungen der jüdischen Landbevölkerung in Schwaben, Franken, Hohenzollern und Baden
−Dr. Karl Saller, Göttingen: Fortsetzung der anthropologischen Erhebungen und der Messungen aus Schleswig-Holstein, Nordbayern und Niedersachsen mit angrenzenden Ländern
−Prof. Heinrich Münter, Heidelberg: Anthropologische Bearbeitung der alteingesessenen Bevölkerung des Neckartales und angrenzenden Seitentälern. Untersuchungen an den Insassen der Blinden- und Taubstummenanstalten Badens und Hessens
−Dr. Friedrich Curtius, Bonn/Rhein: Fortsetzung der Untersuchungen über die Erbdisposition der organischen Nervenkrankheiten, insbesondere der MS

- Prof. Dr. Ferdinand Neufeld, Berlin: Fortsetzung der Untersuchung über die Rolle der Disposition bei Infektionskrankheiten
- Dr. Herwig Hamperl, Wien: Ausarbeitung des in Sowjetrussland gesammelten Materials für die Bearbeitung der menschlichen Magenpathologie
- Prof. Dr. Johannes Lange, Psychiatrische und Nervenklinik, Breslau: Psychologische und psychopathologische Analyse Krimineller und Heraushebung der Milieufaktoren, die für die Verbrechensentstehung wichtig sind
- Prof. W. Jacobi, Stadtroda: Fortsetzung der Untersuchung zu einer sicheren Diagnostizierung und Behandlung des kindlichen Schwachsinns; Fortsetzung der erbbiologischen Untersuchung und genealogischen Bearbeitung einer thüringischen Durchschnittsbevölkerung
- Karl H. Roth-Lutra, Berlin-Dahlem: Archäologische, ethnographische und anthropologische Untersuchungen auf der Baessler Expedition nach Amazonien
- Prof. Dr. Eugen Fischer, Berlin, Prof. Erwin Baur, Münchenberg/Mark; Prof. W. Friedrich, Berlin, Prof. Dr. Chronacher, Berlin-Dahlem: Untersuchung über erbliche Röntgenschäden
- Prof. Felix Bernstein, Göttingen: Fortsetzung der mathematischen Bearbeitung über Erblichkeit des Krebses bei Mäusen
- Prof. Dr. R. Winkler, Frankfurt, Prof. Dr. K. Zeiger, Frankfurt: Untersuchungen über die Erbbiologie und Vererbunsgpathologie des menschlichen Gebissapparates
- Prof. Dr. Kohlrausch, für Dr. Pollnow, Deutsche Vereinigung für Jugendgerichte und Jugendgerichtshilfen, Charlottenburg: Untersuchungen über die Bedeutung der Milieu und Anlagefaktoren beim Verbrechen
- Prof. Georg Wetzel, Halle: Untersuchungen über den Einfluss der Nahrung auf den Körperbau
- Dr. H. Duncker, Bremen: Fortsetzung der Untersuchungen auf dem Gebiet der Vererbungsforschung mit Vögeln
- Prof. Otto Renner, Jena: Fortsetzung der Vererbungsuntersuchungen an der Gattung Oenothera
- Prof. Paula Hertwig, Institut für Vererbungsforschung, Berlin-Dahlem: Untersuchungen über die Genetik der Haushühner
- Dr. Eduard Isigkeit, Vollmarstein: Untersuchungen über die Erblichkeit des angeborenen Schiefhalses
- Prof. Otto Reche, Leipzig: Durcharbeitung des von Dr. Hesch gesammelten anthropologischen Materials in Westpreußen; Durcharbeitung des von Herrn Sickel gesammelten anthropologischen Materials in Bärwalde
- Prof. Alfred Kühn, Göttingen: Fortsetzung der Vererbungs- und Modifikationsversuche an Insekten
- PD Dr. Walter Zimmermann: Fortsetzung der genetischen Untersuchungen am Formenkreis der Anemone Pulsatilla

	– Prof. Karl Kisskalt, München: Fortsetzung der Untersuchungen über die Disposition zu Infektionskrankheiten – Dr. Stefanie Martin-Oppenheim, Krumbad bei Krumbach: Fortsetzung der anthropologischen Erhebungen der jüdischen Landbevölkerung in Schwaben, Franken, Hohenzollern und Baden – Dr. Karl Saller, München: Fortsetzung der anthropologischen Erhebungen und der Messungen aus Schleswig-Holstein, Nordbayern und Niedersachsen mit angrenzenden Ländern – Dr. von Rohden, Halle/Saale: Zwillingsuntersuchungen an Kriminellen – Prof. Heinrich Münter, Heidelberg: Anthropologische Bearbeitung der alteingesessenen Bevölkerung des Neckartales und angrenzenden Seitentälern; Untersuchungen an den Insassen der Blinden- und Taubstummanstalten Badens und Hessens – Prof. Dr. W. Wunder, Breslau: Untersuchungen auf dem Gebiet der Vererbungsforschung bei Fischen – Dr. Friedrich Curtius, Bonn/Rhein: Fortsetzung der Untersuchungen über die Erbdisposition der organischen Nervenkrankheiten, insbesondere der MS (Herdsklerose) – Prof. Ferdinand Neufeld, Berlin: Fortsetzung der Untersuchungen über die Rolle der Disposition bei Infektionskrankheiten – Prof. Dr. Fritz von Wettstein, Göttingen: Fortsetzung der Untersuchung über Vererbungserscheinungen mit polyploiden Moosrassen; Fortsetzung der entwicklungsphysiologischen Untersuchungen der genetisch analysierten Moosrassen – Prof. Otto Reche, Leipzig: Anthropologische Erhebungen in rein wendischen Dörfern – Dr. Hans Grüneberg, Bonn/Rh: Untersuchungen über genetische Röntgenspätschädigungen bei Drosophila melagonaster – Prof. Dr. Friedrich Oelhkers: Fortsetzung der Vererbungsuntersuchungen in der Gattung Mimulus und Epilobium hirsutum – Prof. Frölich, Halle/Saale: Untersuchungen über die Beziehungen zwischen Konstitution und Rasseeigenschaften zu den inner-sekretorischen Drüsen
1931/32	– Dr. Friedrich Curtius, Heidelberg: Fortsetzung der Untersuchungen über die Erbdisposition bei organischen Nervenkrankheiten, insbesondere der Multiplen Sklerose – Prof. Robert Neufeld, Berlin: Fortsetzung der Untersuchungen über die Rolle der Disposition bei Infektionskrankheiten – Dr. Egon Freiherr von Eickstedt, Breslau: Fortsetzung der Bearbeitung des anthropologischen und ethnographischen Materials der Indien-Expedition – Dr. K. H. Roth-Lutra, Kaiserslautern: Endgültiger Abschluss der anthropologischen Erhebung in der Rheinpfalz

1932/33	—Prof. Erich R. Jaensch, Marburg: Histophysikalische Konstitutionsuntersuchungen —Prof. Felix Bernstein, Göttingen: Statistische Untersuchungen zur Vererbung des Krebses auf Grund einer Durcharbeitung des in dem Chicagoer Krebsforschungsinstituts vorhandenen Materials —Prof. Günther Just, Greifswald: Untersuchungen auf dem Grenzgebiet der Vererbungswissenschaft und Pädagogik —Prof. Fritz von Wettstein: Fortsetzung der Vererbungs- und entwicklungsphysiologischen Untersuchungen an heteroploiden Moosrassen —Prof. W. Wunder, Breslau: Fortsetzung der Arbeiten über Teichdüngung, Fischkrankheiten und Vererbungsforschung bei Teichfischen —Dr. Berthold Ostertag, Berlin-Buch: Untersuchungen über die vererbbare Syringomyelie des Kaninchens; Embryologische Untersuchungen zur Frage der Blastomentstehung im Nervensystem —Prof. Dr. Walter Zimmermann, Tübingen: Fortsetzung der genetischen Untersuchungen am Formenkreis der Anemone Pulsatilla

Quelle: Berichte der Notgemeinschaft, Hauptausschusslisten (BAK, R73/107 bis 116 und GLA Abt. 235/4694, 4695, 7306, 7339, 7340, 7341 und 7423)

Förderung der Erb- und Rassenforschung im Nationalsozialismus

Bewilligte Zuwendungen der DFG an in Deutschland gelegene KWI in RM

	1934	1935
Strömungsforschung und Aerodynamik	2 895	
Wasserkraft	1 175	
Meteorologie	10 020	
Physik, Chemie und E.	6 275	
Chemie	2 475	
Metallforschung		
Eisenforschung	55 150	7 350
Silikatforschung	900	1 650
Kohlenforschung-Mülheim		
Kohlenforschung-Breslau		
Lederforschung	1 750	1 750
Biologie	3 581	3 030
Züchtungsforschung	26 502	70 600
Entomologie		
Hydrobiologie	1 725	1 700
Rossitten	3 700	
Zellphysiologie		
Biochemie		
Anthropologie		
Medizinische Forschung	7 590	5 575
Arbeitsphysiologie	4 330	2 160
Hirnforschung	17 245	795
Psychiatrie	75 237	20 000
Deutsche Geschichte	3 800	
Völkerrecht		
Privatrecht	4 600	375
	229 380	119 110

Quelle: MPG, Abt. I, Rep. IA, Nr. 927, Bl. 194

Förderung anthropologisch-humangenetischer Forschung nach 1945

Förderung der Projekte humangenetischer Forschungsrichtung

Die folgende Tabelle wurde anhand einer Auswertung der Jahresberichte und des DFG-Förderaktenbestandes im Archiv der DFG in der Geschäftsstelle erstellt. Die Fördersummen sind den Personenkarteikarten im DFG-Archiv entnommen. Die geförderten Arbeiten von Nachtsheim werden aufgeführt, auch wenn sie nicht unmittelbar im Bereich der Humangenetik anzusiedeln sind. Nachtsheim war zwar vorwiegend auf dem Gebiet der Säugetiergenetik tätig. Diese war aber auf Tiermodelle ausgerichtet, die in der Humangenetik nützlich sein sollten.

Förderungszeit	Forscher (Name, Vorname)	Forschungsprojekt
1949	Just, Günther	— Sozialanthropologische Untersuchungen: Erbwert und sozialer Wert unehelicher Mütter, ihrer Partner und ihrer Kinder (3 700 DM)
1950	Gottschaldt, Kurt	— Fortsetzung erbpsychologischer Untersuchungen an Zwillingen (6 000 DM)
	Just, Günther	— Sozialanthropologische Untersuchungen: Erbwert und sozialer Wert unehelicher Mütter, ihrer Partner und ihrer Kinder (2 160 DM) — Mit Prof. Goitron dermatologische Untersuchungen der Psoriasis (1 500 DM) — Fortführung der Untersuchungen über die genetischen Grundlagen der Grundtypen menschlicher Konstitution (3 700 DM)
	Degenhardt, Karl-Heinz	— Multiple körperliche Abartungen (Stipendium von 3 000 DM)
1951	Degenhardt, Karl-Heinz	— Multiple körperliche Abartungen (Stipendium von 1 200 DM und Sachbeihilfe von 1 500 DM)
	Lenz, Fritz	— Die Erblichkeitsverhältnisse beim Diabetes mellitus (600 DM)
	Becker, Peter Emil	— Die Muskeldystrophien (Druckbeihilfe: 5 000 DM)
	Verschuer, Otmar Freiherr von	— Fortführung von Zwillingsuntersuchungen (11 530 DM)
1952	Nachtsheim, Hans	— Untersuchungen erblicher Blutkrankheiten (20 000 DM)
	Verschuer, Otmar Freiherr von	— Fortführung von Zwillingsuntersuchungen (10 000 DM)
1953	Degenhardt, Karl-Heinz	— Untersuchungen auf dem Gebiet chemischer und physikalischer Teratogenese (Sachbeihilfe: 1 183 DM)

	Losse, Heinz	— Vegetative Tonuslage von Zwillingen (4 150 DM)
	Nachtsheim, Hans	— Untersuchung auf dem Gebiet der Säugetiergenetik (8 400 DM)
	Verschuer, Otmar Freiherr von	— Fortführung von Zwillingsuntersuchungen (10 000 DM)
	Vogel, Friedrich	— Populationsgenetische Betrachtungen am Beispiel einiger menschlicher Gene mit besonderer Berücksichtigung der Mutationsraten (Forschungsstipendium seit 1.6.53: 4 440 DM)
1954	Nachtsheim, Hans	— Untersuchung auf dem Gebiet der Säugetiergenetik (18 844 DM)
	Degenhardt, Karl-Heinz	— Untersuchungen auf dem Gebiet chemischer und physikalischer Teratogenese (Sachbeihilfe: 1 885 DM)
	Lehmann, Wolfgang	— Erbbiologische Untersuchungen der Zwergwuchsformen im Kindesalter (1 040 DM und 180 DM)
	Nachtsheim, Hans	— Untersuchungen über die Pelger-Anomalie und damit im Zusammenhang stehende Fragen der Blutmorphologie und -genetik — Fortsetzung von Untersuchungen zur Genetik und Mutationsrate des Retinoblastoms (irrtümlich 2 500 DM bewilligt) — Elektroencephalographische und andere Untersuchungen an jugendlichen Zwillingen (SP Genetik: 2 500 DM für Vogel)
	Saller, Karl	— Untersuchung über die Anwendbarkeit moderner statistischer Verfahren in der Humangenetik und Konstitutionsforschung (2 160 DM)
	Verschuer, Otmar Freiherr von	— Gestaltende Kräfte im Leben des Menschen, Beobachtungen an ein- und zweieiigen Zwillingen durch 25 Jahre (Druckbeihilfe: 6 750 DM) — Fortführung der Zwillingsuntersuchungen (8 000 DM)
	Vogel, Friedrich	— Populationsgenetische Betrachtungen am Beispiel einiger menschlicher Gene mit besonderer Berücksichtigung der Mutationsraten — (Forschungsstipendien: 5 700 DM, 475 DM, 155 DM, 75 DM und 25 DM)
1955	Nachtsheim, Hans	— Untersuchung auf dem Gebiet der Säugetiergenetik (964 DM) — SP Genetik: 11 245 DM

	Degenhardt, Karl-Heinz	— Untersuchungen auf dem Gebiet chemischer und physikalischer Teratogenese (Sachbeihilfe: 2 430 DM)
	Koch, Gerhard	— Nachuntersuchungen der Berliner Zwillinge (11 364 DM)
	Schade, Heinrich	— Vergleichende anthropologische Untersuchungen an den verschiedenen Bevölkerungsgruppen in Mazedonien (4 250 DM)
	Vogel, Friedrich	— Populationsgenetische Betrachtungen am Beispiel einiger menschlicher Gene mit besonderer Berücksichtigung der Mutationsraten (Forschungsstipendien: 5 700 DM, 750 DM, 475 DM, 288 DM, 900 DM, 300 DM und 950 DM)
	Wendt, Gerhard	— Untersuchungen über die Huntington'sche Chorea (erblicher Veitstanz) in der Bundesrepublik und in Westberlin (1 500 DM)
	Saller, Karl	— Untersuchung über die Anwendbarkeit moderner statistischer Verfahren in der Humangenetik und Konstitutionsforschung (2 160 DM)
1956	Nachtsheim, Hans	— Arbeiten zur Hefegenetik, elektroencephalographische Familienuntersuchungen, serogenetische Untersuchungen zum Hydropsproblem bei Kaninchen und Maus — (SP Genetik: 22 940 DM, 550 DM, 6 000 DM und 496, 32 DM)
	Korkhaus, Gustav	— Untersuchungen über die genetische Analyse des Gesichtsschädels (19 556 DM)
	Wendt, Gerhard	— Untersuchungen über die Huntington'sche Chorea (erblicher Veitstanz) in der Bundesrepublik und in Westberlin (3 360 DM und 3 210 DM)
	Lehmann, Wolfgang	— Klinisch-erbbiologische Untersuchung über Thrombopathie auf den Alandsinseln (1 800 DM)
	Saller, Karl	— Untersuchung über die Anwendbarkeit moderner statistischer Verfahren in der Humangenetik und Konstitutionsforschung (2 385 DM)
	Verschuer, Otmar Freiherr von	— Erbpathologische Untersuchungen: 1. Amyotrophische Lateralsklerose 2. Adiesches Syndrom (Pupillotonie) 3. Stottern — (11 680 DM)

1957	Degenhardt, Karl-Heinz	— Fortsetzung tierexperimenteller Untersuchungen auf dem Gebiet der O2-Mangel-Teratogenese — (10 082 DM)
	Becker, Peter Emil	— Untersuchung über die myotonia congenita (10 600 DM)
	Bennholdt-Thomsen, Karl	— Chromosomale Geschlechtsbestimmung in Hinblick auf Missbildungen und die Frühdifferenzierung des Menschen (7 515 DM)
	Ebbing, Hans Christian	— Untersuchungen zur Erblichkeit der Pelger-Huet'schen Kernanomalie der Leukozyten (7 500 DM)
	Korkhaus, Gustav	— Genetische Analyse des Gesichtsschädels (15 700 DM)
	Nachtsheim, Hans	— Strahlengenetische Untersuchungen an Bakterien und Hefen, serogenetische Untersuchungen zum Hydropsproblem bei Kaninchen und Maus, klinisch-ätiologische und genetische Faktoren bei kongenitalen Herzfehlern (26 295 DM)
	Schade, Heinrich	— Auswertung und Ergänzung einer genealogischen Erhebung in der Schwalm (1 520 DM)
	Verschuer, Otmar Freiherr von	— Erbpathologische Untersuchungen: 1. Amyotrophische Lateralsklerose 2. Adiesches Syndrom (Pupillotonie) 3. Stottern (22 448 DM)
	Wendt, Gerhard	— Untersuchungen über die Huntington'sche Chorea (erblicher Veitstanz) in der Bundesrepublik und in West-Berlin (3 410 DM und 2 850 DM)
	Vogel, Friedrich	— Über die Erblichkeit des normalen Encephalogramms (Druckbeihilfe: 1 800 DM)
1958	Nachtsheim, Hans	— Vitaminstoffwechsel bei Kindern und die Natur eines „Störstoffes" im Hinblick auf ihre Erblichkeit (6 000 DM) — Mineralstoffwechsel bei Kaninchen mit erblichen Skelettanomalien, serogenetische Untersuchungen zum Hydrops-Problem bei Kaninchen und Maus (22 225 DM)
	Degenhardt, Karl-Heinz	— Fortsetzung tierexperimenteller Untersuchungen auf dem Gebiet der O2-Mangel-Teratogenese — (11 100 DM)

	Bennholdt-Thomsen, Karl	– Chromosomale Geschlechtsbestimmung im Hinblick auf Mißbildungen und die Frühdifferenzierung des Menschen (1 670 DM)
	Ebbing, Hans Christian	– Untersuchungen zur Erblichkeit der Pelger-Huetschen Kernanomalie der Leukozyten (3 500 DM)
	Grimmer, Heinz	– Prüfung der erblichen und nichterblichen Faktoren der Allergie (7 300 DM)
	Schade, Heinrich	– Auswertung und Ergänzung einer genealogischen Erhebung in der Schwalm (3 200 DM und 2 000 DM)
	Verschuer	– Untersuchung zu Genetik, Demographie und Mutationsrate der amyotrophischen Lateralsklerose (3 000 DM)
	Vogel, Friedrich	– Probleme auf dem Gebiet der Mutationsforschung des Menschen und andere humangenetische Fragen (4 620 DM)
	Wendt, Gerhard	– Untersuchungen über die Huntington'sche Chorea (erblicher Veitstanz) in der Bundesrepublik und in West-Berlin (2 850 DM)
1959	Nachtsheim, Hans	– Mineralstoffwechsel bei Kaninchen mit erblichen Skelettanomalien, serogenetische Untersuchungen zum Hydrops-Problem bei Kaninchen und Maus (8 800 DM)
	Jungklaaß, Friedrich Karl	– Erbuntersuchung am Haupthaar, mikroskopische Untersuchung von Erbmerkmalen des Haupthaares (7 330 DM)
	Degenhardt, Karl-Heinz	– Vergleichende Genetik der Wirbelsäule bei Mensch und Tier (SP Entwicklungsphysiologie, 17 460 DM)
	Baitsch, Helmut	– Untersuchungen über die Diskriminanzanalyse bei nicht normalen Verteilungen (2 850 DM: erste Bewilligung an Baitsch)
	Baitsch, Helmut	– Verteilung der Haptoglobintypen und ihrer Gene im süddeutschen Raum (4 090 DM)
	Becker, Peter Emil	– Untersuchung über die myotonia congenita (6 000 DM)
	Lange, Volkmar	– Elektrophoretisch nachweisbare Erbmerkmale der menschlichen Serumproteine (11 710 DM)
	Schade, Heinrich	– Auswertung und Ergänzung einer genealogischen Erhebung in der Schwalm (3 860 DM)

	Schwarzfischer, Friedrich	— Feststellung seltener Blutkörpereigenschaften zur Ermittlung der Merkmalshäufigkeit und der Genfrequenzen bei der bayerischen Bevölkerung (880 DM)
	Steiner, Franz	— Zusammenwirken von Erbe und Umwelt bei dem Altern des Menschen; Analyse durch Zwillingsuntersuchungen (4 650 DM: Die Sachbeihilfe wurde aber nicht in Anspruch genommen)
	Verschuer, Otmar Freiherr von	— Genetik, Demographie und Mutationsrate der amyotrophischen Lateralsklerose (3 000 DM)
	Koch, Gerhard	— Genealogisch-demographische Untersuchung über Mikrocephalie in Westfalen (SP Anthropologie: 5 400 DM)

Die nachstehende Tabelle fasst die DFG-Zuwendungen in DM an anthropologisch-humangenetische Forscher der Bundesrepublik im Laufe der fünfziger und sechziger Jahre und im Rahmen von Schwerpunktprogrammen zusammen.

Name	Institution	Fünfziger	Sechziger	SP (Sechziger)
1. Baitsch, Helmut	Institut für Humangenetik und Anthropologie, Freiburg im Breisgau	6 940	694 534	594 744
2. Becker, Peter Emil	Institut für menschliche Erblehre, Göttingen	21 600	24 265	
3. Bennholdt-Thomsen, Karl	Kinderklinik der Universität Köln	9 185		
4. Büchner, Thomas	Medizinische Klinik der Universität, Münster		32 400	
5. Cleve, Hartwig	Institut für Humangenetik, Marburg		50 965	
6. Degenhardt, Karl-Heinz	Institut für Humangenetik, Münster/Institut für Humangenetik und vergleichende Erbpathologie, Frankfurt	49 840	851 375	628 870
7. Ebbing, Hans Christian	Institut für Humangenetik, Münster	11 000		
8. Erbslöh, Friedrich	Neurologische Klinik, Gießen		49 760	
9. Firgau, Hans-Joachim	Institut für Anthropologie und Humangenetik, Heidelberg		24 750	
10. Flatz, Gerhard	Kinderklinik der Universität, Bonn		74 760	

11. Fuhrmann, Walter	Institut für Anthropologie und Humangenetik, Heidelberg/Institut für Humangenetik, Gießen		47 480	
12. Gerhartz, Heinrich	I. Medizinische Universitätsklinik im städtischen Krankenhaus Westend, Berlin		36 250	
13. Gerken, Harmut	Kinderklinik der Universität, Kiel		116 675	
14. Gey, Wolfgang	Kinderklinik der Universität, München		63 754	
15. Goedde, Heinz Werner	Institut für Humangenetik und Anthropologie, Freiburg im Breisgau/ Institut für Humangenetik, Hamburg		1 010 417	396 892
16. Gottschaldt, Kurt	Institut für Psychologie, Göttingen	6 000	23 220	
17. Grimmer, Heinz	Hautklinik, Wiesbaden	7 300		
18. Gropp, Alfred	Institut für Pathologie, Bonn		244 791	
19. Gunschera, Hans	Kinderklinik der medizinischen Akademie, Lübeck		14 870	
20. Hallermann, Wilhelm	Institut für gerichtliche und soziale Medizin, Kiel		81.410	
21. Hienz, Hermann	Pathologisches Institut der Städtischen Krankenanstalten, Refeld		157 800	
22. Hummel, Konrad	Hygienisches Institut, Freiburg im Breisgau		60 350	
23. Jörgensen, Gerhard	Institut für Humangenetik, Göttingen		17 450	
24. Jungklaass, Karl-Friedrich	Klinik für Nervenkrankheiten der Universität, Göttingen	7 330		
25. Just, Günther	Institut für Anthropologie der Universität, Tübingen	7 360		
26. Khan, Mohammed	II. medizinische Klinik der Universität, Frankfurt am Main		14 000	
27. Kiesow, Lutz	Physiologisch-chemisches Institut der freien Universität, Berlin		67 000	
28. Knörr, Karl	Frauenklinik der Universität, Tübingen		276 602	
29. Koch, Gerhard	Institut für Humangenetik, Münster	19 264		

30. Korkhaus, Gustav	Klinik und Poliklinik für Mund-, Zahn- und Kieferkrankheiten, Bonn	35 260		
31. Kosenow, Wilhelm	Kinderklinik der städtischen Krankenanstalten Krefeld		31 665	
32. Kroll, Wolfgang	Kinderklinik der Universität, Heidelberg		42 600	
33. Lange, Volkmar	Institut für Anthropologie, Frankfurt/Main	11 710	10 100	
34. Langebeck, Ulrich	Institut für Humangenetik, Göttingen		34 900	
35. Lehmann, Wolfgang	Institut für Humangenetik, Kiel	3 020	290 549	56 999
36. Lenz, Fritz	Institut für menschliche Erblehre, Göttingen	600		
37. Lenz, Widukind	Kinderklinik, Hamburg-Eppendorf/Institut für Humangenetik, Hamburg		107 035	16 300
38. Linneweh, Friedrich	Kinderklinik der Universität, Marburg		28 570	
39. Losse, Heinz	I. Medizinische Klinik der Universität, Münster	4 150		
40. Mai, Hermann	Kinderklinik der Universität, Münster		142 510	
41. Matthaei, Heinrich	Medizinische Forschungsanstalt der Max-Planck-Gesellschaft, Göttingen		375 894	375 894
42. Matthes, Angsar	Kinderklinik der Universität, Heidelberg		30 880	
43. Meier, Helmut	Volksschule, Braunschweig		1 000	
44. Murken, Jan Dieter	Kinderpoliklinik, München		52 835	
45. Nachtsheim, Hans	MPI für vergleichende Erbbiologie und Erbpathologie, Berlin	116 755		
46. Naujoks, Horst	Frauenklinik der Universität, Frankfurt/Main		94 550	36 350
47. Römer, Hans	Frauenklinik der Universität, Tübingen		209 265	
48. Röhrborn, Gunter	Institut für Humangenetik und Anthropologie, Heidelberg		184 206	176 620
49. Saller, Karl	Institut für Anthropologie und Humangenetik, München	4 565,43	40 700	
50. Schade, Heinrich	Institut für Humangenetik, Münster	14 830	93 415	21 800
51. Schöffling, Karl	Klinik der Universität, Frankfurt am Main		262 216	127 281

52. Schöller, Lili	Institut für Humangenetik, Münster/ Institut für Humangenetik und Anthropologie, Freiburg im Breisgau		82 900	82 900
53. Schrank, Werner	Medizinische Klinik der Universität, Köln		34 700	
54. Schwarzacher, Hans Georg	Anatomisches Institut, Gießen/Abteilung für experimentelle Biologie des anatomischen Instituts, Wien		120 690	
55. Schwarzfischer, Friedrich	Institut für Anthropologie und Humangenetik, München	880	14 944	
56. Siebner, Horst	Medizinische Klinik der Universität, Hamburg		42 600	
57. Spielmann, Willi	Klinik der Universität, Frankfurt am Main		216 809	87 685
58. Staemmler, Joachim	Frauenklinik der Universität, Kiel		33 800	
59. Tolksdorf, Marlies	Kinderklinik der Universität, Kiel		39 700	39 700
60. Tranekjer, Sven	Frauenklinik der Universität, Homburg		21 252	
61. Verschuer, Otmar Freiherr von	Institut für Humangenetik, Münster	62 640	93 370	
62. Vogel, Friedrich	MPI für vergleichende Erbbiologie und Erbpathologie, Berlin/ Institut für Humangenetik und Anthropologie, Heidelberg	27 603	642 111	39 022
63. Walter, Hubert	Institut für Anthropologie, Mainz		206 662	6 000
64. Wendt, Gerhard	Institut für Anatomie, Marburg/Institut für Humangenetik, Marburg	17 180	204 335	130 400
65. Zank, Klaus-Dieter	Deutsche Forschungsanstalt für Psychiatrie, München		85 693	68 633

Überblick

FÜNFZIGER JAHRE	445 012, 43 DM
SECHZIGER JAHRE	7 907 334 DM darunter SP 2 886 090 DM

Förderung der Projekte im Bereich der vergleichenden, morphologischen Anthropologie. DFG-Zuwendungen in DM

Name	Institution	Fünfziger	Sechziger
Asmus, Gisela	Institut für Ur- und Frühgeschichte, Köln	5 100	7 000
Von Eickstedt, Egon	Institut für Anthropologie, Mainz	16 500	4 600
Gerhardt, Kurt	Institut für Humangenetik und Anthropologie, Freiburg im Breisgau	10 000	2 600
Guenther, Brunhilde	Universität Kiel		8 050
Heberer, Gerhard	Zoologisches Institut, Göttingen	12 798	9 000
Jorns, Werner	Amt für Bodendenkmalpflege, Darmstadt		30 750
Jürgens, Hans Wilhelm	Kiel	4 000	4 600
Knußmann, Rainer	Institut für Anthropologie, Mainz		63 305
Kohl-Larsen, Ludwig	Lindau	4 300	
Müller, Karl-Valentin	Institut für Begabtenforschung, Hannover/Institut für Soziologie und Sozioanthropologie, Nürnberg	4 800	
Schaeuble, Johannes	Institut für Anthropologie, Kiel	5 300	52 350
Schlegel, Wilhart	Institut für Konstitutionsbiologie und menschliche Verhaltensforschung, Hamburg	14 330	
Schwidetzky, Ilse	Institut für Anthropologie, Mainz	14 100	226 555
Walter, Hubert	Institut für Anthropologie, Mainz		3 312
Ziegelmayer, Gerfried	Institut für Anthropologie und Humangenetik, München	5 865	

FÜNFZIGER JAHRE	97 093 DM
SECHZIGER JAHRE	412 122 DM

Quelle: DFG-Archiv

INSTITUTIONEN- UND STICHWORTVERZEICHNIS

Ambulatorium für Konstitutionsmedizin (Berlin) 33, 126, 138, 180, 182, 265
American Society of Cytology 246
Auswärtiges Amt 41, 45, 46, 47, 49, 58, 59
Bakteriologie 10, 19, 20, 21, 29, 31, 32, 96, 248
Deutsche Forschungsanstalt für Psychiatrie (DFA) 8, 33, 34, 74, 76, 81, 83, 84, 85, 86, 87, 88, 92, 99, 100, 101, 102, 105, 110, 116, 117, 121, 130, 131, 142, 143, 144, 148, 176, 184, 186, 187, 189, 206, 253, 268, 271, 272, 291
Deutsche Forschungsgemeinschaft (DFG) 7, 8, 9, 10, 11, 12, 13, 14, 18, 21, 30, 37, 43, 46, 56, 59, 60, 61, 69, 76, 79, 80, 82, 86, 91, 92, 93, 94, 95, 97, 98, 99, 100, 101, 103, 104, 105, 106, 107, 108, 109, 110, 111, 112, 113, 114, 115, 116, 117, 118, 119, 120, 121, 122, 123, 126, 127, 128, 129, 131, 132, 133, 134, 135, 136, 137, 138, 139, 141, 142, 143, 144, 145, 146, 147, 148, 149, 150, 151, 152, 153, 154, 155, 156, 157, 158, 159, 160, 161, 162, 163, 164, 165, 166, 167, 168, 170, 172, 173, 174, 175, 176, 177, 178, 179, 180, 181, 182, 183, 184, 185, 187, 188, 189, 190, 191, 192, 193, 194, 195, 199, 200, 201, 203, 204, 205, 206, 207, 208, 209, 210, 214, 217, 218, 219, 220, 221, 222, 223, 224, 225, 226, 227, 228, 230, 231, 233, 234, 235, 236, 238, 239, 240, 241, 242, 243, 244, 245, 246, 247, 249, 250, 251, 252, 253, 256, 257, 260, 261, 263, 267, 272, 282, 283, 288, 292
Deutsche Gesellschaft für Anthropologie 215
Deutsche Gesellschaft für Blutgruppenforschung 64, 65, 66
Deutsche Gesellschaft für Rassenhygiene 34, 124
Deutsche Gesellschaft zum Studium Osteuropas 46, 48
Deutsch-österreichische Wissenschaftshilfe 141, 155, 204
Erbbiologische Bestandsaufnahme 117, 118, 119, 172, 187, 189, 219, 259, 269
Ernährungsphysiologie 10, 27, 28, 29, 63, 96, 248
Experimentelle Genetik 154, 157, 166
Fachsparte „Bevölkerungspolitik, Erb- und Rassenpflege" 164, 169, 170, 171, 214
Fachsparte für Biologie und Landbauwissenschaft 152, 154, 157, 159, 164, 167, 168, 214
Gemeinschaftsarbeiten für Rassenforschung 61, 62, 63, 64, 66, 67, 68, 69, 70, 71, 72, 73, 74, 75, 76, 77, 78, 79, 80, 81, 82, 86, 88, 89, 90, 91, 92, 93, 97, 99, 100, 101, 161, 203, 248, 249
Gemeinschaftsarbeiten zur Versuchstierzucht 23, 31, 32, 146
Genealogisch-Demographische Forschungsabteilung der Deutschen Forschungsanstalt für Psychiatrie (GDA) 8, 33, 86, 91, 92, 99, 100, 101, 110, 131, 135, 138, 141, 143, 185, 186, 253
Gesundheitsabteilung des Reichsinnenministeriums 102, 104, 105, 116, 125, 139, 140, 146, 147, 149, 169, 185, 209, 249
Hamburgisches Museum für Völkerkunde 80

Institut für Anthropologie und Humangenetik (Universität Freiburg) 221, 223, 239, 241
Institut für Anthropologie und Humangenetik (Universität Heidelberg) 223, 238, 241, 243, 256, 288, 289
Institut für Anthropologie und Humangenetik (Universität München) 215, 223, 264, 290, 291, 292
Institut für experimentelle Biologie (Moskau) 47
Institut für Konstitutionsforschung (Universität Berlin) 177, 180
Institut für Rassen- und Völkerkunde (Universität Leipzig) 133, 189
Institut für Rassenbiologie (Universität Prag) 206
Institut für Rassenbiologie (Reichsuniversität Straßburg) 226
Institut für Rassenbiologie (Universität Wien) 199
Institut für Erbbiologie und Rassenhygiene (Universität Frankfurt) 106, 131, 132, 255
Institut für Tierzucht (tierärztliche Hochschule, Berlin) 22
Institut für Tierzucht und Züchtungsbiologie (Technische Hochschule, München) 23
Institut für Vererbungs- und Züchtungsforschung (landwirtschaftliche Hochschule, Berlin) 23, 184
Institut für Vererbungswissenschaft (Universität Greifswald) 126, 157, 255
Kaiserin-Auguste-Victoria-Haus 103, 104, 132, 253, 255, 270
Kaiser-Wilhelm-Gesellschaft 15, 16, 17, 18, 35, 62, 92, 93, 101, 116, 142, 143, 183, 185, 253, 256, 261, 263, 264, 265, 266, 267, 268, 269, 270, 271
Kaiser-Wilhelm-Institut für Anthropologie, menschliche Erblehre und Eugenik 8, 9, 65, 77, 79, 87, 88, 89, 92, 93, 101, 102, 103, 104, 123, 124, 125, 130, 131, 132, 134, 136, 137, 138, 141, 154, 162, 163, 179, 183, 184, 186, 194, 216, 218, 226, 253, 256, 258, 259, 265, 270, 271
Kaiser-Wilhelm-Institut für Biologie 162
Kaiser-Wilhelm-Institut für Hirnforschung 47, 54, 76, 79, 92, 162, 163, 187, 269, 277
Kaiser-Wilhelm-Institut für Züchtungsforschung 23, 162, 263
Konstitutionsforschung 32, 48, 90, 92, 119, 177, 180, 265, 274, 275, 284, 285
Krebsforschung 66, 144, 151, 171, 172, 173, 175, 267, 270
Kriminalbiologie 88, 96, 111, 136, 190, 192, 249, 264, 271
Kriminalbiologische Sammelstelle 76, 86, 260
Laboratorium für Konstitutionsmedizin (Berlin) 33, 180
Laboratorium für Rassenforschung (Moskau) 46, 47, 50, 53, 57, 58, 59, 60
Max-Planck-Institut für vergleichende Erbbiologie und Erbpathologie 223, 226, 240, 290, 291
Missbildungsforschung 224, 225, 226, 227, 229, 230, 231, 232, 234,

Mutationsforschung 77, 155, 157, 161, 162, 163, 165, 166, 168, 169, 238, 241, 246, 287
(Internationaler) Kongress für Humangenetik 242, 243, 244, 246, 247
National Institute of Health (Bethesda) 245, 247
National Institute of Neurological Disease and Blindness 225, 232, 253
Notgemeinschaft 7, 9, 10, 12, 15, 16, 17, 18, 19, 20, 21, 22, 23, 24, 25, 26, 27, 28, 29, 30, 31, 32, 33, 35, 37, 38, 39, 41, 42, 43, 44, 45, 46, 47, 48, 49, 50, 51, 52, 53, 54, 56, 57, 58, 59, 60, 61, 62, 63, 64, 65, 66, 67, 69, 73, 75, 76, 77, 78, 79, 80, 81, 82, 83, 84, 85, 86, 87, 88, 89, 90, 91, 92, 93, 94, 95, 96, 97, 98, 99, 102, 103, 106, 109, 116, 133, 142, 156, 161, 162, 163, 164, 165, 166, 180, 184, 189, 208, 209, 214, 248, 249, 253, 255, 256, 257, 259, 262, 264, 266, 269, 270
Poliklinik für Erb- und Rassenpflege des Kaiserin-Auguste-Victoria-Hauses 103, 104, 107, 109, 132, 134, 137, 255, 270
Populationsgenetik 220, 221, 222, 235, 236, 237, 239, 241, 243
Psychiatrische und Nervenklinik der Universität Gelsheim-Rostock 109, 118
Rassenpolitisches Amt der NSDAP 119, 254
Reichsforschungsrat 145, 147, 148, 150, 153, 154, 158, 161, 165, 174, 182, 188, 190, 192, 193, 197, 198, 199, 200, 201, 203, 204, 206, 207, 209, 214, 219, 250, 253, 256, 257, 260, 262, 267, 270

Reichsgesundheitsamt 66, 103, 152, 157, 162, 173, 192, 253, 261
Reichskanzlei 143, 145, 185
Reichskriminalpolizei 186, 191
Reichsministerium des Innern 16, 47, 87, 101, 102, 103, 104, 105, 110, 111, 116, 117, 125, 130, 134, 139, 143, 144, 145, 146, 147, 148, 149, 151, 169, 172, 185, 188, 209, 253
Reichsministerium für Wissenschaft, Erziehung und Volksbildung 104, 106, 107, 119, 130, 132, 140, 143, 144, 145, 146, 147, 149, 150, 151, 179, 180, 182, 256
Rockefeller Foundation 74, 75, 76, 79, 83, 84, 86, 87, 88, 89, 90, 91, 93, 97, 158, 180, 271
Rudolf-Virchow-Krankenhaus 109
Sachverständigenbeirat für Bevölkerungs- und Rassenpolitik 111, 188
SS-Ahnenerbe 133, 185, 186, 197, 199, 264
Staatliches Institut für experimentelle Therapie 31
Staatliches Museum für Danziger Geschichte 205
Strahlengenetik 165
Tung-Chi Universität (Shanghai) 40, 41, 42, 43, 44, 45, 46, 50, 257, 258, 271
Vierjahresplan 151, 152
Völkerpathologie 37, 38, 39, 40, 41, 42, 45, 46, 47, 48, 49, 50, 54, 56, 58, 60, 61, 96, 262, 274
Züchtungsforschung 23, 162, 184, 263, 282
Zwillingsforschung 13, 43, 76, 77, 86, 87, 88, 99, 102, 107, 108, 110, 111, 127, 137, 140, 141, 142, 176, 229, 242, 249, 251, 266, 276

PERSONENVERZEICHNIS

Abderhalden, Emil (1877–1950) 193, 273
Abel, Wolfgang (1905–1997) 196, 197, 198, 199, 270
Aichel, Otto (1871–1935) 67, 90, 200, 274, 275, 277, 278
Altland, Klaus 239
Anitschkow, Nikolai Nikolajewitsch 47
Arndt, Hans-Joachim 50, 51, 52, 61, 258
Ascher 275
Aschoff, Ludwig (1866–1942) 37, 38, 39, 40, 41, 42, 43, 45, 46, 47, 48, 49, 50, 51, 52, 53, 54, 55, 56, 57, 58, 59, 60, 61, 80, 96, 248, 255, 258, 259, 262, 266, 268, 274, 275
Asmus, Gisela 217, 292
Astel, Karl (1898–1945) 131
Baeyer, Walter Ritter von (1904–1987) 100
Baitsch, Helmut (geb. 1921) 216, 217, 218, 222, 231, 235, 236, 237, 238, 240, 241, 242, 245, 259, 287, 288
Baldauf, Herbert 276
Bauer, Hans (1904–1988) 168
Bauermeister, Wolf 69, 148, 200, 201
Baur, Erwin (1875–1933) 23, 24, 25, 32, 98, 162, 165, 166, 259, 263, 265, 273, 275, 279
Becker, Peter Emil (1908–2000) 217, 226, 230, 231, 235, 236, 242, 243, 247, 259, 283, 286, 287, 288
Behnke, Horst (geb. 1925) 246
Beleites 164
Bennholdt-Thomsen, Karl 286, 287, 288
Bergmann, Gustav von (1878–1955) 183, 259
Bernstein, Felix (1878–1956) 64, 65, 66, 67, 275, 279, 281
Bier, August (1861–1949) 19, 21, 29, 30, 80, 259, 266
Blome, Kurt (1894–1969) 161, 169, 170, 171, 172, 173, 194, 195, 267
Bluhm, Agnes (1862–1943) 33, 34, 35, 36, 37, 259, 273, 274
Boeminghaus, Hans 109, 119, 131
Boeters, Heinz (geb. 1907) 102, 109, 117, 131
Borst, Maximilian (1869–1946) 144, 173, 174
Brandt, Karl (1904–1948) 186, 227
Brandt, Rudolf (1909–1948) 197, 198
Braun, Ernst (1893–1963) 109, 117, 118, 119, 172, 257, 259
Breuer, Sergius (geb. 1887) 105, 110, 144, 145, 146, 147, 148, 149, 150, 152, 159, 170, 173, 174, 177, 178, 183, 204, 210
Brugger, Carl 83, 84, 259
Buchner, Hans (1850–1902) 260
Büchner, Franz 38, 217, 224, 225
Bumke, Oswald (1877–1950) 84
Bunge, Gustav von (1844–1920) 34, 35, 260
Burgeff, Hans (geb. 1883) 274
Butenandt, Adolf (1903–1995) 7, 158, 268, 269
Chamberlain, Houston Stewart (1855–1927) 149
Clauß, Ferdinand (1892–1974) 203, 204
Cleve, Hartwig 288

Collier, W. Adalbert (geb. 1896) 276
Conrad, Klaus 100, 121, 142
Conti, Leonardo (1900–1945) 128, 170, 171, 183, 184, 186
Correns, Carl (1864–1933) 22, 25, 35, 274
Crinis, Max de (1889–1945) 212
Curtius, Friedrich (1896–1975) 89, 90, 108, 109, 110, 111, 112, 113, 114, 119, 136, 137, 138, 139, 151, 174, 175, 178, 179, 180, 255, 256, 261, 275, 277, 278, 280
Czuber, Emanuel (1851–1925) 70
Degenhardt, Karl-Heinz (geb. 1920) 215, 216, 217, 224, 226, 227, 228, 231, 232, 233, 237, 242, 261, 283, 284, 285, 286, 287, 288
Diehl, Karl (1896–1969) 87
Dirksen, Herbert von (1882–1955) 47, 58
Donnevert, Max (1872–1936) 80, 91
Dürken, Bernhard (geb. 1881) 274
Duncker, H. 279
Dyck, Walter von 17
Ebbing, Hans-Christian 286, 287, 288
Eberhardt, Karl (geb. 1913) 164, 170
Eckhardt, Hellmut (1896–1980) 140, 261
Eickstedt, Egon Freiherr von (1892–1965) 30, 64, 91, 148, 208, 210, 211, 212, 213, 214, 217, 221, 261, 274, 276, 278, 280, 292
Endres, Hans (geb. 1911) 198
Ephrussi, Boris (1901–1979) 240
Erbslöh, Friedrich (geb. 1918) 288
Firgau, Hans-Joachim (geb. 1906) 288
Fischer, Eugen (1874–1967) 42, 44, 65, 66, 67, 68, 69, 73, 76, 77, 78, 79, 80, 81, 82, 83, 90, 93, 94, 97, 98, 99, 101, 102, 103, 107, 112, 116, 118, 119, 122, 123, 124, 125, 126, 129, 130, 131, 132, 136, 137, 150, 154, 162, 184, 186, 187, 208, 212, 248, 249, 256, 260, 262, 266, 276, 279
Fischer, Friedrich August 164
Fischer, Gustav 51, 68
Fischer, Herbert 23
Fischer, Ilse (geb. 1905) 160, 161, 163, 170
Fischer, Werner (1895–1945) 194, 195
Flatz, Gerhard (geb. 1925) 288
Fleischhacker, Hans (1912–1971) 198
Frick, Wilhelm (1877–1946) 102
Frischeisen-Köhler, Ida (1887–1958) 179
Frölich 280
Fuhrmann, Walter (geb. 1924) 240, 289
Geitler, Lothar 155, 156
Gerhardt, Kurt (geb. 1912) 217, 292
Gerhardt, Paul 36, 42, 46, 262
Gerhartz, Heinrich (geb. 1919) 289
Gerken, Harmut (geb. 1934) 289
Gey, Wolfgang 289
Gieseler, Wilhelm (1900–1976) 67, 212, 215, 221, 235
Glum, Friedrich (1891–1974) 143

Goedde, Heinz Werner (geb. 1921) 221, 237, 238, 244, 245, 289
Göring, Hermann (1893–1946) 171, 186
Goerttler, Klaus 229, 230
Goldschmidt, Richard (1878–1958) 65
Gottschaldt, Kurt (1902–1991) 258, 283, 289
Gottschick, Johann 151, 152
Greite, Walter (1907–1945) 105, 112, 133, 141, 143, 144, 145, 146, 147, 163, 166
Grimmer, Heinz (geb. 1913) 287, 289
Gropp, Alfred (geb. 1924) 289
Groß, Walter (1904–1945) 124, 126, 132, 150, 173, 212
Gruber, Max von (1853–1927) 19, 20
Grüneberg, Hans (1907–1982) 162, 165, 280
Günther, Hans F. K. (1891–1968) 199, 202, 203, 208
Guenther, Brunhilde 292
Gütt, Arthur (1891–1949) 102, 103, 104, 105, 116, 117, 125, 139, 140, 146, 147, 169, 185, 249, 262
Gunschera, Hans 289
Gyllenswärd, Curt 36
Haase-Bessel, G. 278
Haber, Fritz (1868–1934) 15, 16, 17, 62, 98, 270
Habs, Hubert (geb. 1895) 108, 126, 133, 134, 175, 257
Hallermann, Wilhelm (geb. 1901) 289
Hamperl, Herwig 52, 53, 59, 231, 263, 279
Hartmann, Max (1876–1962) 154, 160, 168
Henckel, Otto 33, 273
Henseler, Heinz (1885–1968) 23
Heberer, Gerhard (geb. 1901) 217, 292
Hertwig, Oskar (1849–1922) 162
Hertwig, Paula (1889–1983) 162, 163, 164, 165, 166, 263, 279
Hesch, Michael (1893–1979) 276, 278, 279
Hienz, Hermann (geb. 1924) 289
Hirszfeld, Ludwig (1884–1954) 64, 65, 263
Hirth, Ludwig 239
Hoetzsch, Otto (1876–1946) 46, 47, 266
Höner, Elisabeth (geb. 1910) 162
Horneck, Karl (geb. 1894) 163, 194, 195, 196, 264
Hueppe, Ferdinand (1852–1938) 19, 20, 34, 264
Hummel, Konrad (1923) 289
Idelberger, Karlheinz (1909–2003) 140
Isigkeit, Eduard 278, 279
Jacobi 277, 279
Jaensch, Walter (1889–1950) 33, 126, 127, 138, 177, 180, 181, 182, 183, 255, 264, 281
Jansen, Werner 144, 173
Jörgensen, Gerhard (geb. 1924) 247, 289
Jorns, Werner 292
Jungklaaß, Friedrich Karl 287
Jürgens, Hans Wilhelm 217, 219, 292
Just, Günther (1892–1950) 26, 106, 107, 126, 135, 147, 152, 157, 158, 162, 214, 218, 219, 255, 257, 264, 274, 278, 281, 283, 289
Kallius, Erich (1867–1935) 19, 69, 80
Kandelaki 57
Käßbacher, Max 67
Keiter, Friedrich (1905–1967) 69, 201, 264
Keith, Arthur (1866–1955) 43
Kessler, A. 41
Khan, Mohammed 289
Kiesow, Lutz 289

Kißkalt, Karl (1875–1962) 30, 31, 265, 274, 275, 276, 277
Klenck, Wilhelm 68, 72, 73, 265
Knörr, Karl (geb. 1915) 233, 289
Knußmann, Rainer (geb. 1936) 292
Köbberling, Johannes 244
Kober, Ernst (geb. 1913) 175, 265
Koch, Gerhard (1913–1999) 109, 218, 227, 235, 237, 242, 265, 285, 288, 289
Koehler, Otto (geb. 1889) 273, 274, 275
Kolcov, Nikolaj K 47
Kohl-Larsen, Ludwig 217, 292
Kohlrausch 279
Kolle, Kurt (1898–1975) 33, 275
Kolle, Wilhelm (1868–1935) 31
Koller, Siegfried (1908–1998) 227, 231
Korkhaus, Gustav 278, 285, 286, 290
Kosenow, Wilhelm (geb. 1920) 241, 290
Kraepelin, Emil (1856–1926) 85
Kramp, Peter (1911–1975) 204, 205, 210, 215, 216, 235
Kranz, Heinrich (1901–1979) 88, 93, 136, 265
Kranz, Heinrich Wilhelm (1897–1945) 132
Krauch, Carl 186
Krehl, Ludolf von (1861–1937) 19, 27, 259, 266
Kretschmer, Ernst (1888–1964) 32, 33, 43, 265
Kreuz, Lothar (1888–1969) 116, 128, 139, 140, 219, 257
Kröning, Friedrich (geb. 1897) 170
Kroll, Wolfgang 290
Kuczynski, Max (1890–1967) 47
Kühn, Alfred (1885–1968) 25, 26, 32, 77, 146, 158, 159, 163, 166, 168, 268, 275, 279
Kühne, Konrad 220, 276
Kuske, Bruno 95
Landau 277
Lang, Theobald (1898–1957) 83, 84, 100, 142, 184, 185, 266, 272
Lange, Johannes (1891–1938) 76, 84, 85, 86, 88, 102, 105, 109, 116, 117, 122, 130, 131, 263, 266, 277, 279
Lange, Volkmar 218, 287, 290
Langebeck, Ulrich (geb. 1938) 290
Laskowski, Wolfgang (geb. 1927) 240
Lehmann, Ernst (geb. 1880) 275
Lehmann, Wolfgang (1905–1980) 67, 153, 216, 226, 229, 230, 235, 242, 266, 284, 285, 290
Lenz, Fritz (1887–1976) 107, 112, 138, 139, 149, 182, 214, 215, 217, 218, 230, 256, 283, 290
Lenz, Hermann (geb. 1912) 134, 135
Lenz, Widukind (1919–1995) 217, 229, 237, 290
Liebenam, Leonore (geb. 1894) 132, 134
Linden, Herbert (1899–1945) 102, 105, 116, 143, 144, 146, 147, 169, 185, 210
Linneweh, Friedrich (geb. 1908) 290
Loeffler, Lothar (1901–1983) 69, 77, 161, 163, 171, 194, 195, 199, 200, 277
Lommel, Felix (geb. 1875) 274, 275
Losse, Heinz (geb. 1920) 284, 290
Löwenstein, O. 276
Ludwig, Wilhelm 105, 159
Lüth, Karl-Friedrich (geb. 1913) 118, 119
Luxenburger, Hans (1894–1976) 73, 74, 87, 100, 142
Martin-Oppenheim, Stefanie 90, 277, 278, 280

Personenverzeichnis 297

Mai, Hermann (geb. 1902) 290
Matthaei, Heinrich (geb. 1929) 290
Matthes, Angsar (geb. 1924) 290
Meier, Helmut 290
Mentzel, Rudolf (1900-1987) 143, 144, 146, 149, 150, 151, 156, 171, 186, 195
Meyer, Eduard 16
Meyer, Konrad 157
Meyer, Martin (1865-1934) 58
Meyl, Arwed H. 224, 226, 235, 236, 257
Mollison, Theodor (1874-1952) 67, 69, 71, 205, 212, 276
Morgans, Thomas Hunt (1866-1945) 155
Motulsky, Arno G. 244, 267
Muckermann, Hermann (1877-1962) 77, 179
Murken, Jan Dieter (geb. 1934) 290
Müller, Friedrich von (1858-1941) 21, 27, 29, 62, 80, 259, 266
Müller, Karl-Valentin 217, 292
Muller, Herman J. 162, 267, 275
Münter, Heinrich 67, 276, 277, 278, 280
Nachtsheim, Hans (1890-1979) 32, 114, 115, 116, 120, 121, 165, 183, 184, 187, 215, 218, 222, 226, 227, 231, 240, 242, 256, 267, 270, 283, 284, 285, 286, 287, 290
Nauck, Ernst Georg (1897-1967) 58, 266, 267
Naujoks, Horst (geb. 1928) 243, 246, 247, 290
Nebe, Arthur (1894-1945) 192
Neufeld, Ferdinand (1869-1945) 279, 280
Neufeld, Robert 277, 280
Neumann, Robert 46
Neunzig, Rudolf 273
Nocht, Bernard 48
Oehlkers, Friedrich (1890-1971) 26, 156, 157, 159, 274
Oldenburg, Sergei von 48
Oppenheim, Franz (geb. 1864) 41, 42, 274
Ostertag, Berthold (1895-1975) 109, 114, 115, 116, 128, 218, 219, 228, 257, 267, 268, 281
Patzig, Bernhard (1890-1958) 92
Planck, Max (1858-1947) 24, 143, 268
Poll, Heinrich (1877-1937) 75
Rabl, Rudolf 59
Reche, Otto (1879-1966) 66, 67, 90, 133, 189, 276, 277, 278, 279, 280
Renner, Otto (1883-1960) 156, 279
Richter, Brigitte (geb. 1907) 201, 202, 268
Ried, H. A. 69, 71, 268, 277, 278
Ritter, Horst 237
Ritter, Robert (1901-1951) 105, 170, 190, 191, 192, 193, 264,
Rohden, Friedrich von 88, 136, 280
Röhrborn, Gunter (geb. 1931) 237, 239, 246, 290
Römer, Hans (geb. 1907) 290
Rössner, Hugo 203, 204, 210
Roth 276
Roth-Lutra, Karl H. 278, 279, 280
Röhrborn, Gunter (geb. 1931) 237, 239, 246, 290
Rübel, Heinrich 198
Rubner, Max (1854-1932) 27, 259, 266
Rudder, Bernhard de (1894-1962) 109, 166, 226
Rüdin, Ernst (1874-1952) 9, 68, 73, 74, 76, 77, 79, 80, 81, 82, 83, 84, 85, 86, 87, 91, 92, 97, 99, 100, 101, 102, 103, 105, 110, 111, 112, 114, 116, 117, 119, 130, 131, 136, 139, 140, 141, 142, 143, 144, 145, 148, 149, 150, 185, 186, 189, 209, 211, 212, 249, 250, 256, 268, 269, 271, 276
Rust, Bernhard (1883-1945) 150, 151, 169, 170
Sachs, Hans (1877-1945) 66
Saller, Karl (1902-1969) 66, 67, 70, 73, 215, 218, 220, 221, 223, 227, 231, 235, 236, 240, 266, 269, 276, 277, 278, 280, 284, 285, 290
Sarkissow, Semjon Alexandrowitsch 54
Sauckel, Fritz (1894-1946) 198
Sauerbruch, Ferdinand (1875-1951) 146, 148, 149, 150, 151, 166, 169, 170, 172, 174, 175, 179, 182, 183, 210, 259, 266
Schade, Heinrich (1907-1989) 132, 134, 188, 218, 219, 220, 230, 235, 236, 269, 285, 286, 287, 290
Schaeuble, Johannes (1904-1968) 217, 235, 236, 292
Schäfer, Ernst (1910-1992) 197
Scheidt, Walter (1895-1976) 65, 67, 68, 72, 73, 220, 265, 269, 274, 276, 277
Schemann, Ludwig (1852-1938) 93, 94, 95, 97
Schiff, Fritz (1889-1940) 276
Schittenhelm, Alfred (geb. 1874) 128, 129, 132, 148, 149
Schlegel, Wilhart 217, 292

Schmidt-Kehl, Ludwig 127, 128
Schmidt-Ott, Friedrich von (1860-1956) 15, 16, 17, 18, 19, 20, 27, 38, 39, 41, 43, 46, 47, 48, 49, 50, 51, 57, 58, 59, 61, 62, 64, 65, 67, 69, 75, 76, 78, 79, 81, 82, 84, 93, 94, 98, 99, 102, 104, 106, 163, 256, 269
Schöller, Lili 291
Schreiber, Georg (1882-1963) 27, 95, 270
Schrank, Werner 291
Schröder, Heinrich 131
Schröder, Heinz 133
Schröder, Traute M. 237, 239, 243, 246
Schulz, Bruno (1890-1958) 100, 142
Schumann, Erich (1898-1985) 186
Schwarzacher, Hans Georg (geb. 1928) 291
Schwarzweller, Franz 119, 131
Schwidetzky, Ilse (1907-1997) 221, 235, 236, 261, 270, 292
Semaschko, Nikolai Alexandrowitsch (1874-1949) 48, 50, 53
Severing, Carl (1875-1952) 93, 95
Siebeck, Richard (1883-1965) 89, 108, 119, 137, 138, 178
Siebner, Horst 243, 291
Siemens, Hermann Werner (1891-1969) 73, 78, 80, 82, 249, 276, 278
Sievers, Wolfram (1905-1948) 185, 197, 198
Simonson 275
Spielmann, Willi (geb. 1920) 291
Staemmler, Joachim (geb. 1918) 118, 291
Stang, Valentin (1876-1944) 22, 273
Stark, Johannes (1874-1957) 98, 104, 107, 108, 132, 141, 142, 143, 144, 145, 149, 150, 163
Steiner, Franz 288
Stiasny, Hans (geb. 1904) 119, 121, 122, 270
Stockard, C.R. 35, 36
Straub, Walther (1874-1944) 19
Streicher, Julius (1885-1946) 150

Stubbe, Anna Elise (geb. 1907) 164, 165, 170
Stubbe, Hans 161, 166, 167, 168
Stübel, Hans 41, 44, 45, 270, 274, 275
Stuchtey, Karl 20, 37, 49, 58, 59, 102, 106, 131
Stumpfl, Friedrich 87, 91, 100, 136, 142
Thiess, Alexander (geb. 1891) 147, 173
Thiessen, Käthe (geb. 1911) 135, 257
Thilenius, Georg (1868–1937) 67, 80
Thums, Karl (1904–1976) 206, 207, 208
Timoféeff-Ressovsky, Elena 47
Timoféeff-Ressovsky, Nikolaj (1900–1981) 47, 79, 89, 163, 164, 165, 168, 170
Tirala, Lothar Gottlieb (geb. 1886) 106, 149, 150
Todt, Fritz 186
Tolksdorf, Marlies (geb. 1924) 291
Tranekjer, Sven 291
Trendelenburg, Wilhelm (1877–1946) 19, 277
Vahlen, Theodor (1869–1945) 93
Verschuer, Otmar Freiherr von (1896–1969) 77, 79, 87, 90, 93, 97, 101, 102, 103, 105, 107, 119, 122, 125, 126, 127, 129, 130, 131, 132, 134, 135, 140, 141, 147, 148, 149, 150, 166, 173, 174, 175, 176, 186, 187, 193, 194, 215, 216, 218, 221, 222, 224, 226, 231, 242, 249, 251, 256, 276, 283, 284, 285, 286, 287, 288, 291
Viernstein, Theodor (1878–1949) 9, 76, 84, 85, 86, 145, 260, 277
Virchow, Rudolf (1821–1902) 39, 65, 109, 262, 270
Vogel, Friedrich (geb. 1925) 226, 227, 231, 232, 236, 237, 239, 241, 242, 246, 264, 271, 284, 285, 286, 287, 291
Vogt, Cécile (1875–1962) 47, 49, 79, 263, 269
Vogt, Oskar (1870–1959) 47, 48, 49, 50, 53, 54, 55, 56, 57, 58, 59, 60, 61, 76, 79, 80, 81, 84, 85, 86, 92, 263, 268, 269, 275, 277,
Wagenseil, Ferdinand (1887–1967) 41, 42, 43, 44, 45, 270, 271, 274, 275
Wagner, Gerhard (1888–1939) 150
Walter, Hubert (geb. 1930) 291, 292
Walther, Adolf (geb. 1885) 32
Weidenreich, Franz (1873–1948) 67, 215, 276
Weinert, Hans (1887–1967) 69, 271
Weitz, Wilhelm (1881–1969) 105, 107, 108, 112, 119, 126, 132, 133, 134, 135, 137, 147, 151, 172, 174, 175, 176, 177, 257
Wendt, Gerhard (geb. 1921) 217, 236, 237, 239, 246, 259, 271, 285, 286, 287, 291
Weninger, Josef (1886–1959) 90, 132
Werner, Martin (1903–1975) 104, 132, 137
Werner, Paul (1900–1970) 190, 191, 192
Wettstein Ritter von Westersheim, Fritz von (1895–1945) 25
Wetzel, Georg (1871–1951) 28, 29, 255, 268, 273, 279
Willer, Alfred (1889–1952) 22, 273
Winkler, R. 279
Wittke 86, 87
Wolf, Elisabeth (geb. 1910) 152,
Wolf, Ulrich 237, 239, 241, 246
Wüst, Walther 186
Wunder, Wilhelm (geb. 1898) 280, 281
Zang, Klaus Dieter 247
Ziegelmayer, Gerfried (geb. 1925) 217, 292
Zimmermann, Walter (geb. 1892) 279, 281

Corinna R. Unger

Ostforschung in Westdeutschland

Die Erforschung des europäischen Ostens und die Deutsche Forschungsgemeinschaft, 1945–1975

Die Geschichte der Ostforschung im Nationalsozialismus hat in den letzten Jahren viel Aufmerksamkeit erfahren, doch ist die Entwicklung der Disziplin nach 1945 bislang nicht systematisch untersucht worden. Wie gelang es ihren Vertretern, das Fach seiner Belastung zum Trotz in der Bundesrepublik zu etablieren? Und wie wurde aus der nationalistisch, ethnozentrisch und antikommunistisch geprägten Ostforschung die noch heute praktizierte Osteuropaforschung? Diesen beiden Transformationsprozessen geht die Autorin anhand von Texten, Biographien und Institutionen nach. Besondere Aufmerksamkeit kommt der Deutschen Forschungsgemeinschaft (DFG) zu, die entscheidenden Anteil am Wiederaufbau der Ostforschung hatte.

Ihre Förderungspolitik trug dazu bei, daß sich die Wissenschaftler relativ bald von dem früheren Überlegenheitsanspruch gegenüber den osteuropäischen Gesellschaften distanzierten und sich kritisch mit der Vergangenheit ihres Faches auseinanderzusetzen begannen. Unter dem Eindruck wissenschaftlicher und gesellschaftlicher Umbrüche sowie der Neuen Ostpolitik wurde die Ostforschung schließlich Anfang der siebziger Jahre von der Osteuropaforschung abgelöst.

Studien zur Geschichte der Deutschen Forschungsgemeinschaft – Band 1

2007. 497 Seiten. Kart.
€ 56,–
ISBN 978-3-515-09026-1

Franz Steiner Verlag

Wissenschaftsgeschichte

Postfach 101061, 70009 Stuttgart
www.steiner-verlag.de
service@steiner-verlag.de

Sören Flachowsky

Von der Notgemeinschaft zum Reichsforschungsrat

Wissenschaftspolitik im Kontext von Autarkie, Aufrüstung und Krieg

Studien zur Geschichte der Deutschen Forschungsgemeinschaft – Band 3

2008. 545 Seiten mit 16 Abbildungen sowie CD-ROM. Kart.
€ 60,–
ISBN 978-3-515-09025-4

Im März 1937 wurde der Reichsforschungsrat (RFR) vor dem Hintergrund des nationalsozialistischen Vierjahresplanes gegründet. Genese und Geschichte des Reichsforschungsrates bilden den Gegenstand dieses Bandes. Im Gegensatz zur bisherigen Forschungssicht vertritt er die These, dass dem RFR eine zentrale Rolle bei der Koordination der Rüstungsforschung zukam, er zu den wichtigsten Instanzen der Forschungsförderung im NS-Wissenschaftssystem gehörte und sich in der Endphase des Zweiten Weltkrieges zur bedeutendsten staatlichen Forschungsförderungsorganisation entwickelte. Als wissenschaftspolitische Koordinations- und Verwaltungsinstanz unterstützte der RFR die Expansionspolitik der Nationalsozialisten maßgeblich: Er förderte den Informations- und Erfahrungsaustausch zwischen den an den Ergebnissen der Forschung interessierten Stellen und steuerte die von ihm finanzierte kriegs- und rüstungsrelevante Forschung über alle Fächer hinweg auf breiter Front.

Gestützt auf eine breite Quellenbasis wird der RFR nicht nur in den Kontext der NS-Wissenschaftspolitik, sondern auch in die Entwicklung der deutschen Wissenschaftsorganisation in der ersten Hälfte des 20. Jahrhunderts und in die Geschichte der um die Notgemeinschaft beziehungsweise Deutschen Forschungsgemeinschaft gruppierten Forschungsförderung eingeordnet.

Franz Steiner Verlag

Wissenschaftsgeschichte

Postfach 101061, 70009 Stuttgart
www.steiner-verlag.de
service@steiner-verlag.de